高职高专制造大类系列规划教材

机电一体化技术系列

机电设备原理与构造

张新民　主　编
王海港　高洪芬　副主编

科 学 出 版 社
北　京

内 容 简 介

本书共10章，以广泛使用的机电加工设备为主，介绍了各类机床的作用、工作原理、典型部件与机构，还对与人们生活密切相关的其他机电设备，如汽车发动机、电梯与自动扶梯、空调、洗衣机等的工作原理、结构特点作了较为详细的介绍。

本书可作为高职高专院校机械类各专业的教材，也可供机械工程技术人员参考。

图书在版编目（CIP）数据

机电设备原理与构造/张新民主编. —北京：科学出版社，2010.2
高等职业教育制造大类系列规划教材·机电一体化技术系列
ISBN 978-7-03-026787-0

Ⅰ.①机… Ⅱ.①张… Ⅲ.①机电设备-理论-高等学校：技术学校-教材 ②机电设备-构造-高等学校：技术学校-教材 Ⅳ.①TM

中国版本图书馆CIP数据核字（2010）第022597号

责任编辑：张振华 / 责任校对：赵 燕
责任印制：吕春珉 / 封面设计：耕者设计工作室

科学出版社 出版
北京东黄城根北街16号
邮政编码：100717
http://www.sciencep.com
铭浩彩色印装有限公司 印刷
科学出版社发行 各地新华书店经销
*
2010年2月第 一 版 开本：787×1092 1/16
2021年3月第四次印刷 印张：21 1/4
字数：500 000

定价：59.00元

（如有印装质量问题，我社负责调换〈铭浩彩印〉）
销售部电话 010-62134988 编辑部电话 010-62135120-2005

前　言

本书从高职高专学生实际需求出发，以应用为目的，以培养学生掌握相关机电设备工作原理、具备结构分析和故障判断处理能力为重点。

本书共分10章，以广泛使用的机电加工设备为主，重点介绍了典型的CA6140车床、X6132万能铣床和Y3150E滚齿机的工作原理、传动系统、典型部件与机构，还对生产中常用的其他机床的作用、工艺范围、工作原理作了介绍。本教材还对与人们生活密切相关的其他机电设备，如汽车发动机、电梯与自动扶梯、空调、洗衣机等的工作原理、结构特点作了较为详细的介绍。

与以往的教材相比，本书除介绍常用的产业类机电设备外，还增加了对民用类机电设备的介绍，扩大了学生对机电设备了解的范围。在介绍各类设备的结构、工作原理时，配备了较多的插图，特别是实物图片，增强了学生对设备的直观认识。课后的习题和适量的实训内容，更增强了对各类机电设备的了解、使用、维护调整等知识的掌握和操作技能的提高。本书内容丰富，所讲设备的部件、机构典型全面，在教学的同时，有利于培养学生自主学习的良好习惯。

本书绪论，第3、4、8、9、10章和第6章的第6.2、6.3、6.4节由济南铁道职业技术学院张新民编写，第1章由济南铁道职业技术学院高洪芬编写；第2章由商丘职业技术学院王海港编写；第5章和第6章的第6.1节由山东水利职业技术学院李宗玉编写；第7章由济南铁道职业技术学院郭忠相编写，本章实训由济南铁道职业技术学院张新国编写。全书由张新民统稿。

本书在编写过程中参阅了因特网和机电行业同仁们公开发表及出版的相关文献资料，在此对他们表示衷心感谢。

由于编者水平有限，书中的疏漏和不足之处在所难免，敬请读者批评指正。

目　　录

前言
绪论 …… 1
0.1　机电设备及其作用 …… 2
0.2　机电设备的发展概况 …… 2
0.3　机电设备的分类与型号 …… 4
0.3.1　机电设备的分类 …… 4
0.3.2　机床型号的编制方法 …… 5
0.4　机床的技术性能 …… 8
小结 …… 10
习题 …… 10
第1章　机床传动基础 …… 11
1.1　机床的运动 …… 12
1.1.1　表面成形运动 …… 12
1.1.2　辅助运动 …… 12
1.2　机床的基本传动方法 …… 13
1.2.1　常用的传动元件 …… 13
1.2.2　常用离合器 …… 14
1.2.3　机床的传动形式 …… 16
1.2.4　机械传动装置中的机构 …… 17
1.3　机床的传动系统 …… 20
1.3.1　传动链和传动系统 …… 20
1.3.2　传动系统图 …… 20
1.3.3　传动原理图 …… 22
1.3.4　转速分布图 …… 23
1.3.5　机床传动系统的调整计算 …… 23
本章实训 …… 24
小结 …… 25
习题 …… 25
第2章　车床 …… 26
2.1　概述 …… 27
2.1.1　车床的分类 …… 27
2.1.2　CA6140通用车床的用途及主要技术参数 …… 27

2.1.3 CA6140 车床总体布局 …… 28
2.1.4 其他车床的简介 …… 30
2.2 CA6140 普通车床传动系统分析 …… 31
2.2.1 主运动传动链 …… 31
2.2.2 进给运动传动链 …… 34
2.2.3 刀架的快速移动 …… 41
2.3 CA6140 普通车床主要部件与结构 …… 41
2.3.1 主轴箱 …… 41
2.3.2 进给箱 …… 48
2.3.3 溜板箱 …… 50
2.3.4 溜板与刀架 …… 55
本章实训 …… 57
小结 …… 60
习题 …… 60
第 3 章 铣床 …… 61
3.1 铣床的用途与分类 …… 62
3.1.1 铣床的用途与分类 …… 62
3.1.2 X6132 万能升降台铣床的技术参数及组成部件 …… 64
3.2 X6132 万能升降台铣床的传动系统 …… 66
3.2.1 主运动传动链 …… 66
3.2.2 进给运动传动链 …… 67
3.2.3 工作台的快速移动 …… 68
3.3 X6132 万能升降台铣床的主要部件 …… 68
3.3.1 主轴部件 …… 68
3.3.2 主运动变速操纵机构 …… 69
3.3.3 工作台 …… 71
3.3.4 进给运动的操纵机构 …… 73
3.4 万能分度头 …… 76
3.4.1 万能分度头的用途和传动系统 …… 76
3.4.2 分度方法 …… 77
3.4.3 铣削螺旋槽的调整计算 …… 80
3.4.4 挂轮架结构及挂轮齿数的配换方法 …… 81
本章实训 …… 84
小结 …… 86
习题 …… 86
第 4 章 齿轮加工机床 …… 87
4.1 概述 …… 88
4.1.1 齿轮加工机床的工作方法 …… 88

4.1.2　齿轮加工机床的分类 …… 89
4.1.3　滚齿机加工时机床的运动 …… 91
4.2　Y3150E型滚齿机 …… 93
4.2.1　主要组成部件及技术规格 …… 93
4.2.2　机床的传动系统 …… 94
4.3　Y3150E型滚齿机的调整 …… 95
4.3.1　机床传动链的调整 …… 95
4.3.2　主要部件的结构及调整 …… 99
4.3.3　加工大质数齿轮、蜗轮的调整计算 …… 104
本章实训 …… 106
小结 …… 107
习题 …… 107
第5章　其他类型机床 …… 108
5.1　磨床 …… 109
5.1.1　外圆磨床 …… 109
5.1.2　内圆磨床 …… 118
5.1.3　平面磨床 …… 120
5.2　钻床 …… 121
5.2.1　台式钻床 …… 122
5.2.2　立式钻床 …… 122
5.2.3　摇臂钻床 …… 123
5.3　镗床 …… 125
5.3.1　卧式镗床 …… 125
5.3.2　坐标镗床 …… 127
5.3.3　精镗床 …… 128
5.3.4　落地镗床 …… 129
5.4　刨床、插床 …… 129
5.4.1　牛头刨床 …… 129
5.4.2　龙门刨床 …… 131
5.4.3　插床 …… 131
5.5　拉床 …… 132
本章实训 …… 133
小结 …… 134
习题 …… 134
第6章　数控机床 …… 136
6.1　概述 …… 137
6.1.1　数控机床的组成 …… 137
6.1.2　数控机床的分类 …… 138

6.1.3 数控机床的特点 …… 142

6.1.4 数控机床的发展阶段与发展方向 …… 143

6.2 数控车床 …… 144

6.2.1 数控车床的分类与布局 …… 144

6.2.2 MJ-50 数控车床 …… 146

6.3 数控铣床 …… 152

6.3.1 数控铣床的分类与加工对象 …… 152

6.3.2 XK5032 立式数控铣床 …… 152

6.4 数控加工中心 …… 156

6.4.1 加工中心的分类和加工对象 …… 156

6.4.2 XH714 数控加工中心 …… 157

本章实训 …… 161

小结 …… 161

习题 …… 162

第 7 章 发动机构造原理 …… 163

7.1 概述 …… 164

7.1.1 发动机的定义 …… 164

7.1.2 发动机的分类 …… 164

7.1.3 发动机的型号 …… 164

7.2 发动机基本知识与工作原理 …… 165

7.2.1 发动机基本知识 …… 165

7.2.2 四行程柴油机的工作原理 …… 166

7.2.3 曲轴旋转平稳性的平衡 …… 167

7.2.4 发动机的总体构造 …… 168

7.3 机体组件 …… 171

7.3.1 机体组件的功用与组成 …… 171

7.3.2 机体组件的主要机件 …… 171

7.4 曲柄连杆机构 …… 173

7.4.1 活塞连杆组 …… 174

7.4.2 曲轴飞轮组 …… 181

7.5 配气机构 …… 184

7.5.1 配气机构的布置形式及传动方式 …… 184

7.5.2 配气机构的构造 …… 186

7.5.3 气门间隙的调整 …… 191

7.6 柴油机燃油供给系统 …… 192

7.6.1 燃油供给系统的组成 …… 192

7.6.2 燃油喷射装置 …… 192

7.6.3 柴油供给系统辅助装置 …… 197

7.6.4　柴油机电控系统简介 …… 200
7.7　润滑系统 …… 202
7.7.1　润滑系统的作用与润滑方式 …… 202
7.7.2　润滑系统的组成及润滑部位 …… 202
7.7.3　润滑系统的主要部件 …… 204
7.8　冷却系统 …… 205
7.8.1　强制循环水冷系统的组成 …… 205
7.8.2　强制循环水冷系统的工作循环 …… 206
7.8.3　水冷系统的主要部件 …… 207
7.9　起动装置 …… 208
7.9.1　发动机的起动 …… 208
7.9.2　电动机起动 …… 208
本章实训 …… 210
小结 …… 213
习题 …… 213
第8章　电梯与自动扶梯 …… 214
8.1　电梯 …… 215
8.1.1　简述 …… 215
8.1.2　电梯的机械系统 …… 219
8.1.3　安全保护装置 …… 231
8.1.4　电梯的拖动系统 …… 236
8.1.5　电梯的控制系统 …… 237
8.2　自动扶梯 …… 239
8.2.1　自动扶梯的机械结构 …… 240
8.2.2　自动扶梯的保护装置 …… 247
8.2.3　自动扶梯的控制系统 …… 249
本章实训 …… 250
小结 …… 251
习题 …… 251
第9章　全自动洗衣机 …… 252
9.1　概述 …… 253
9.2　波轮式全自动洗衣机 …… 253
9.2.1　波轮式全自动洗衣机结构及工作过程 …… 253
9.2.2　波轮式全自动洗衣机的主要部件 …… 254
9.3　滚筒式全自动洗衣机 …… 262
9.3.1　滚筒式全自动洗衣机的结构与工作原理 …… 262
9.3.2　滚筒式全自动洗衣机的主要部件 …… 263
9.4　全自动洗衣机的控制系统 …… 267

9.4.1 机械电动式控制系统 …… 267
9.4.2 单片机控制系统 …… 268
9.5 电脑模糊控制的全自动洗衣机 …… 269
9.5.1 电脑模糊全自动洗衣机的控制系统 …… 269
9.5.2 全自动洗衣机的物理量检测 …… 270
9.5.3 全自动洗衣机的模糊推理 …… 271
本章实训 …… 272
小结 …… 273
习题 …… 273
第 10 章 空调器 …… 274
10.1 概述 …… 275
10.1.1 空调器的作用 …… 275
10.1.2 空调器的分类 …… 275
10.1.3 空调器的型号 …… 276
10.2 空调器的制冷原理和制冷部件 …… 277
10.2.1 空调器的制冷原理 …… 277
10.2.2 制冷部件 …… 278
10.3 分体式空调器的结构和工作原理 …… 284
10.3.1 分体式空调器的特点 …… 284
10.3.2 分体壁挂式空调器 …… 285
10.3.3 变频式壁挂空调器简介 …… 288
本章实训 …… 290
小结 …… 290
习题 …… 290
附录 A 金属切削机床型号的类型划分及主参数和折算系数（摘自 GB/T 15375—2008） …… 292
附录 B 机构运动简图(摘自 GB4460—1984) …… 322
主要参考文献 …… 326

绪 论

本章概述

机电设备是衡量一个国家科技水平和综合国力的重要标志之一。本章将简要介绍机电设备发展概况，机械加工设备的分类与型号编制，机床的技术性能，为合理选用机床奠定基础。

知识目标

1. 了解什么是机电设备，机电设备的作用和机电设备的发展概况。
2. 熟悉机电加工设备技术性能指标的内容。
3. 掌握机电加工设备的分类与型号编制方法。

能力目标

1. 能根据型号了解机床性能。
2. 会编制机床型号。

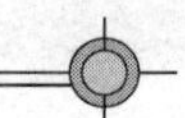

0.1 机电设备及其作用

设备通常是人们在生产和生活中所需要的机械、装置和设施等物质资料的总称，机电设备则是应用了机械、电子技术的设备，而通常所说的机械设备又是机电设备最重要的组成部分。

随着人民生活水平的不断提高，人们在日常生活中对机电设备的需求越来越多，从交通工具到各种家用电器、计算机、打印机等已成为人们生活中不可缺少的机电产品。先进的机电设备不仅能大大提高劳动生产率，减轻劳动强度，改善生产环境，完成人力无法完成的工作，而且作为国家工业基础之一，对整个国民经济的发展，以及科技、国防实力的提高有着直接的、重要的影响，还是衡量一个国家科技水平和综合国力的重要标志。社会的发展要求机电设备有与之相适应的发展，而机电设备的发展和完善又促进了科学技术的发展。

0.2 机电设备的发展概况

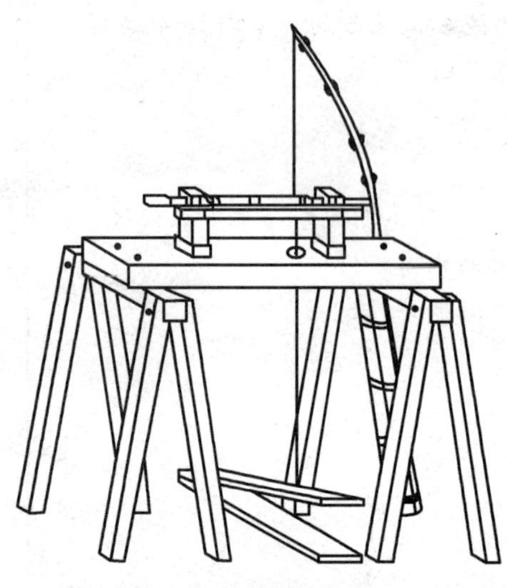

图 0-1 脚踏木制车床

机电设备的发展与制造业的进步密切相关。早在石器时代，人类就开始利用天然石料制作工具，用其猎取自然资源。大约六千年前，出现了一些手工操作的原始机械，如木制车床（图 0-1）和钻床等。在以后漫长的社会发展中，人们开始用水力、风力、畜力驱动简单机械（图 0-2），但由于需要大量的手工操作，这些古老的机械并不能成为一种完整的机器。直至 18 世纪 70 年代，以瓦特改进蒸汽机为代表，引发了第一次工业革命，产生了近代工业化的生产方式，手工劳动逐渐被机器生产所代替（图 0-3）。19 世纪中期到 20 世纪初，电磁场理论的建立为发电机和电动机的产生奠定了基础，从而迎来了电气化时代。以电力作为动力源，机械结构发生了重大的变化，电动机成为驱动各种机械的动力。随着技术的不断改进，传统的机械设备进入了机、电结合的新阶段，并不断扩大其应用范围。20 世纪 60 年代开始，计算机逐渐在机械工业的科研、设计、生产及管理中普及，为机械制造业向更复杂、更精密方向发展创造了条件。机电设备也开始向数字化、自动化、智能化和柔性化发展，并进入现代设备的新阶段。

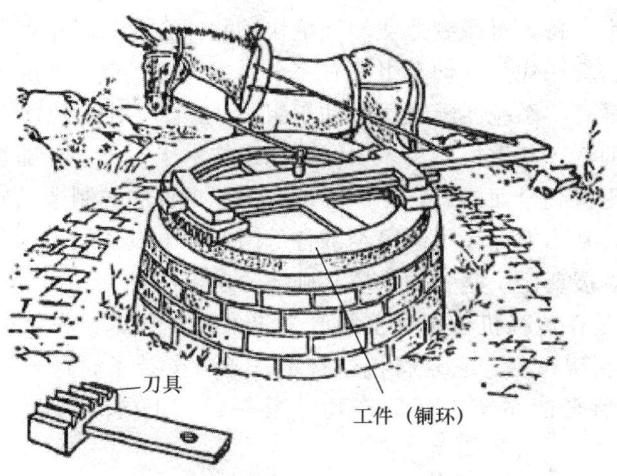

图 0-2　畜力驱动的铣削

图 0-3　早期的车床

由于中国历史上的长期封建统治和 19 世纪中期以后帝国主义的侵略和掠夺，以至于解放前，我国的机械工业十分落后，可以说基本没有形成机械制造业，少数的几个机械修配厂只能装备一些结构简单、数量不多的机械设备，生产效率低、劳动强度大、工作环境差、生产极端落后。建国后，我国机械工业发展迅速，各种机械设备的制造业从无到有、从小到大、从仿制到自行设计飞跃发展起来。例如，1958 年 9 月，中国第一台自行设计、完全国产化的 6135G 柴油机诞生，开创了中国中等功率高速柴油机制造的先河。1961 年 12 月成功制造了国内第一台 12 000 吨水压机，为中国重型机械工业填补了一项空白。这些在当时都属于国际先进水平。目前，我国已经形成了门类齐全，能独立配套的机械工业体系，主要包括通用机械、矿山机械、农业机械、纺织机械、轻工机械及机械加工设备等。另外，航天工业、核工业，以及飞机、轮船、汽车、拖拉机、电机电器、电力等制造业也都取得了迅猛发展，一些门类已达到国际先进水平。尤其是改革开放以来，大量引进

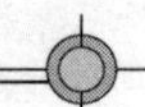

国外先进技术和技术装备，机械制造业发展更快。我国企业已经掌握了时速350公里以上动车组的核心技术。新一代高速动车组具有完全自主知识产权，将成为世界上商业运营速度最快、科技含量最高、系统匹配最优的动车组之一。500吨全地面起重机是目前我国自主研发的最大吨位的汽车起重机，集多项国际先进技术于一身。伴随技术的全新突破，汽车起重机产品技术更得到全面提升，在国际市场上体现了中国制造品质的优越性。我国机械工业的高速发展，基本上保障了国民经济各部门对机电设备的需求，为我国经济建设的持续、稳定、高速发展奠定了坚实的物质基础。

现代机电设备是在传统机械基础上吸收先进的科学技术、在结构和工作原理上产生质的飞跃而形成的新型设备。它是将机械技术、微电子技术、计算机技术、信息处理技术和软件技术相互融合的系统工程的产物（图0-4），正向高精度、高效率、高性能和高智能方向发展。

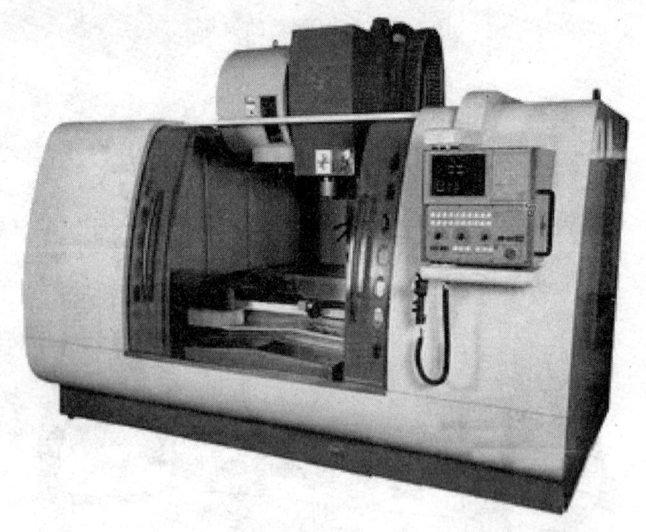

图0-4　数控加工中心

0.3 机电设备的分类与型号

0.3.1　机电设备的分类

1. 机电设备分类

机电设备种类繁多，分类方法也多种多样。《国民经济行业分类与代码》(GB/T 4754—2002）中对机电设备有细致的分类，这种分类方法常用于行业设备资产管理、机电产品目录资料手册的编目等。另外，机电设备按用途可分为三大类，即产业类机电设备、信息类机电设备和民生类机电设备。

产业类机电设备是指用于生产企业的设备，例如机械制造行业使用的各类机械加工设备、自动化生产线、工业机器人，还有其他行业使用的机械设备，如纺织机械、矿山机械等都属于产业类机电设备。

信息类机电设备是指用于信息采集、传输和存储处理的电子机械产品。例如，计算机、打印机、复印机、传真机、通讯设备等其他办公自动化设备都属于信息类机电设备。

民生类机电设备是指用于人民生活领域的电子机械产品。例如，各种家用电器、家用加工机械、汽车电子化产品、健身运动机械等都属于民生类机电设备。

2. 机械加工设备的分类

机械制造行业使用的机械加工设备种类很多，通用机械加工设备的分类方法有以下几种。

（1）按机床的加工方式和用途分类

根据国家标准《金属切削机床型号编制方法》（GB/T 15375—2008），把机床分为11大类，必要时，每类又可分为若干分类，见表0-1。

表0-1　机床的类和分类代号

类　别	车　床	钻　床	镗　床	磨　床			齿轮加工机床	螺纹加工机床	铣　床	刨插床	拉　床	锯　床	其他机床
代号	C	Z	T	M	2M	3M	Y	S	X	B	L	G	Q
参考读音	车	钻	镗	磨	二磨	三磨	牙	丝	铣	刨	拉	割	其

（2）按机床的万能性分类

按机床的万能性可分为3类：通用机床、专门化机床、专用机床。

（3）按机床的精度分类

按机床的精度可分为3类：普通机床、精密机床、高精度机床。

（4）按机床的重量分类

按机床的重量可分为4类：一般机床、大型机床、重型机床、超重型机床。

3. 数控机床的分类

数控机床是一种技术密集度及自动化程度很高的机电一体化加工设备。目前数控机床的品种繁多，其分类方法可见6.1.2节。

0.3.2　机床型号的编制方法

机床的型号是用以表示机床的类型、主要技术参数、使用及结构特性的代号。我国的机床型号编制方法自1957年1月第一次颁布以来，随着机床工业的发展，做过多次修订和补充。于2009年2月实施的新标准《金属切削机床型号编制方法》（GB/T 15375—2008）替代了《金属切削机床型号编制方法》（GB/T 15375—94）。新标准中取消了型号中企业代号的表达，增加了具有两类特性机床的说明，并修订、增加了多类机床的组、系内容。在国家标准《金属切削机床型号编制方法》（GB/T 15375—2008）

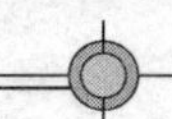

中，通用机床的型号由基本部分和辅助部分组成，中间用“/”隔开，前者需统一管理，后者是否纳入型号由企业自定。型号的构成如图 0-5 所示。

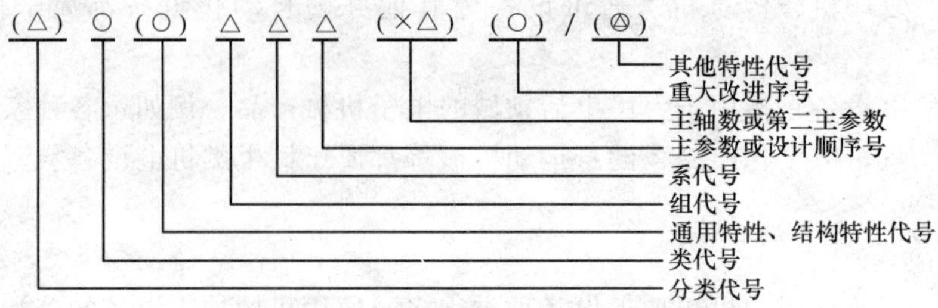

图 0-5 通用机床型号构成

有“()”的代号或数字，无内容时则不表示，有内容时则不带括号；

有“○”符号的，为大写的汉语拼音字母；

有“△”符号的，为阿拉伯数字；

有“◎”符号的，为大写的汉语拼音字母，或阿拉伯数字，或两者兼有之

1. 机床的类代号

机床分 11 类，类代号用大写的汉语拼音字母表示。若有分类代号，则分类代号在类代号之前，并用阿拉伯数字表示。对于有两类特性的机床编制时，主要特性应放在后边，次要特性放在前面。例如，铣镗床是以镗为主、铣为辅。机床的类代号见表 0-1。

2. 机床的通用特性、结构特性代号

（1）通用特性代号

通用特性代号有统一的规定含义，在各类机床中，表示的意义相同。当在一个型号中需要同时使用两至三个通用特性代号时，一般按重要程度排列顺序。机床的通用特性代号见表 0-2。

表 0-2 机床的通用特性代号

通用特性	高精度	精密	自动	半自动	数控	加工中心（自动换刀）	仿形	轻型	加重型	柔性加工单元	数显	高速
代号	G	M	Z	B	K	H	F	Q	C	R	X	S
读音	高	密	自	半	控	换	仿	轻	重	柔	显	速

（2）结构特性代号

对主参数值相同而结构、性能不同的同一类机床，在型号中加结构特性代号予以区分。它在型号中没有统一的含义，当型号中有通用特性代号时，结构特性代号应排在通用特性代号之后。通用特性代号使用的字母，以及 I 和 O 两个字母不能再用于结构特性代号中。

3. 机床的组、系代号

每一类机床分为 10 组，每一组又分为 10 系。其划分原则是：在同一类机床中，主

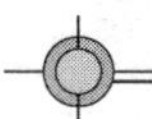

要布局或使用范围基本相同的机床为同一组；在同一组机床中，其主参数相同、主要结构及布局型式相同的机床为同一系。各类机床的组、系划分见附录1。

4. 机床的主参数或设计顺序号

主参数是反映机床最大加工能力的一种参数，一般以机床最大加工尺寸或与此有关的主要部件尺寸的折算值表示。当折算值大于1时取整数，当折算值小于1时，则取小数点后第一位数，并在前面加“0”。主参数具体的表示内容及折算系数查看附录A。

某些通用机床，当无法用一个主参数表示时，则在型号中用设计序号表示。设计序号由01开始。

5. 机床的主轴数或第二主参数

对于多轴车床、多轴钻床、排式钻床等机床，其主轴数应以实际数值列入型号中，单轴可省略。

第二主参数（多轴机床的主轴数除外）一般不予表示。如有特殊情况，需在型号中表示，则第二主参数的折算值一般以两位数为宜，最多不超过三位。通常以长度、深度值表示的，其折算系数为1/100；以直径、宽度值表示的，其折算系数为1/10；以厚度、最大模数值表示的，其折算系数为1。当折算值大于1时取整数，当折算值小于1时取小数点后第一位数，并在前面加“0”。

6. 机床的重大改进顺序号

当机床的结构、性能有更高的要求，并需按新产品重新设计、试制和鉴定时，才按改进的先后顺序，在原型号之后用A、B、C…字母顺序表示（但I和O两个字母不得选用），以区别原机床型号。

重大改进设计不同于完全的新设计，它是在原有机床的基础上进行改进设计。因此，重大改进后的产品与原型号的产品是一种取代关系。

凡属局部的小改进，或增减某些附件、测量装置及改变装夹工件的方法等，因对原机床的结构、性能没有作重大改变，故不属于重大改进。

7. 机床的其他特性代号

其他特性代号主要用于反映各类机床的特性。例如，对于数控机床，可用来反映不同的控制系统；对于加工中心，可用来反映控制系统、联动轴数、自动交换主轴头、自动交换工作台等；对于柔性加工单元，可用来反映自动交换主轴箱；对于一机多能机床，可用来补充表示某些功能；对于一般机床，可以反映同一型号机床的变型等。

其他特性代号可用大写的汉语拼音字母（I和O两个字母除外）或阿拉伯数字，或两者兼有之。其中L表示联动轴数，F表示复合。当单个字母不够用时，可将两个字母组合起来使用。

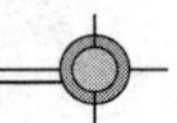

8. 通用机床型号示例

示例1：最大磨削直径为400 mm的高精度数控外圆磨床，其型号为MKG1340。

示例2：经过一次重大改进、最大钻孔直径为25 mm的四轴立式排钻床，其型号为Z5625×4A。

示例3：工作台最大宽度为400 mm的5轴联动卧式加工中心，其型号为TH6340/5L。

对于专用机床、机床自动线的型号表示方法，在《金属切削机床型号编制方法》（GB/T 15375—2008）中也作了相应的规定。

0.4 机床的技术性能

机床的技术性能就是反映机床加工范围、使用质量和经济性的技术性能指标。为了完成一定的工艺任务，必须按加工对象的特点和具体的生产条件选择技术性能与之相适应的机床，这样才能充分发挥机床的效能，取得良好的经济效益。不切实际地选用高性能机床，只会造成设备的浪费和产品成本的增加。要做到合理选用、正确使用机床，必须很好地了解机床的技术性能。通常从工艺范围、技术规格、机床精度等几个方面评定机床的技术性能。

1. 工艺范围

工艺范围是指机床适应不同生产要求的能力，即机床上可完成的工序种类、能加工的零件类型、毛坯和材料的种类、适应的生产规模等。通用机床的工艺范围很宽，可以完成一定尺寸范围内的多种类型的工件和多种工序的加工，但结构复杂、自动化程度和生产率较低，适用于生产批量小、加工对象多变的单件、小批生产。专门化机床的工艺范围较窄，用于加工一定尺寸范围内的形状相似的零件，且只能完成特定的工序，如曲轴车床、凸轮轴车床等。专用机床的工艺范围最窄，只能完成特定零件的特定工序加工，但专用机床的结构简单自动化程度和生产率较高，适用于大批量生产。

2. 技术规格

技术参数是反映机床尺寸大小和工作性能的各种技术数据，包括主参数和一般技术参数。

主参数是反映机床最大加工能力的一种参数，一般分第一主参数和第二主参数。《金属切削机床型号编制方法》（GB/T 15375—2008）中规定了由何种参数作为某一类机床的主参数。国家根据机床的生产和使用情况将主参数系列化。例如，卧式车床第一主参数系列为：250mm、320mm、400mm、500mm、630mm、800mm、1000mm和1250 mm八种规格（均指床身上的最大回转直径）。

一般技术参数包括：反映与被加工零件有关的尺寸、安装标准化刀具的安装面尺寸和主要零、部件结构尺寸的尺寸参数；反映运动部件速度大小、变速级数和变速范围的运动参数；反映动力部件功率大小的动力参数和反映机床轮廓尺寸、机床总重量等的其他参数。表 0-3 列出了 CA6140（ϕ400×1500）型卧式车床的主要技术规格。

表 0-3　CA6140 型卧式车床的主要技术规格

主参数	第一主参数	床身上最大回转直径/mm	400
	第二主参数	二顶尖间距离/mm	1500
一般技术参数	刀架上回转直径/mm		210
	主轴通孔直径/mm		52
	主轴中心至床身平面导轨距离/mm		205
	最大行程/mm	纵向	1400
		横向	320
		小溜板	140
	主轴孔前端锥度		莫氏圆锥 6 号
	主轴转速范围/(r/min)	正转	10～1400（24 级）
		反转	14～1580（12 级）
	进给量范围/(mm/r)	纵向	0.028～6.33（64 级）
		横向	0.014～3.16（64 级）
	加工螺纹范围	公制螺纹/mm	1～192（44 种）
		模数螺纹/mm	0.25～48（39 种）
		英制螺纹/(牙/寸)	2～24（20 种）
		径节螺纹/*DP*	1～96（37 种）
	主电机功率/kW		7.5
	机床轮廓尺寸（长×宽×高）/(mm×mm×mm)		3168×1000×1267
	机床净重/kg		2220

注：CA6140 型卧式车床二顶尖间距离有四种规格：750/1000/1500/2000mm。

3. 机床精度

机床的精度在很大程度上决定了零件的加工精度，即在正常的工艺条件下，机床上加工的零件所能达到的尺寸、形状、相互位置精度和所能控制的表面粗糙度。机床精度通常用机床的几何精度、传动精度和定位精度表示。几何精度是指机床在不运动或极低的运动速度时，其主要零部件的几何形状和相互位置精度。传动精度是指有精确传动比要求的传动系统，其运动传递的准确性和均匀性。定位精度是指机床运动部件从某一位置运动到预期的另一位置时所达到的实际位置的精度。国家对各类通用机床都规定了精度标准。

通用机床分三个精度等级：普通精度级、精密级和高精度级。普通精度级的机床制造成本低，生产率较高，能满足一般精度要求的零件加工，是生产中应用最多的机床。精密级和高精度级的机床制造成本高，对工作环境的要求也比较高，而生产率较低，仅适用于精度要求高的零件精加工和精密零件的加工。

4. 生产率与自动化程度

生产率是指单位时间内机床所能加工的零件数量，它影响到生产效率和生产成本，在满足加工精度和机床使用要求的情况下，生产率应尽可能地提高。

自动化程度可用机床自动工作时间与全部工作时间的比值来表示。机床自动化程度高，不仅提高劳动生产率，减轻劳动强度，还有利于保证零件的加工精度和产品质量的稳定性。因此提高机床自动化程度，是现代机床发展趋势的一个重要方面。以往，自动化程度高的机床一般使用于大批量生产中，而如今高度自动化的数控机床最适宜小批量生产和单件生产。

5. 机床的效率和精度保持性

机床的效率和精度保持性是反映机床使用中节能降耗的指标。

机床的效率是指消耗于切削的有效功率与电动机的输出功率之比。机床效率低不仅浪费能源，而且大量损耗的功率转变为热量，引起机床热变形，从而影响加工精度。因此，这一指标对精加工机床和大功率机床显得尤为重要。

精度保持性是指机床保持规定加工精度时间的长短。精度保持性差的机床不仅增加维修费用，还大大降低了机床的利用率。因此，这一指标对机床、特别是精密机床是十分重要的技术性能指标。

6. 其他技术性能

机床的技术性能还包括机床噪声大小、操作维修是否方便、工作是否安全可靠等。

小　　结

本章简要介绍机电设备发展概况，主要介绍了机电设备的分类及机械加工设备的分类、型号编制，机械加工设备的技术性能指标。学习本章后应掌握型号编制，能根据机床型号及机床的技术性能指标合理选用机床。

习　　题

0.1　常见的机床分类方法有哪几种？

0.2　通用机床的型号包括哪些内容？

0.3　机床的技术性能有哪些指标？

0.4　了解机床的技术性能的意义是什么？

0.5　解释下列机床型号：CX5112A、Z3040×16、MBE1432、T6112、B2010A、THM6350。

第1章

机床传动基础

本章概述

机床在加工过程中要作一定的运动，为了实现这些运动，就要由各种传动机构组成机床的传动系统。本章主要介绍机床传动的基本知识，包括机床的运动、机床的机械传动装置、常用离合器、机床传动系统的分析及调整计算等。

知识目标

1. 了解机床加工各种表面时所需的运动。
2. 理解常用离合器的类型及工作原理。
3. 掌握机床传动中传动机构的工作原理。
4. 掌握外联系传动和内联系传动的特点。

能力目标

具备机床传动系统分析与调整计算的能力。

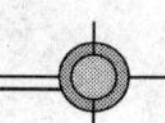

1.1 机床的运动

机床在加工过程中完成的各种运动，按其功用可分为表面成形运动和辅助运动两类。

1.1.1 表面成形运动

直接参与切削过程形成工件所需表面，刀具和工件之间所作的相对运动，称为表面成形运动。各种机床加工时的表面成形运动的形式和数目，决定于被加工表面的形状及所采用的加工方法和刀具结构。图 1-1 为常见的几种工件表面的加工方法及加工时的成形运动。由图可见，形成零件表面的成形运动不同，但其基本形式是旋转运动和直线运动。即使刀具或工件的运动轨迹比较复杂，也仍然是由这两种运动合成的，如图 1-1（c，d）所示。加工时运动分配不同，机床结构也就不同。同样形成圆柱形表面，图 1-1（a）是卧式车床加工，图 1-1（b）是外圆磨床加工。

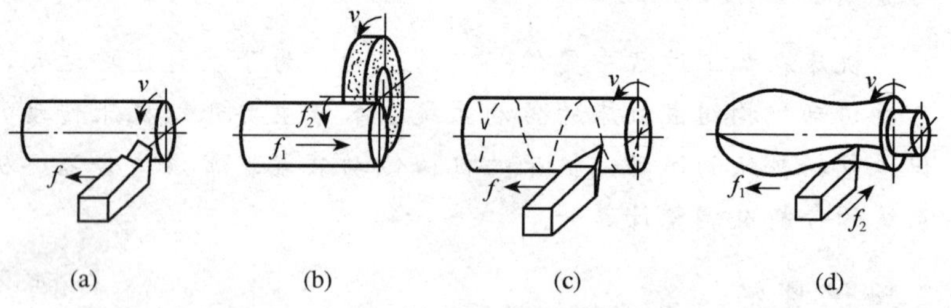

图 1-1 几种工件表面的成形方法

根据切削过程中所起的作用不同，表面成形运动又可分为主运动和进给运动。

主运动是切除工件上多余的金属使之成为切屑的运动，其特点是运动速度高、消耗动力大。而进给运动是维持切削连续的运动，特点是运动速度低、消耗动力小。在图 1-1中，主运动以 v 表示，进给运动以 f 表示。任何一种机床工作时必须有一个主运动，但进给运动可能有一个或几个。

1.1.2 辅助运动

机床上除表面成形运动外的所有运动，都是辅助运动，其功用是实现机床加工过程中所必需的各种辅助动作。辅助运动的种类很多，如为反复进行切削加工创造条件的快速引进和退回运动，使刀具和工件具有正确相对位置的调位运动（例如摇臂钻床上移动钻头对准被加工孔中心）、分度运动，以及工件的夹紧、松开等操纵运动。

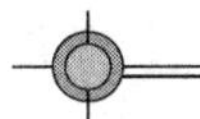

1.2 机床的基本传动方法

1.2.1 常用的传动元件

1. 带传动

带传动是利用胶带与带轮之间的摩擦作用，将主动轮的转动传到另一个被动带轮上去。在传统的机床传动中，一般用三角胶带传动，如图 1-2 所示，其传动比表示为 $u_{\text{I}-\text{II}}=\phi D_1/\phi D_2$。

带传动的优点是：传动平稳；轴间距离较大；结构简单，制造和维修方便；过载时打滑，不致引起机器损坏。其缺点是：不能保证准确的传动比，并且摩擦损失大，传动效率较低。现代数控机床大都用同步带传动。

2. 齿轮传动

齿轮传动是目前机床中应用最多的一种传动方式。齿轮种类很多，如圆柱齿轮、圆锥齿轮、螺旋齿轮等，其中最常用的是直齿圆柱齿轮。如图 1-3 所示，传动比为 $u_{\text{I}-\text{II}}=Z_1/Z_2$

齿轮传动的优点是机构紧凑，可传递较大的扭矩，传动效率高；缺点是制造较复杂，当精度不高时，传动不平稳，有噪声。

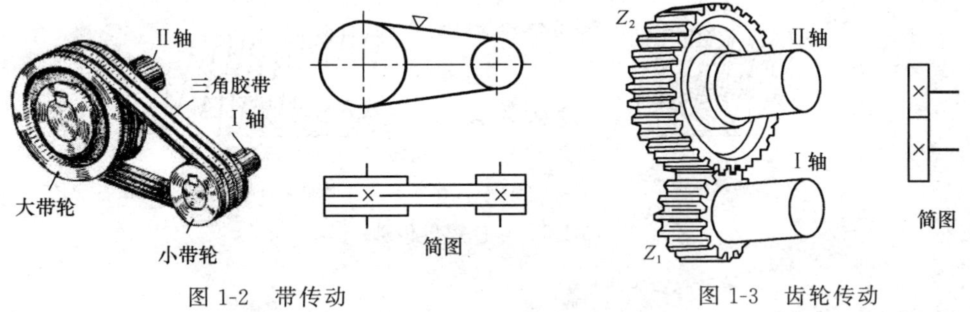

图 1-2　带传动　　　图 1-3　齿轮传动

3. 蜗杆传动

蜗杆传动是在空间交错的两轴间传递运动和动力的一种传动，蜗杆为主动件，将其转动传给蜗轮，如图 1-4 所示。若蜗杆的螺纹头数为 k，蜗轮的齿数为 z，则其传动比为 $u_{\text{I}-\text{II}}=k/z$。

蜗杆传动的优点是可以获得较大的传动比，传动平稳、无噪声，结构紧凑；缺点是传动效率低，需有良好的润滑条件。

4. 齿轮与齿条传动

齿轮齿条的传动可以将旋转运动变成直线运动（齿轮为主动），也可将直线运动变为旋转运动（齿条为主动），如图 1-5 所示。若齿轮齿数为 z，齿条的齿距为 πm（m 为

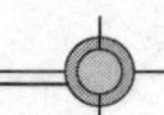

齿轮模数，单位为 mm)，当齿轮按图示方向旋转的转速为 n 时，则齿条向左作直线移动，其移动速度 $S=n\pi mz$。

齿轮与齿条传动效率高，但制造精度不高时，传动的平稳性和准确度较差。

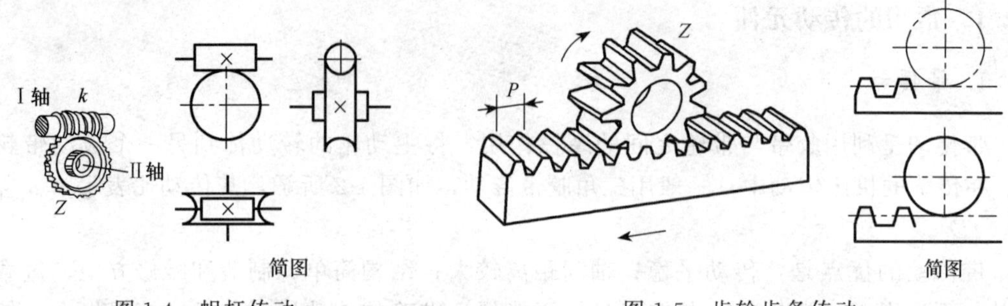

图 1-4 蜗杆传动　　图 1-5 齿轮齿条传动

5. 丝杠螺母传动

它可以使旋转运动变为直线运动。如图 1-6 所示，若螺距为 p，转速为 n 时，螺母（不转）沿轴线方向移动的速度 $S=knp$（k 为多头螺纹的头数）。

丝杠螺母传动的优点是工作平稳，无噪声，可以达到较高的传动精度，但传动效率低。滚珠丝杠螺母副传动效率高，且传动平稳，不易产生爬行，在现代数控机床广泛应用。

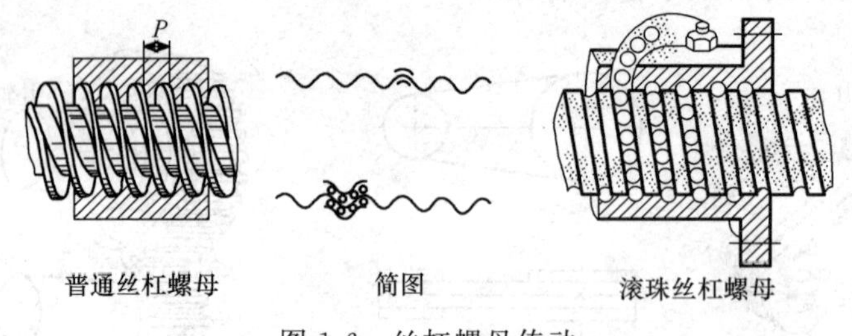

图 1-6 丝杠螺母传动

1.2.2 常用离合器

离合器用来接通、断开轴与轴上的空套传动件（如齿轮、皮带轮等）或同轴线的两轴的运动，以实现机床运动的起动、停止、变速、变向等。

离合器的种类很多，按其结构和用途不同，可分为啮合式离合器、摩擦式离合器、超越离合器和安全离合器等。

1. 啮合式离合器

啮合式离合器利用两个零件上相互啮合的齿爪传递运动和扭矩。根据结构形状不同，又有牙嵌式和齿轮式两种。

牙嵌离合器由两个端面带齿爪的零件组成，如图 1-7 (a) 所示。在图 1-7 (b) 中，右半离合器与轴平键连接（或花键连接）并可以沿平键在轴上移动。端面带齿爪的齿轮与轴空套连接。用操纵杆移动右半离合器，使它与齿轮端面上的齿爪啮合，便可使齿轮与轴一起旋转，齿爪脱开，只有齿轮（或轴）旋转。

齿轮式离合器由具有普通圆柱齿轮形状的两个零件组成，如图1-7（c，d）所示，其中的一个为外齿轮，另一个为内齿轮，两者的齿数和模数完全相同。当它们相互啮合时，便可将空套齿轮与轴或同轴线的两轴连接而一起旋转。当它们相互脱开时，运动联系便断开。

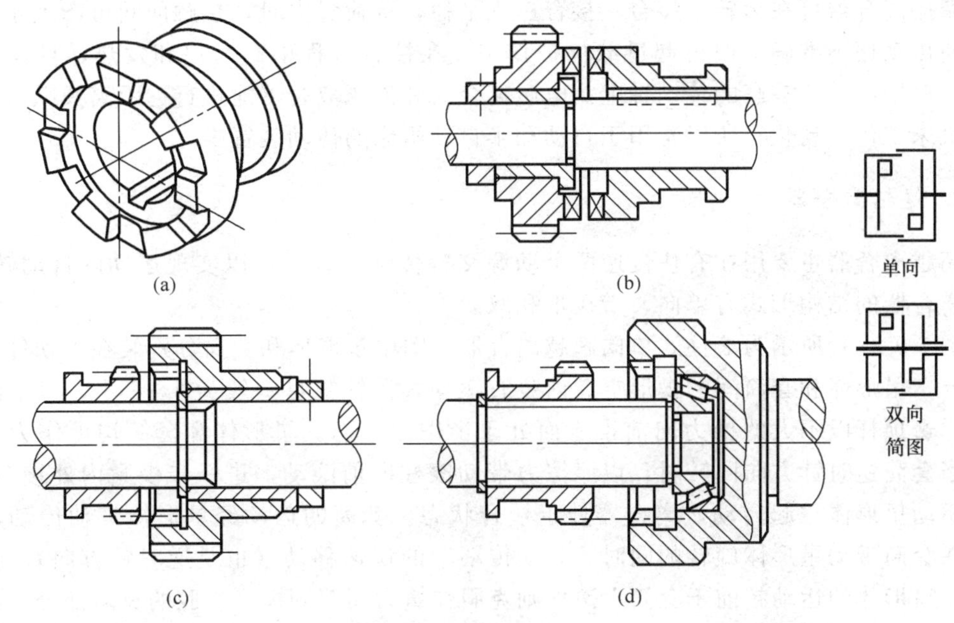

图1-7 啮合式离合器

啮合式离合器结构简单、紧凑，接合后不会产生相对滑动，传动比准确，操作方便，但只能在停转时进行接合。因此，这种离合器常用在要求保持严格运动关系或速度较低的传动中。

2. 摩擦式离合器

摩擦式离合器利用相互压紧的两个零件接触面间产生的摩擦力传递运动和扭矩，其结构形式很多，机床上应用最广的是多片摩擦离合器。

图1-8为机械式多片摩擦离合器的一种结构。它由形状不同的两组摩擦片组成。一组是内摩擦片，其内孔为花键孔，与轴上的花键相连接；另一组是外摩擦片，其内孔是光滑圆孔，套在轴的花键外圆上，而其外圆上有四个凸齿，卡在空套齿轮右端套筒部分的缺口内。内外摩擦片相间安装，在未被压紧

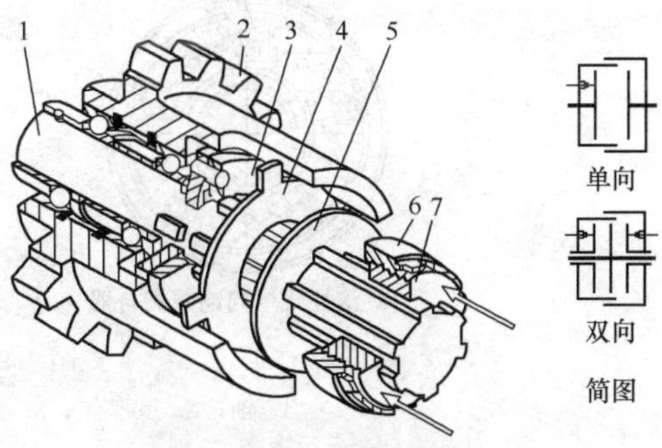

图1-8 机械式摩擦离合器

1. 轴；2. 空套齿轮；3. 垫片；4. 外摩擦片；5. 内摩擦片；6. 调整螺母；7. 压套

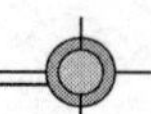

时，它们互不联系。当用操纵机构使压套向左移动时，压套带动螺母把内外摩擦片压紧，通过摩擦片间的摩擦力，将扭矩由轴传给空套齿轮，或者相反地由齿轮传给轴，运动被接通。

多片摩擦离合器还有采用电磁力、液压力压紧摩擦片的，常称为电磁摩擦离合器与液压摩擦离合器。

摩擦离合器可在运转中接合，接合过程平稳，载荷过大时，接触面间可产生相对滑动，使传动比不准确，但可起过载保护作用。在接合过程中有磨损和发热，且尺寸较大。一般用在转速较高的传动轴上。电磁离合器和液压离合器能进行远距离操纵，易于实现机床工作自动化，所以常用于自动和半自动机床的传动装置中。

3. 超越离合器

超越离合器主要用在有快慢速两个动源交替传动的轴上，以实现运动的自动转换。超越离合器的结构形式有单向、带拨爪和双向等。

图 1-9（a）所示为滚柱式单向超越离合器，图中星形体和套筒分别装在主动件和从动件上，星形体和套筒间的楔形空腔内装有滚柱，滚柱数目一般为 3～8 个，每个滚柱都被弹簧顶杆以不大的推力向前推进而处于半楔紧状态。星形体和套筒均可作为主动件。当套筒逆时针方向回转时，以摩擦力带动滚柱向前滚动，进一步楔紧内外接触面，从而驱动星形体一起转动，离合器处于接合状态。套筒的运动经星形体带动传动轴旋转。在套筒带动星形体旋转的同时，起动传动轴的快速移动（也是逆时针方向），传动轴将使星形体的运动超前于套筒，滚柱则克服弹簧力而滚到楔形空腔的宽敞部分，离合器处于分离状态，因此套筒的运动和星形体的运动互不干涉。当传动轴的快速移动停止后，又自动恢复为套筒带动传动轴旋转的低速运动。

这种结构的超越离合器，套筒的低速运动只能单方向旋转，所以称为单向超越离合器。如果需要慢速运动和快速运动都能正反向旋转，则可以采用图 1-9（b）所示的双向超越离合器。

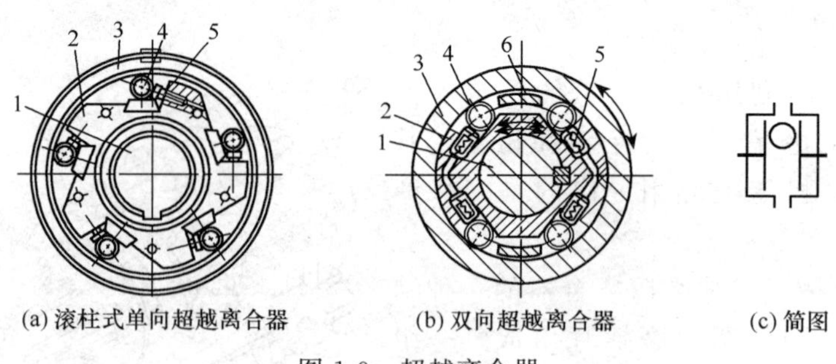

(a) 滚柱式单向超越离合器　(b) 双向超越离合器　(c) 简图

图 1-9　超越离合器

1. 轴；2. 星形体；3. 套筒；4. 滚柱；5. 弹簧；6. 拨爪

1.2.3　机床的传动形式

为了实现加工过程中所需的各种运动，机床必须具备以下三个基本部分。

1. 动力源

动力源是提供动力和运动的装置，是执行件的运动来源。现代机床通常采用三相异步电动机作动力源。

2. 执行件

执行件是指执行机床运动的部件，如主轴、刀架、工作台等，其任务是安装刀具或工件，并直接带动其完成一定形式的运动和保持准确的运动轨迹。

3. 传动装置

传动装置指传递运动和动力的装置，通过它把动力源的运动和动力传给执行件。在多数情况下，传动装置同时还需完成变速、变向、改变运动形式等任务，使执行件获得所需的运动形式、运动速度和运动方向。

机床的传动装置，按其所采用的传动介质不同，可分为机械传动、液压传动、电气传动和气压传动等。

机械传动应用齿轮、皮带轮、离合器、齿条和丝杠螺母等机械元件传递运动和动力。这种传动形式工作可靠、维修方便，目前在机床上应用最广。

液压传动应用油液作介质，通过液压元件改变油液的压力、流量来传递运动和动力。这种传动形式结构简单、传动平稳、容易实现自动化，在机床上应用日益广泛。

电气传动应用电能通过电气装置传递运动和动力。这种传动形式的电气系统比较复杂，成本较高，主要用于大型和重型机床，如龙门刨床等。

气压传动应用空气作介质传递运动和动力。这种传动形式的特点是动作迅速，易于实现自动化，但运动不易稳定，驱动力较小，主要用于机床的某些辅助运动（如夹紧工件等）及小型机床的进给运动传动中。

根据机床的工作特点不同，往往采用以上几种传动形式的组合。

1.2.4 机械传动装置中的机构

为了实现机床工作运动的要求，传动装置中需要有以下几种机构。

1. 定比传动机构

定比传动机构传动元件的传动比固定不变，其作用就是传递运动和动力，如前所述的齿轮传动副、带传动副、丝杠螺母传动副等。

2. 变速传动机构

变速传动机构能随时改变传动元件的传动比，实现分级变速的机构。其类型有以下几种。

（1）滑移齿轮变速机构

如图1-10（a）所示，齿轮Z_1和Z_2固定在轴Ⅰ上，由齿轮Z_1'和Z_2'组成的双联齿

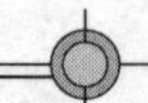

轮与轴Ⅱ滑移连接，即可沿轴向移动。当双联齿轮分别移至左、右两个位置时，就会获得两种不同的 Z_1/Z_1' 和 Z_2/Z_2'。如果Ⅰ轴只有一种转速时，Ⅱ轴可得到两级不同的转速。图 1-10（b）为三联滑移齿轮变速机构。

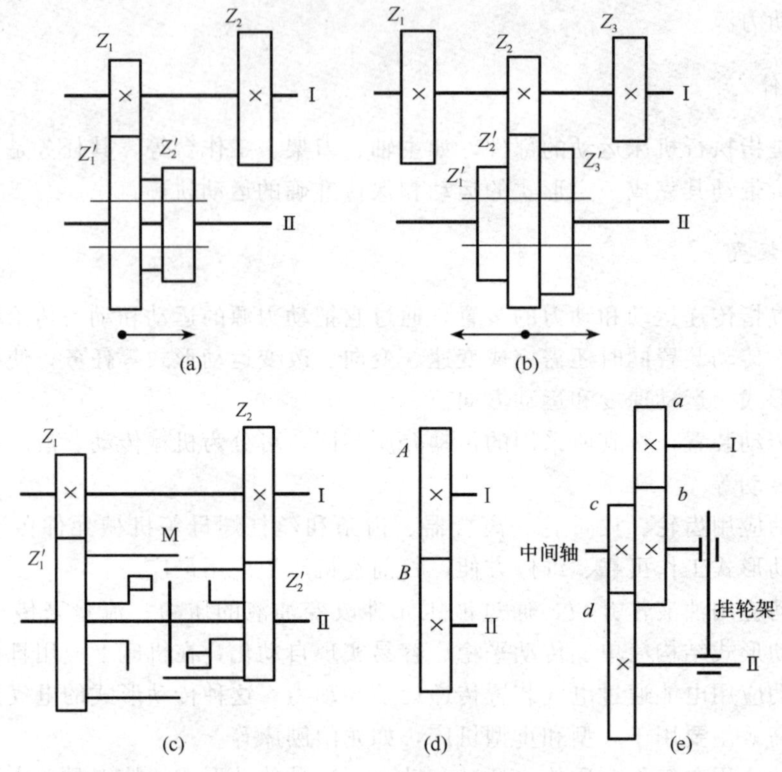

图 1-10　常用变速机构

滑移齿轮变速机构变速方便，且结构紧凑，传动效率高，在机床上应用最广，但其不能在运转中变速。

（2）离合器变速机构

如图 1-10（c）所示，固定在轴Ⅰ上的齿轮 Z_1 和 Z_2，分别与空套在轴Ⅱ上的齿轮 Z_1' 和 Z_2' 保持啮合。由于两对齿轮的传动比不同，当轴Ⅰ的转速一定时，齿轮 Z_1' 和 Z_2' 将以不同转速旋转。利用双向离合器使齿轮 Z_1' 或 Z_2' 与轴Ⅱ连接，轴Ⅱ就可获得两级不同的转速。

离合器变速机构变速方便，变速时齿轮不需移动，因此可采用斜齿轮传动，使传动平稳；齿轮尺寸大时操纵比较省力，若采用摩擦离合器时，还可在运转中变速，易于实现机床自动化。其缺点是各对齿轮经常处于啮合状态，磨损较大，传动效率低；此外，摩擦离合器的结构复杂，尺寸较大。主要用于重型机床，以及采用斜齿轮传动的变速箱和自动、半自动车床。

（3）挂轮变速机构

挂轮变速机构也称为配换齿轮变速机构。如图 1-10（d）所示，在轴Ⅰ、Ⅱ上分别装有一个可拆卸更换的挂轮 A 和 B，选择并装上传动比不同的齿轮副，从动轴就可得到不同转速．由于轴Ⅰ、Ⅱ的中心距是固定不变的，因此在模数相同的条件下，装上的每对齿轮的齿数和必须为一常数。

图 1-10（e）为采用两对挂轮的变速机构，齿轮 a 和 d 分别装在固定轴Ⅰ和Ⅱ上，齿轮 b 和 c 装在可调整位置的中间轴上。中间轴相对两定轴Ⅰ、Ⅱ在一定范围内可任意调整位置，因此在挂轮架尺寸允许范围内，可以装上各种齿数的配换齿轮，获得准确的传动比。

挂轮变速机构结构简单、紧凑，但变速麻烦，调整费时，故主要用在不需经常变速的机床上，如齿轮机床等。采用两对挂轮时，由于装在挂轮架上的中间轴刚度较差，一般只用于进给传动，以及需要保持准确运动关系的传动中。

3．换向机构

换向机构用来改变机床执行件的运动方向，如主轴旋转方向、刀架和工作台的进给方向等。机床上常采用的由圆柱齿轮和圆锥齿轮组成的换向机构。

（1）圆柱齿轮换向机构

图 1-11（a）是滑移齿轮换向机构，当滑移齿轮 Z_2 在图示位置时，运动由齿轮 Z_1 经中间齿轮 Z_0 传至齿轮 Z_2，轴Ⅱ和轴Ⅰ的转向相同；滑移齿轮 Z_2 左移至虚线位置时，齿轮 Z_2 与轴Ⅰ上的齿轮直接啮合，轴Ⅱ和轴Ⅰ的转向相反。

图 1-11（b）是由圆柱齿轮和摩擦离合器组成的换向机构。双向摩擦离合器 M 的左面部分接合时，运动由轴Ⅰ经齿轮副 Z_1/Z_2 传至轴Ⅱ，两轴转向相反；离合器右面部分接合时，运动由轴Ⅰ经齿轮副 Z_1/Z_0 和 Z_0/Z_2 传至轴Ⅱ，两轴转向相同。

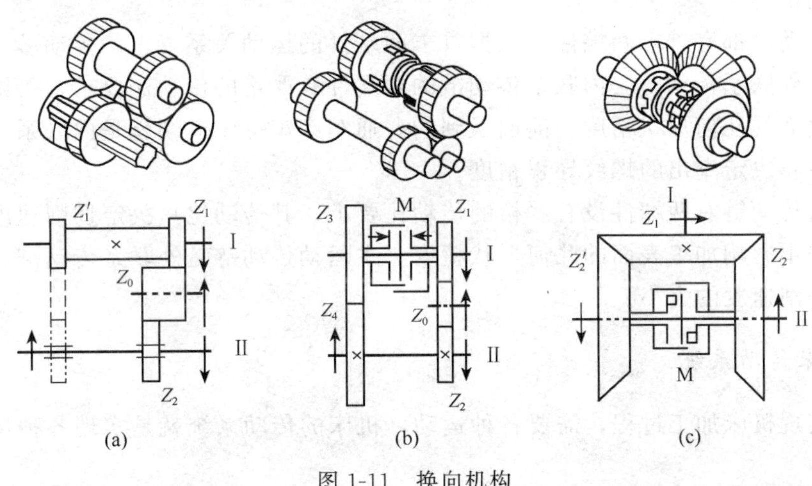

图 1-11　换向机构

（2）圆锥齿轮换向机构

图 1-11（c）是由圆锥齿轮和双向离合器组成的换向机构。固定在轴Ⅰ上的齿轮 Z_1 与空套在轴Ⅱ上的两个齿轮 Z_2 和 Z_2' 同时啮合，但 Z_2 和 Z_2' 的转向相反，移动离合器 M 使齿轮 Z_2 或 Z_2' 与轴Ⅱ连接，便可改变轴Ⅱ的转向。

圆柱齿轮换向机构的刚性比圆锥齿轮换向机构的刚性好。

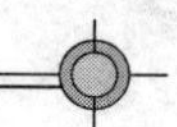

4. 运动形式变换机构

运动形式变换机构是将动源或某一执行件的旋转运动转变成另一执行件的直线运动。

(1) 齿轮齿条机构

齿轮的旋转运动转变成齿条的直线移动。例如，将齿条固定，齿轮旋转时还在齿条上滚动，实现齿轮平行于齿条的直线移动。齿轮齿条机构的运动可逆，但不能自锁。

(2) 丝杠螺母机构

丝杠旋转时，螺母将沿丝杠轴线直线移动。例如，将螺母固定，丝杠旋转的同时又作轴向移动。普通的滑动丝杠螺母机构运动不可逆、能自锁。滚珠丝杠螺母的传动具有可逆性，但不能自锁。

1.3 机床的传动系统

1.3.1 传动链和传动系统

1. 传动链

由各种传动机构组成的传动装置与动源和执行件，或与一个执行件和另一执行件之间的传动关系被称为传动链。由此可见，机床有多少个运动，就有多少条传动链。根据机床运动的分类，传动链可分为主运动传动链、进给运动传动链、空程运动传动链、分度运动传动链等。

每条传动链都有首末两端件，根据首末两端件的运动关系要求，传动链又分为内联系传动链和外联系传动链。内联系传动链的两端件有严格的传动比要求，否则将会直接影响加工表面的几何形状精度。前面谈到的普通车床车螺纹运动就是内联系传动链，其传动比误差将决定车出的螺纹导程精度。

外联系传动链对两端件没有严格的传动比要求，其传动比只决定切削速度或进给量大小，但并不影响加工表面的几何形状精度。主运动传动链是外联系传动链，它的传动比只影响切削速度的大小。

2. 机床传动系统

为了实现机床加工过程，需要各种运动，机床的传动系统就是实现各种运动的传动链组合。

1.3.2 传动系统图

为便于了解和分析机床的传动结构及运动传递情况，常采用一种简单的示意图，即传动系统图。在传动系统图中，各种传动元件用简单的规定符号表示，并按照运动传递顺序依次排列，以展开图形式画在机床的外形轮廓内，对于展开后失去联系的传动副，要用大括号或虚线连接起来以表示他们的传动关系。在传动系统图中还注明齿轮的齿数、丝杠的导程和传动轴的编号等。图 1-12 为一台普通车床的传动系统图。

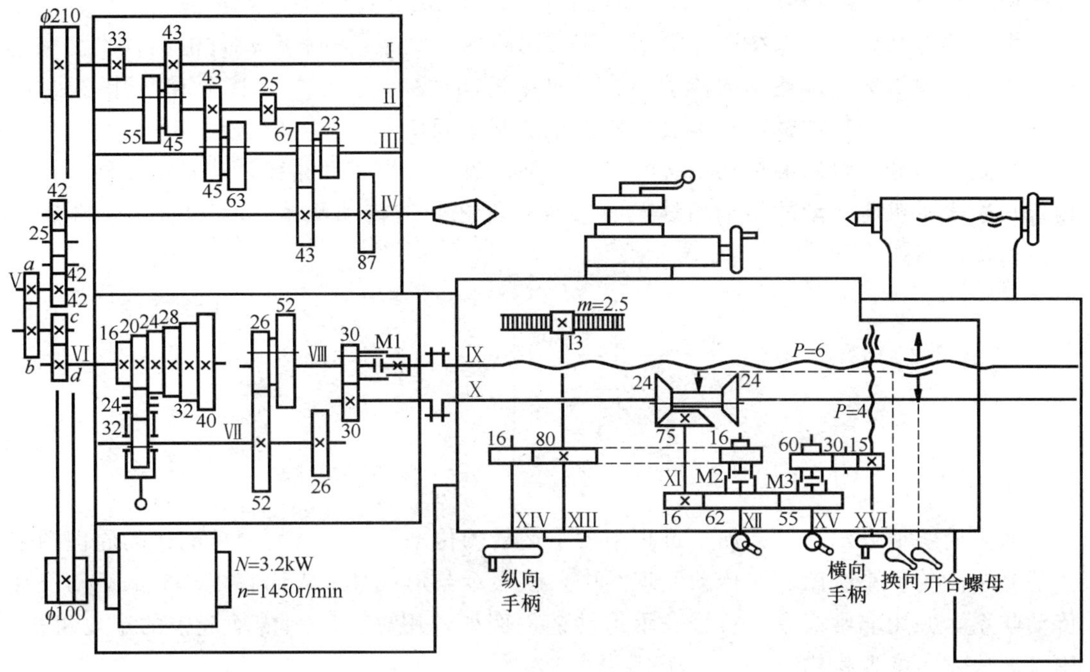

图 1-12 卧式车床传动系统图

根据传动系统图分析机床的传动关系时，首先应弄清楚机床工作时有哪些运动，每个运动的首、末两端件是什么，哪些运动需保持传动联系，然后按照运动传递顺序，从动力源至执行件依次分析各传动轴之间的传动结构和传动关系。在分析传动结构时，应特别注意齿轮、离合器等传动件与传动轴的连接关系。如图 1-12 所示的普通车床有四个运动，主轴的旋转运动是主运动，首端是电动机，末端执行件是主轴。还有车螺纹的纵向进给运动、车外圆的纵向进给运动和车端面的横向进给运动，三个运动的首端都是主轴，末端执行件是刀架。其中车螺纹的纵向进给运动要求刀架的运动与主轴应保持严格的传动比联系。图 1-13 是该车床的传动框图。

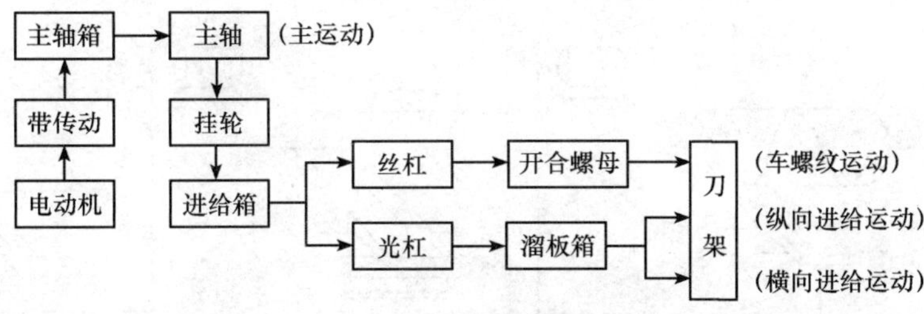

图 1-13 卧式车床传动框图

下面以主运动传动链为例分析其传动系统。

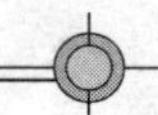

电动机的运动经定比传动机构（$\phi100/\phi210$）传给Ⅰ轴，再经轴Ⅰ—Ⅱ间的双联滑移齿轮、Ⅱ—Ⅲ间的双联滑移齿轮变速组，以及Ⅲ—Ⅳ间的双联滑移齿轮变速组，使主轴获得 2×2×2=8 级转速。改变电动机的转向即可改变主轴的旋转方向。

由上述可知，传动系统图能简明地表示出机床传动系统中各传动件的结构类型和连接方式，实现机床全部运动的传动路线，机床运动的变速、变向、接通和断开方法等，但是它不表示传动件的具体结构、尺寸大小及其空间位置。

在说明和分析机床的传动系统时，为简便起见，常用传动路线表达式（或称传动结构式）来表示机床运动的传动路线及有关执行件之间的传动联系。图 1-12 所示车床的主运动传动路线表达式如下

$$\text{电机（1450r/min）}-\frac{\phi100}{\phi210}-\text{Ⅰ}-\begin{bmatrix}\frac{33}{55}\\ \frac{43}{45}\end{bmatrix}-\text{Ⅱ}-\begin{bmatrix}\frac{43}{45}\\ \frac{25}{63}\end{bmatrix}-\text{Ⅲ}-\begin{bmatrix}\frac{67}{43}\\ \frac{23}{87}\end{bmatrix}-\text{Ⅳ主轴}$$

1.3.3 传动原理图

为了简明地表示出机床加工过程中各个运动的传动联系，常用简单的传动原理图来代替复杂的传动系统图。在传动原理图中，仅表示与形成某一表面直接有关的运动及其传动联系，并用非常简单的符号表示传动链。例如，用虚线表示传动链中的定比机构，用菱形块表示变速机构。

图 1-14（a）是普通车床上车削螺纹时的传动原理图。如图 1-14 所示，为了形成螺纹表面需有两个运动，即工件旋转 v 和刀具纵向直线移动 s，这两个运动通过车螺纹传动链 4—5—u_x—6—7 发生联系，使其保持严格的运动关系。u_x 代表车螺纹传动链中的变速机构，如挂轮架上的配换齿轮和进给箱中的滑移齿轮变速机构等，可通过它来调整被加工螺纹的导程。联系电动机和工件的 1—2—u_v—3—4 段代表主运动传动链，其变速机构 u_v 代表主变速机构，如滑移齿轮变速机构、离合器变速机构等，通过它可调整工件的转速。

图 1-14（b，c）分别是车削外圆柱面和端面时的传动原理图。4—5—u_s—6—7 段分别代表纵向进给（s_2）传动链和横向进给（s_3）传动链，u_s 代表进给变速机构。前已述及，这两条传动链显然也使工件和刀具的运动保持着联系，但性质与车螺纹传动链不同，前者是外联系传动链，而后者是内联系传动链。

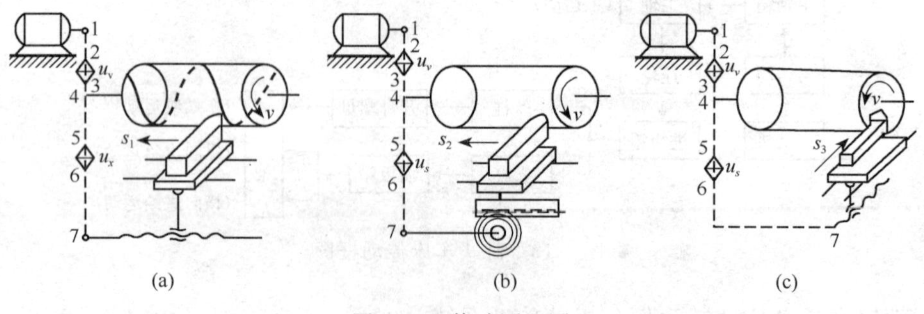

图 1-14 传动原理图

传动原理图对分析运动比较复杂的机床，如齿轮加工机床、螺纹加工机床和铲齿车床等的传动联系，了解其工作原理，是非常有用的。

1.3.4　转速分布图

转速图是一种用来表示变速传动系统运动规律的线图，可以直观地表示出变速传动过程中各传动轴和传动副的转速情况、运动输出轴获得各级转速时的传动路线等，所以是认识和分析机床变速传动系统非常有用的工具。图 1-15 是图 1-12 卧式车床的主运动转速分布图，现将其表示的意义说明如下：

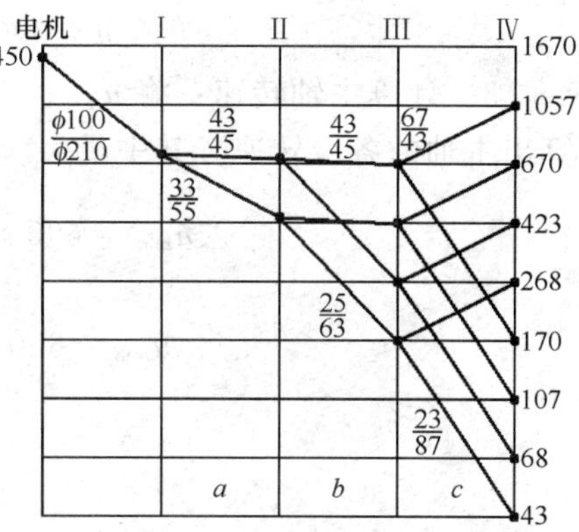

图 1-15　卧式车床的主运动转速图

1）距离相等的 5 根纵向平行线，依次代表传动系统图中从电动机轴到主轴Ⅳ的各根轴。

2）距离相等的 9 根横向平行线，表示由低至高依次排列的各级转速，每根线所代表的转速数值在其右端标出。图中代表转速值的纵向坐标采用对数坐标。主轴转速数列是按等比数列规律排列的，因此，代表主轴各级转速的横线间的距离相等。

3）纵向线上的小圆点，表示各轴工作过程中能够获得的转速。

4）连接两轴上转速点的连线，表示该两轴间的传动副，连线的倾斜程度代表传动副的传动比。

通过转速图还可以清楚地了解到运动输出轴获得各级转速的传动路线，以及各中间传动轴的转速。

1.3.5　机床传动系统的调整计算

1. 调整计算的内容

机床传动系统的调整计算通常有两种情况：一种是根据传动系统图提供的有关数据，计算某些执行件的运动速度或位移量；另一种是根据传动链两端件之间所需保持的运动关系，计算相应传动链中挂轮变速机构的传动比，以便工作时对机床进行运动调整。

2. 调整计算的步骤

机床传动系统的调整计算按每一传动链分别进行，其一般步骤如下所述。

1）分析传动链两端件的运动关系。

2）根据运动关系和传动结构式列平衡方程式。

3）化简平衡方程式，导出计算公式。

4）由计算公式计算执行件的运动速度或传动链中挂轮变速机构的传动比。

下面以图 1-12 所示的普通车床传动系统的主运动传动链为例进行计算。

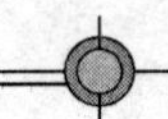

1）分析两端件运动关系，即电动机转速与主轴转速 n（r/min）的关系。

2）列运动平衡式，有

$$1450 \times \frac{100}{210} \times u_{\text{I}-\text{II}} \times u_{\text{II}-\text{III}} \times u_{\text{III}-\text{IV}} = n \quad (\text{r/min})$$

式中，$u_{\text{I}-\text{II}}$、$u_{\text{II}-\text{III}}$、$u_{\text{III}-\text{IV}}$ 分别为轴Ⅰ—Ⅱ、Ⅱ—Ⅲ和Ⅲ—Ⅳ间的可变传动比。

化简得

$$n = 690 \times u_{\text{I}-\text{II}} \times u_{\text{II}-\text{III}} \times u_{\text{III}-\text{IV}}$$

3）计算主轴转速：将 $u_{\text{I}-\text{II}}$、$u_{\text{II}-\text{III}}$、$u_{\text{III}-\text{IV}}$ 以相应的传动比数值代入上式，即可计算出主轴的各级转速。其中最大、最小转速分别为

$$n_{\max} = 690 \times \frac{43}{45} \times \frac{43}{45} \times \frac{67}{43} = 1057(\text{r/min})$$

$$n_{\min} = 690 \times \frac{33}{55} \times \frac{25}{63} \times \frac{23}{87} = 43(\text{r/min})$$

本章实训

实训项目　机床传动系统的认知

1. 知识与技能目标

1）熟悉机床常用传动元件的结构类型。

2）了解机床的传动形式和运动联系。

3）增加对机床传动系统的感性认识，为机床传动系统的教学做好基础。

2. 实训器材

C6140透明教学模拟车床或C616车床及其他简单卧式车床。

3. 实训过程

（1）传动元件的认知

观察车床主轴箱、进给箱和溜板箱内的传动元件结构类型及传动轴的空间布置。

（2）传动机构的认知

结合所学传动装置中的机构类型，观察车床都采用了哪几种传动机构。

观察系统中离合器的结构类型和在系统中的作用。

（3）结合观察绘制一张认知车床的传动系统图

4. 思考题

1）车床有几条传动链？哪条传动链是内联系传动链？

2）车床的主运动和进给运动为什么共用一个动力源？进给运动能否单独使用一个电机驱动？

小　结

本章主要介绍了机床传动的基本知识，包括机床的运动、机床的传动形式和运动联系、常用离合器的工作原理、机床传动系统、转速分布图和机床运动的调整计算等。学习本章后，应熟悉机床的运动，深入了解内联系传动和外联系传动等，掌握分析机床传动系统图的方法和进行机床运动的调整计算步骤及方法。

习　题

1.1　什么是表面成形运动、主运动、进给运动？

1.2　机械传动装置中有哪些机构？

1.3　常见的机械变速机构、机械变向机构有哪些类型？

1.4　传动系统调整计算的内容有哪些？

1.5　内外传动链的区别是什么？

1.6　卧式车床车螺纹传动链与车外圆传动链有何区别？

1.7　分析图 1-16 所示的传动系统，列出传动结构式和运动平衡式，指出变速级数，计算其最高、最低转速，并说明是什么性质的传动链。

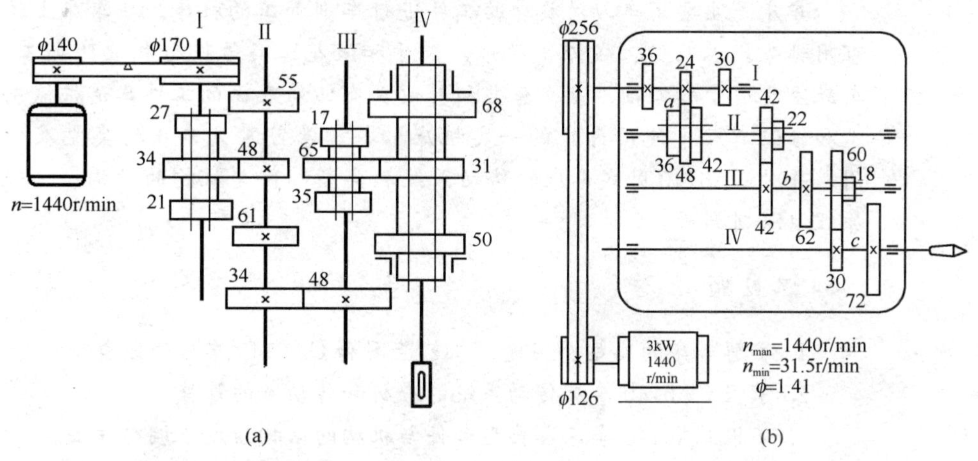

图 1-16　习题 1.7 图

第2章

车　床

本章概述

车床是主要用车刀对旋转的工件进行车削加工的机床。在车床上还可用钻头、扩孔钻、铰刀、丝锥、板牙和滚花工具等进行相应的加工。车床主要用于加工轴、盘、套类和其他具有回转表面的工件，是机械制造和修配工厂中使用最广的一类机床。本章学习常见车床的类型及作用，并对CA6140卧式车床的传动系统和典型部件与机构的结构、工作原理做深刻剖析。

知识目标

1. 了解车床的类型、用途、工艺范围和CA6140车床的组成。
2. 掌握CA6140车床传动系统的分析和传动链的计算。
3. 掌握CA6140车床各典型部件与机构的结构组成与调整方法。

能力目标

1. 根据被加工对象能正确选用车床。
2. 会调整和操作卧式车床。

2.1 概 述

2.1.1 车床的分类

车床是采用车刀进行车削加工的机床，主要用于加工内外回转表面、端平面和螺纹面等。车削加工中通常以工件的旋转为主运动、刀具的移动为进给运动来完成车削加工。

在普通机械加工设备的总数量中，车床占有很大比重，约占总数量的1/4，是机械加工中最常用的设备之一。加工刀具以车刀为主，还可采用各种孔加工刀具（如钻头、扩孔钻、绞刀等）、螺纹刀具（丝锥、板牙等）和成形刀具等进行加工。车床种类很多，按其结构和用途的不同，主要分为以下几类：卧式及落地车床、立式车床、转塔车床、仿形车床及半自动车床、单轴自动车床。多轴自动及半自动车床、多刀车床。

此外，还有各种专门化车床，如凸轮轴车床、曲轴车床、铲齿车床、轧辊车床、回轮车床等。在大批量生产中，工厂还采用各种专用车床。

本章将以CA6140车床为例，对其传动系统、结构进行具体分析。

2.1.2 CA6140通用车床的用途及主要技术参数

1. 车床用途

CA6140车床属于通用卧式中型车床，主要用于加工各种轴类、套筒类和盘类零件的回转表面，如车削内外圆柱面、圆锥面、环槽及成形面；车削端面及各种常用的米制、英制、模数制和径节制螺纹；采用不同刀具还可做钻孔、扩孔、绞孔、滚花等工作，如图2-1所示。

CA6140车床加工工艺范围广，结构复杂且自动化程度较低，加工辅助时间较长，所以适用于单件、小批量生产及维修车间。

2. CA6140车床主要技术参数

CA6140车床的技术参数可参见表0-3。图2-2表示了主参数——床身的最大回转直径D和结构参数——刀架上的最大回转直径D_1。

3. CA6140车床精度检验标准

CA6140型普通车床是普通精度级机床。根据普通车床的精度检验标准，新机床应达到的加工精度：精车外圆的椭圆度0.01mm；精车外圆的圆柱度0.01mm/100mm；精车端面的平面度0.025mm/400mm；精车螺纹的螺距精度0.04mm/100mm、0.06mm/300mm；精车的光洁度不低于6级。

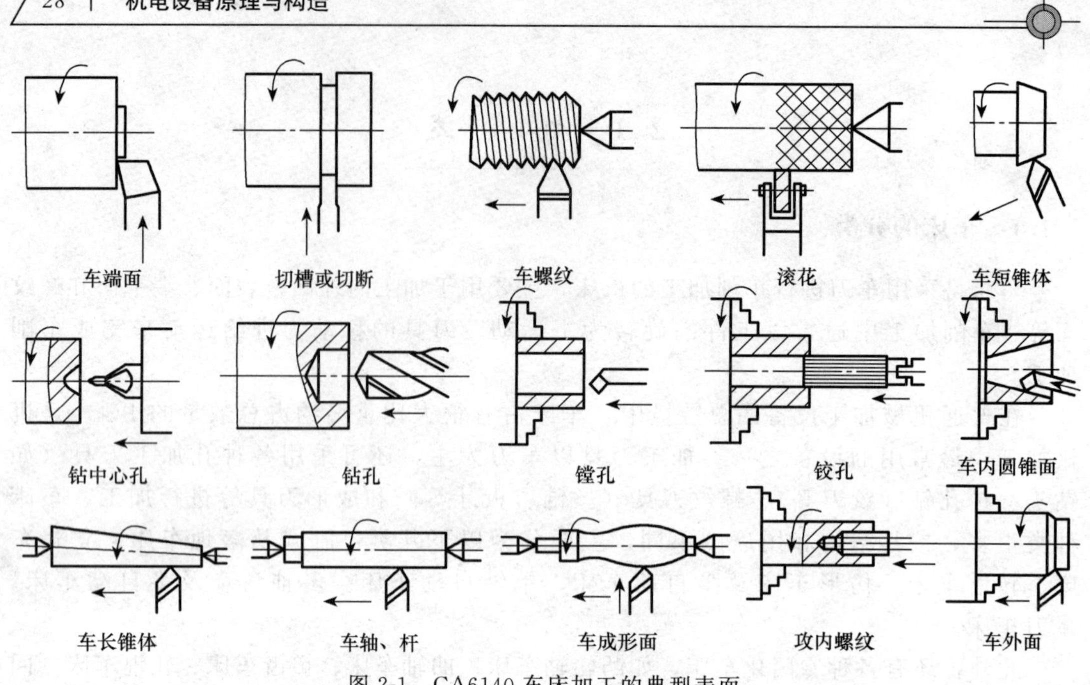

图 2-1　CA6140 车床加工的典型表面

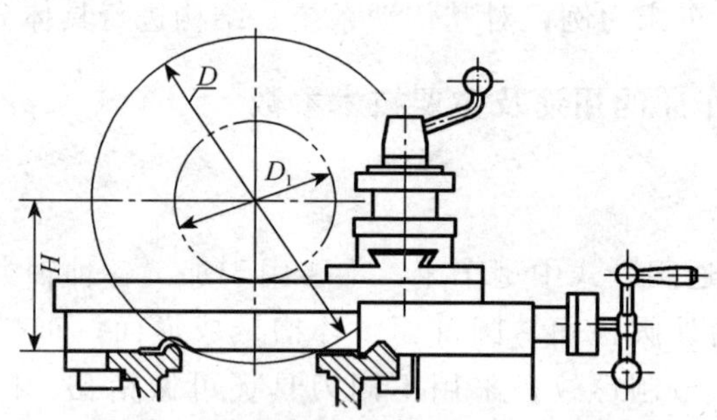

图 2-2　车床中心高及最大加工直径

2.1.3　CA6140 车床总体布局

CA6140 车床总体布局及外形如图 2-3 所示，可概括为“四箱两架一床身”，主要组成部件及功能如下。

1. 主轴箱

主轴箱固定在床身的左方，其功用是支承主轴并传动主轴运动，内部装有换向机构、变速传动机构，使主轴按照规定的转速带动工件旋转，以实现主运动。工件通过主轴前端的卡盘或夹具装夹。

2. 挂轮箱

挂轮箱布置在主轴箱和进给箱的左侧面，通过箱内的挂轮机构，将动力与运动从主轴箱传递给进给箱。

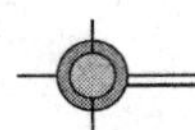

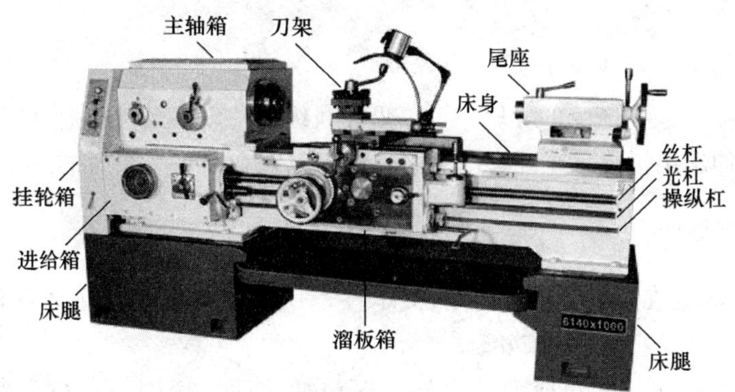

图 2-3　CA6140 普通车床外形

3. 进给箱

进给箱中是一系列齿轮变速机构和离合器，通过不同齿轮啮合以改变机动进给的进给量和加工螺纹的导程，实现不同的进给速度。动力和运动由光杠或丝杠输出。

4. 溜板箱

溜板箱固定在纵向溜板下，将进给箱传来的运动传递给刀架，实现刀架纵向或横向进给、或通过丝杠实现车螺纹，通过溜板箱上的手柄和按钮来操控机床。

5. 溜板刀架

溜板箱的上方是溜板刀架，由三层溜板和刀架组成，见图 2-4。纵向溜板与溜板箱连接在一起，作纵向运动。与纵向溜板上方的燕尾导轨配合的是横向溜板，实现刀架的横向运动。横向溜板上面是转盘，可使小溜板和刀架旋转±90°的角度，实现锥度较大的内、外锥面车削。方刀架安装在小溜板上方，用于装夹车刀。

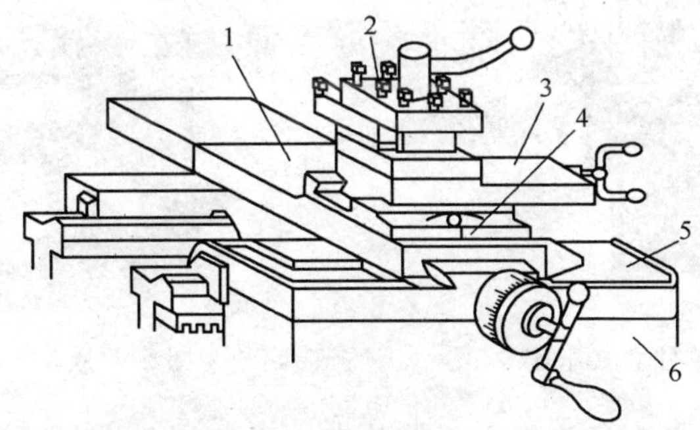

图 2-4　CA6140 普通车床的溜板刀架

1. 横向溜板；2. 方刀架；3. 小溜板；
4. 转盘；5. 纵向溜板；6. 溜板箱

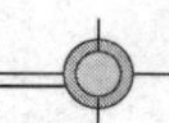

6. 尾座

尾座（或尾架）装在床身的导轨上，可沿导轨纵向移动，到位后通过尾座上的锁紧手柄固定位置，顶尖伸出用于支承工件。同时尾座还可以安装钻头等孔加工刀具，进行孔加工。

7. 床身与床腿

床身与床腿固定在一起，是机床的支承件，用来支撑车床各主要部件。左床腿是车床的润滑油箱，右床腿是冷却液箱。

CA6140 车床除此几大组成部分之外，还包括照明、切削液、排屑等辅助部分及液压、电气控制等部分。

2.1.4 其他车床简介

1. 立式车床

立式车床的主轴轴线为竖直（立式）布置，工作台台面处于水平面内，便于工件的装夹和找正。另外，由于工件及工作台的重量均匀地作用在工作台导轨或推力轴承上，所以立式车床更能长期地保持工作精度。立式车床通常用来加工直径和重量比较大或在卧式车床上难于安装的工件。中小型立式车床多为单柱式（图 2-5）。大型立式车床主要是双柱式（图 2-6）。

图 2-5 C5123A 单柱立式车床

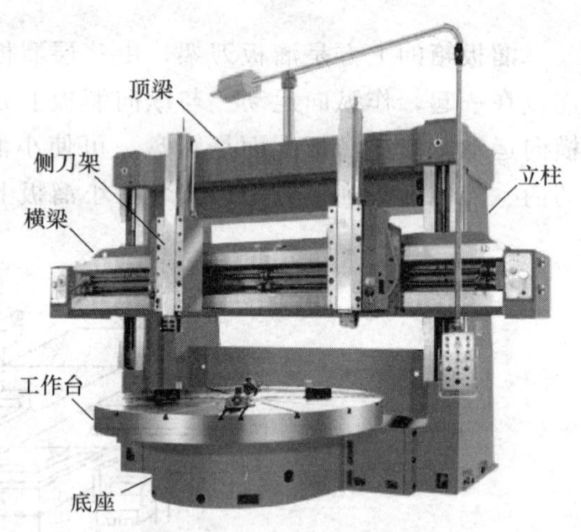

图 2-6 C5225 双柱立式车床

立式车床的工作台装在底座上，工件装夹在工作台上并由工作台带动做主运动。

进给运动由垂直刀架和侧刀架来实现，侧刀架可在立柱的导轨上移动做竖直进给，还可沿刀架滑座的导轨做横向进给。垂直刀架可在横梁的导轨上移动做横向进给，垂直刀架的滑板可沿其刀架滑座的导轨做竖直进给。中小型立式车床的一个垂直刀架上通常带有转塔刀架，在此转塔刀架上可以安装几组刀具（一般为五组），供轮流进行切削。

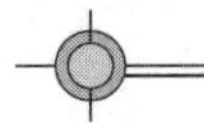

横梁可根据工件的高度沿立柱导轨调整位置。

2. 转塔车床（转塔六角车床）

为了适应成批生产形状复杂零件的需要，在卧式机床的基础上，发展起来了转塔车床。与卧式车床相比较，其在结构上最主要的区别在于转塔车床没有尾座和丝杠，在尾座位置安装一个可纵向移动的多工位刀架，刀架上安装多把刀具，结构如图 2-7 所示。

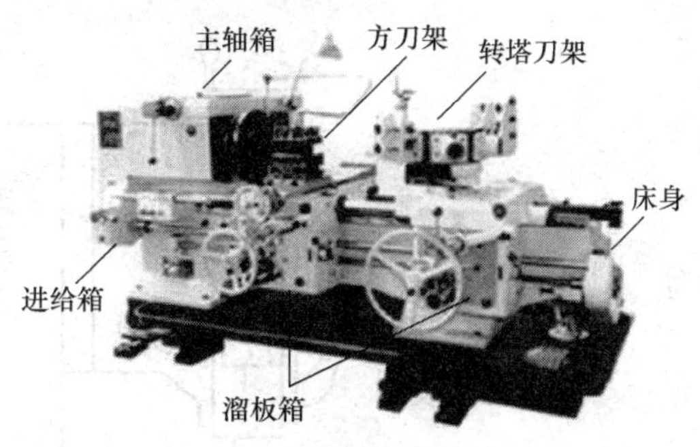

图 2-7　转塔车床

转塔刀架由六个面组成，每个面上可安装一把或一组刀具。通常，转塔刀架由溜板箱带动，只能做纵向进给运动，用于车削内外圆柱面，钻、扩、绞孔及攻螺纹和套螺纹等。

转塔车床还有一个方刀架，可以在床身导轨上做纵向进给，切削大直径的外圆柱面，还可以做横向进给加工内、外端面和沟槽。

2.2　CA6140 普通车床传动系统分析

车床传动系统是我们深入了解和掌握车床的重要环节，通常采用传动系统图来学习。图 2-8 所示是 CA6140 普通车床的传动系统图。

2.2.1　主运动传动链

1. 主传动链

车床主运动传动链主要指动力源（电动机）带动主轴旋转，并将运动和动力传给主轴的传动路线。电动机为动力源，主轴为执行件。

运动由电动机（7.5kW，1450r/min）经 V 形带轮传动副 $\phi 130/\phi 230$ 传至主轴箱中的轴Ⅰ。在轴Ⅰ上装有双向多片摩擦离合器 M_1。M_1 的作用是使主轴正转、反转或停止。当压紧 M_1 左部的摩擦片时，轴Ⅰ上的两个齿数为 56、51 的空套齿轮将运动经 56/38 或 51/43 传到轴Ⅱ，使轴Ⅱ获得两种转速。当压紧 M_1 右部的摩擦片时，轴Ⅰ的运动经空套齿轮 50 传给轴Ⅶ上空套齿轮 34，然后再传给轴Ⅱ上的齿轮 30，使轴Ⅱ转动。由于此时的运动传递过程中多经过了一个齿轮 34，因此轴Ⅱ的转动方向与经离合器 M_1 左部传动时相反。M_1 向左压紧主轴正转，M_1 向右压紧主轴反转。当 M_1 处于中间位置时，轴Ⅰ上的空套齿轮都不转，所以轴Ⅱ不转，主轴也不转。

轴Ⅱ上的运动经过 22/58、39/41、30/50 三对齿轮副传给轴Ⅲ。由轴Ⅲ到主轴的传动路线分两条。一条是高速传动路线：此时主轴Ⅵ上的滑移齿轮 50 移至左端，与轴Ⅲ上的齿轮 63 相啮合，运动由轴Ⅲ经齿轮副 63/50 直接传给主轴，使之获得 450～1400r/min 的六种高转速。另一条是中、低速传动路线：此时主轴Ⅵ上的滑移齿轮 50 移至右

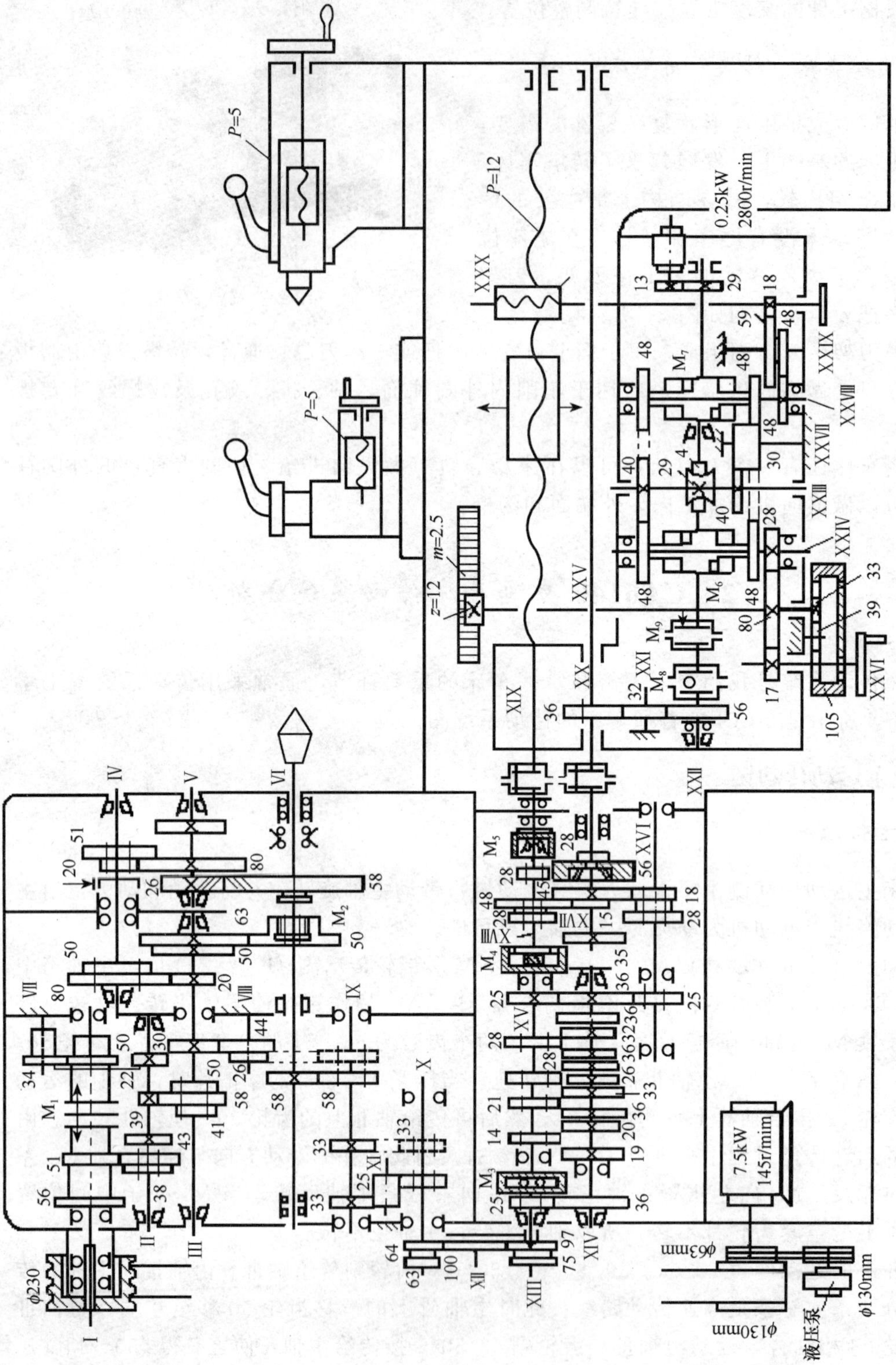

图2-8 CA6410卧式车床传动系统图

端，与齿式离合器 M_2 啮合（齿轮 58 是空套在轴Ⅵ上的，M_2 啮合后才能通过滑移齿轮 50 和轴一起转动），轴Ⅲ的运动经齿轮副 20/80、50/50 传给轴Ⅳ，轴Ⅳ经齿轮副 20/80、51/50 传给轴Ⅴ，再经过齿轮副 26/58 和离合器 M_2 传给主轴，使主轴获得10～500r/min 的中、低转速。

为简便起见，常用传动路线表达式来表示机床的传动路线。CA6140 车床主运动传动路线表达式为

$$
\text{主电动机}-\frac{\phi130}{\phi230}-\text{Ⅰ}-\left\{\begin{array}{l}\text{M}_1\text{左（正转）}-\begin{bmatrix}\frac{56}{38}\\ \frac{51}{43}\end{bmatrix}\\ \text{M}_1\text{右（反转）}-\frac{50}{34}-\text{Ⅶ}-\frac{34}{30}\end{array}\right\}-\text{Ⅱ}-\begin{bmatrix}\frac{39}{41}\\ \frac{30}{50}\\ \frac{22}{58}\end{bmatrix}-\text{Ⅲ}
$$

$$
-\left\{\begin{array}{c}\begin{bmatrix}\frac{20}{80}\\ \frac{50}{50}\end{bmatrix}-\text{Ⅳ}-\begin{bmatrix}\frac{20}{80}\\ \frac{51}{50}\end{bmatrix}-\text{Ⅴ}-\left[\frac{26}{58}\text{M}_2\text{右}\right]-\text{中低速}\\ \text{M}_2\text{左}-\frac{63}{50}-\text{（高速）}\end{array}\right\}-\text{Ⅵ（主轴）}
$$

由传动路线表达式可直观地看出电动机至主轴的各种转速的传动关系。

2. 主轴转速级数及转速大小

由传动系统图和传动路线表达式可以看出，主轴正转时，轴Ⅱ上的双联滑移齿轮可有两种啮合位置，分别经 56/38 或 51/43 使轴Ⅱ获得两种速度。其中的每种转速经轴Ⅲ的三联滑移齿轮 39/41 或 30/50 或 22/58 的齿轮啮合，使轴Ⅲ获得三种转速，因此轴Ⅱ的两种转速可使轴Ⅲ获得 2×3＝6 种转速。经高速分支传动路线时，由齿轮副 63/50 使主轴Ⅵ获得 6 种高转速。经低速分支传动路线时，轴Ⅲ的 6 种转速经轴Ⅳ上的两对双联滑移齿轮，使主轴得到 6×2×2＝24 种低转速。但轴Ⅲ到轴Ⅴ间的两个双联滑移齿轮变速组得到的四种传动比中，有两种重复，即

$$u_1=\frac{50}{50}\times\frac{51}{50}\approx 1,\ u_2=\frac{50}{50}\times\frac{20}{80}=\frac{1}{4},\ u_3=\frac{20}{80}\times\frac{51}{50}\approx\frac{1}{4},\ u_4=\frac{20}{80}\times\frac{20}{80}=\frac{1}{16}$$

其中 u_2、u_3 基本相等，因此经低速传动路线时，主轴Ⅵ获得的实际只有 6×(4－1)＝18 级转速，其中有 6 种重复转速。

同理，主轴反转时，只能获得 3＋3×(2×2－1)＝12 级转速。

实现低速分支的Ⅲ—Ⅴ轴间传动被称为背轮机构。

根据传动系统图及传动路线，主轴转速可用下列运动平衡式进行计算，即

$$n_{\text{主}}=n_{\text{电}}\times\frac{130}{230}\times(1-\varepsilon)\times u_{\text{Ⅰ}-\text{Ⅱ}}\times u_{\text{Ⅱ}-\text{Ⅲ}}\times u_{\text{Ⅲ}-\text{Ⅳ}} \tag{2-1}$$

式中，$n_{\text{主}}$ 为主轴转速，r/min；$n_{\text{电}}$ 为电动机转速，1450r/min；ε 为 V 形带轮的滑动系数，可取 $\varepsilon=0.02$；$u_{\text{Ⅰ}-\text{Ⅱ}}$ 为轴Ⅰ和轴Ⅱ间的可变传动比，其余类推。

例如，图 2-8 所示的齿轮啮合情况（离合器 M_2 拨向左侧），主轴的转速为

$$n_{主}=1450\times\frac{130}{230}\times(1-0.02)\times\frac{51}{43}\times\frac{22}{58}\times\frac{63}{50}\approx 450(\mathrm{r/min})$$

主轴反转主要用于车螺纹，在不断开主轴和刀架间传动联系的情况下，使刀架退回到起始位置。

3. 转速图

图 2-9 是 CA6140 普通车床的转速图。从转速图上可以清楚而直观的表示出机床的传动路线、转速数列，如六级重复转速在 40～125 r/min 范围内。

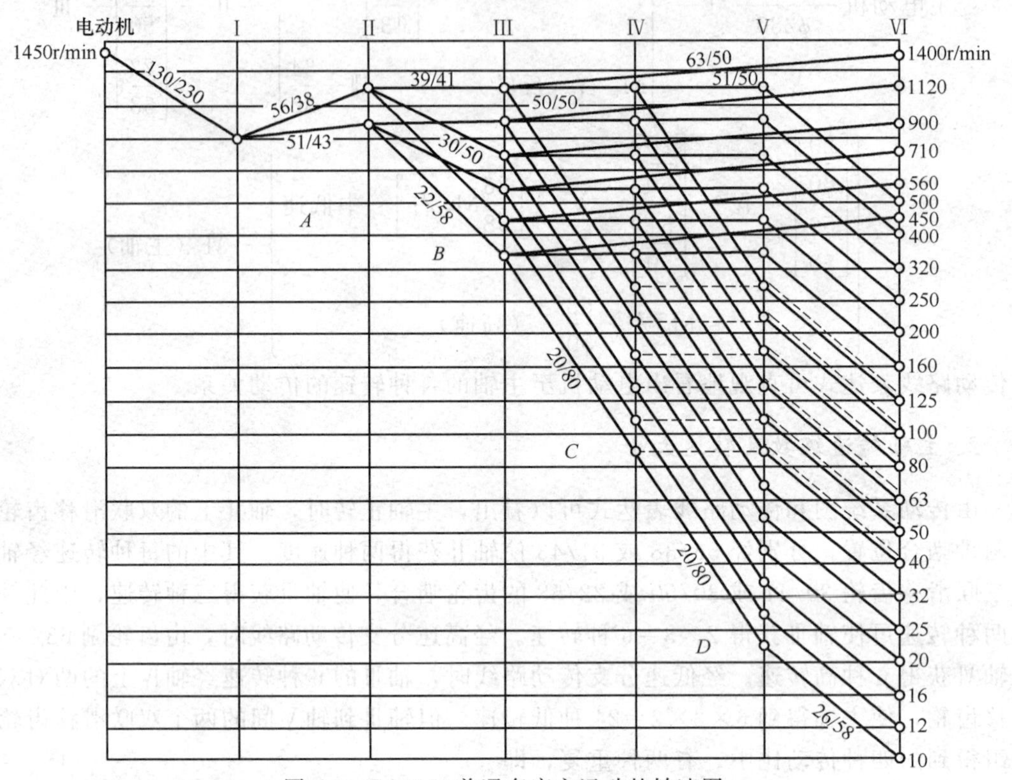

图 2-9 CA6140 普通车床主运动的转速图

2.2.2 进给运动传动链

车床进给运动传动链是使刀架实现纵向和横向运动的传动链。进给运动的动力来源也是主电动机。运动由电动机经主运动—主轴—进给箱传至刀架，使得刀架带着车刀实现机动的纵向进给、横向进给、车削螺纹。虽然刀架的动力来自于电动机，但由于进给量是以主轴每转一转时的刀架移动量来表示的，所以在分析进给运动传动时，把主轴作为传动的起点，而把刀架作为传动的终点。即进给运动传动的两端件是主轴和刀架。

进给运动传动链的传动路线（图 2-8）：运动由主轴Ⅵ经过Ⅸ轴（或再通过Ⅺ轴）传至Ⅹ轴，再经过挂轮传动到Ⅻ轴，然后传入进给箱中。进给箱中为一系列齿轮变速机构。从进给箱输出的运动分两条路线：一条经丝杠带动溜板箱，使刀架做纵向移动，用于加工各种螺纹；另一条经光杠带动溜板箱，使刀架做纵向或横向运动，用于一般的机动进给。

1. 车削螺纹

CA6140 型普通车床可以车削米制、英制、模数和径节四种螺纹。车削螺纹时，主轴与刀架之间必须保持严格的传动比关系，即主轴每转一转，刀架应均匀地移动一个导程 P。由此可列出车削螺纹传动链的运动平衡方程式为

$$P = 1_{主轴} \times u \times S_{丝} \tag{2-2}$$

式中，u 为从主轴到丝杠之间全部传动副的总传动比；$S_{丝}$ 为机床丝杠的导程，CA6140 型车床 $S_{丝}=12$mm；P 为被加工工件的导程，mm。

可以看出通过不同的齿轮传动，改变不同的 u 值，即可加工出不同导程的螺纹。

(1) 车削米制螺纹

1) 车削米制螺纹的传动路线。我国国家标准中对米制螺纹的标准螺距已作规定，CA6140 车床可加工的正常螺距（mm）为 1、1.25、1.5、1.75、2、2.25、2.5、3、3.5、4、4.5、5、5.5、6、7、8、9、10、11、12 等。由螺距值可以看出，米制标准螺距数列是按分段等差级数的规律排列的。各段等差数列的差值互相成倍数关系。

车削米制螺纹时，首先将进给箱中的 M_3、M_4 离合器脱开，M_5 接合（图 2-8)。运动由主轴Ⅵ经过齿轮副 58/58、再经换向机构 33/33（车左螺纹时经 33/25×25/33）传动轴Ⅹ、再经车米制螺纹的挂轮 63/100×100/75 传到进给箱中轴ⅩⅢ，然后经ⅩⅢ轴上的齿轮 25/36 传到轴ⅩⅣ，再经过双轴滑移变速机构的齿轮副 19/14、20/14、36/21、33/21、26/28、28/28、36/28、32/28 传至轴ⅩⅤ（轴ⅩⅣ和ⅩⅤ间的变速称为基本变速组 u_j），然后再由齿轮副 25/36×36/25 传至轴ⅩⅥ，轴ⅩⅥ再将运动经两组滑移变速机构的齿轮副 18/45、28/35 传至轴ⅩⅦ，轴ⅩⅦ经 28/35、48/15 传至轴ⅩⅧ（轴ⅩⅥ至轴ⅩⅧ间的变速称为增倍变速组 u_b），从轴ⅩⅧ经离合器 M_5 传至丝杠ⅩⅨ。当溜板箱中的开合螺母与丝杠相啮合时，就可带动刀架车削米制螺纹。其传动路线表达如下

$$\text{主轴 VI} - \frac{58}{58} - \text{IX} - \begin{bmatrix} \frac{33}{33} \ (\text{右螺纹}) \\ \frac{33}{25}\times\frac{25}{33} \ (\text{左螺纹}) \end{bmatrix} - \text{X} - \frac{63}{100}\times\frac{100}{75} - \text{XIII} - \overleftarrow{M_3}\frac{25}{36} - \text{XIV} - \begin{bmatrix} \frac{26}{28} \\ \frac{28}{28} \\ \frac{32}{28} \\ \frac{36}{28} \\ \frac{19}{14} \\ \frac{20}{14} \\ \frac{33}{21} \\ \frac{36}{21} \end{bmatrix} (u_j)$$

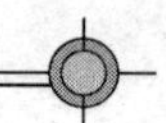

$$—\text{XV}—\frac{25}{36}\times\frac{36}{25}—\text{XVI}—\left\{\begin{bmatrix}\frac{18}{45}\\ \frac{28}{35}\end{bmatrix}—\text{XVII}—\begin{bmatrix}\frac{15}{48}\\ \frac{35}{28}\end{bmatrix}\right\}(u_b)—\text{XVIII}—\overrightarrow{M_5}—\text{XIX}\ (\text{丝杠螺母})—\text{刀架}$$

2）车削米制螺纹的运动平衡式。由传动系统图和传动路线表达式，可以列出车削米制螺纹的运动平衡式为

$$P=1_{(\text{主轴})}\times\frac{58}{58}\times\frac{33}{33}\times\frac{63}{100}\times\frac{100}{75}\times\frac{25}{36}\times u_j\times\frac{25}{36}\times\frac{36}{25}\times u_b\times 12(\text{mm})$$

式中，u_j、u_b 分别为基本变速组传动比和增倍变速组传动比。将上式化简可得

$$P=7\times u_j\times u_b \tag{2-3}$$

进给箱中的基本变速组 u_j 为双轴滑移齿轮变速机构，由轴 XIV 上的 8 个固定齿轮和和轴 XV 上的四个滑移齿轮组成，每个滑移齿轮可分别与邻近的两个固定齿轮相啮合，共有 8 种不同的传动比，即

$$u_{j1}=\frac{26}{28}=\frac{6.5}{7},\quad u_{j2}=\frac{28}{28}=\frac{7}{7},\quad u_{j3}=\frac{32}{28}=\frac{8}{7},\quad u_{j4}=\frac{36}{28}=\frac{9}{7}$$

$$u_{j5}=\frac{19}{14}=\frac{9.5}{7},\quad u_{j6}=\frac{20}{14}=\frac{10}{7},\quad u_{j7}=\frac{33}{21}=\frac{11}{7},\quad u_{j8}=\frac{36}{21}=\frac{12}{7}$$

不难看出，除了 u_{j1} 和 u_{j5} 外，其余的 6 个传动比组成一个等差数列。选用不同的组合（改变 u_j 的值），就可以车削出按等差数列排列的导程值，我们把这个变速组称为车床的基本变速组，简称为基本组。

进给箱中的增倍变速组 u_b 由轴 XVI—轴 XVIII 间的两组滑移变速机构，可变换 4 种不同的传动比，即

$$u_{b1}=\frac{18}{45}\times\frac{15}{48}\times\frac{1}{8},\quad u_{b2}=\frac{28}{35}\times\frac{15}{48}\times\frac{1}{4},\quad u_{b3}=\frac{18}{45}\times\frac{35}{28}=\frac{1}{2},\quad u_{b4}=\frac{28}{35}\times\frac{35}{28}=1$$

它们之间依次相差 2 倍，因此这个变速组被称为增倍组。改变 u_b 的值，可将基本组的传动比成倍地增加或缩小。

把 u_j、u_b 的值代入上式，得到 8×4＝32 种导程值，其中符合标准的有 20 种，见表 2-1。可以看出，表中的每一行都是按等差数列排列的，而行与行之间成倍数关系。

表 2-1 CA6140 型普通车床米制螺纹导程　　（单位：mm）

导程 P ／ 基本组 u_j ／ 增倍组 u_b	$\frac{26}{28}$	$\frac{28}{28}$	$\frac{32}{28}$	$\frac{36}{28}$	$\frac{19}{14}$	$\frac{20}{14}$	$\frac{33}{21}$	$\frac{36}{21}$
$u_{b1}=\frac{18}{45}\times\frac{15}{48}=\frac{1}{8}$	—	—	1	—	—	1.25	—	1.5
$u_{b2}=\frac{28}{35}\times\frac{15}{48}=\frac{1}{4}$	—	1.75	2	2.25	—	2.5	—	3
$u_{b3}=\frac{18}{45}\times\frac{35}{28}=\frac{1}{2}$	—	3.5	4	4.5	—	5	5.5	6
$u_{b4}=\frac{28}{35}\times\frac{35}{28}=1$	—	7	8	9	—	10	11	12

3）扩大导程传动路线。从表2-1可以看出，此传动路线能加工的最大螺纹导程是12mm。如果需车削导程大于12mm的米制螺纹，应采用扩大导程传动路线。这时，主轴Ⅵ的运动（此时M_2接合，主轴处于低速状态）经斜齿轮传动副58/26到轴Ⅴ，背轮机构80/20与80/20或50/50至轴Ⅲ，再经44/44、26/58（轴Ⅸ滑移齿轮Z_{58}处于右位与轴ⅧZ_{26}啮合）传到轴Ⅸ，其传动路线表达式为

$$\text{主轴Ⅵ}-\left\{\begin{array}{l}\text{(扩大导程)}\ \dfrac{58}{26}-\text{Ⅴ}-\dfrac{80}{20}-\text{Ⅳ}-\begin{bmatrix}\dfrac{50}{50}\\ \dfrac{20}{80}\end{bmatrix}-\text{Ⅲ}-\dfrac{44}{44}\times\dfrac{26}{58}\\ \text{(正常导程)}\qquad\qquad\qquad\dfrac{58}{58}\end{array}\right\}-\text{Ⅸ}-\text{(接正常导程传动路线)}$$

从传动路线表达式可知，扩大螺纹导程时，主轴Ⅵ到轴Ⅸ的传动比为：
当主轴转速为40～125r/min时

$$u_1=\frac{58}{26}\times\frac{80}{20}\times\frac{50}{50}\times\frac{44}{44}\times\frac{26}{58}=4$$

当主轴转速为10～32r/min时

$$u_2=\frac{58}{26}\times\frac{80}{20}\times\frac{80}{20}\times\frac{44}{44}\times\frac{26}{58}=16$$

而正常螺纹导程时，主轴Ⅵ到轴Ⅸ的传动比为

$$u=\frac{58}{58}=1$$

所以，通过扩大导程传动路线可将正常螺纹导程扩大4倍或16倍。CA6140型车床车削大导程米制螺纹时，最大螺纹导程为$P_{max}=12\times16=192$mm。

必须注意，由于扩大螺纹导程机构的传动齿轮就是主运动的传动齿轮，离合器M_2合上，主轴处于中、低速状态时才可用，并且当主轴转速确定后，导程所能扩大的倍数也就确定了。

（2）车削英制螺纹

英制螺纹主要是在采用英制的国家中（如英、美等）广泛使用，我国目前一些管螺纹也采用英制螺纹。英制螺纹以每英寸长度上的螺纹扣（牙）数a表示（扣/英寸），标准的a值也是按分段等差数列排列的，CA6140卧式车床能加工的a值为2、3、3.25、3.5、4、4.5、5、6、7、8、9、10、11、12、14、16、18、19、20、24扣/英寸。英制螺纹的螺距为$P=1/a$英寸，由于丝杠的螺距单位为mm，为使传动计算方便，我们将英寸用mm来表示，即

$$P_a=\frac{1}{a}\text{in}=\frac{25.4}{a}\quad\text{mm}$$

英制螺纹的螺距为分段调和数列。为了加工出英制螺纹，就必须使机床丝杠满足$P=25.4/a$的要求，因此应对米制螺纹路线做如下变动。

1）改变部分传动副的传动比，使其含有因子25.4。

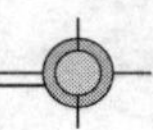

2）为实现螺距按分段调和排列，将基本组中的主动轴与被动轴传动关系对调。

为此，进给箱中的离合器 M_3、M_5 啮合，M_4 脱开，运动由轴 XIII 经 M_3 先传到轴 XV，然后再经基本组传至轴 XVI，轴 XIV 的运动再由其右端的固定齿轮 36 经滑动齿轮 25（向左滑动）传至轴 XVI，其余传动路线与车削米制螺纹时相同。其运动平衡式为

$$P_a = 1_{(\text{主轴})} \times \frac{58}{58} \times \frac{33}{33} \times \frac{63}{100} \times \frac{100}{75} \times \frac{1}{u_j} \times \frac{36}{25} \times u_b \times 12 = \frac{4}{7} \times 25.4 \times \frac{1}{u_j} \times u_b$$

将 $P_u = 25.4/a$ 代入上式得

$$a = \frac{7}{4} \times \frac{u_j}{u_b}(\text{扣}/\text{in}) \tag{2-4}$$

变换 u_j、u_b 的值，就可得到各种标准的英制螺纹。

轴 XIII 与轴 XIV 间的齿轮副 25/36，离合器 M_3，轴 XIV、XIII、XV 上的齿轮副 25/36×36/25 及 36/25 称为移换机构。其功用是变换基本组中传动路线的主、被动轴的位置，以实现车削米、英制螺纹路线的变换。

（3）车削模数制螺纹

模数制螺纹主要用于米制蜗杆中。模数螺纹螺距 $P = \pi m$，P 也是分段等差数列。所以模数螺纹的导程为

$$P_m = k\pi m$$

式中，P_m 为模数螺纹的导程，mm；k 为螺纹的头数；m 为螺纹模数。

国家标准中已规定了模数 m 的标准值，CA6140 车床可加工 $m = 0.5 \sim 48\text{mm}$ 的各种常用模数制螺纹。模数制螺纹传动路线与米制螺纹路线基本相同，差别在于将挂轮换成 64/100×100/97，以凑出传动比中的特殊因子 π。其运动平衡式为

$$P_m = 1_{\text{主轴}} \times \frac{58}{58} \times \frac{33}{33} \times \frac{64}{100} \times \frac{100}{97} \times \frac{25}{36} \times u_j \times \frac{25}{36} \times \frac{36}{25} \times u_b \times 12$$

式中

$$\frac{64}{100} \times \frac{100}{97} \times \frac{25}{36} \approx \frac{7\pi}{48}$$

其绝对误差为 0.000 04，相对误差为 0.000 09，这种误差很小，一般可以忽略。将运动平衡方程式整理后得

$$m = \frac{7}{4k} u_j u_b \tag{2-5}$$

变换 u_j、u_b 的值，就可得到各种不同模数的螺纹。

加工模数制螺纹时，如果使用扩大螺距机构，也可以车削出大导程的模数制螺纹。

（4）车削径节制螺纹

径节螺纹主要用于同英制蜗轮相配合，其标准参数为径节，用 D_P 表示，其定义为：对于英制蜗轮，将其总齿数折算到每一英寸分度圆直径上所得的齿数值，称为径节。径节 $D_P = z/D$（z 为齿数；D 为分度圆直径，in），车床能加工径节为 1～96 牙/in 的螺纹。螺距为

$$蜗轮齿距\ p=\frac{\pi D}{z}=\frac{\pi}{\frac{z}{D}}=\frac{\pi}{D_P}\quad(\text{in})$$

式中，z 为蜗轮的齿数；D 为蜗轮的分度圆直径，in。

只有英制蜗杆的轴向齿距 P_{D_P} 与蜗轮齿距 π/D_P 相等才能正确啮合，而径节制螺纹的导程为英制蜗杆的轴向齿距为

$$P_{D_P}=\frac{\pi}{D_P}\quad(\text{in})=\frac{25.4k\pi}{D_P}\quad(\text{mm})$$

标准径节的数列也是分段等差数列。径节螺纹的导程排列的规律与英制螺纹相同，只是含有特殊因子 25.4π。车削径节螺纹时，可采用英制螺纹的传动路线，但挂轮需换为$\frac{64}{100}\times\frac{100}{97}$，其运动平衡式为

$$P_{D_P}=1_{(主轴)}\times\frac{58}{58}\times\frac{33}{33}\times\frac{64}{100}\times\frac{100}{97}\times\frac{1}{u_j}\times\frac{36}{25}\times u_b\times 12$$

式中，$\frac{64}{100}\times\frac{100}{97}\times\frac{36}{25}\approx\frac{25.4\pi}{84}$，将运动平衡方程式整理后得

$$D_P=7k\frac{u_j}{u_b}\tag{2-6}$$

变换 u_j、u_b 的值，可得常用的 24 种螺纹径节。

（5）车削非标准螺纹

所谓非标准螺纹是指利用上述传动路线无法得到的螺纹。这时需将进给箱中的齿式离合器 M_3、M_4 和 M_5 全部啮合，传动路线由轴 XIII 经 XV 及 XVIII 直接传到丝杠，被加工螺纹的导程 $L_工$ 依靠调整挂轮的传动比 $u_挂$ 来实现。其运动平衡式为

$$L_工=1_{(主轴)}\times\frac{58}{58}\times\frac{33}{33}\times u_挂\times 12\quad(\text{mm})$$

所以，挂轮的换置公式为

$$u_挂=\frac{a}{b}\times\frac{c}{d}=\frac{L_工}{12}$$

适当地选择挂轮 a、b、c 及 d 的齿数，就可车出所需要的非标准螺纹。同时，由于螺纹传动链不再经过进给箱中任何齿轮传动，减少了传动件制造和装配误差对被加工螺纹导程的影响，传动误差较小。若选择高精度的齿轮作挂轮，则可加工精密螺纹。

综上所述，车削螺纹的传动路线可以综合表示为

$$主轴\ \text{VI}-\begin{bmatrix}\frac{58}{58}\ (正常螺距)\\ \frac{58}{26}\ \text{V}\ \frac{80}{20}\ \text{IV}-\begin{bmatrix}\frac{50}{50}\\ \frac{80}{20}\end{bmatrix}-\text{III}\ \frac{44}{44}\ \text{VIII}\ \frac{26}{58}\ (扩大导程)\end{bmatrix}-\text{IX}-\begin{bmatrix}\frac{33}{33}\ (右旋螺纹)\\ \frac{33}{25}\times\frac{25}{33}\ (左旋螺纹)\end{bmatrix}-\text{X}$$

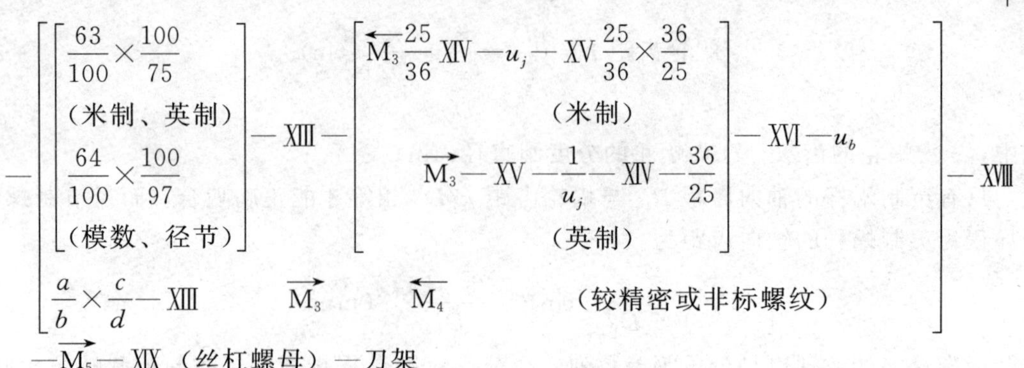

$$-\overrightarrow{M_5}-\text{XIX}\ (\text{丝杠螺母})-\text{刀架}$$

2. 机动进给运动传动链

机动进给传动链主要是用来加工圆柱面和端面。为了减少螺纹传动链丝杠及开合螺母磨损，保证螺纹传动链的精度，机动进给是由光杠输入溜板箱传动的，经转换机构带动刀架实现纵向和横向切削。

(1) 纵向机动进给传动链

刀架的纵向传动链属于外联系传动链，其传动路线为：首先断开进给箱中的离合器 M_5，运动经轴XVIII上的齿轮 28 与XX轴左端的齿轮 56 相啮合，将运动传至光杠XX；再由光杠经齿轮副 36/32×32/56、超越离合器 M_8 及安全离合器 M_9 传至轴XXII，经蜗杆蜗轮传动副 4/29 将运动传至轴XXIII（运动方向改变了 90 度）；运动再经 40/48 或 40/30×30/48 传至轴XXIV，经双向离合器 M_6，XXIV上齿轮 28/80 传至轴XXV，轴XXV上的小齿轮 12 与固定在机床床身上的齿条相啮合，当小齿轮 12 转动时，带动溜板箱与刀架做纵向移动，实现圆柱面切削的进给运动。轴XXIV上的离合器 M_6 向前、向后的啮合用以控制刀架向左与向右移动。传动路线表达式如下

$$\text{XVIII}-\frac{28}{56}\text{XX}(\text{光杠})-\frac{36}{32}\times\frac{32}{56}-M_8M_9-\text{XXII}-\frac{4}{29}-\text{XXIII}-\begin{bmatrix} M_6\uparrow\frac{40}{48} \\ M_6\downarrow\frac{40}{30}\times\frac{30}{48}\end{bmatrix}$$

$$-\text{XXIV}-\frac{20}{80}-\text{XXV}-\text{齿轮齿条}-\text{刀架}-\text{纵向进给}$$

CA6140 型车床纵向机动进给量有 64 种。当运动由主轴经正常导程的米制螺纹传动路线时，可获得正常进给量。这时的运动平衡式为

$$f_{纵}=1_{主轴}\times\frac{58}{58}\times\frac{33}{33}\times\frac{63}{100}\times\frac{100}{75}\times\frac{25}{36}\times u_j\times\frac{25}{36}\times\frac{36}{25}\times u_b\times\frac{28}{56}\times\frac{36}{32}\times\frac{32}{36}$$
$$\times\frac{4}{29}\times\frac{40}{48}\times\frac{28}{80}\times\pi\times2.5\times12(\text{mm/r})$$

将上式化简可得

$$f_{纵}=0.711u_ju_b \tag{2-7}$$

通过改变变换 u_j、u_b 的值，可得到 32 种正常进给量（0.08～1.22mm/r），其余 32 种较大进给、细进给和加大进给量可分别通过英制螺纹传动路线和扩大导程传动路线

得到。

当需要手动进给时，将 M_6 处于中间位置，转动溜板箱外的手轮，通过轴 XXVI 上的齿轮 17/80 传至轴 XXV，通过齿轮齿条实现手动进给。

(2) 横向机动进给传动链

车削端面主要是刀架实现横向进给，传动路线在轴 XXIII 之前与纵向进给路线相同，运动到轴 XXIII 后，经 40/48 或 40/30×30/48 及双向离合器 M_7，传至轴 XXVIII，经 48/48 传到轴 XXIX，再经 59/18 传到横向丝杠轴 XXX，带动刀架横向进给。传动路线为

$$\text{XVIII}-\frac{28}{56}-\text{XX}\,(\text{光杠})-\frac{36}{32}\times\frac{32}{56}-\text{XXII}-\frac{4}{29}-\text{XXIII}-\begin{bmatrix}\frac{40}{48}M_7\uparrow\\ \frac{40}{30}\times\frac{30}{48}M_7\downarrow\end{bmatrix}-\text{XXVIII}$$

$$-\frac{48}{48}-\text{XXIX}-\frac{59}{18}-\text{XXX}\ (\text{横向进给丝杠})-\text{刀架}$$

当横向机动进给与纵向进给的传动路线一致时，所得到的横向进给量是纵向进给量的一半，横向与纵向进给量的种数相同，都为 64 种。

手动进给时断开离合器 M_7，通过手轮直接转动轴 XXX，实现横向进给。

2.2.3 刀架的快速移动

刀架的快速移动可缩短辅助时间并减轻劳动强度。当接通纵向或横向进给运动后，可通过快速电动机实现快速移动。传动路线：按下手柄上的快速按钮，接通快速电动机(0.25kW，1360r/min)，通过齿轮副 18/24 将运动传至轴 XXII，经蜗杆蜗轮传到轴 XXIII，进入溜板箱内的传动机构实现刀架纵、横向的快速移动。由于快速移动与机动进给是同时接通的，为了避免二者同时驱动轴 XXII，造成传动元件损坏，在齿轮 56 与轴 XXII 之间装有单向超越离合器 M_8（结构与原理前面章节已叙述），从而切断了由进给运动传动链传来的运动。因此，刀架快速移动时无须停止光杠的运动。其传动路线表达式为

$$\text{快速移动电动机}-\frac{18}{24}-\text{XXII}-\frac{4}{29}-\text{XXIII}\begin{bmatrix}M_6\ (\text{纵向})\\ M_7\ (\text{横向})\end{bmatrix}-\cdots$$

2.3 CA6140 普通车床的主要部件与结构

2.3.1 主轴箱

主轴箱是 CA6140 车床的重要组成部分，其结构复杂，主要包括主轴及变速机构。主轴箱的结构通过主轴箱展开图来学习。传动齿轮在展开图中有时并不画在一起，需用虚线连接。CA6140 车床主轴箱展开图如图 2-10 所示，它沿轴Ⅳ、Ⅰ、Ⅱ、Ⅲ（Ⅴ）、Ⅵ的轴线剖开。

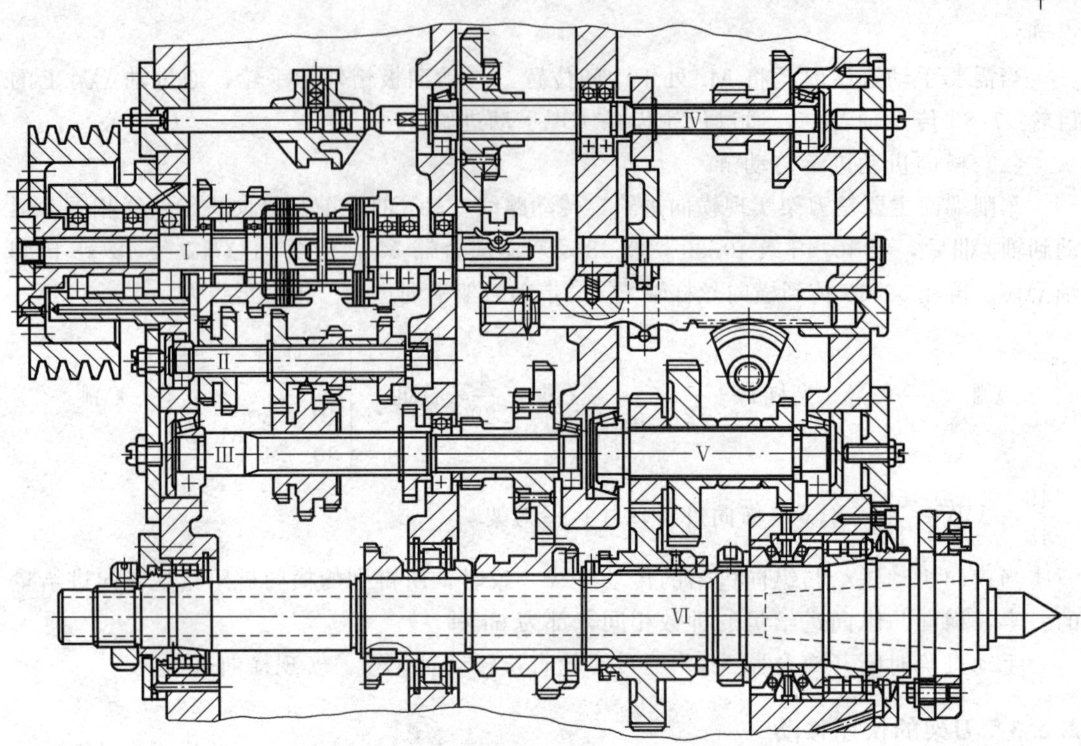

图 2-10 CA6140 普通车床主轴箱展开图

1. 主轴部件

主轴部件是由主轴、主轴上齿轮、轴承等一系列零件组成。主轴部件是主轴箱的主要部分，它应具有较高的回转精度、足够的刚度和良好的抗振性能。

(1) 主轴结构

CA6140 车床主轴结构为一空心阶梯轴。前端直径大，后端直径小，内孔直径为 48mm。主轴采用中空件，主要是为了加工时通过长棒料或采用气动、液压、电气等夹紧装置时穿过驱动装置。同时中空的结构还可减轻主轴重量，提高主轴抗弯强度。

主轴前端有莫氏 6 号锥度的锥孔，用于安装前顶尖或心轴，锥面配合方便装卸，锥面摩擦力可靠，可直接带动心轴或工件旋转。主轴前端有短锥法兰型结构，它用于安装卡盘或拨盘。这种结构与其他普通车床相比，具有安装可靠、连接强度高、定位精确等优点，所以这种结构目前在车床主轴中得到广泛应用。

(2) 主轴的支承

CA6140 车床主轴的支承结构为径向三支承，轴向前端定位，如图 2-11 所示。

主轴轴承的选用对主轴回转精度及刚度有很大影响。CA6140 车床主轴前后支承采用 NN30K 型双列圆柱滚子轴承（旧型号为 3182100 轴承），该型号轴承是机床主轴最常用的轴承，具有刚性好、承载能力大，旋转精度高，且内圈较薄，内孔是锥度为 1∶12的锥孔，可通过相对主轴轴颈轴向移动来调整轴承间隙，可保证主轴有较高的旋

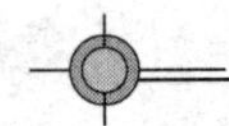

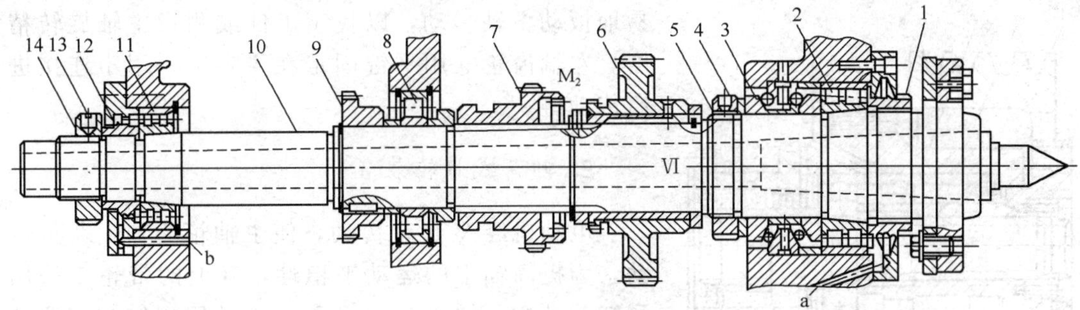

图 2-11 CA6140 主轴部件

1. 螺母；2. 前双列圆柱滚子轴承；3. 双向推力角接触球轴承；4. 锁紧螺钉；5. 调整螺母；6. 空套齿轮；7. 滑移齿轮；8. 圆柱滚子轴承；9. 固定齿轮；10. 主轴；11. 后双列圆柱滚子轴承；12. 隔套；13. 锁紧螺钉；14. 调整螺母

转精度和刚度。在主轴中间用 NU2 型圆柱滚子轴承作辅助支承，以提高主轴部件的支承刚度。主轴前支承对主轴旋转精度的影响要比后支承大，因此，前轴承的精度要比后轴承高些。在主轴前支承处采用双向推力角接触球轴承，用于承受向左和向右的轴向力。由于承受轴向力的轴承配置在主轴前支承处，因此称为前端定位。

(3) 主轴间隙的调整

主轴旋转过程中，主轴漂移与振动等现象会直接影响到加工精度，而这些现象的发生主要与轴承间隙有关。因此，主轴部件应在结构上能保证调整轴承间隙。

1) 前支承轴承径向间隙的调整方法如下：首先松开主轴前端螺母 1，并松开前支承左端调整螺母 5 上的锁紧螺钉 4；拧动螺母 5，通过双向推力轴承（事先已调好）推动双列圆柱滚子轴承的内环沿主轴锥面做轴向移动。由于锥面的作用，薄壁的轴承内圈产生径向膨胀，从而调整轴承的径向间隙和预紧程度。调整后，再将前端螺母 1 和前支承左端调整螺母 5 上的锁紧螺钉 4 拧紧即可。

2) 后支承轴承径向间隙的调整：后支承轴承可用螺母 14 调整，调整方法同前支承轴承。一般情况下只调整前轴承即可。当调整前轴承不能达到要求的旋转精度时，才调整后轴承。

3) 轴向支承轴承间隙的调整：双向推力角接触球轴承间隙增大需调整时，可磨削两内圈间的调整垫圈，减小其厚度，以达到消除间隙的目的。

(4) 主轴的润滑

主轴前后支承的润滑都是由润滑油泵供油。为了避免漏油，在前后支承处采用了油沟式密封，即在前螺母及后轴承套的外表面上都有锯齿截面的环形槽。主轴旋转时，由于离心力的作用，油液就沿着斜面被甩到法兰盘的节油槽里。然后经回油孔 a、b 流到箱底的回油池。

(5) 主轴上的传动齿轮

主轴上装有三个齿轮，右端的斜齿圆柱齿轮 6 空套在主轴上，该齿轮副的降速比大，采用斜齿轮传动。中间齿轮 7 为一滑移齿轮，与主轴花键连接。它是内齿离合器，在主轴上有三个位置：左位、右位时，带动主轴旋转；中间位置时，主轴为空挡，可容

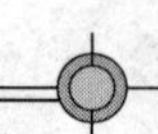

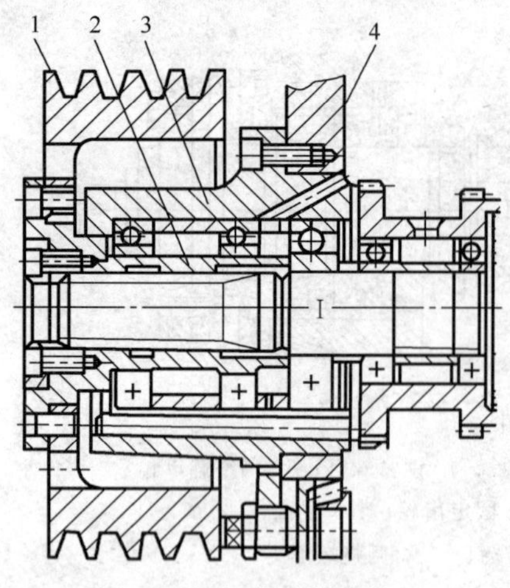

图 2-12 卸荷式带轮装置
1. 带轮；2. 内花键套筒；
3. 法兰套；4. 箱体

易地扳动主轴转动，以找正工件或测量主轴旋转精度。左端齿轮 9 用平键固定在主轴上，用于连接进给传动链。

2. 卸荷式带轮装置

电动机经 V 形带传动，使主轴箱的轴 I 获得运动，为提高轴 I 的运动平稳性，其上的带轮 1 采用了卸荷结构，如图 2-12 所示。带轮用螺钉和定位销与内花键套筒连接，并支承在法兰套内的两个深沟球轴承上，法兰套则固定在主轴箱的箱体上，轴 I 与内花键套筒为花键配合。工作时，带轮的运动可通过内花键套筒带动轴 I 旋转，但带传动所产生的拉力经法兰套直接传给箱体，使轴 I 不受 V 形带拉力的作用，减少弯曲变形，提高传动的平稳性。

3. 双向多片式摩擦离合器、制动器及操纵机构

(1) 双向多片式摩擦离合器（图 2-13）

双向多片式摩擦离合器装在轴 I 上，由内摩擦片 3、外摩擦片 2、止推片 10 及 11、压块 8 及空套齿轮 1 等组成。离合器分左、右两部分，且结构相同。左离合器用于传动主轴正转，传递的转矩也较大，所以摩擦片的片数较多；右离合器用于传动主轴反转，主要用于退刀、转矩不大的场合，摩擦片数也较少。当拉杆 7 通过长圆柱销 5 向左推动压块 8 时，主轴正转；当压块 8 向右压紧时，主轴反转；当压块 8 处于中间位置时，左、右离合器处于脱开状态，主轴处于停止状态。

离合器的接合与脱开由手柄 18 来操纵，手柄有两个，分别位于进给箱和溜板箱右侧。当向上扳动手柄 18 时，拉杆 20 向外移动．通过曲柄 21 带动扇形齿轮 17 顺时针转动，齿条轴 22 向右移动，其左端有拨叉 23，卡在轴 I 右端的滑套 12 的环槽内，从而使滑套 12 也向右移动，滑套 12 内孔的两端为锥孔，中间是圆柱孔。滑套 12 向右移动时，就将元宝销 6 的右端向下压，由于元宝销的回转轴装在轴 I 上，因而元宝销 6 也做顺时针转动，于是元宝销下端的凸缘便推动装在轴 I 内孔中的拉杆 7 向左移动，拉杆 7 通过其左端的长圆柱销 5 带动压块 8 向左压紧，使左端离合器压紧，主轴正转。同理，当向下扳动手柄 18 时，右离合器就被压紧，主轴反转。当手柄 18 处于中间位置时，双向离合器都脱开，主轴停止转动。

摩擦离合器除了传递运动和转矩外，还能起到过载保护作用。当机床过载时，摩擦片之间就会打滑，主轴停止转动，避免机床损坏。所以摩擦片间的压紧力是根据离合器应传递的额定扭矩来确定的。

调整时压下弹簧销 4，同时转动压块 8 上的螺母 9，即可调节摩擦片之间的压紧力，调整好位置后，使弹簧销 4 重新卡入螺母 9 的缺口中，以防止螺母在转动时松动。

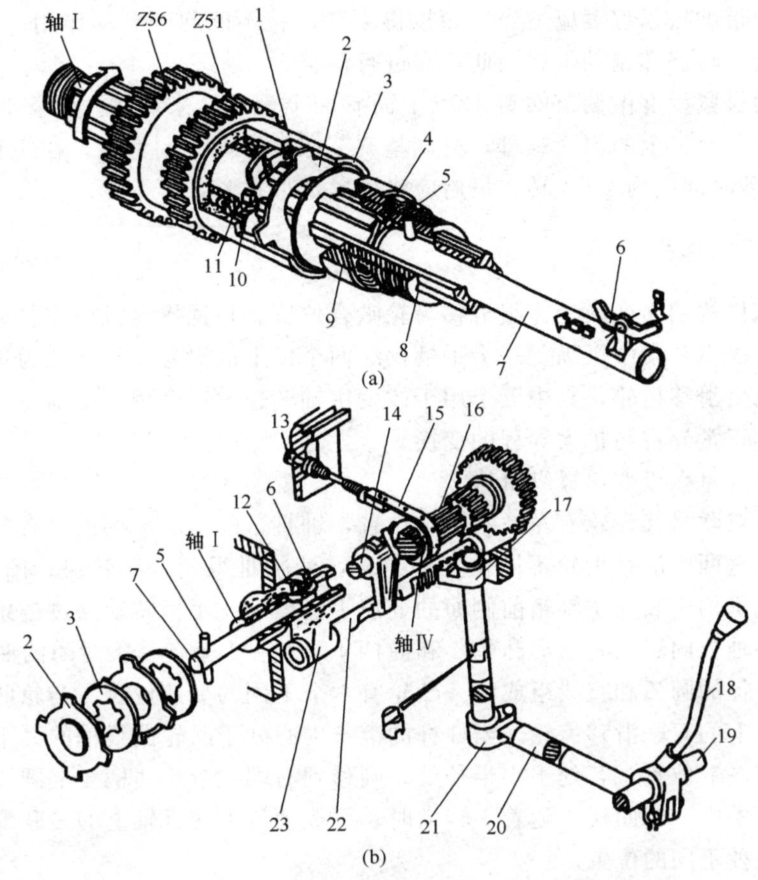

图 2-13 双向摩擦离合器和制动器及其操纵手柄

1. 空套齿轮；2. 外摩擦片；3. 内摩擦片；4. 弹簧销；5. 长圆柱销；6. 元宝销；7. 拉杆；8. 压块；9. 螺母；10、11. 止推片；12. 滑套；13. 调节螺钉；14. 杠杆；15. 制动带；16. 制动盘；17. 扇形齿轮；18. 手柄；19、21. 曲柄；20. 拉杆；22. 齿条轴；23. 拨叉

(2) 制动器

制动器（刹车）安装在轴Ⅳ上，它的作用是在摩擦离合器脱开时立刻制动主轴，以缩短辅助时间，使主轴迅速停止转动。

制动器的结构如图 2-13（b）所示。它由装在轴Ⅳ上的制动盘 16、制动带 15、调节螺钉 13 和杠杆 14 等组成。制动带为一钢带，在它的内侧固定一层夹砂帆布，以增加摩擦系数。制动带绕在制动轮上，一端通过调节螺钉 13 与箱体联接，另一端固定在杠杆 14 的上端。杠杆绕支承轴摆动时，使制动带抱紧制动轮，产生摩擦制动力矩，轴Ⅳ快速停止。

制动器和摩擦离合器共用一套操纵机构，也是用手柄 18（图 2-13）操纵，当左、右摩擦离合器均脱开时，齿条轴 22 处于中间位置，这时，齿条轴 22 上的凸起正处于与杠杆 14 下端相接触的位置，使杠杆 14 向逆时针方向转动，将制动带拉紧，使轴Ⅳ和主轴迅速停止转动。齿条轴 22 凸起的两端为向下的凹槽，当齿条轴 22 处于其他位置时，杠杆 14 下端与齿条凹槽部位接触，使杠杆 14 顺时针转动，制动带被放松，主轴处于旋

转状态。制动带的松紧程度应适当。如拉得不紧，就不能起到制动作用；如拉得过紧，则摩擦力太大，将烧坏制动带。因此，需进行调整。

制动带的松紧程度由调节螺钉 13（上面有两个螺母）来控制。调整时，如图 2-13 所示。松开调节螺钉上的固紧螺母，再调整调节螺钉即可。调整后，在主轴转速为 300 转/分时，制动时间应为 2～3 转，最后应将固紧螺母拧紧。

4. 变速操纵机构

变速操纵机构用来变换变速组滑移齿轮啮合位置，根据操纵机构控制滑移齿轮的多少可分为单独操纵和集中操纵。一个手柄操纵两个以上的滑移齿轮就称为集中操纵。主轴箱中共有七个滑移齿轮，其中五个用于改变主轴转速，一个用于车削左、右螺纹的变换，一个用于正常导程与扩大导程的变换。

（1）轴Ⅱ、Ⅲ六级变速操纵机构

轴Ⅱ上的双联滑移齿轮有左、右两个位置，轴Ⅲ上的三联滑移齿轮有左、中、右三个位置，通过这两个滑移齿轮不同位置的组合，使轴Ⅲ得到六级转速。图 2-14 是六速操纵机构。此机构由装在主轴箱前侧面的变速手柄操纵，手柄转动通过链条传动使传动轴 1 转动，在轴上固定的有盘形凸轮 2 和曲柄 4。凸轮 2 上有一条封闭的曲线槽，它是由两段不同半径的圆弧和直线组成的。凸轮有六个不同的变速位置。凸轮曲线槽通过杠杆 3 操纵轴Ⅱ上的双联滑移齿轮。当杠杆的滚子中心处于凸轮曲线槽的大半径处时，双联滑移齿轮在左端位置；若处于小半径处，则移到右端位置。曲柄 4 上圆柱销的滚子装在拨叉 5 的长槽中。当曲柄 4 随着 1 转动时，可拨动拨叉使Ⅲ轴上的三联滑移齿轮处于左、中、右三种不同的位置。

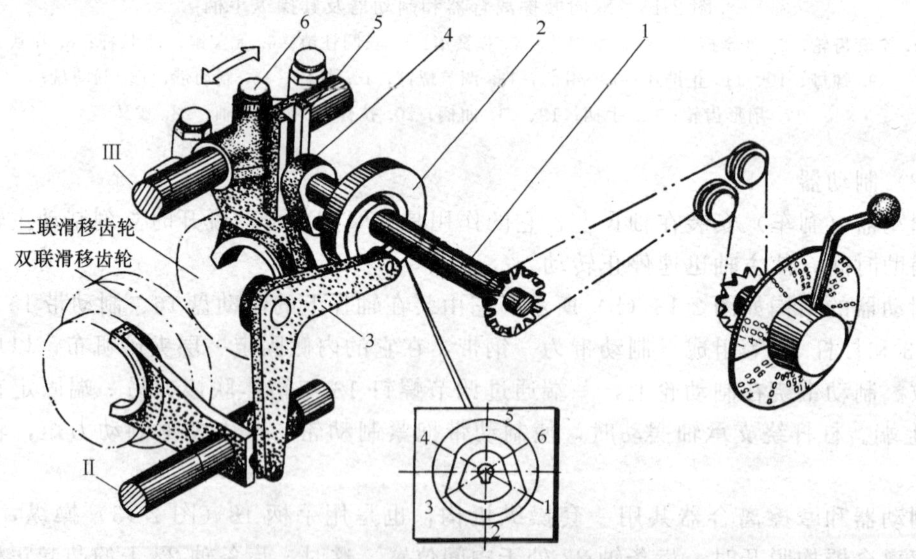

图 2-14 轴Ⅱ、Ⅲ变速操纵机构

1. 传动轴；2. 盘形凸轮；3. 杠杆；4. 曲柄；5. 拨叉；6. 定位装置

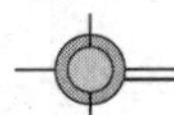

如图 2-14 所示为杠杆 3 的滚子在凸轮曲线的第 2 变速位置，双联滑移齿轮处于左端位置；三联滑移齿轮处于中间位置。若将轴 1 逆时针转过 60°，滚子到达第 3 变速位置，杠杆 3 的滚子仍处于凸轮曲线的大半径处，双联滑移齿轮的位置未动；但曲柄 4 这时也转过了 60°，曲柄 4 的滚子使拨叉带动三联滑移齿轮处于右端位置。顺次地转动凸轮至各个变速位置，就可改变两个滑移齿轮的轴向位置，实现六种不同的组合。滑移齿轮移至规定位置后，由操纵机构中钢球定位装置 6 来定位。

（2）轴Ⅳ和轴Ⅵ上滑移齿轮的操纵机构

轴Ⅳ上有两个双联滑移齿轮，各有左、右两个位置，可得到三种不同的传动比（实际四种，只用三种）。轴Ⅵ上有一个单联滑移齿轮，有左、中、右三个位置，分别是高速、空挡、中低速。这三个滑移齿轮用一个手柄操纵。图 2-15 是轴Ⅳ及Ⅵ的滑移齿轮操纵机构。此操纵机构的变速手柄也装在主轴前侧，扳动变速手柄，通过扇形齿轮传动可使传动轴 1 转动。在轴 1 的前后端各固定着盘形凸轮 2 和 5。凸轮 2 的曲线槽中有三种不同的工作半径，凸轮 2 通过杠杆 3、拨叉 4 操纵轴Ⅵ上的滑移齿轮 Z_{50}，使滑移齿轮 Z_{50} 有左、中、右三种位置。

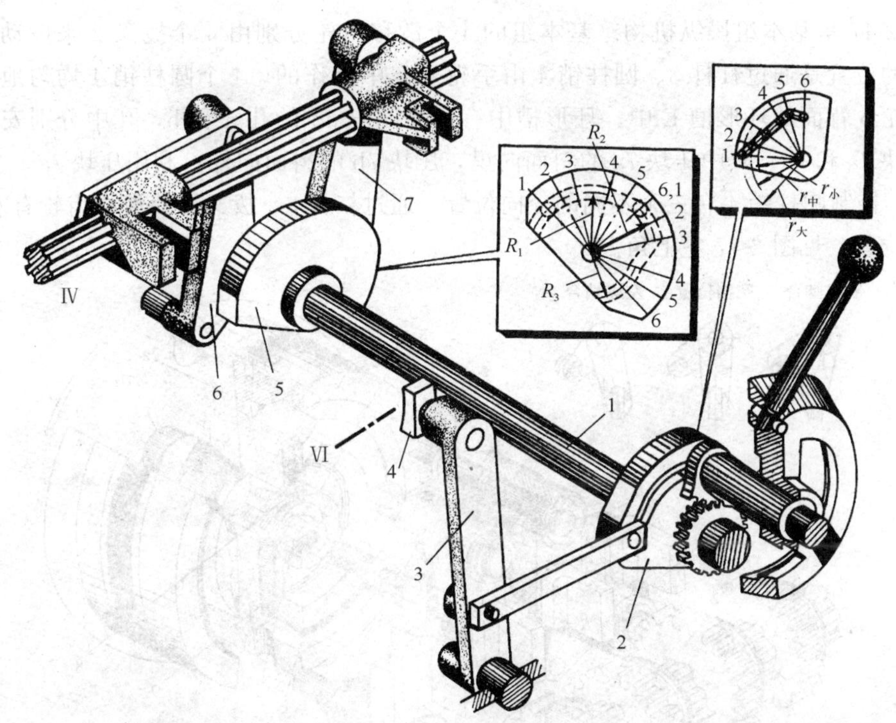

图 2-15 轴Ⅳ、Ⅵ变速操纵机构

1. 传动轴；2. 盘形凸轮；3. 杠杆；4 拨叉；5. 盘形凸轮；6、7. 拨叉

凸轮 5 的曲线槽中有三种半径不同的圆弧。当拨叉 6 的滚子中心处于凸轮曲线槽中的 R_1 位置时，轴Ⅳ上左侧的滑移齿轮处于右端位置；拨叉 6 滚子中心处于 R_2 位置时，齿轮移到左端位置；当拨叉 7 的滚子中心处于 R_2 位置时，轴Ⅳ上右侧的滑移齿轮处于

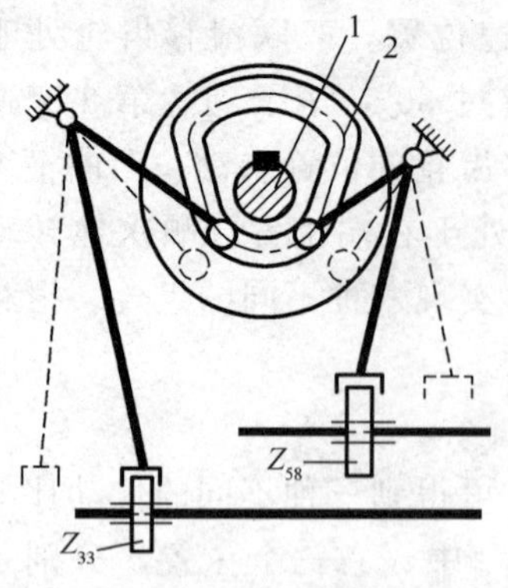

图 2-16　轴Ⅸ、轴Ⅹ变速操纵机构
1. 操纵手柄轴；2. 转动凸轮

右端位置，而当滚子处于 R_3 位置时，滑移齿轮则处于左端位置。通过拨叉滚子在不同圆弧位置的组合，实现三种传动比。

（3）轴Ⅸ、轴Ⅹ上滑移齿轮的操纵机构

轴Ⅸ、轴Ⅹ上的滑移齿轮各有两个位置，用一个手柄操纵。图 2-16 是轴Ⅸ、轴Ⅹ上滑移齿轮操纵机构简图。在操纵手柄轴 1 上固定有盘形凸轮 2，转动凸轮 2 就可操纵 Z_{33} 及 Z_{58} 的齿轮，共可得 4 种不同的传动路线（车削正常螺距的左、右旋螺纹和扩大螺距的左、右旋螺纹），工作原理自行分析。

2.3.2　进给箱

1. 基本组操纵机构

图 2-17 是基本组操纵机构。基本组的 4 个滑移齿轮分别由 4 个拨叉 2 来拨动。而每个拨叉的位置是通过杠杆 3、圆柱销 4 由手轮 6 集中操作的。4 个圆柱销 4 均匀地分布在操纵手轮 6 背面的环形槽 E 中，环形槽中有两个间隔 45°的孔 a 和 b，孔中分别安装带斜面的压块 7a 和 7b，其中压块 7a 的斜面向里，压块 7b 的斜面向外。利用压块 7a 、7b 和环形槽 E，控制圆柱销 4 有三个不同的径向位置，通过杠杆 3、拨叉 2 使滑移齿轮有左、中、右三个位置，见图 2-17 左上角。

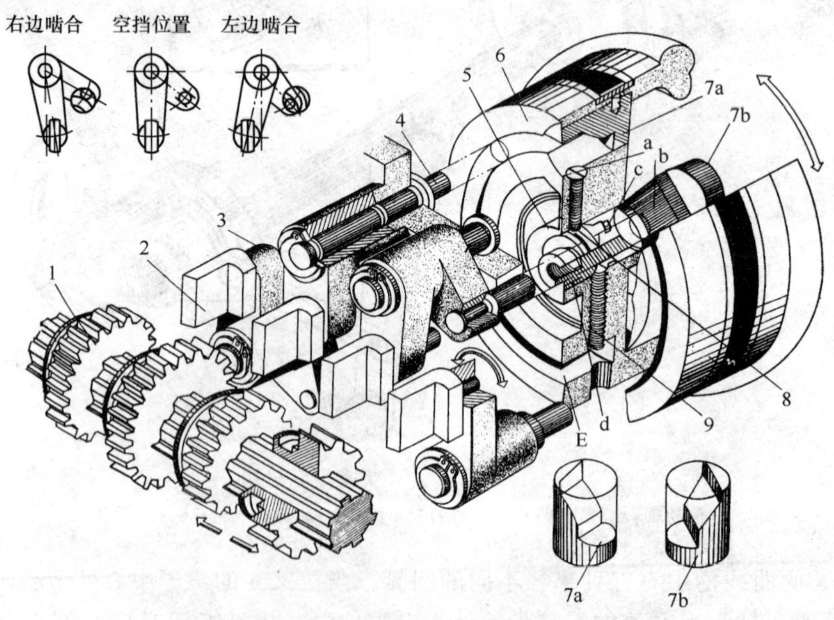

图 2-17　基本组操纵机构立体图
1. 滑移齿轮；2. 拨叉；3. 杠杆；4. 圆柱销；5. 固定轴；6. 手轮；
7a、7b. 压块；8. 定位钢球；9. 定位螺钉手轮 6 在圆周方向有 8 个均布的定位位置，当它处于如图 2-18 所示位置时，只有左上角杠杆的圆柱销 4 在压块 7a 的作用下靠在孔 a 的内侧壁上，拨叉 2 使滑移齿轮在一啮合位置。其余三个圆柱销都处于环形槽 E 中，其相应的滑移齿轮都处于各自的空挡位置。如需改变基本组的传动比时，先将手轮向外拉，这时定位螺钉 9 的前端沿固定轴 5 的轴向槽，移到轴端部的环形槽 c 中，手轮 6 就可自由转动进行变速。当手轮转到所需位置后，如从图 2-18 所示位置逆时针转过 45°时，孔 b 正对准左上角杠杆的圆柱销 4 时，再将手轮重新推入，这时孔 b 中压块 7b 的斜面推动销 4 靠在孔 b 的外侧壁上，从而带动杠杆、拨叉使滑移齿轮移动到另一啮合位置。

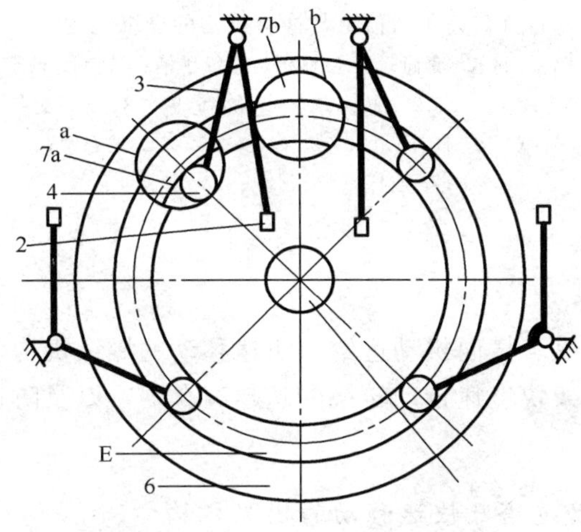

图 2-18　基本组操纵机构原理图

定位螺钉 9 是手轮 6 的周向定位装置。钢球 8 是手轮 6 的轴向定位装置。

2. 增倍组操纵机构

增倍组由两组双联滑移齿轮变速组成。ⅩⅤ轴和ⅩⅦ轴上的两个滑移齿轮分别由拨叉 14 和 8 操纵，如图 2-19 所示。当转动手柄 1 时，通过中心轴使齿轮 12 旋转，齿轮 12 上的偏心销 21 带动滑块 22 在导杆 23 上滑动。滑块上装有拨叉 8 拨动ⅩⅦ轴上的双联滑移齿轮。齿轮 12 同时又带动齿轮 13 旋转，通过齿轮 13 上的偏心销 15、拨叉 14 拨动ⅩⅤ轴上的双联滑移齿轮。齿轮 12 的齿数比齿轮 13 多一倍，故齿轮 12 转一转，齿轮 13 转两转。所以ⅩⅦ轴上的滑移齿轮从左到右移动一个循环，而ⅩⅤ轴上的滑移齿轮就左右移动两个循环，组成了增倍组的四个传动比。

3. 移换机构及光杠、丝杠传动的操纵机构

如图 2-19 所示，当进行公制、英制和丝杠、光杠的移换时，转动手柄 3，通过套筒使凸轮盘 7 转动，再通过槽中销子 11 带动杠杆 10 绕支点 9 摆动，经过连杆 17 带动杠杆 19 绕支点 18 摆动，使拨叉 16 和拨叉 20 拨动移换机构的滑移齿轮，进行英制与公制螺纹的变换。凸轮盘 7 的槽中还有销子 4，可带动杠杆 5 绕支点 2 摆动，带动拨叉 6 拨动滑移齿轮，使 M_5 啮合或脱开，接通或断开丝杠或光杠的运动。

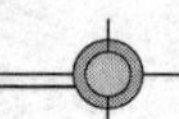

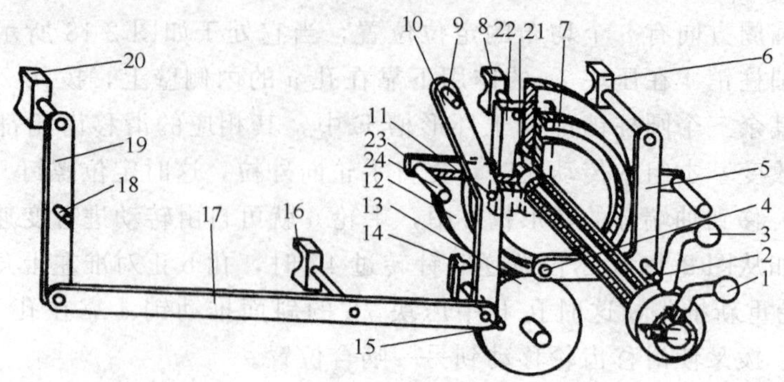

图 2-19 增倍组与换移机构的操纵机构

1. 增倍组操纵手柄；2. 套筒；3. 换移机构操纵手柄；4、11. 销子；5. 杠杆；6、8、14、16、20. 拨叉；7. 凸轮盘；9、18、24. 支点；10、19. 杠杆；12、13. 齿轮；15、21. 偏心销；17. 连杆；22. 滑块；23. 导杆

2.3.3 溜板箱

溜板箱结构主要有纵、横向机动进给与快速移动的操纵机构、开合螺母及其操纵机构、互锁机构、实现刀架快慢速自动转换的超越离合器，以及防止机床过载的安全离合器等组成。

1. 纵向、横向机动进给及快速移动的操纵机构

由传动系统分析可知，溜板箱的纵、横向机动进给及快速移动，主要是通过控制牙嵌式离合器 M_6、M_7 不同方向的啮合来实现的。纵向、横向机动进给及快速移动是由手柄 1 集中操纵，如图 2-20 所示。扳动手柄的动作方向，就是机动进给的运动方向。

当操纵手柄 1 绕销子 a 向左向右摆动时，由于轴 14 用台阶及卡环轴向固定在箱体上，于是手柄 1 下部的开口槽就拨动轴 3 轴向移动，并带动杠杆 7 绕销子 15 摆动，通过连杆 8 使凸轮 9 转动，凸轮 9 的曲线槽使拨叉 10 移动，于是便操纵轴ⅩⅩⅢ上的牙嵌式离合器 M_6 向相应的方向啮合。这时如光杠转动，就可使刀架作纵向的机动进给，如按下手柄 1 上端的快速移动按钮，快速电动机启动，刀架就可向相应方向快速移动，直到松开快速移动按钮时为止。

当操纵手柄 1 向前或向后摆动时，通过轴 14 使凸轮 13 转动，凸轮 13 上的曲线槽便使杠杆 12 摆动，杠杆 12 又使拨叉 11 移动，于是拨叉 11 便拨动牙嵌式离合器 M_7 向相应方向啮合。这时就可使刀架作机动的横向进给，按下快速移动按钮，实现横向快速移动。当手柄 1 处于中间位置时，离合器 M_6 及 M_7 脱开，断开机动进给及快速移动。

为避免同时接通纵向和横向运动，在盖 2 上开有十字形槽，十字形槽限制了手柄 1 的位置，使之不能同时接通纵向和横向运动。

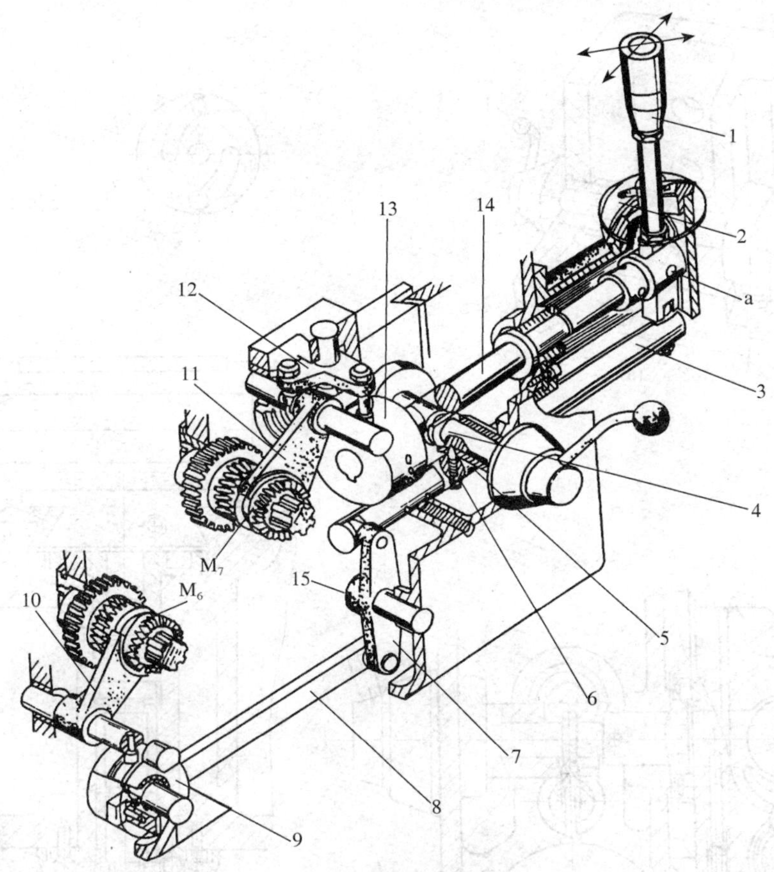

图 2-20 溜板箱操纵机构

1. 手柄；2. 盖；3、4、14. 轴；5. 球头销；6. 弹簧销；7、12. 杠杆；8. 推杆；9、13. 凸轮；10、11. 拨叉；15. 销子

2. 开合螺母机构

开合螺母机构的功用是车螺纹时，接通或断开从丝杠传来的运动。将开合螺母合于丝杠上，丝杠通过开合螺母带动溜板箱及刀架运动，实现车螺纹运动。

开合螺母的结构如图 2-21 所示，它由上半螺母 5 和下半螺母 4 组成。每个半螺母装有一个圆柱销 6，它们分别插入固定在手柄轴上的槽盘 7 的两条曲线槽中，车削螺纹时，顺时针扳动手柄 1，使槽盘 7 转动，曲线槽迫使两个圆柱销带动上、下半螺母互相靠拢与丝杠啮合。逆时针扳动手柄，则开合螺母与丝杠脱开。定位钢球用来固定手柄位置，以保证上下螺母不会自动脱开或啮合。

螺钉 11 用于调整丝杠与开合螺母的间隙，拧动螺钉 11，调节销钉 12 的伸出长度来限定开合螺母的啮合位置，达到调整丝杠与螺母间隙的目的。

开合螺母与燕尾导轨间隙用螺钉 9 和平镶条调整，调整的方法是先拧松螺钉 9 上的固紧螺母，适当拧紧调节螺钉 9，使开合螺母在燕尾导轨中能平稳滑动，然后将固紧螺母固紧。

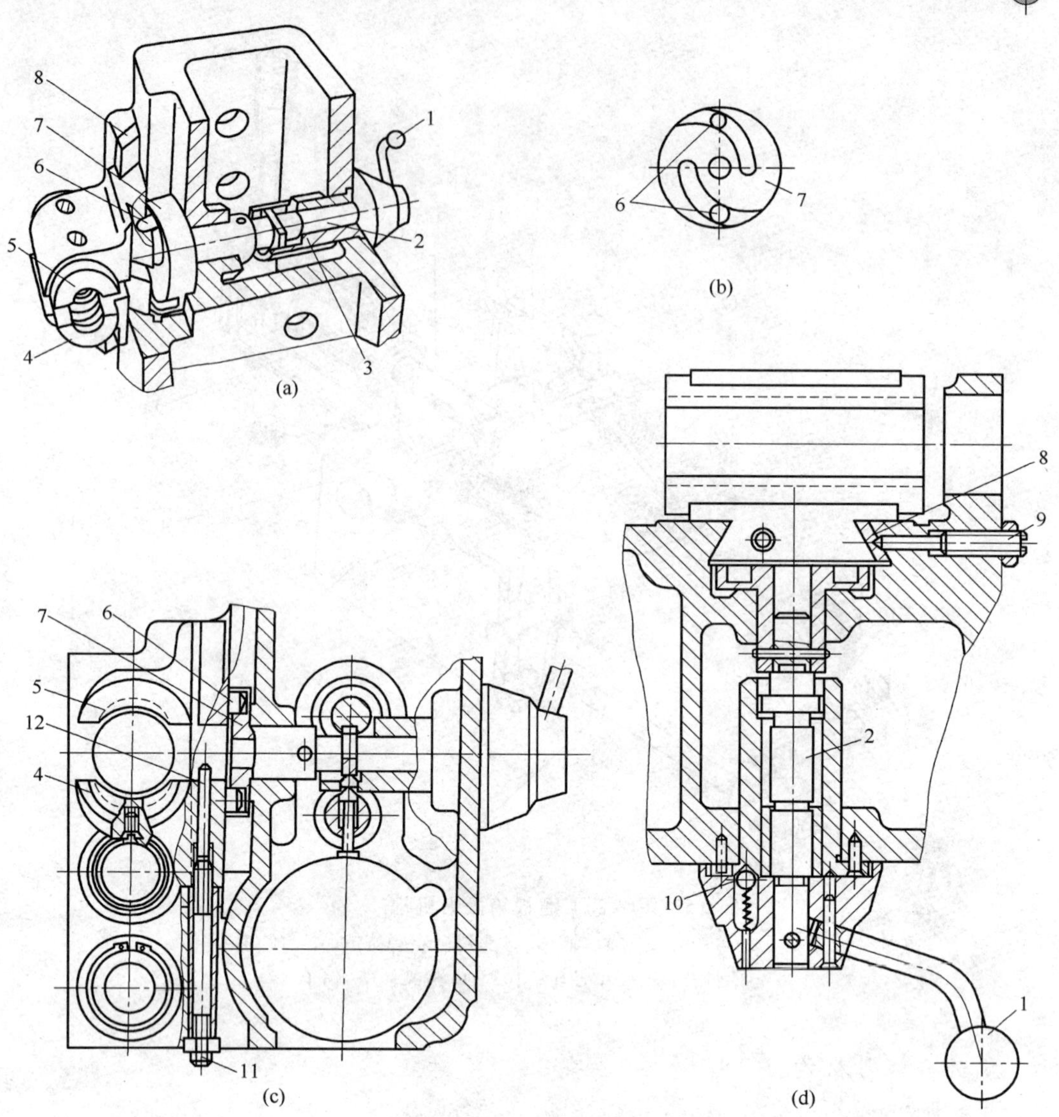

图 2-21 开合螺母结构

1. 手柄；2. 轴；3. 轴套；4. 下半螺母；5. 上半螺母；6. 圆柱销；7. 圆盘；8. 平镶条；9. 调整螺钉；10. 定位钢球；11. 调整螺钉；12. 销钉

3. 互锁机构

机床传动系统中为避免光杠与丝杠同时传动而将机床损坏，机床在纵横向操纵机构与开合螺母操纵机构之间设有互锁装置，由图 2-20 中轴 3、轴 4 和轴 14 之间的球头销、弹簧销组成。接通纵横向机动进给时，开合螺母不能合上；开合螺母闭合时，纵横向机动进给就不能接通。图 2-22 中表示了开合螺母操纵手柄、机动进给快速移动手柄之间的互锁原理。

图 2-22（a）表示在中间位置时的情况，这时机动进给未接通，开合螺母也处于张开状态，这时可任意扳动开合螺母操纵手柄或纵横向进给手柄。图 2-22（b）是合上开合螺母时的情况，这时由于手柄 1 所操纵的轴转过了一个角度，它的凸肩转入到轴 14 的槽中，将轴 14 卡住，使之不能转动；同时凸肩下面的 V 形槽又将球头销 5 压入到轴 3 的孔中，由于球头销 5 的另一半尚留在固定套 16 中，使轴 3 不能轴向移动。因此，开合螺母合上，机动进给的操纵手柄 1（图 2-20）就被锁住，不能扳动，从而就避免了同时再接通机动进给。图 2-22（c）是向左扳动纵向机动进给操纵手柄 1 时的情况。这时轴 3 向右移动，轴 3 上的圆孔及安装在圆孔内的弹簧销 6 也随之移开，球头销 5 被轴 3 的表面顶住不能往下移动，球头销 5 的圆柱段均处于固定套 16 的圆孔中，而它的上

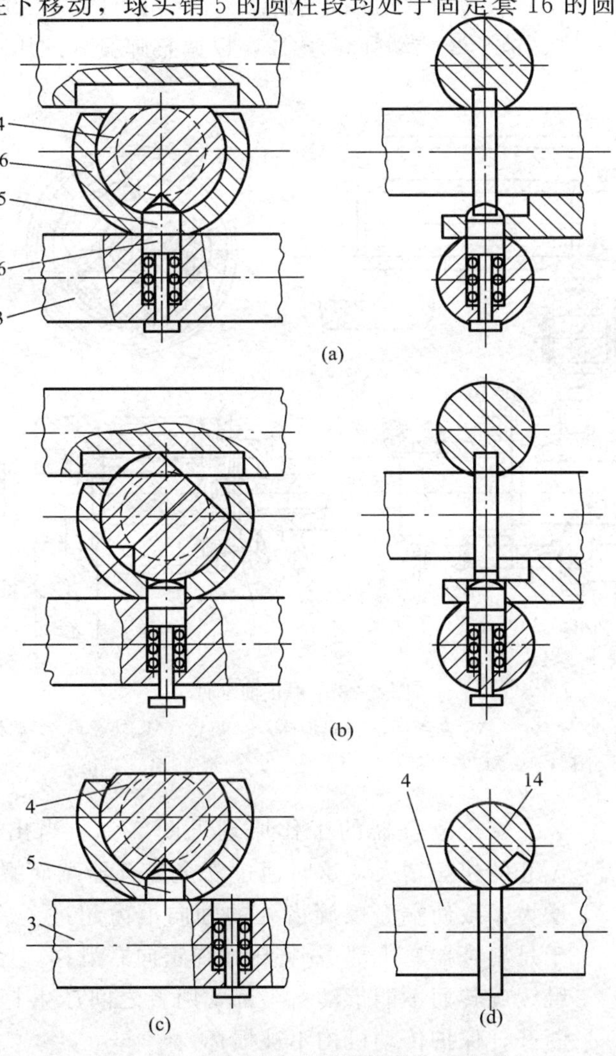

图 2-22 开合螺母互锁机构工作原理图

16. 固定套；其他编号注释同图 2-20。

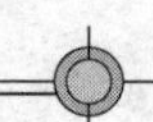

端则卡在轴 4 的 V 形槽中，将轴 4 锁住，使开合螺母操纵手柄 1（图 2-21）不能转动，也就是使开合螺母不能闭合。图 2-22（d）是向前扳动操纵手柄，即接通向前的横向进给时的情况。这时，由于轴 14 转动，其上的长槽也随之转开而不能对准轴 4，于是轴 4 上的凸肩被轴 14 顶住，使轴 4 不能转动，所以，这时开合螺母也就不能再闭合。

4. 过载保护装置

进给过程中，当进给力过大或刀架移动受阻时，为了避免损坏传动机构，在溜板箱中设置了过载保护装置，又称安全离合器。它的结构如图 2-23 所示，安全离合器由螺旋面牙嵌式离合器 4 和 10 及弹簧 3 组成，离合器传递扭矩的大小由弹簧 3 来控制，调节螺母 7，通过螺杆 11、销子 2 拉动弹簧座 12，以调整弹簧 3 的压力大小。

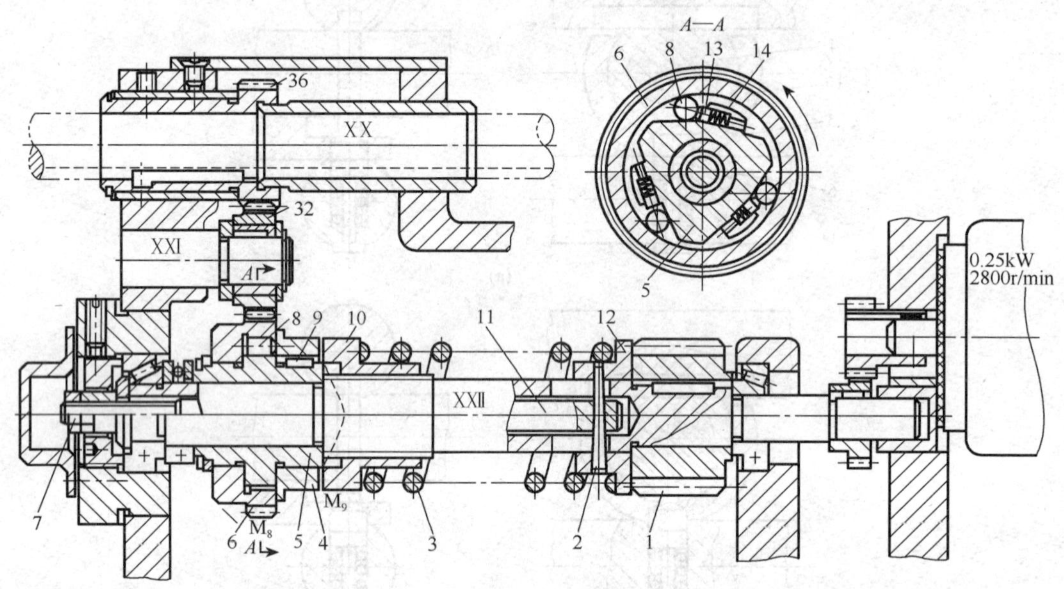

图 2-23 XXII 轴部件

1. 蜗杆；2. 销；3. 弹簧；4. M_9 左半部；5. 星形体；6. 齿轮（M_8 外壳）；7. 调整螺母；8. 滚柱；9. 平键；10. M_9 右半部；11. 螺杆；12. 弹簧座；13. 顶销；14. 弹簧

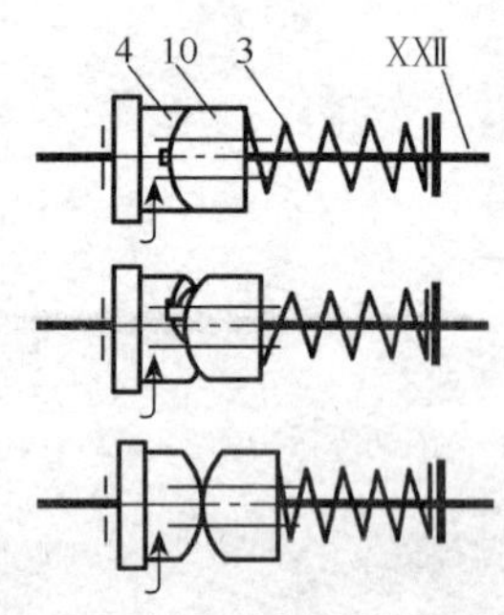

图 2-24 安全离合器

安全离合器的工作原理见图 2-24，当出现过载时，蜗杆轴 XXII 的扭矩增大，这时通过安全离合器端面螺旋齿传递的扭矩也增大，致使端面螺旋齿处的轴向推力超过了弹簧 3 的调整压力，于是离合器右半部 10 将压缩弹簧向右滑移，这是离合器的左半部继续旋转而不能带动右半部，两者之间产生打滑现象，而将运动断开，保护传动机构不被损坏。

5. 超越离合器

由纵向、横向机动进给及快速移动的操纵机构可知，当操纵手柄接通机动进给时，如按下手柄上端的快速移动按钮，便启动快速电动机，刀架就可向相应方向快速移动。为了防止机动进给与快速移动的同时接通而发生干涉，XXII轴还设置了超越离合器，实现同一轴运动的快、慢速自动转换。超越离合器由齿轮6（它作为离合器的外壳）、星形体5、三个滚柱8、顶销13和弹簧14组成，见图2-23。其工作原理参见1.2.2节。

2.3.4　溜板与刀架

溜板由大溜板、中溜板和小溜板组成，如图2-25所示。

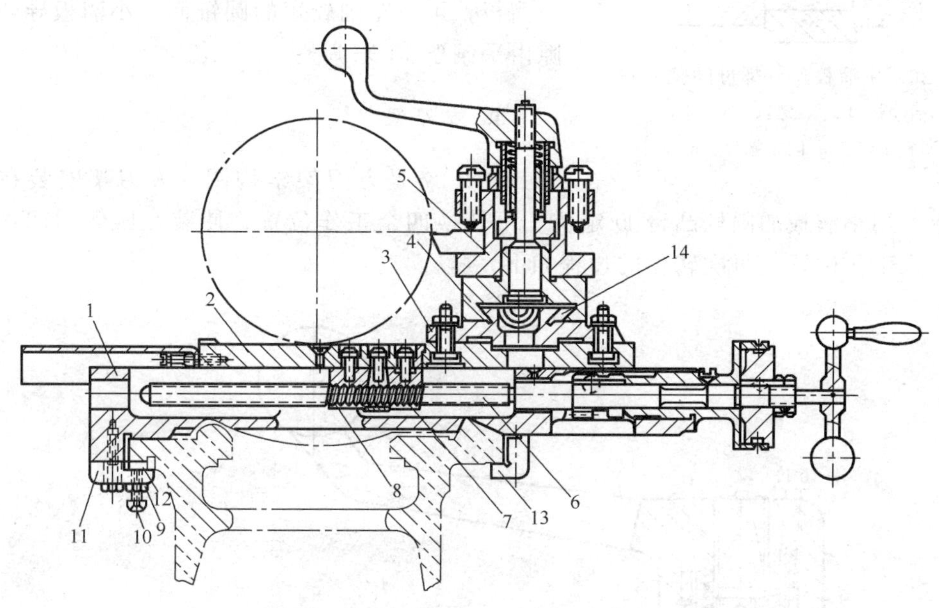

图2-25　CA6140车床溜板与刀架

1. 大溜板；2. 中溜板；3. 转盘；4. 小溜板；5. 方刀架；6. 丝杠；7. 固定螺母；8. 活动螺母；9. 锁紧螺母；10. 调节螺钉；11、13. 压板；12、14. 平镶条；

1. 大溜板

大溜板在床身导轨上，可沿床身导轨纵向移动。为了防止由于切削力的作用而使刀架部件翻转，在大溜板的前后侧装有压板11和13。为了调整导轨磨损后的间隙，在压板与导轨间装有镶条，可调整磨损后的间隙。调整时，拧松锁紧螺母9，然后稍拧紧调节螺钉10，即可减少大溜板与床身导轨之间的间隙，调整后拧紧锁紧螺母9。

2. 中溜板

中溜板2可以沿着大溜板1上部的燕尾导轨作横向运动。中溜板是由横向进给丝杠6传动的。由于长期使用后丝杠与螺母间磨损而产生间隙，影响加工精度，因此需要调整，调整方法为（图2-26）：

先松开螺母1上的螺钉2，然后拧动中间螺钉4，将楔块向上拉，这时螺母1被推动左移，使螺母与丝杠间的间隙减小。间隙调整后，应保持中溜板丝杠的回转灵活平

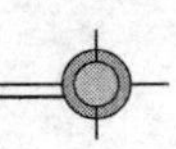

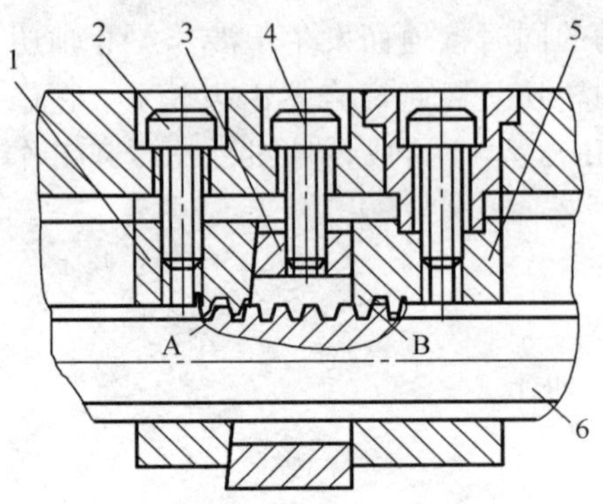

图 2-26 中溜板丝杠螺母间隙调整

1. 活动螺母；2. 螺钉；3. 楔块；4. 调整螺钉；5. 固定螺母；6. 丝杠

稳，空行程不得大于 1/20 转。最后用螺钉 2 将螺母 1 拧紧。中溜板燕尾导轨的间隙由镶条调整，只要拧动镶条的前后螺钉即可调整间隙。

3. 小溜板

如图 2-25 所示，小溜板 4 装在转盘 3 的燕尾导轨上，当转盘 3 调整至一定的角度后，用手动摇动小溜板，可以车削较短的圆锥面。小溜板导轨的间隙由平镶条 14 来调整。

4. 方刀架

图 2-27 是方刀架结构图。方刀架安装在小溜板 1 上，用小溜板的圆柱凸台 D 定位。可转换四个工作位置，使装在四侧的四把车刀依次进入工作位置，每次转位的过程如下。

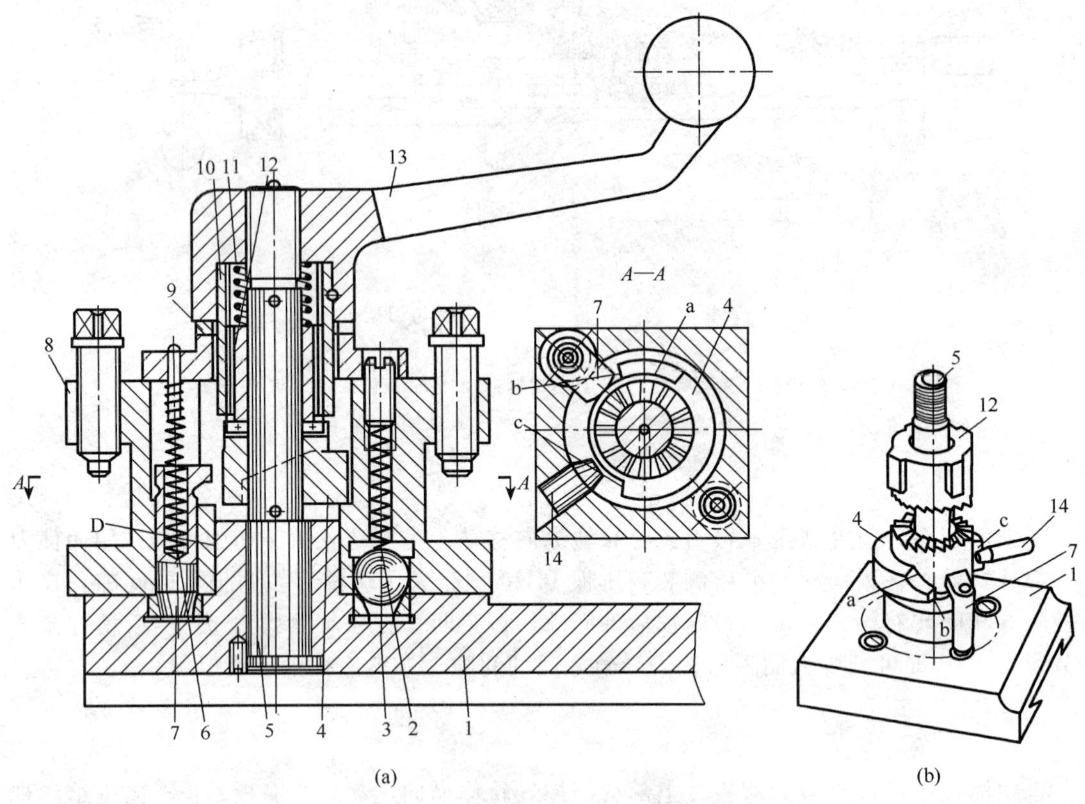

图 2-27 方刀架

1. 小溜板；2. 弹簧；3. 定位钢珠；4. 凸轮；5. 轴；6. 弹簧；7. 定位销；8. 刀架体；9. 垫片；10. 内花键套筒；11. 弹簧；12. 花键套筒；13. 手柄；14. 固定销

1）松开刀架、拔出位销。逆时针转动手柄13，使其从轴5顶端的螺纹向上退松，刀架体8便被松开。同时，手柄通过内花键套筒10（用骑缝螺钉与手柄连接）带动外花键套筒12转动，外花键套筒12的下端面齿与凸轮4上的端面齿啮合，因而凸轮也被带动着逆时针转动。凸轮转动时，先由其上的斜面a将定位销7从定位孔中拨出，准备转位。

2）刀架转位。继续逆时针转动手柄13，凸轮的垂直侧面b与安装在刀架体中的固定销14相碰（见图2-27中$A-A$），于是带动刀架体8一起转动，实现转位。同时钢球3从定位孔中滑出，当刀架转至所需位置时，钢球3在弹簧2作用下，进入另一定位孔中进行初定位。

3）刀架精定位并夹紧。转位完毕，反向转动手柄13，同时凸轮4也被带动一起反转。当凸轮的斜面a退离定位销7的勾形尾部时，在弹簧的作用下定位销7插入另一定位孔，使刀架实现精确定位。刀架被定位后，凸轮的另一垂直侧面c与固定销14相碰[图2-27（b）]，凸轮便被固定销14挡住不再转动。于是，凸轮与外花键套筒间的端面齿离合器开始打滑，直至手柄13继续转动到夹紧刀架为止，转位结束。

修磨垫片12的厚度，可调整手柄13在夹紧方刀架后的正确位置。

本章实训

实训项目（一） 机床机构的调整

1. 知识与技能目标

1）了解机床机构、部件的结构与组成。
2）了解机构、部件的工作原理与调整的意义。
3）掌握机床调整方法，锻炼操作技能。

2. 实训器材

CA6140车床或C620车床若干台，钳工常用工具。

3. 实训过程

首先观察、熟悉机构、部件的组成和结构，然后进行调整。

（1）丝杠螺母间隙调整

1）中溜板丝杠螺母间隙调整。调整要求：应保持中拖板丝杠的回转灵活平稳，空行程不得大于1/20转。调整方法：参见图2-26和2.3.4节。

2）开合螺母间隙调整。调整要求：操作手柄开合轻便，螺母闭合后，溜板箱无窜动。调整方法：参见图2-21和2.3.3节。

（2）导轨副的调整

调整后要求拖板能移动自如，没有卡滞现象，用塞尺测量，在0.1～0.2mm为宜。

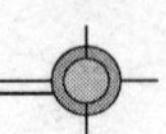

1）中溜板燕尾导轨调整。中溜板燕尾导轨的调整方法参见图 2-28。先松开调整螺钉 4，用螺钉 1 调整斜镶条 3，由于斜镶条有 1∶50 的斜度，将导轨副之间的间隙消除，间隙适当后，再将调整螺钉 4 拧紧。

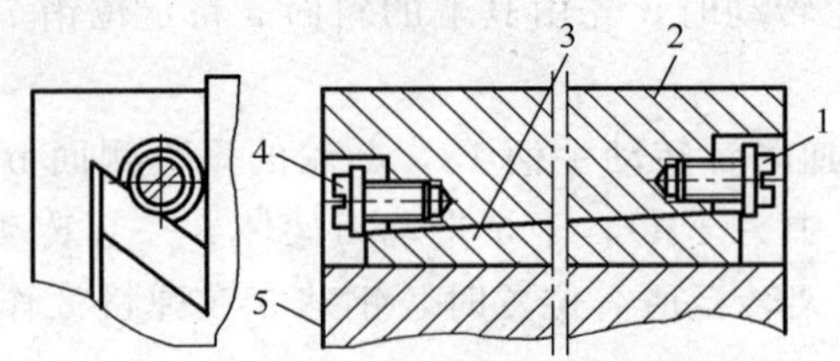

图 2-28 中溜板燕尾导轨调整装置

1. 调整螺钉；2. 中溜板；3. 斜镶条；4. 调整螺钉；5. 大溜板

2）大溜板矩形导轨调整。大溜板矩形导轨的调整方法参见图 2-25 和 2.3.4 节。

(3) 制动器调整

如图 2-29 所示。调整时，首先松开锁紧螺母 3，再拧动调节螺钉 1，制动力适当后将锁紧螺母拧紧。调整后，在主轴转速为 300 转/分时，制动后主轴再转 2～3 转为宜。

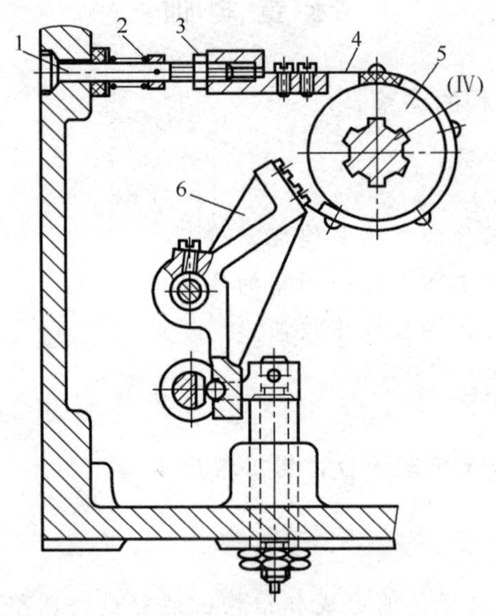

图 2-29 制动器

1. 调节螺钉；2. 弹簧；3. 锁紧螺母；4. 制动带；5. 制动盘；6. 杠杆

4. 思考题

1）设置机构、部件调整装置有何意义？

2）中溜板丝杠螺母间隙不当对车床的工作有何影响？

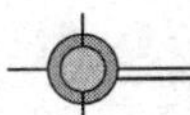

实训项目（二）　车床Ⅰ轴部件拆装

1. 知识与技能目标

1）了解卸荷式带轮的结构与特点。
2）了解多片式摩擦离合器的结构与工作原理。
3）掌握摩擦离合器的调整方法，锻炼设备拆装技能。

2. 实训器材

CA6140 车床或 C620 车床若干台，钳工常用工具

3. 实训过程

1）通过带轮轮辐上面的工艺孔，拆卸法兰套的固定螺栓，然后将Ⅰ轴部件整体从箱体中取出。
2）按顺序分解Ⅰ轴上的零件。
3）清洗零件，然后组装。
4）组装后调整摩擦片间隙。如图 2-30 所示，首先压下弹簧销 10，转动螺母 4，使其

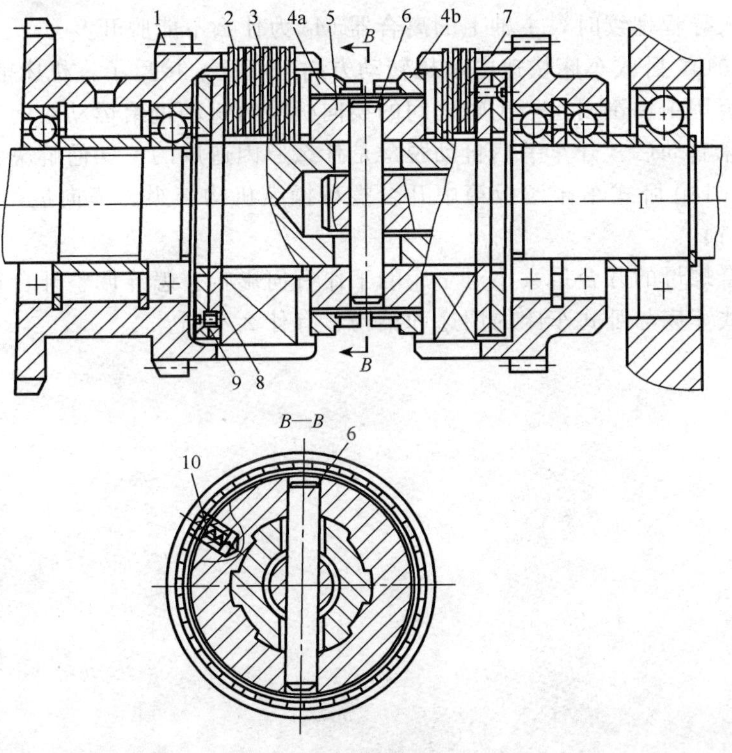

图 2-30　多片式摩擦离合器

1. 双联空套齿轮；2. 外摩擦片；3. 内摩擦片；4a、4b. 调节螺母；5. 压套；6. 圆柱销；7. 空套齿轮；8、9. 止推片；10. 弹簧销

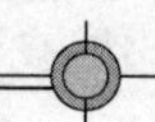

作小量轴向位移，即可调节摩擦片间的压紧力，从而改变离合器传递转矩的能力。调整妥当后弹簧销复位，插入螺母槽口中，使螺母在运转中不会自行松开。

4. 思考题

1）摩擦片间隙不当对机床工作有何影响？

2）多片式摩擦离合器为什么要装在Ⅰ轴上？

小　　结

本章介绍了卧式车床的工艺范围及其组成，CA6140卧式车床的传动系统和典型部件与机构的结构、工作原理，以及其他类型车床的相关内容。卧式车床是本课程的重点。通过卧式车床的学习，应熟练掌握机床传动系统的分析和传动链的调整计算，学会正确使用和调整卧式车床。

习　　题

2.1　CA6140卧式车床主轴正转高、低速为什么有24级而不是理论的30级？

2.2　写出车削米制螺纹与英制螺纹的传动路线。丝杠可否作为既车外圆又车螺纹的传动机构？为什么？

2.3　车大导程螺纹时，主轴上的离合器 M_2 为什么不能脱开？

2.4　CA6140卧式车床快速电动机转动方向（电源）接反了，机床能否正常工作？

2.5　能否用主轴箱内Ⅸ—Ⅹ轴之间的换向机构给机动进给运动换向？为什么？

2.6　机床启动后，开车手柄自动脱落是什么原因造成的？如何解决？

2.7　CA6140卧式车床溜板箱中开合螺母操纵机构与纵、横向进给操纵机构之间为什么需要互锁？

2.8　开合螺母的开合量大小对车床的工作有何影响？怎样调整升合量？

2.9　立式车床与卧式车床的用途和结构各有什么不同？

第3章

铣　床

本章概述

铣床系指主要用铣刀在工件上加工各种表面的机床。通常铣刀旋转运动为主运动，工件或铣刀的移动为进给运动。铣床除能铣削平面、沟槽、齿轮、螺纹和花键轴外，还能加工比较复杂的型面，在机械制造和修理领域得到了广泛应用。本章将介绍铣床的种类、用途、工艺范围及运动；结合典型的 X6132 万能升降台铣床，介绍其传动系统和典型部件与机构，同时介绍铣床重要附件——万能分度头的使用。

知识目标

1. 了解铣床的分类、用途及 X6132 万能升降台铣床的组成、技术规格、工艺范围和运动。
2. 掌握 X6132 万能升降台铣床的传动系统工作原理。
3. 掌握 X6132 万能升降台铣床典型部件与机构的结构组成和调整方法。
4. 掌握常用分度方法的应用及调整计算。

能力目标

1. 能合理选用、正确使用各类铣床。
2. 会调整和操作 X6132 万能升降台铣床。

3.1 铣床的用途与分类

3.1.1 铣床的用途与分类

1. 铣床的用途与工艺范围

铣床是工厂中广泛应用的机床。在铣床上用圆柱铣刀、盘铣刀、端铣刀、键槽铣刀、成型铣刀可以分别加工水平面、垂直面、成型面、沟槽及螺旋槽，也可用锯片铣刀进行切断。在铣床上铣削平面，粗铣加工的尺寸公差等级为IT13～IT11，表面粗糙度 R_a 为12.5μm，精铣加工的尺寸公差等级可达IT9～IT7，表面粗糙度 R_a 可达3.2～1.6μm。由于铣削加工是使用多刃刀具连续加工，所以生产率较高，适用于单件小批量生产及成批生产中中小型零件的加工。

图3-1表示了铣床的加工工艺范围。

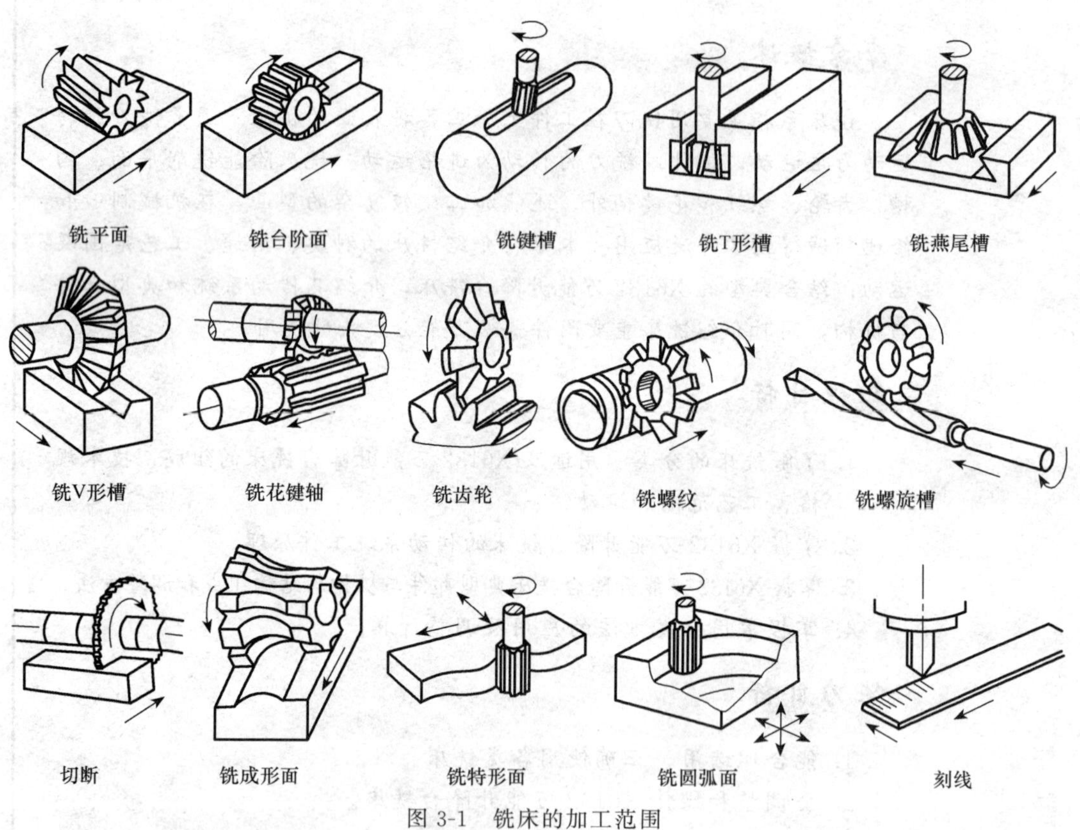

图3-1 铣床的加工范围

2. 铣床的分类

铣床的类型很多，根据主轴的位置可分卧式铣床和立式铣床，按工作台的布局可分升降台铣床和无升降台铣床，还有龙门铣床、工具铣床、仿形铣床、专门化铣床（如曲轴铣床）等。常见的铣床类型、工艺特点及使用范围如下。

（1）升降台铣床

升降台铣床（图 3-2）的工作台可沿纵向、横向、垂直三个方向作进给运动和快速移动，根据主轴的布局又分为立式和卧式两种。这两种铣床工艺范围广，生产率高，适合于中小型零件的加工，应用特别广泛。

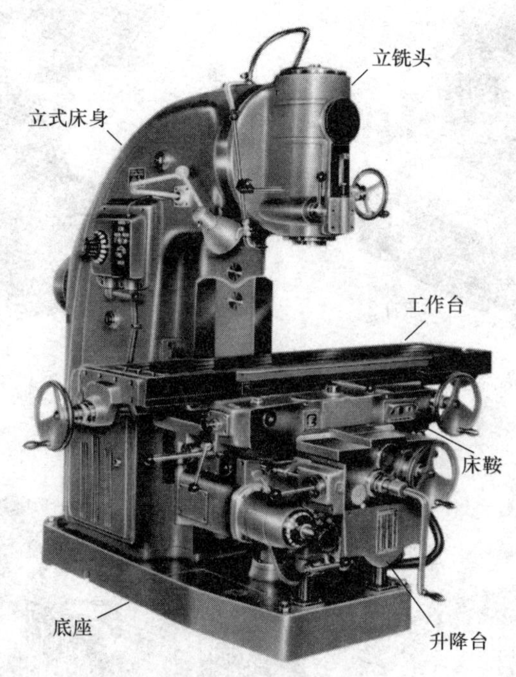

图 3-2 立式升降台铣床

（2）无升降台铣床

无升降台铣床也称为床身铣床（图 3-3）。这类铣床的工作台只有纵向、横向两个方向的进给运动和快速移动，主轴垂直布置，并可沿轴线方向作轴向进给或调位移动。这种机床刚性好，适合于中型零件的平面、沟槽加工。

（3）工具铣床

工具铣床（图 3-4）除了能完成卧式铣床和立式铣床的加工外，并配有多种附件，提高了机床的万能性，主要用于工具车间、机修车间加工形状复杂的各类切削刀具、工具、夹具和模具等。

（4）龙门铣床

龙门铣床（图 3-5）是一种大型通用铣床，用于加工大、中型零件上的平面、沟槽，如床身导轨、箱体、机座等表面。在机床的横梁和立柱上，分别安装有铣削头，每个铣削头都有独立的主运动、进给运动和调位移动，工件固定在工作台上作直线进给运动。这种铣床可用几个铣削头，同时加工工件的多个表面，从而提高了机床的生产效率。

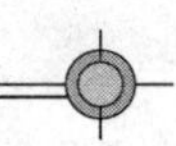

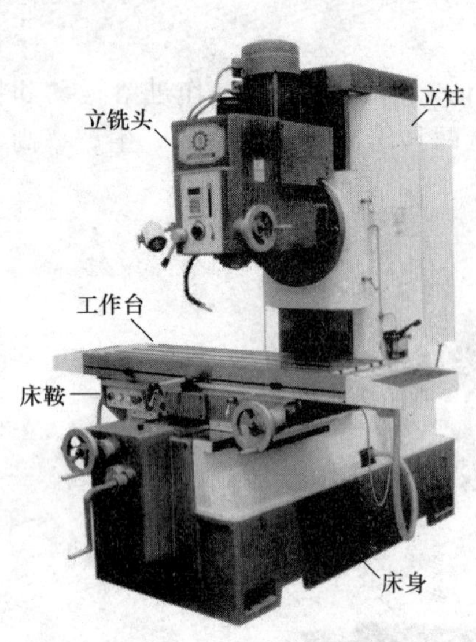

图 3-3 无升降台铣床

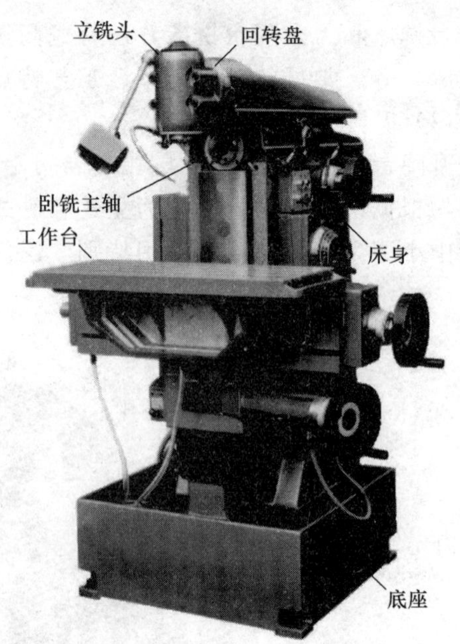

图 3-4 工具铣床

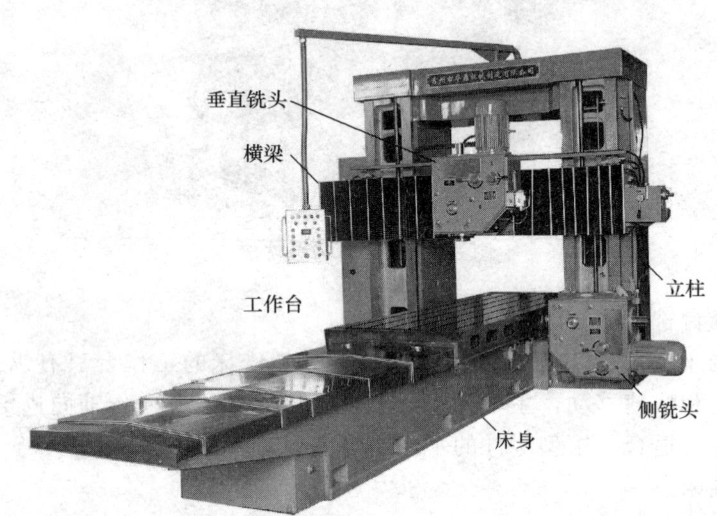

图 3-5 龙门铣床

3.1.2 X6132 万能升降台铣床的技术参数及组成部件

1. X6132 万能升降台铣床的技术参数

X6132 万能升降台铣床的主要技术参数见表 3-1。

表 3-1 X6132 万能升降台铣床的技术规格

<table>
<tr><td colspan="2">工作台面积（宽×长）/(mm×mm)</td><td>320×1250</td><td rowspan="2">工作台的进给量</td><td>纵向与横向/(mm/min)</td><td>10～1000，21级</td></tr>
<tr><td rowspan="3">工作台的最大行程</td><td>纵向（手动/机动）/mm</td><td>700/680</td><td>垂直/(mm/min)</td><td>3.3～333，21级</td></tr>
<tr><td>横向（手动/机动）/mm</td><td>255/240</td><td rowspan="2">工作台的快速移动</td><td>纵向与横向/(mm/min)</td><td>2300</td></tr>
<tr><td>垂直（手动/机动）/mm</td><td>320/300</td><td>垂直/(mm/min)</td><td>766</td></tr>
<tr><td colspan="2">工作台最大回转角度</td><td>±45°</td><td colspan="2">主电机功率/kW、转速/(r/min)</td><td>7.5、1450</td></tr>
<tr><td colspan="2">主轴锥孔</td><td>7∶24</td><td colspan="2">进给电机功率/kW、转速/(r/min)</td><td>1.5、1410</td></tr>
<tr><td colspan="2">主轴孔径/mm</td><td>ϕ29</td><td rowspan="3">工作精度</td><td>平面度/mm</td><td>0.02/150</td></tr>
<tr><td colspan="2">主轴中心线至工作台面的距离/mm</td><td>30/350</td><td>平行度/mm</td><td>0.02/150</td></tr>
<tr><td colspan="2">工作台中心至垂直导轨面的距离/mm</td><td>215～470</td><td>垂直度/mm</td><td>0.02/150</td></tr>
<tr><td colspan="2">主轴转速/(r/min)</td><td>30～1500，18级</td><td colspan="2">外形尺寸(长×宽×高)/(mm×mm×mm)</td><td>2294×1770×1665</td></tr>
</table>

2. X6132 万能升降台铣床的组成部件

图 3-6 是 X6132 万能升降台铣床的外观图，它由底座、床身、悬梁、主轴、刀杆托架、工作台、回转台、床鞍、升降台组成。底座用于支撑机床和存放切削液。床身固定在底座上，内部装有主运动传动系统，上端的燕尾槽，供悬梁前后移动，前面的燕尾导轨供升降台上下移动。升降台内部装有进给运动传动系统，顶面上有矩形导轨，床鞍沿着矩形导轨实现横向移动。床鞍上安装有回转台，回转台上面的燕尾导轨可使工作台做纵向移动，并通过回转台使纵向工作台在水平面内作±45°调整。工作台用来安装工件、夹具或机床附件。刀杆安装在主轴锥孔中随主轴旋转，另一端支撑在刀杆托架上，可提高刀杆的支承刚度。

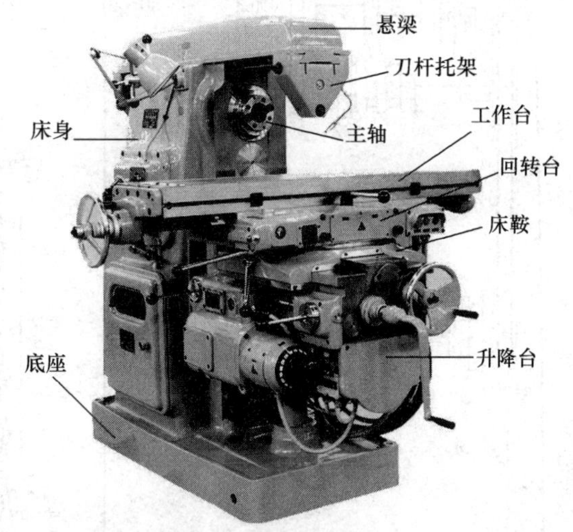

图 3-6 X6132 万能升降台铣床

机床还配有机用虎钳、万能分度头和回转工作台等附件，以扩大机床的工艺范围。

3. X6132 万能升降台铣床的运动

铣床工作时的主运动是铣刀的旋转运动，工作台相对铣刀的移动是进给运动。一般情况下是由工作台在垂直于主轴轴线方向的直线运动来实现，称为纵向进给运动。但根据零件加工表面的形状不同，也需要作平行于主轴轴线方向的横向进给和升降台的垂直进给。铣床上的工件旋转运动则要借助于铣床的附件来实现。

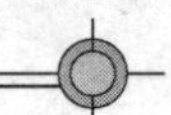

3.2 X6132 万能升降台铣床的传动系统

图 3-7 是 X6132 万能升降台铣床的传动系统图，它由主运动传动链、进给运动传动链和快速移动传动链组成。

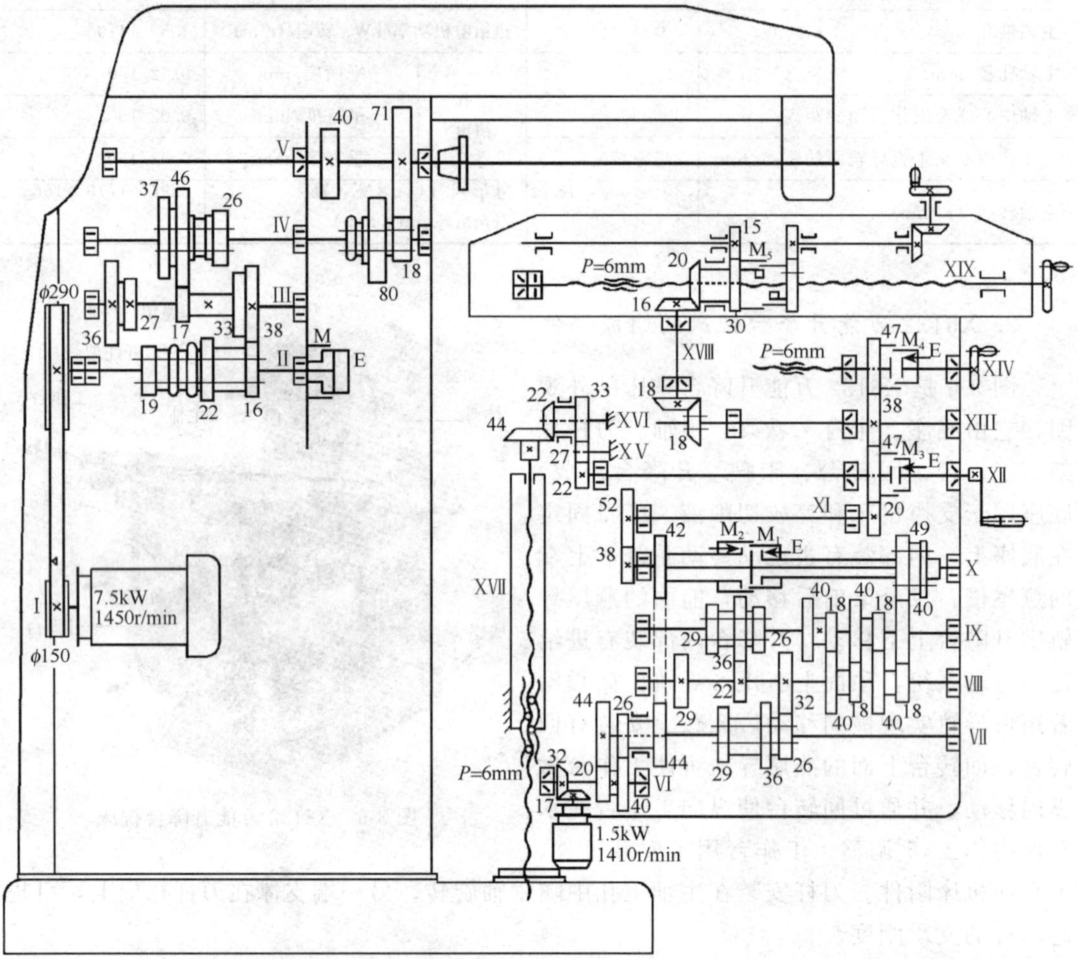

图 3-7 X6132 万能升降台铣床的传动系统图

3.2.1 主运动传动链

X6132 万能升降台铣床主运动传动链的两端件是主电动机和主轴。电机的运动由定比传动副 $\phi150/\phi290$ 从Ⅰ轴传到第Ⅱ轴，再经Ⅱ—Ⅳ轴间的两个三联滑移齿轮变速组和Ⅳ—Ⅴ轴间双联滑移齿轮变速组传到主轴，使主轴获得 18 级转速。因铣削过程中，主轴不需要频繁换向，所以主轴的旋转方向由电机的正、反转实现。Ⅱ轴上的电磁摩擦离合器 M 实现主轴的停车制动。

主运动传动链的传动结构式如下

$$\text{主电动机 I}-\frac{\phi150}{\phi290}-\text{II}-\left\{\begin{matrix}\frac{22}{33}\\ \frac{19}{36}\\ \frac{16}{38}\end{matrix}\right\}-\text{III}-\left\{\begin{matrix}\frac{38}{26}\\ \frac{17}{46}\\ \frac{27}{37}\end{matrix}\right\}-\text{IV}-\left\{\begin{matrix}\frac{80}{40}\\ \frac{18}{71}\end{matrix}\right\}-\text{V}-\text{主轴}$$

主运动传动链的运动平衡式为

$$1450\times\frac{\phi150}{\phi290}\times U_{\text{II}-\text{III}}\times U_{\text{III}-\text{IV}}\times U_{\text{IV}-\text{V}}=n_{\text{主}}(\text{r/min})$$

将三个变速组的传动比分别代入上式后，可计算出主轴的18级转速。

3.2.2 进给运动传动链

X6132万能升降台铣床的进给运动有工作台的纵向进给运动、床鞍的横向进给运动和升降台的垂直进给运动。

进给运动由进给电机经传动比为17/32、20/44的定比传动副传到Ⅶ轴。再经过Ⅶ轴至Ⅸ轴之间的两个三联滑移齿轮变速组传动，使Ⅸ轴获得9级转速。然后再经过Ⅸ轴与Ⅹ轴间的曲回变速机构，且离合器 M_1 啮合时，使Ⅹ轴得到27级转速。但是，Ⅶ轴至Ⅸ轴之间的两个变速组的9个传动比有三个相同，即：26/32×32/26＝36/22×22/36＝29/29×29/29＝1，实际只用7个，所以Ⅹ轴只有21级转速。这21级转速又经一系列定比传动副，由离合器 M_3、M_4、M_5 分别传给纵向、横向和垂直方向的进给丝杠，使工作台实现三个方向的进给运动。

X6132万能升降台铣床进给运动的移动方向，是由改变电动机旋转方向实现。三个方向的进给运动通过电气控制和机械控制实现互锁。

进给运动传动链的传动结构式如下

$$\text{进给电机}-\frac{17}{32}-\text{VI}-\frac{20}{44}-\text{VII}-\left\{\begin{matrix}\frac{26}{32}\\ \frac{36}{22}\\ \frac{29}{29}\end{matrix}\right\}-\text{VIII}-\left\{\begin{matrix}\frac{22}{36}\\ \frac{32}{26}\\ \frac{29}{29}\end{matrix}\right\}-\text{IX}-\left\{\begin{matrix}\frac{18}{40}\times\frac{18}{40}\times\frac{18}{40}\times\frac{18}{40}\times\frac{40}{49}\\ \frac{18}{40}\times\frac{18}{40}\times\frac{40}{49}\\ \frac{40}{49}\end{matrix}\right\}-M_{1\text{合}}-\text{X}$$

$$\text{VI}-\frac{40}{26}-\frac{44}{42}-M_{2\text{合}}\ (\text{快速移动})-\text{X}$$

$$-\frac{38}{52}-\text{XI}-\frac{29}{47}-\left\{\begin{matrix}M_{3\text{合}}-\text{XII}-\frac{22}{27}-\frac{27}{33}-\frac{22}{44}-\text{XVII}-\text{丝杠螺母}-\text{升降台}\\ M_{3\text{分}}-\frac{47}{38}-\text{XIII}-\left\{\begin{matrix}\frac{38}{47}-M_{4\text{合}}-\text{XIV}-\text{丝杠螺母}-\text{床鞍}\\ \frac{18}{18}-\frac{16}{20}-M_{5\text{合}}-\text{XIX}-\text{丝杠螺母}-\text{工作台}\end{matrix}\right.\end{matrix}\right.$$

纵向进给传动链的运动平衡方程式为

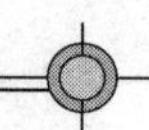

$$v_{f纵}=1410\times\frac{17}{32}\times\frac{20}{44}\times u_{Ⅶ-Ⅷ}\times u_{Ⅷ-Ⅸ}\times_{Ⅸ-Ⅹ}\times\frac{38}{52}\times\frac{29}{47}\times\frac{47}{38}\times\frac{18}{18}\times\frac{16}{20}\times 6(\mathrm{mm/min})$$

化简后得

$$v_{f纵}=911\times u_{Ⅶ-Ⅷ}\times u_{Ⅷ-Ⅸ}\times u_{Ⅸ-Ⅹ}$$

将Ⅶ轴至Ⅹ轴之间三个变速组的传动比分别代入上式中，可计算出 21 级纵向进给速度。垂直进给速度的大小是纵、横向进给速度的三分之一。

3.2.3 工作台的快速移动

为了缩短工作时的辅助时间和便于操作，X6132 万能升降台铣床在工作台的三个进给方向均有快速移动。其传动路线是进给电机的运动不必经过进给变速机构，直接由Ⅵ轴上的齿轮 40/26、44/42 和电磁摩擦离合器 M_2传到Ⅹ轴，后面的传动与三个方向的进给运动传动相同。快速运动与工作进给运动通过电磁摩擦离合器 M_1、M_2电气互锁。

3.3 X6132 万能升降台铣床的主要部件

3.3.1 主轴部件

由于铣刀是多刃刀具，切削是断续进行的，易引起机床振动。因此要求铣床主轴部件刚性要好，抗振性能要高。

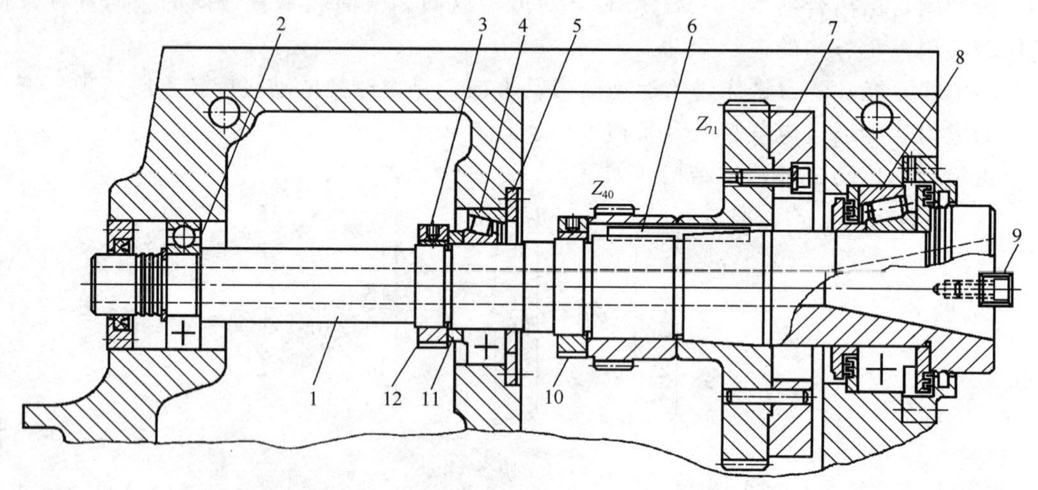

图 3-8 X6132 万能升降台铣床主轴部件

1. 主轴；2. 辅助支承；3. 紧固螺钉；4. 中间支承；5. 轴承盖；6. 平键；7. 飞轮；8. 前支承；9. 端面键；10. 螺母；11. 隔套；12. 调整螺母

图 3-8 是 X6132 万能升降台铣床的主轴部件。主轴 1 是空心阶梯轴，前端有 7∶24 的精密锥孔和精密外圆柱面，用于铣刀刀杆或铣刀定心用。通孔可通过拉杆拉紧刀具，前端面上的两个端面键 9 用来传递扭矩。

主轴采用三支承结构，提高其刚性和抗振性。前端为级精度的圆锥滚子轴承 8，用于承受径向力和向左的轴向力。中间支承采用E级精度的圆锥滚子轴承轴承4，用于承受径向力和向右的轴向力。后支承为辅助支承，采用了单列深沟球轴承2，只承受主轴后端的径向力。

主轴的回转精度主要有前支承和中间支承来保证。由于轴承的磨损而使回转精度降低时，要对轴承的间隙进行调整。调整前，先移开悬梁，拆下盖板，然后松开调整螺母12上的紧固螺钉3，用勾头扳手钩住调整螺母，再用另一个扳手扳住端面键9转动主轴，调整螺母便通过隔套11，使中间支承的轴承内环向右移动，消除其间隙。继续转动主轴，调整螺母会使主轴向左移动，通过轴肩，使前支承的轴承内环向左移动，消除前支承轴承的间隙。调整适当后，再用紧固螺钉3将调整螺母12锁住，装好盖板，将悬梁复位。

主轴上的传动齿轮 Z_{40}、Z_{71} 用平键6与主轴联结，用螺母10固定轴向位置。为了缓和铣削过程中的冲击振动，使主轴旋转平稳，在前端的大齿轮上装有飞轮7。

3.3.2 主运动变速操纵机构

X6132万能升降台铣床的主轴变速箱采用了孔盘变速操纵机构。这种操纵机构是一种选择式集中操纵机构，它具有操纵手柄少，操纵方便，结构紧凑，可越级变速等特点。

1. 孔盘变速操纵机构的工作原理

图3-9是三联滑移齿轮利用孔盘变速操纵的原理图。它由拨叉1、一对齿条轴2、4，齿轮3和孔盘5组成。

拨叉1固定在齿条轴2的左端，用来拨动滑移齿轮。一对齿条轴2、4和齿轮3啮合，齿条轴2、4的右端有直径不同的两个台阶 m 和 n。孔盘5上有规律地分布着直径大小不同的两种孔，齿条轴上的两个台阶可分别插入相应的孔中，孔盘可以轴向移动，离开齿条后还可转动。变速操纵的过程是向右移动孔盘，离开齿条轴后，转动孔盘到所需位置，然后在向左移动孔盘，推动齿条轴，使拨叉带动滑移齿轮到另一个啮合位置。如滑移齿轮从左位［图3-9 (a)］到中位［图3-9 (b)］移动时，先将孔盘5退出，旋转到孔盘上的两个小孔与齿条轴相对应时，再向左移动孔盘，这时齿条轴4的小径 n 插入孔盘中，并随孔盘移动，通过齿轮3使齿条轴2向右移动，则拨叉1带动滑移齿轮到中位啮合。此时，齿条轴2的小径 n 也插入孔盘中，使两齿条轴不能再相对移动，保证了齿轮的啮合位置。

2. X6132万能升降台铣床的主运动变速操纵机构

图3-10是X6132万能升降台铣床主运动变速操纵机构的示意图。

主运动变速机构中的两个三联滑移齿轮和一个双联滑移齿轮，分别由三组齿轮齿条操纵，其中操纵双联滑移齿轮的齿条右端只有一个台阶。孔盘上有规律地分布着18组大小不同的孔，用来控制三组齿条轴的位置，每一个位置相应地变换一级速度。

变速时，将手柄1向外拉，脱开定位销2，然后逆时针转动手柄，通过操纵盘5带动齿轮6转动，再经齿轮8使齿条轴9向右移动，固定在齿条轴上的拨叉11把孔盘12退离三组齿条轴，再根据需要，旋转选速盘4，通过一对锥齿轮10，将孔盘转到需要的位置，然后将手柄1复位，齿轮6、8使齿条轴9左移，拨叉11使孔盘12向左移动，推动三组齿条改变原有位置，相应地滑移齿轮改变了啮合位置，实现了变速。手柄1复

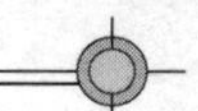

位后，再由插销将其定位，保证齿轮的啮合位置。

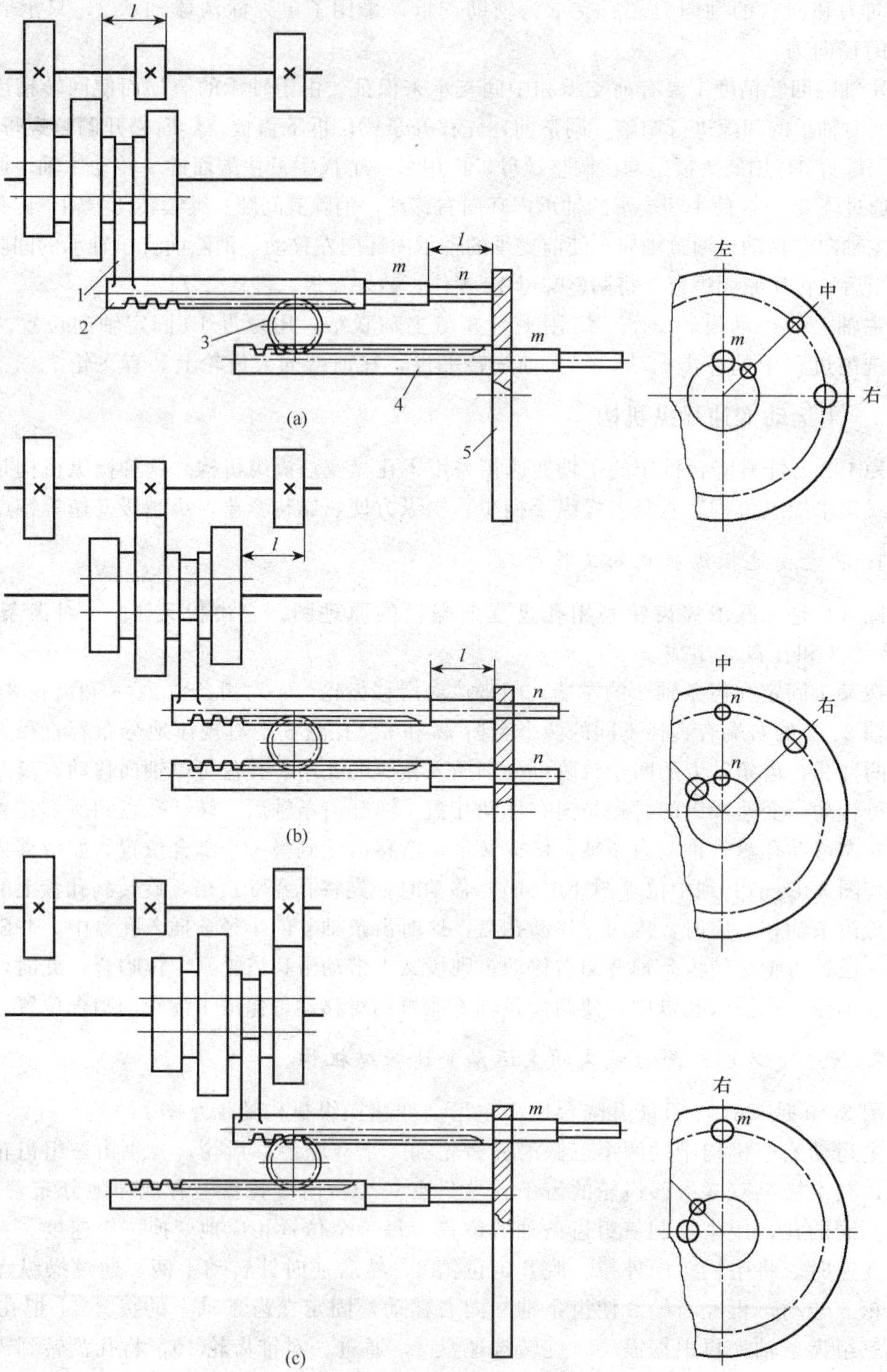

(a)

(b)

(c)

图 3-9　孔盘变速操纵机构的工作原理

1. 拨叉；2、4. 齿条轴；3. 齿轮；5. 孔盘

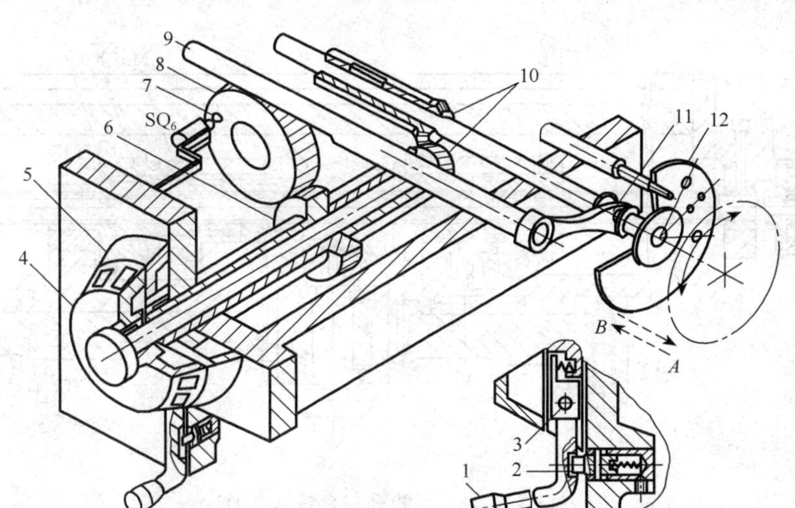

图 3-10 主运动变速操纵机构

1. 手柄；2. 插销；3. 轴销；4. 选速盘；5. 操纵盘；6. 齿轮套筒；7. 凸块；8. 齿轮；9. 齿条轴；10. 锥齿轮；11. 拨叉；12. 孔盘

为了避免滑移齿轮啮合时出现顶齿现象，操纵机构中设有电动机的点动开关。逆时针转动手柄1时，通过齿轮8端面的凸块触动微动开关SQ_6，可使旋转中的电机停止转动。顺时针返回手柄时，凸块再一次触动微动开关，使电动机产生点动，带动变速箱中各轴上的齿轮瞬间转动一下，便于齿轮滑移时的啮合。

3.3.3 工作台

1. 工作台的结构

图3-11所示为X6132万能升降台铣床的工作台结构图，它由工作台7、回转盘3和床鞍1三层组成。工作台上面有三条T形槽，用来固定工件、夹具或机床附件。它与回转盘3上的燕尾导轨配合，其导轨副之间的磨损间隙可用镶条调整（图3-11中未表示）。工作台由丝杠螺母传动实现纵向移动。螺母固定在回转盘3上，丝杠支承在工作台两端的支架6和10上，左端采用滑动轴承，右端采用了一个圆锥滚子轴承和一个推力球轴承，承受径向力和两个方向的轴向力，螺母11可以调整轴承的间隙。当牙嵌离合器M_5啮合时，锥齿轮的转动使丝杠4旋转并移动，实现工作台自动进给。也可将丝杠左端的手轮5向右推动，使离合器M结合，实现手动移动工作台。松开手轮时，在弹簧力的作用下离合器M脱开，以保证工作台在机动进给或快速移动时手轮不转。丝杠右端的带有键槽的轴头可安装齿轮，把丝杠的运动传给工作台上的附件，如分度头等。

工作台随同回转盘3一起可以绕固定在床鞍上的圆环14做±45°的调整转动。调整后可用螺栓16和弧形压扳2紧固在床鞍上。床鞍1用矩形导轨与升降台导轨相配合，使工作台作横向移动。当工作台不需作横向移动时，还可用手柄13经偏心轴12将床鞍夹紧在升降台上。

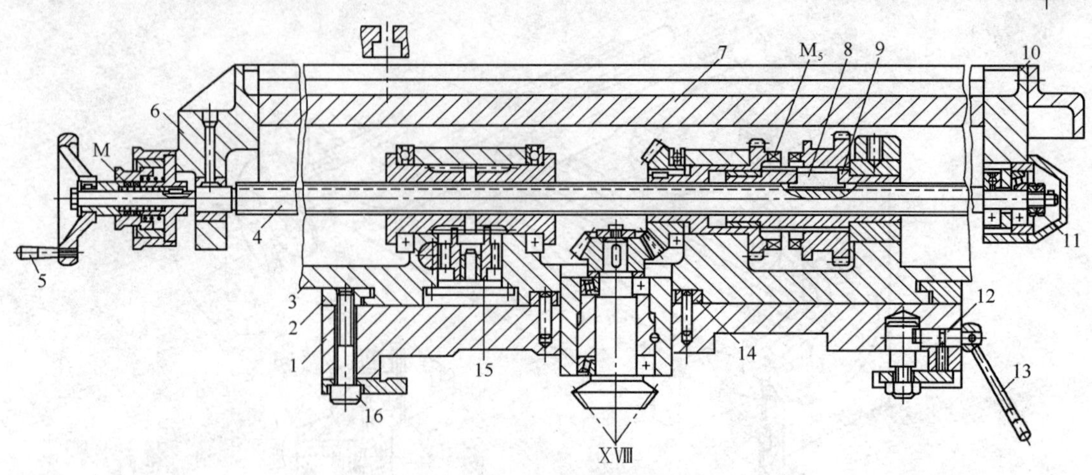

图 3-11 X6132 万能升降台铣床工作台

1. 床鞍；2. 弧形压板；3. 回转盘；4. 丝杠；5. 手轮；6. 左支架；7. 工作台；8. 滑键；9. 花键套筒；10. 右支架；11. 螺母；12. 偏心轴；13. 手柄；14. 圆环；15. 顺、逆铣机构；16. 螺栓

2. 顺、逆铣机构

在铣床上铣削工件时，有逆铣、顺铣两种铣削方式，逆铣时切削力 F 的水平分力 F_r 与纵向走刀的方向相反［图 3-12（a)］，顺铣时切削力 F 的水平分力 F_r 与纵向走刀的方向相同［图 3-12（b)］。两种铣削方式有各自的特点，但是顺铣时要求丝杠螺母之间无轴向间隙，而逆铣时要有适当的间隙，以减少丝杠螺母的磨损。

工作台的丝杠是右旋螺纹，丝杠按图示方向旋转时，固定在回转台上的螺母 4 推动丝杠连同工作台一起向右运动。此时，丝杠螺母的接触面必然是丝杠螺纹的左侧面 A，而间隙出现在右侧面 B［见图 3-12（a，b）下面的局部放大图］。逆铣时水平分力 F_r 作用在工作台和丝杠上，使丝杠紧靠在螺母上而能连续地平稳工作。而顺铣时由于右侧面间隙的存在，水平分力 F_r 将使工作台向右产生窜动，又因为铣削时切削力是周期性变化的，所以工作台将在间隙范围内来回窜动而影响进给运动的平稳性。

图 3-11 中的 15 是 X6132 万能升降台铣床的顺、逆铣机构，其具体结构见图 3-12（c)。它由工作台丝杠 3、左螺母 1、右螺母 2、冠状齿轮 4、齿条 5 和弹簧 6 组成。在弹簧作用下，齿条向右移动，使冠状齿轮按图示箭头方向回转，带动左、右螺母沿相反方向转动，则左螺母与丝杠右侧面靠紧，而右螺母与丝杠左侧面靠紧，从而自动消除了丝杠螺母之间的轴向间隙，使丝杠不能产生轴向窜动。

在逆铣或快速移动时，因右螺母承受丝杠的轴向力，所以右螺母与丝杠接触面产生的较大的摩擦力有使右螺母随丝杠一起转动的趋势，这一趋势将使冠状齿轮沿箭头相反方向转动，带动左螺母相对丝杠转向反向转动，因而使左螺母与丝杠螺纹的左侧面接触，另一侧产生间隙，从而减少丝杠螺母的磨损。

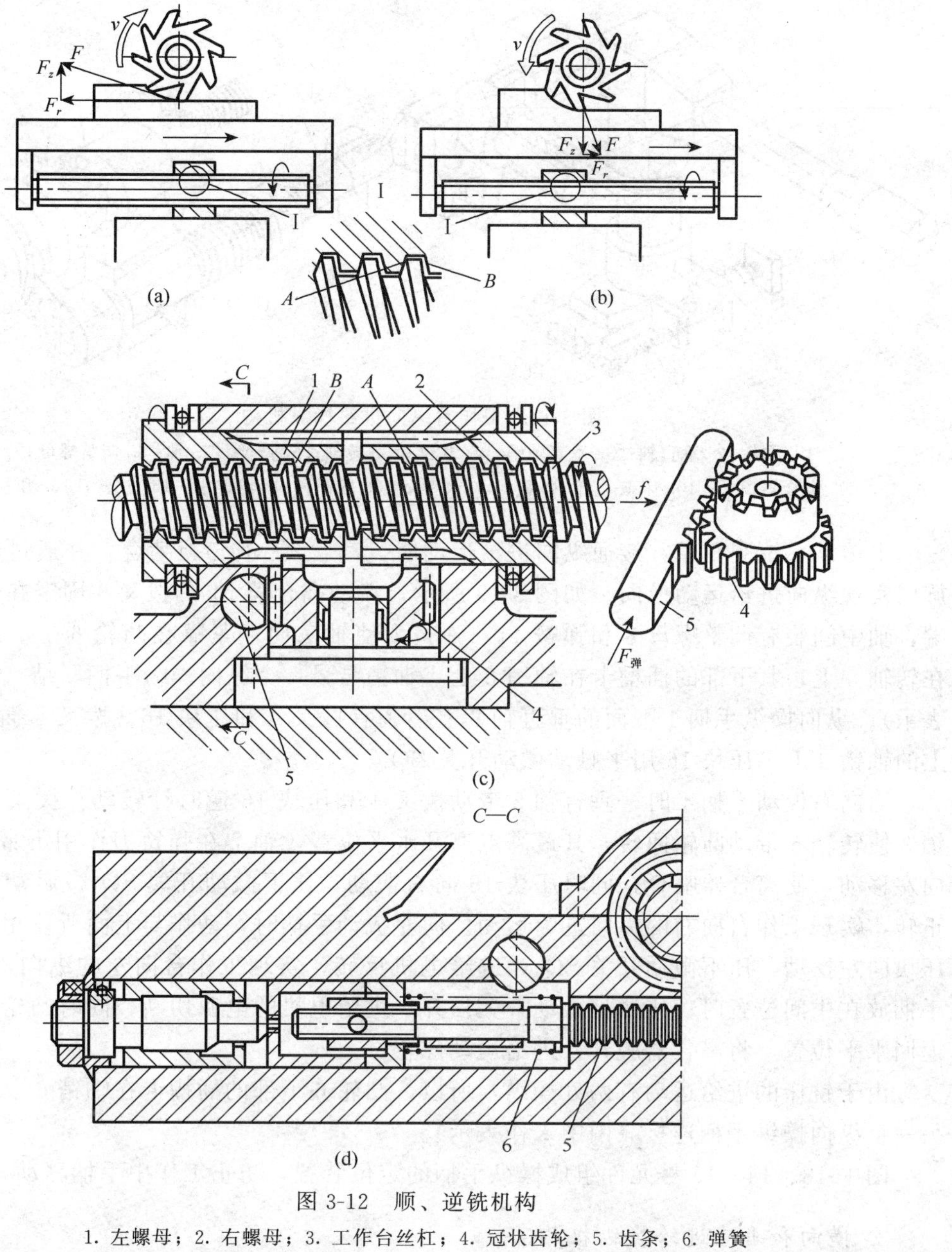

图 3-12　顺、逆铣机构

1. 左螺母；2. 右螺母；3. 工作台丝杠；4. 冠状齿轮；5. 齿条；6. 弹簧

3.3.4　进给运动的操纵机构

1. 纵向进给操纵机构

图 3-13 所示为工作台纵向进给操纵机构的示意图，工作台向左或向右的纵向进给运动由左、右搬动手柄 1 实现操纵。

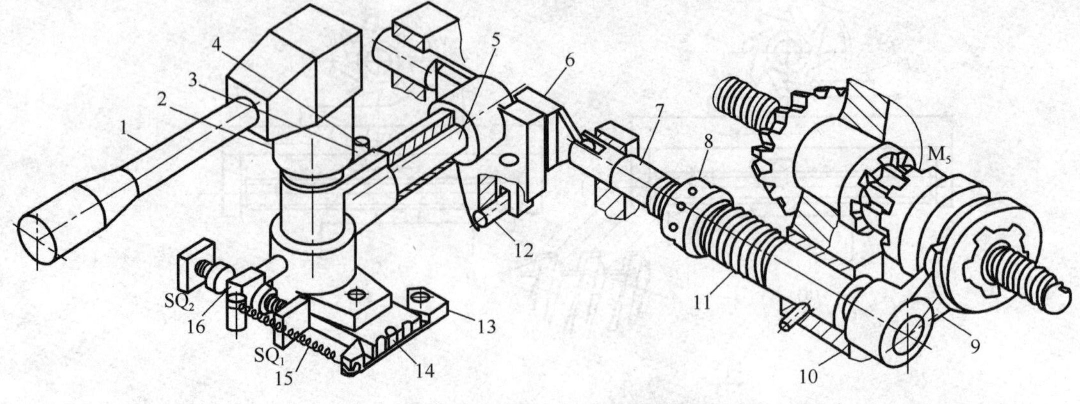

图 3-13 工作台纵向进给操纵机构

1. 手柄；2. 垂直轴；3. 垂直轴销；4. 拨叉；5. 转轴；6. 凸轮；7. 轴；8. 调整螺母；9. 离合器拨叉；10. 床鞍；11. 弹簧；12. 轴销；13. 摆杆；14. 定位销；15. 拉簧；16. 压块

由传动系统图知道，接通纵向进给运动时，离合器 M_5 必须啮合，并通过改变电机旋向实现纵向进给运动换向。如图 3-13 所示，拨动离合器 M_5 的拨叉 9 固定在轴 7 的右端，轴中间装有调整螺母 8 和弹簧 11，弹簧力使轴 7 向左紧靠在凸轮 6 上。凸轮固定在转轴 5 上，其下部的插槽卡在轴销 6 上，轴销与另一个纵向操纵手柄联结（图中未作表示）。纵向操纵手柄 1 下面的垂直轴 2 上还装有拨叉 4 和压块 16。拨叉 4 插在转轴 5 上的轴销 3 上，压块 16 用来触动微动开关 SQ_1、SQ_2。

当向右扳动手柄 1 时，垂直轴 2 带动拨叉 4 和压块 16 逆时针转动，拨叉 4 拨动轴销 3 使转轴 5 带动凸轮回转，其最高点离开水平位置，轴 7 在弹簧力作用下带动拨叉 9 向左移动，使离合器啮合，同时压块 16 向右摆动，压下微动开关 SQ_1，启动进给电机正转，实现工作台向右的纵向进给运动。向左扳动手柄时，动作与上面所述相似，只是压块向左摆动，压下微动开关 SQ_2，进给电机反转，实现工作台向左的纵向进给运动。手柄放在中间位置时，压块将微动开关松开，进给电机的电源切断，同时凸轮的最高点返回水平位置，将离合器脱开，进给运动停止。

由于铣床的进给运动有两处操纵，所以，凸轮 6 下部的插槽卡在轴销 6 上，轴销与另一个纵向操纵手柄连接（图中未作表示）。

图中 13、14、15 号元件组成操纵手柄的定位装置，防止工作中手柄移动。

2. 横向和垂直进给操纵机构

图 3-14 是工作台横向、垂直进给运动操纵机构示意图。如图 3-14 所示，工作台横向、垂直的正反向进给和停止，是由手柄 1 在前、后、上、下、中五个位置控制。

手柄用轴销联在毂体 2 上，前端的球头插在鼓轮轴 3 的孔内，鼓轮 6 固定在鼓轮轴中部，圆柱面上开有带斜面的槽［图 3-14（c，e）］，插在槽内的顶销 4、5、8、9 可分别控制四个微动开关，其中微动开关 SQ_8 用于控制电磁离合器 M_3 的接通或断开，微动开关 SQ_7 用于控制电磁离合器 M_4 的接通或断开，即分别接通与断开垂直进给运动和横向进给运动。微动开关 SQ_3、SQ_4 用于控制进给电机的正反转，实现进给运动换向。

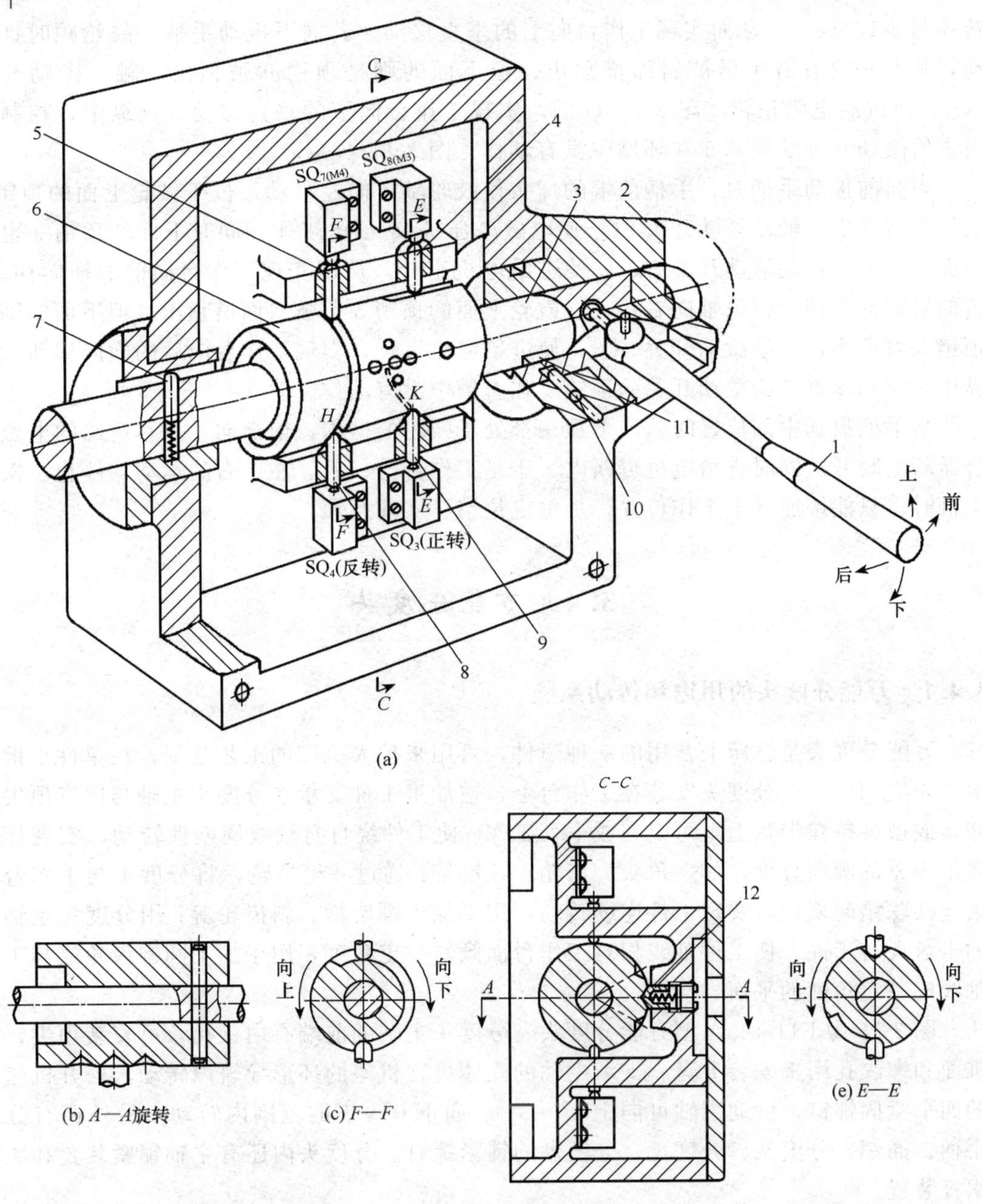

图 3-14 工作台横向、垂直进给操纵机构

1. 手柄；2. 毂体；3. 鼓轮轴；4、5、8、9. 顶销；6. 鼓轮；

7. 互锁定位销；10. 毂体定位销；11. 平键；12. 手柄定位销

当向上扳动手柄时，毂体 2 通过平键 11 带动鼓轮轴，使鼓轮逆时针转动，其上面的顶销 4 被斜面槽顶出，触动垂直进给的微动开关 SQ_8，使电磁离合器 M_3 通电工作［图 3-14（e）］，同时下面的顶销 8 也被斜面槽顶出，触动微动开关 SQ_4，使进给电机反

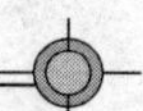

转［图 3-14（c）］，从而实现工作台向上的垂直移动。若向下扳动手柄，鼓轮顺时针转动，其上面的顶销 4 仍被斜面槽顶出，但下面的则是顶销 9 被顶出，触动微动开关 SQ_3，使进给电机正转［图 3-14（e）］，实现工作台向下的垂直移动。操纵中，控制横向进给微动开关的顶销 5 在环槽中没有动作［图 3-14（c）］。

当向前扳动手柄时，手柄前端的球头使鼓轮轴 4 向左移动，位于鼓轮上面的顶销 5 被斜面槽顶出，触动微动开关 SQ_7 使电磁离合器 M_4 通电工作，同时下面的顶销 9 也被斜面槽顶出，触动微动开关 SQ_3，使进给电机正转，从而实现工作台向前的横向移动。若向后扳动手柄，鼓轮轴向右移动，鼓轮上面的顶销 5 仍被斜面槽顶出，但下面的则是顶销 8 被顶出，触动微动开关 SQ_4，使进给电机反转，实现工作台向后的横向移动。操纵中，控制垂直进给微动开关的顶销 4 在直槽中没有动作。

当手柄扳到中间位置时，四个顶销都处于鼓轮的槽内，使横向、垂直进给的电磁离合器断电脱开。同时进给电机也断电，于是工作台前、后、左、右的运动均停止。操纵手柄时，只能接通一个工作位置。是由定位销 7 实现互锁。

3.4 万能分度头

3.4.1 万能分度头的用途和传动系统

万能分度头是铣床上常用的一种附件，可用来扩大机床的工艺范围，在单件小批量生产中应用广泛。分度头安装在工作台上，被加工工件支承在分度头主轴与尾座顶尖之间，或被夹持在卡盘上，可以完成下列工作：使工件绕自身轴线周期性转动，实现等分或不等分的圆周分度，如六角头、齿轮、花键等；通过一组挂轮，将分度头与工作台进给丝杠联结起来，可实现工件连续转动，用于加工螺旋槽、斜齿轮等；用分度头主轴上的卡盘夹持工件，使工件轴线相对工作台面倾斜一定角度，用于加工圆锥齿轮或与工件轴线成一定角度的平面、沟槽。

图 3-15 为 F11-125A 型万能分度头。分度头主轴的前端有内锥孔，可安装顶尖，外锥面和螺纹孔用来安装卡盘。支承主轴的壳体可在机座的环形导轨内转动，松开机座上的四个紧固螺钉，搬动主轴可向上 0°～95°、向下 0°～5°的范围内转动，另外还有分度手柄、插销、分度叉、分度盘、分度盘的锁紧螺钉。分度头内还有主轴锁紧装置和脱落蜗杆装置。

图 3-16 是万能分度头的传动系统，转动分度手柄，经传动比为 1∶1 的齿轮传动和 1∶40的蜗轮蜗杆传动，可使主轴转到所需的分度位置。分度盘上有几圈均匀分布的、孔数不同的孔圈，用于确定手柄所转的位置和固定手柄用。插销可在分度手柄的长槽中调整纵向位置，使插销能插入不同孔数的孔圈中。

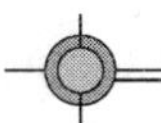

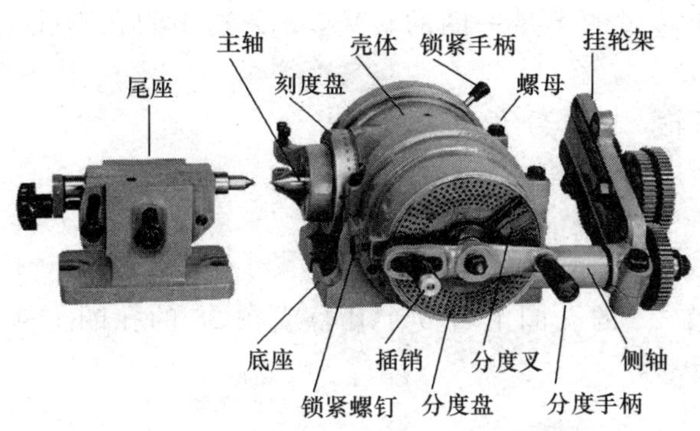

图 3-15　F11-125A 型万能分度头

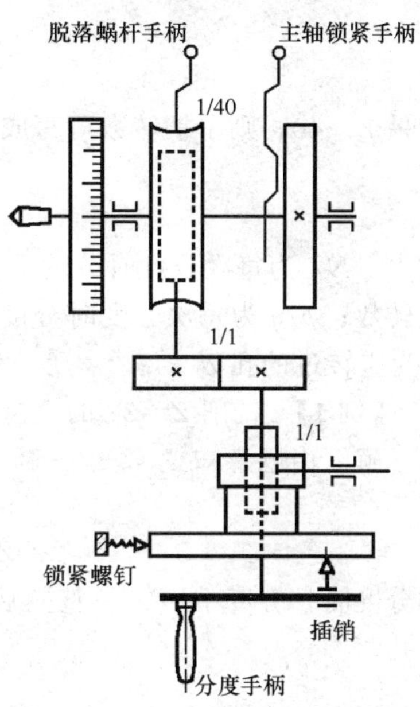

图 3-16　万能分度头的传动系统

F11-125A 万能分度头的分度盘孔数为：

第一面：24、25、28、30、34、37、38、39、41、42、43；

第二面：46、47、49、51、53、54、57、58、59、62、66。

3.4.2　分度方法

常用的分度方法有以下几种，它们都具有各自的特点，适用于不同的情况。但是不管使用哪一种分度方法，分度前，都要将主轴锁紧装置松开，分度后，再将主轴锁紧装置锁紧，防止加工中主轴松动（工件需要作旋转运动时除外）。

1. 直接分度法

直接分度法是将脱落蜗杆装置的手柄打开（参见图 3-16），使蜗轮蜗杆脱离啮合，然后用手直接搬动主轴转动，转动的角度由刻度盘确定。

直接分度法只用于加工精度要求不高、等分数目少的工件加工。

2. 简单分度法

简单分度法是利用转动分度手柄使主轴转动实现分度。分度时，要保持蜗轮蜗杆啮合。

设工件等分 Z 等份，由传动系统图知，每次分度时分度手柄应转过的转数是

$$N_K=\frac{1}{1}\times\frac{40}{1}\times\frac{1}{Z}=\frac{40}{Z}$$

如果 $Z<40$，则手柄转数可写成

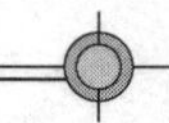

$$N_K=\frac{40}{Z}=a+\frac{p}{q}$$

如果 $Z>40$，则手柄转数可写成

$$N_K=\frac{40}{Z}=\frac{p}{q}$$

式中，N_K 为每次分度时分度手柄应转过的总转数；a 为每次分度时分度手柄应转过的整转数；p/q 为每次分度时分度手柄应转过的不足一圈的转数，q 为选用的孔圈孔数，p 为应转过的孔数。

【例 1】 铣削 $Z=32$ 的直齿圆柱齿轮，试作分度计算。

解 由题意知

$$N_K=\frac{40}{Z}=\frac{40}{32}=1\frac{1}{4}=1+\frac{6}{24}=1+\frac{7}{28}$$

即分度时，分度手柄转一整圈后，再在 24 的孔圈上转 6 个孔，或在 28 的孔圈上转 7 个孔。

3. 差动分度法

(1) 差动分度法的应用与原理

由简单分度的计算公式 $N_K=40/Z$ 可以看出，当要求的等分数 Z 与 40 不能相约，且分度盘上又没有与 Z 成整倍数的孔数时，如 67、71、83 等，就无法用简单分度法分度，这时可采用差动分度法。差动分度法的工作原理如下所述。

如图 3-17 (a) 所示，设等分数为 Z（大于 63 的质数），每次分度时，分度手柄 K 应转过 $40/Z$，即由 A 点转到 C 点，则主轴转过 $1/Z$。但因为分度盘 C 点无孔，插销 J 无法定位而不能分度。若另取一等分数 Z_0（与 Z 接近，并能简单分度），则分度手柄 K 应转过 $40/Z_0$，即由 A 点转到 B 点，插销 J 用 B 点的孔定位，但这时会产生一个转角误差（$40/Z-40/Z_0$）。为了补偿这一误差，在分度时，同时让分度盘转过一定角度，即 B 点转到 C 点，由此实现等分 Z 等份的要求。分度盘的转动可由分度头的主轴与侧轴之间的一组挂轮来实现，如图 3-17 (b) 所示。差动分度时，一定要松开固定分度盘的锁紧螺钉 9。

(2) 差动分度的调整计算

差动分度的调整计算就是根据任取的等分数 Z_0，计算挂轮的传动比与齿数，保证分度盘转过所需角度。在选取 Z_0 大小时，要尽可能接近等分数 Z。

设等分数为 Z，每次分度时，主轴要转 $1/Z$，分度盘应转过（$40/Z-40/Z_0$）。由分度头的传动系统列出运动平衡方程式，即

$$\frac{1}{Z}\times\frac{a}{b}\times\frac{c}{d}\times\frac{1}{1}=\frac{40}{Z}-\frac{40}{Z_0}$$

化简后得挂轮传动比计算公式为

$$\frac{a}{b}\times\frac{c}{d}=\frac{40(Z_0-Z)}{Z_0}$$

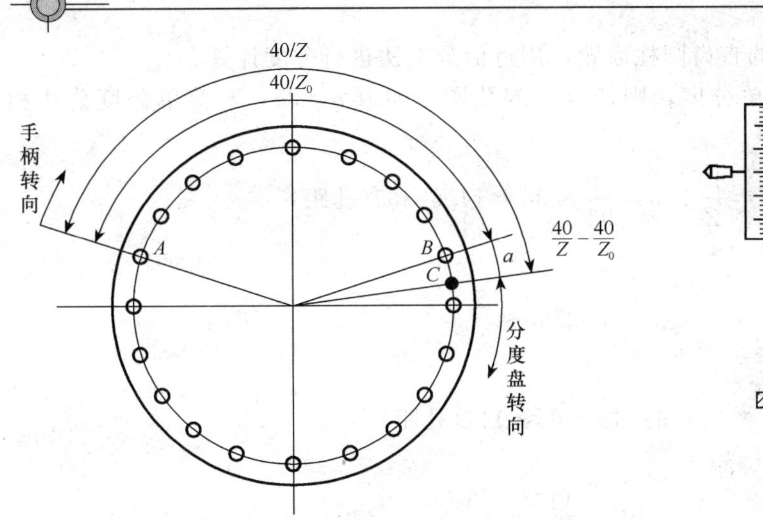

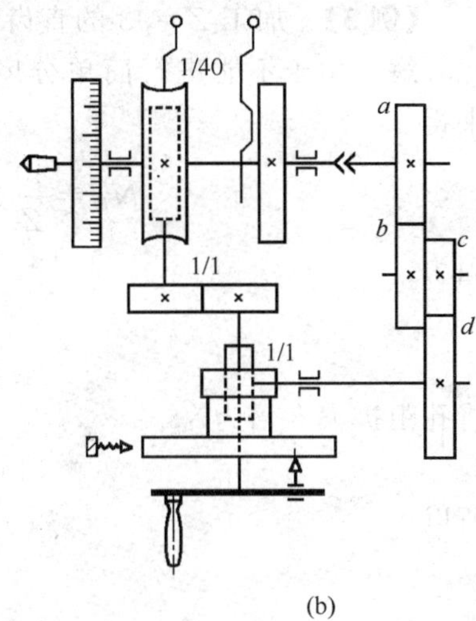

图 3-17 差动分度的原理与传动

式中，Z 为要求的等分数；Z_0 为假设的等分数；a、b、c、d 为挂轮齿数。

当 $Z_0>Z$ 时，挂轮传动比为正值，说明分度盘的转向与分度手柄的转向相同。当 $Z_0<Z$ 时，挂轮传动比为负值，则分度盘的转向与分度手柄的转向相反。如果转向不符合要求，要在挂轮中间加一个介轮。

F11-125A 万能分度头配备有模数 $m=2$ 的齿轮 15 个，其齿数为：25（两个）、30、35、40、50、55、60、70、80、90、100。

【例 2】 在铣床上用 F11-125A 分度头，加工 $Z=71$ 的直齿圆柱齿轮，试作分度计算。

解 因为不能进行简单分度，所以用差动分度法。

1）取 $Z_0=72$，则

$$N_K=\frac{40}{Z_0}=\frac{40}{72}=\frac{30}{54}$$

每次分度时，分度手柄应在 54 的孔圈上转过 30 个孔。

2）计算挂轮齿数，有

$$\frac{a}{b}\times\frac{c}{d}=\frac{40(Z_0-Z)}{Z_0}=\frac{40(72-71)}{72}=\frac{10}{18}=\frac{2}{3}\times\frac{5}{6}=\frac{2\times 20}{3\times 20}\times\frac{5\times 5}{6\times 5}=\frac{40}{60}\times\frac{25}{30}$$

因为 $Z_0>Z$，传动比为正值，安装挂轮后，应检查分度盘转向是否与分度手柄转向相同，否则应该加一个介轮。

4. 近似分度法

当选配挂轮困难或无法安装挂轮时（如需要分度头主轴倾斜），只能选用近似分度法。

近似分度法的原理是先选定一个孔圈数，按简单分度法计算手柄应转过的孔距，将孔距的小数部分近似地化为整数，然后进行分度。

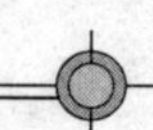

【例 3】 加工 $Z=93$ 的直齿圆柱齿轮，用近似分度法进行分度计算。

解 由于不能进行简单分度，则任取一圈孔圈（如取 $q=34$）与简单分度公式相乘得

$$N_K=\frac{40}{Z}\times q=\frac{40}{93}\times 34=14.62365(\text{孔距})$$

因为

$$0.62365\approx\frac{5}{8}$$

将孔距扩大 8 倍为

$$14.62365\times 8\approx 117(\text{孔距})$$

所以

$$N_k=\frac{117}{34}=3\,\frac{15}{34}$$

即每次分度时，分度手柄转 3 整转后，再在 34 的孔圈上转 15 个孔。由于孔距扩大了 8 倍，所以铣完第一齿后，再铣的是第 9 齿，这样间隔式的铣削，直至全部将齿铣完。

3.4.3 铣削螺旋槽的调整计算

图 3-1 中的铣螺纹、铣麻花钻的容屑槽，以及铣螺旋齿轮，都属于螺旋面加工。螺旋槽截面形状由刀具的刃形保证，而螺旋线的形状则由工件的旋转运动和工件的直线运动复合而成。在铣床上用分度头就可加工螺旋槽。

1. 机床的调整

根据螺旋槽的形成原理，加工时，机床要做以下调整。

1）用一组挂轮将工作台丝杠与分度头的侧轴联结起来，形成铣螺旋槽的传动链，以保证工件随工作台作纵向进给的同时，通过挂轮和分度头使工件绕自身轴线旋转，如图 3-18（b）所示。

2）工件支承在分度头与尾座之间，并将工作台扳转一定的角度，以保证铣刀的旋转平面与工件螺旋槽的方向一致。其扳转的方向与角度的大小由工件螺旋槽决定，如图 3-18（a)所示。

3）若是多头螺旋槽，每铣完一条螺旋槽后，还要进行分度，如铣螺旋齿轮。

2. 传动链的计算

根据传动链两端件的要求，工作台进给一个工件螺旋槽的导程时，工件相应地要转过一周。列传动链平衡方程式为

$$\frac{T}{t_{\text{丝杠}}}\times\frac{38}{24}\times\frac{24}{38}\times\frac{a_1}{b_1}\times\frac{c_1}{d_1}\times\frac{1}{1}\times\frac{1}{1}\times\frac{1}{40}=\pm 1$$

上式化简后得

$$\frac{a_1}{b_1}\times\frac{c_1}{d_1}=\pm\frac{40\,t_{\text{丝杠}}}{T}$$

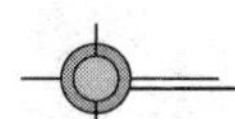

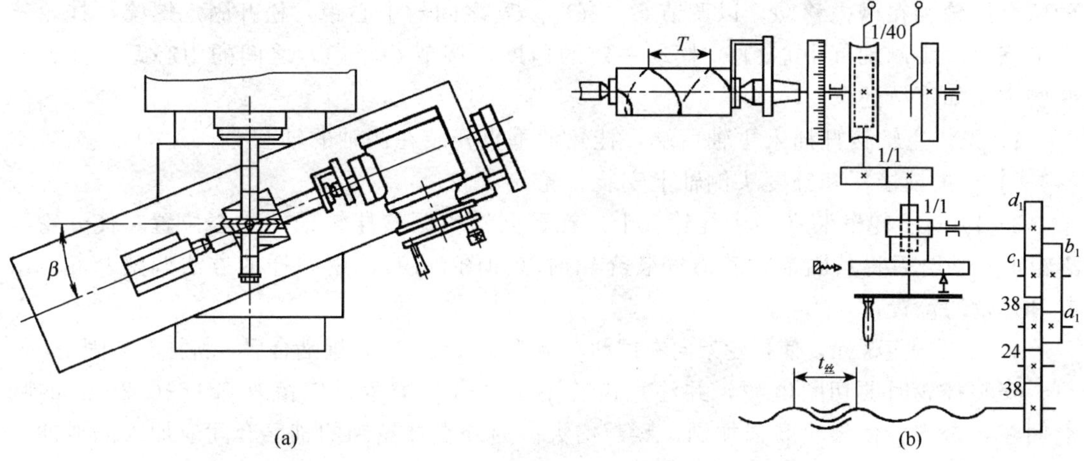

图 3-18 铣削螺旋槽的调整

式中，T 为工件螺旋槽的导程，对于一般螺旋槽 $T=\pi D/\tan\beta$，对于螺旋齿轮 $T=\dfrac{\pi m_n z}{\sin\beta}$；$t_{丝杠}$为工作台丝杠螺距，对于 X6132 万能升降台铣床 $t_{丝杠}=6$ mm；± 说明工件的旋转方向不同，由工件螺旋槽旋向决定。

【例 4】 在 X6132 万能升降台铣床上，用 F11-125A 分度头加工右旋螺旋齿轮，$m_n=2$、$Z=36$、$\beta=18°20'$，试作调整计算。

解 1）计算挂轮齿数。

因为

$$t_{丝杠}=6,\quad T=\frac{\pi m_n Z}{\sin\beta}$$

所以

$$\frac{a_1}{b_1}\times\frac{c_1}{d_1}=\frac{40t_{丝杠}}{T}=\frac{40\times 6\sin\beta}{\pi m_n Z}=\frac{40\times 6\times\sin 18°20'}{\pi\times 2\times 36}=\frac{1}{3}=\frac{30}{40}\times\frac{40}{90}$$

挂轮安装完毕，要检查工件的旋转方向是否符合要求，否则加介轮调整。

2）调整工作台。因为是右旋齿轮，工作台在水平面内应逆时针扳动 18°20′[图 3-18（a）]。

3）分度计算。用简单分度法，有

$$N_K=\frac{40}{Z}=\frac{40}{36}=1+\frac{1}{9}=1+\frac{6}{54}$$

即每铣完一齿后，分度手柄在 54 的孔圈上转一周零 6 个孔。

3.4.4 挂轮架结构及挂轮齿数的配换方法

1. 挂轮架结构

图 3-19 所示的是分度头的挂轮架和挂轮安装图。图 3-19（a）表示的是差动分度时的挂轮安装，a 轮装在分度头的主轴接杆上，d 轮装在分度头侧轴。挂轮架安装在分度头侧轴的轴套上，并可通过螺栓固定。挂轮架上有两条长槽，可供安装 b、c 轮和介轮

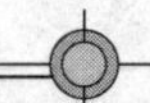

的两个挂轮轴在槽内移动，以调节 O_2、O_3、O_4之间的中心距。松开固定螺栓，挂轮架还可绕分度头侧轴（中心 O_4）摆动一定的角度，调节 O_2与 Q_1之间的中心距。挂轮安装的步骤如下所述。

1）先将主轴接杆插入主轴后端，挂轮架垂直安装在侧轴的轴套上。

2）在主轴接杆和分度头侧轴上安装 a 轮与 d 轮。

3）将 b、c 轮安装在一个挂轮轴上。在径向槽内调整挂轮轴的中心位置，使 c 轮与 d 轮正确啮合后将其固定。若需安装介轮时（如图 3-19），用同样的方法调整介轮与 d 轮和 c 轮的位置；

4）松开固定螺栓，使挂轮架向右摆动，调整 b 轮与 a 轮正确啮合后，将挂轮架固定。

安装挂轮时要切断电源，并注意齿轮不要啮合的太紧，应留有 0.1～0.2mm 的啮合间隙，否则会使齿轮磨损加剧，噪声增大。另外在挂轮轴的轴、套间应加入润滑油。

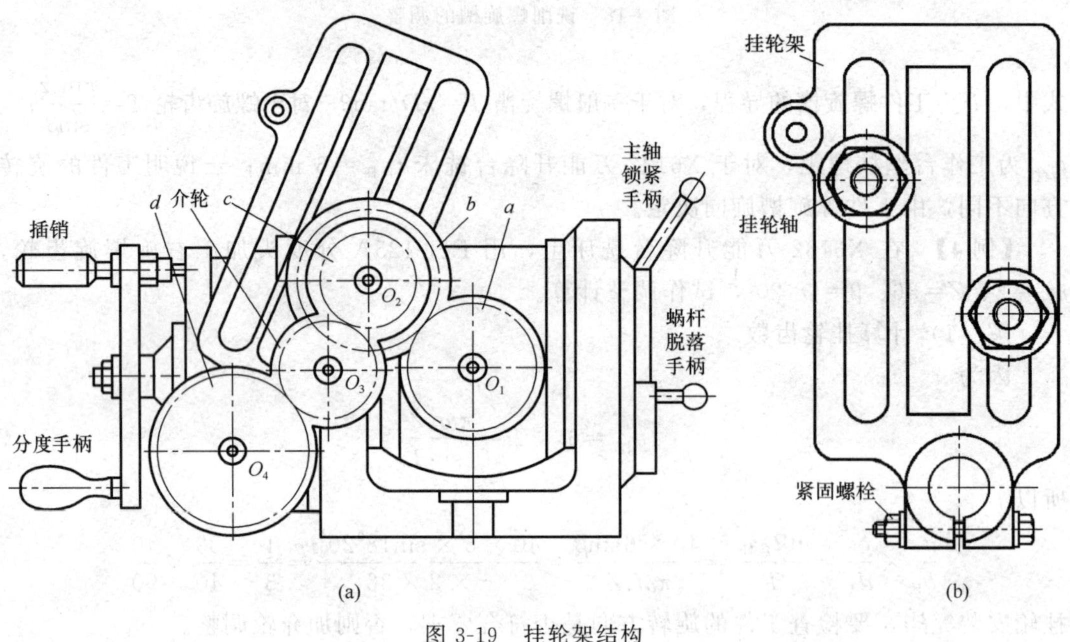

图 3-19 挂轮架结构

2. 配换挂轮应满足的条件

1）配换挂轮的齿数应在机床所配置的挂轮范围内。

2）选用的挂轮齿数应满足挂轮架结构的要求。如图 3-19 所示，若 b 轮齿数选的较大，则 c 轮与介轮啮合时，b 轮的齿顶有可能与介轮轴发生干涉。所以齿数选好后，应用下式进行验算

$$a+b>c+15$$
$$c+d>b+15$$

3）所选挂轮的传动比要满足传动精度的要求，计算时要精确到小数点后五位。挂轮传动比的相对误差 δ 的计算为

$$\delta=\frac{u-u_{实}}{u}$$

或

$$\delta=2.3(\lg u-\lg u_{实})$$

式中，u 为理论计算的传动比；$u_{实}$ 为配换挂轮的实际传动比。

3. 配换挂轮的齿数计算

在机床切削加工中，经常遇到配换挂轮的齿数计算问题。工作中可直接查阅机床说明书中附有的比较详细具体的配换齿轮选取表。也可按下面的方法进行计算。

(1) 因式分解法

因式分解法就是将传动比的分子和分母分解成几个因数的乘积，然后同时扩大分子和分母，使这些数字等于机床上所具有的配换齿轮的齿数。如前面例 2、例 4 中配换挂轮的计算过程。

(2) 对数挂轮法

对数挂轮法是将传动比取成对数值后，从对数挂轮表中查出挂轮齿数。对数挂轮表可在有关的切削手册中查找，如表 3-2 所示。表中是按一对挂轮编制，当算出的对数值为负值时，可直接用查出的挂轮齿数，当算出的对数值为正值时，需将表中齿数颠倒使用。

表 3-2 五位对数挂轮表（节录）

lg*u*	*a*	*b*	lg*u*	*a*	*b*	lg*u*	*a*	*b*
0.10307	56	71	0.27416	25	47	0.37911	33	79
22	42	52	38	42	79	26	38	91
54	26	33	70	34	64	0.38021	20	48
75	63	80	0.27502	43	81		30	72
0.10409	48	61	22	26	49	0.38119	37	89
21	59	75	48	35	66	34	32	77
74	22	28	63	44	83	55	27	65
0.17609	40	60	0.27621	27	51			
0.22185	30	50	0.37892	28	67			

【例 5】 计算 $u=0.53062$ 的挂轮齿数。

解 求 $u=0.53062$ 对数值

$$\lg u=\lg 0.53062=-0.27522$$

查对数表得 $a=26$、$b=49$，因 $\lg u$ 为负值，所以

$$\frac{a}{b}=\frac{26}{49}$$

此表也可将传动比选为两对挂轮，设

$$u=\frac{a}{b}\times\frac{c}{d}$$

两边取对数有

$$\lg u=\lg\left(\frac{a}{b}\times\frac{c}{d}\right)=\lg\frac{a}{b}+\lg\frac{c}{d}=\lg u_1=\lg u_2$$

计算出 $\lg u$ 后，先在对数挂轮表中选 $\lg u_1$ 及挂轮$\frac{a}{b}$，然后再由 $\lg u_2=\lg u-\lg u_1$ 计算 $\lg u_2$，在表中查出 $\lg u_2$ 的挂轮$\frac{c}{d}$。

【例 6】 计算 $u=0.35461$ 的挂轮齿数（用两对挂轮）。

解 1）求 $u=0.35461$ 对数值，即

$$\lg u=\lg 0.35461=-0.450249$$

2）选 $\lg u_1$。从对数挂轮表中取

$$u_1=\frac{a}{b}=\frac{40}{60}$$

则

$$\lg u_1=-0.17609$$

3）计算 $\lg u_2$，即

$$\lg u_2=\lg u-\lg u_1=-0.450249-(-0.17609)=-0.274159$$

4）查 u_2 挂轮，即

$$u_2=\frac{c}{d}=\frac{25}{47}$$

所以配换挂轮为

$$u=\frac{a}{b}\times\frac{c}{d}=\frac{40}{60}\times\frac{25}{47}$$

用对数挂轮表计算挂轮时，因表中对数值不连续而有近似取值的情况，造成传动比有误差，影响到加工精度，因此必须对传动比的误差进行计算，以检查是否能保证加工精度的要求。

本章实训

实训项目（一） 分度头

1. 知识与技能目标

1）了解万能分度头的结构、功用、工作原理等。
2）掌握万能分度头的简单分度方法。
3）掌握万能分度头的差动分度的调整及操作。

2. 实训器材

FW125 型万能分度头、扳手。

3. 实训过程

首先观察分度头的组成部件和各手柄的作用，然后安装工件分度画线。完毕后，检查分度结果。

(1) 简单分度

1) 任取一等分数（小于63)，计算手柄转数。

2) 选取孔盘孔数，调整好分度叉角度后分度。

(2) 差动分度

1) 任取一个大于63，对40不能约简的等分数，计算分度手柄转数。

2) 选取孔盘孔数，调整好分度叉角度。

3) 计算挂轮齿数，选取并安装挂轮。挂轮的安装可参阅3.4.4节。

4) 挂轮安装后，检查分度盘旋向是否符合要求，否则加介轮。最后分度操作。

(3) 注意事项

1) 分度头中的蜗杆与蜗轮之间有间隙，所以分度手柄应保持向一个方向摇动，这样可使蜗轮副的间隙消除，保证分度的准确性。

2) 当分度手柄将要摇到预定的孔时必须注意不要摇过头，而要正好插入内孔。若摇过了头，即使退回到预定孔内，也由于存在间隙而不起作用，必须退回一转后再重新仔细的摇动手柄。

3) 在每次分度前，必须松开分度头侧面的主轴紧固手柄，使分度头主轴能自由转动。

4) 注意安全，实验时不要乱动机床开关、手柄等。

4. 思考题

1) 角度分度应怎样进行?

2) 近似分度一般用于什么场合?

实训项目（二）　铣削螺旋槽

1. 知识与技能目标

1) 了解铣削螺旋槽的工作原理及运动形成。

2) 掌握铣削螺旋槽的调整计算与机床的调整。

2. 实训器材

X6132万能升降台铣床、FW125型万能分度头、扳手。

3. 实训过程

首先熟悉铣床的组成部件和各手柄的作用。

1) 根据工件的参数计算挂轮传动比和挂轮齿数。

2）将选取的挂轮安装到机床上。挂轮的安装位置可参阅 3.4.3 节。

3）摇动纵向工作台手轮，检查工件的旋转方向是否符合要求，否则加介轮。

4）调整工作台角度，使铣刀的切削方向与螺旋槽方向一致。转动横向进给手柄，对正工件中心。

5）检查无误后，经指导教师许可开车加工。

4. 思考题

1）为什么要对工作台角度进行调整？

2）若利用分度头和铣床作长度方向比较精确的刻线时，应如何调整？

小　　结

本章简单介绍了铣床的用途、分类、工艺范围及运动，重点介绍 X6132 万能升降台铣床的传动系统和典型部件与机构，万能分度头的分度方法及加工螺旋槽的调整计算。通过本章的学习，要掌握铣床的用途、工艺范围，X6132 万能升降台铣床的各典型部件与机构的结构组成与调整方法，常用的分度方法及应用的调整计算等。

习　　题

3.1　常见的铣床有哪些类型？各适合于哪些零件的加工？

3.2　X6132 万能升降台铣床的主运动、进给运动采用了哪种变速方式？各获得多少级变速？

3.3　X6132 万能铣床的主运动、进给运动采用了哪种换向方式？为什么采用这种方式？

3.4　说明 X6132 万能升降台铣床传动系统中各离合器的类型与作用。

3.5　对铣床主轴部件有哪些要求？简述 X6132 万能升降台铣床的主轴部件采取了哪些措施适应这些要求。

3.6　简述 X6132 万能升降台铣床主轴部件的轴承间隙调整方法。

3.7　画简图叙述孔盘变速操纵机构的工作原理。

3.8　当进给运动出现动力不足或快速移动的速度减慢时，是什么原因造成的？如何解决这个问题？

3.9　X6132 万能升降台铣床的顺、逆铣机构有哪些特点？

3.10　操纵 X6132 万能升降台铣床横向进给手柄时（参见图 3-14），却无运动产生，试分析产生故障的原因有哪些？

3.11　分度头有哪些作用？常用的分度方法有哪些？

3.12　在铣床上用 F11-125A 分度头加工直齿圆柱齿轮，齿数分别为 $Z=21$、$Z=56$、$Z=73$，选择分度方法，试作分度计算。

3.13　在 X6132 万能升降台铣床上，用 F11-125A 分度头加工右旋螺旋齿轮，$m_n=2$、$Z=54$、$\beta=15°30'$，试作调整计算。

3.14　选择配换挂轮时要注意哪些问题？

第4章

齿轮加工机床

本章概述

齿轮加工机床是指用切削刀具加工各种齿轮的机床。齿轮加工机床的规格繁多，但主要分为圆柱齿轮加工机床和锥齿轮加工机床两大类，它们广泛应用在各种机械制造中。本章将对齿轮加工机床的类型、应用及运动作简单介绍，并重点介绍 Y3150E 滚齿机的传动系统和典型部件与机构，以及用 Y3150E 滚齿机加工直齿圆柱齿轮和斜齿圆柱齿轮的调整计算。

知识目标

1. 了解齿轮加工机床的分类、用途和 Y3150E 型滚齿机的组成、加工原理。
2. 掌握 Y3150E 型滚齿机传动系统的特点。
3. 掌握加工直齿、斜齿圆柱齿轮的调整计算。
4. 掌握典型部件和机构的结构组成与调整方法。

能力目标

1. 掌握 Y3150E 型滚齿机加工圆柱齿轮的调整计算与配换挂轮的安装。
2. 会 Y3150E 型滚齿机的操作。

4.1 概述

在现代工业中，齿轮是机械传动中的主要传动元件，因此齿轮加工机床是机械制造中一种重要的加工设备。主要用来加工各种齿轮的轮齿表面。

4.1.1 齿轮加工机床的工作方法

1. 加工方法

齿轮的切削加工中，按轮齿的齿廓形成过程来分，有两种不同的加工方法。一种是成形法加工，如图 4-1 所示，采用刀具的切削刃形状与被加工齿轮齿槽截面形状一致的成形刀具加工。这种方法可在通用机床上加工，如前所述的在万能铣床上铣齿轮。但因齿形的加工精度低、生产效率不高而只用于修配行业中加工精度要求不高的齿轮，或重型机器制造业中的大型齿轮加工。另一种方法是展成法加工，也是齿轮加工机床常用的方法。

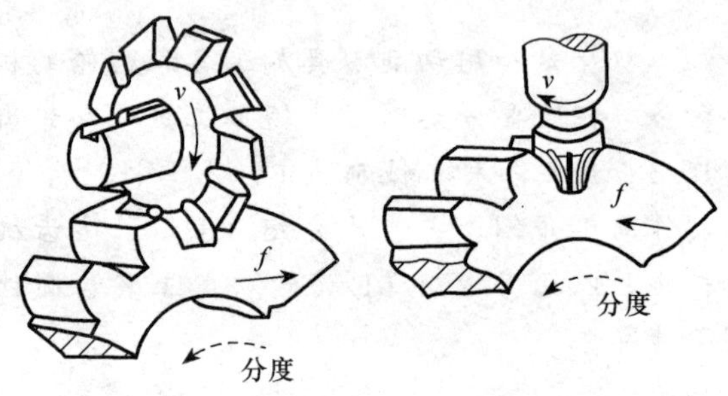

图 4-1 成形法加工齿轮

2. 展成法加工原理

展成法加工是利用齿轮的啮合原理进行的。如图 4-2 所示，齿轮、齿条在啮合过程中，由齿条齿廓的包络线形成齿坯上的齿廓曲线。将齿条做成刀具，另一个演变成齿轮的齿坯，并强制刀具和齿坯作严格的啮合传动，即可为展成法加工齿轮。

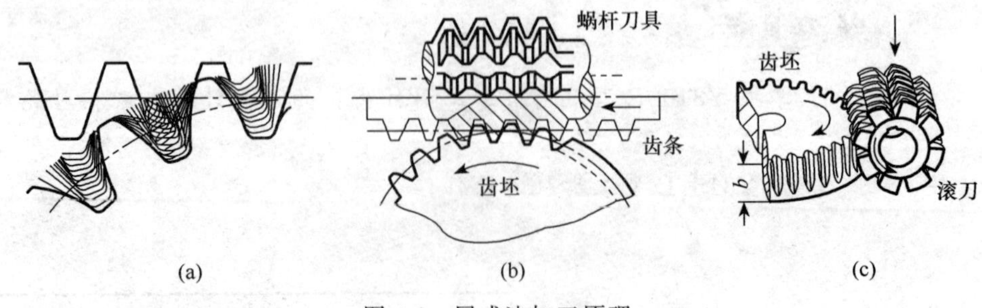

图 4-2 展成法加工原理

用一个螺旋升角很小的蜗杆，在其圆柱面上沿齿面的法向开上一定数量的槽，加以铲背、淬火并刃磨出前、后刀面，便形成一把刀刃分布在螺旋表面的蜗杆刀具，其法向截面的形状近似齿条，当蜗杆刀具作旋转运动时，便形成一个等速移动的假想齿条在齿坯上切出渐开线齿形。此蜗杆刀具常被称为滚刀。

由于展成法加工是一对齿轮副啮合的过程，所以用一把刀具可以加工同一模数、不同齿数的齿轮，并且加工精度和生产率比较高，因此被广泛应用于各种齿轮加工机床中。

4.1.2　齿轮加工机床的分类

用展成原理加工的齿轮加工机床种类很多，但按被加工齿轮的类型可分为两大类。

1. 圆柱齿轮加工机床

这类机床按使用的刀具不同又分为滚齿机、插齿机、剃齿机、珩齿机和磨齿机。

滚齿机和插齿机，适用于在齿坯上切齿。滚齿机（图 4-10）可直接加工精度 8～10 级的外啮合的直齿、螺旋齿圆柱齿轮及蜗轮，采用高精度滚刀时，也可加工精度 7 级的齿轮。插齿机（图 4-3）根据刀具精度的不同，可加工精度 7～9 级的外啮合或内啮合的直齿圆柱齿轮，特别适合于内齿和多联齿轮的加工，如装上附件后，也可加工螺旋齿圆柱齿轮或齿条等。

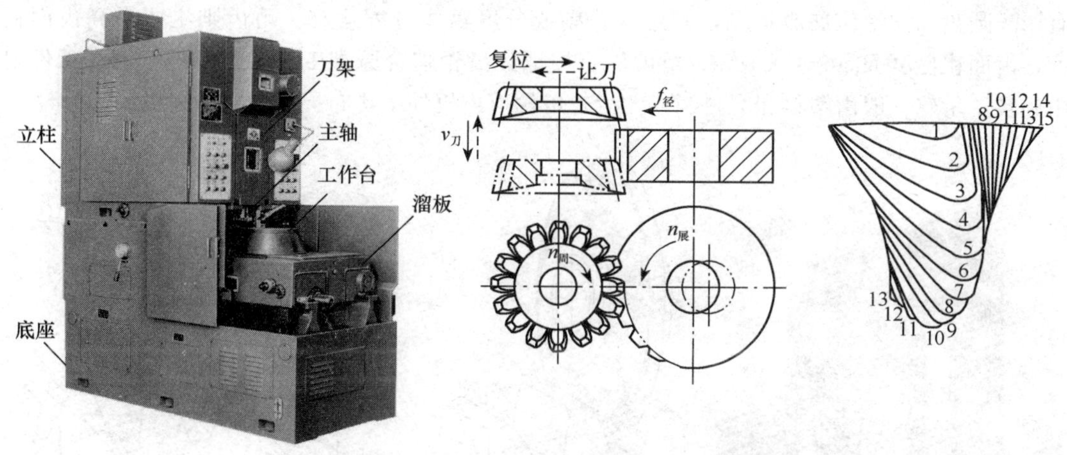

图 4-3　插齿机与插齿工作原理

剃齿机、珩齿机和磨齿机主要用来对滚齿或插齿切制出来的轮齿进行精加工。剃齿机适合于齿轮淬火前的精加工，加工精度可到 6、7 级，齿面粗糙度 R_a 为 1.25～0.32μm。剃齿时，剃齿刀与工件相当于无齿侧间隙的螺旋齿轮空间交叉轴啮合，并对工件施加径向压力，由剃齿刀带动工件旋转，剃齿刀齿面上的小槽所形成的刃口与工件齿面间相对滑移（滑移速度约 25m/min），切下极薄的切屑，剃齿机、剃齿加工原理见图 4-4。

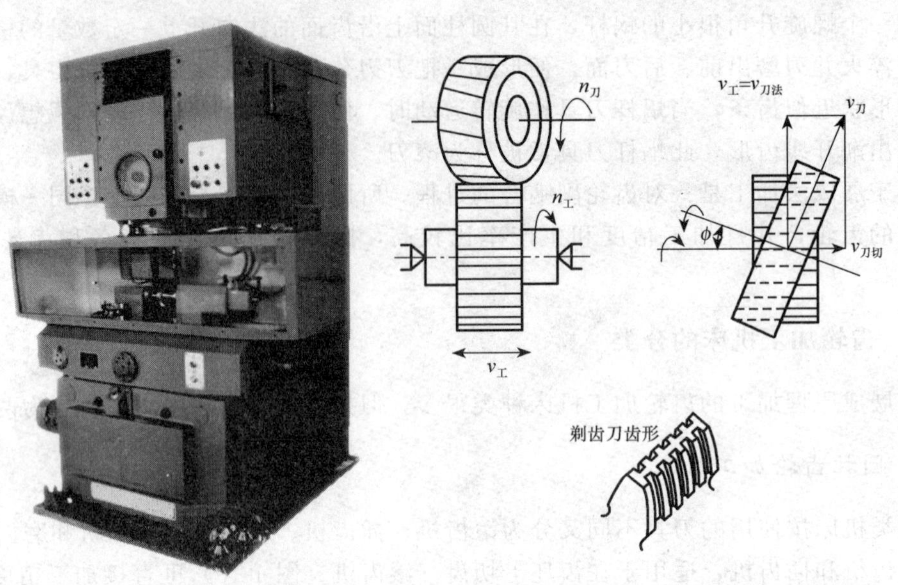

图 4-4　剃齿机与剃齿工作原理

珩齿机和磨齿机适用于齿轮淬火后的精加工，磨齿精度可达 3 级，齿面粗糙度 R_a 为 0.8～0.2μm。图 4-5 是锥面砂轮磨齿机及工作原理，砂轮的轴向剖面修整成齿条的一个齿形，并沿齿向作直线往复运动。工件通过蜗轮、丝杠和交换齿轮完成展成和分度运动，但也有用滚圆盘和钢带作展成运动，利用蜗轮副或分度盘作分度运动。珩齿则主要提高齿面精度，齿面粗糙度 R_a 可达 0.1μm。珩齿机是按螺旋齿轮啮合原理工作的，由珩轮带动工件自由旋转。珩轮一般由塑料和磨料制成。齿轮珩轮珩齿机的结构布局近似于剃齿机。

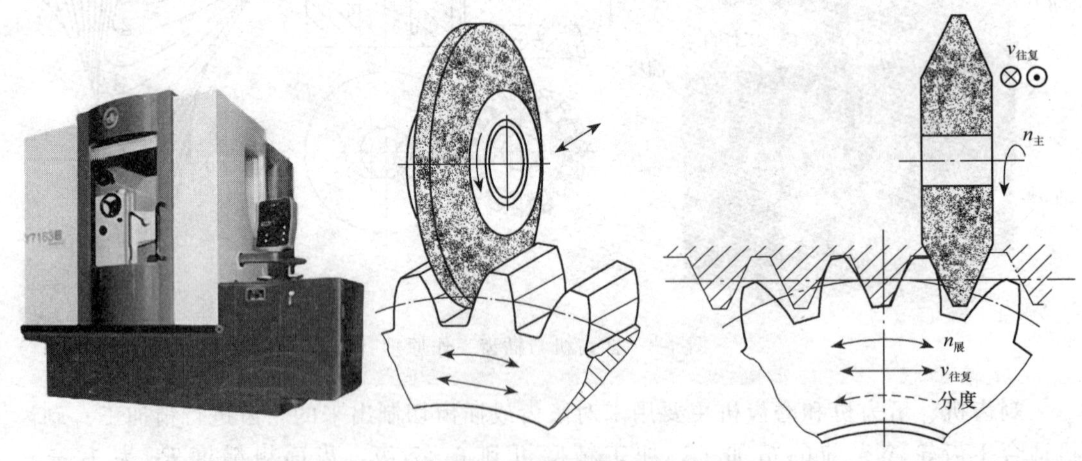

图 4-5　磨齿机与磨齿工作原理

2. 圆锥齿轮加工机床

常见的圆锥齿轮加工机床有刨齿机和铣齿机。刨齿机（图 4-6）用于加工直齿圆锥齿轮，而铣齿机（图 4-7）用于加工弧齿圆锥齿轮。

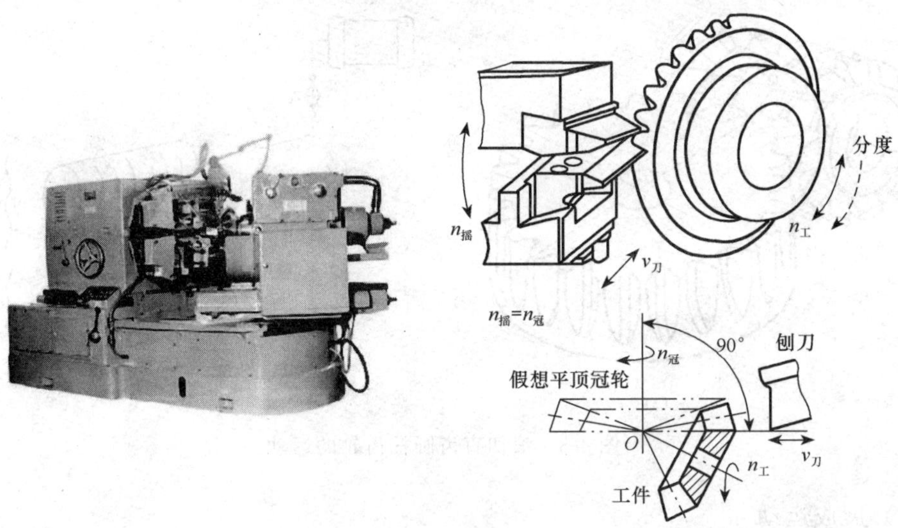

图 4-6　刨齿机

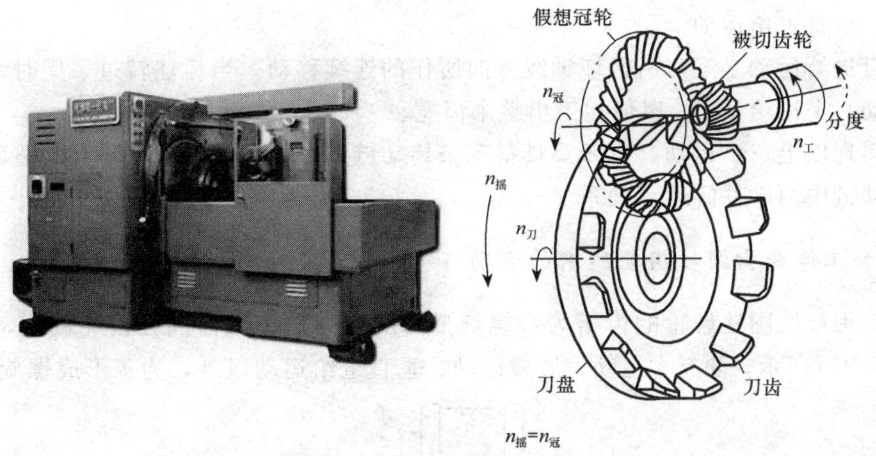

图 4-7　弧齿圆锥齿轮铣齿机

4.1.3　滚齿机加工时机床的运动

1. 加工直齿圆柱齿轮所需的运动

如图 4-8 所示的用蜗杆滚刀加工直齿圆柱齿轮时，要具备以下几个运动。

(1) 主运动

主运动是蜗杆滚刀的旋转运动。滚刀的旋转速度可根据合理选取的切削速度 v 和滚刀的直径 $D_{刀}$ 来确定，计算公式为

$$n_{刀}=\frac{1000v}{\pi D_{刀}}(\mathrm{r/min})$$

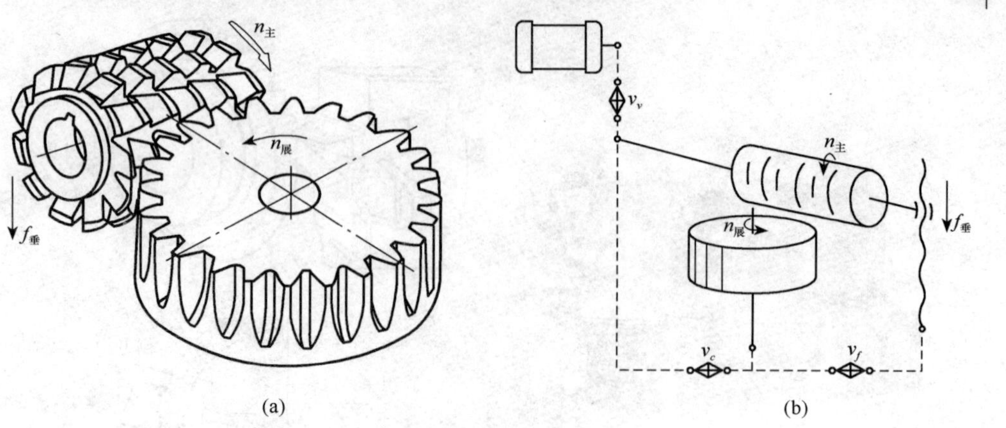

图 4-8 滚切直齿圆柱齿轮的运动

（2）展成运动

展成运动是齿坯相对滚刀所作的啮合运动，也称为分齿运动。加工过程中，两者必须保持严格的传动比关系，若滚刀头数为 k，工件齿数为 z 时，则滚刀转一周，齿坯应转过 k/z 转。

（3）垂直进给运动

垂直进给运动是滚刀沿齿坯轴线方向所作的连续移动。当齿坯转过一周时，滚刀要垂直移动一个进给量 f，以便加工出整个齿宽。

为实现以上三个运动，机床要具备三条传动链，且每条传动链中要有调整环节，以保证传动链中两端件的运动关系。

2. 加工螺旋齿圆柱齿轮所需的运动

由于螺旋齿圆柱齿轮的齿槽为一螺旋槽，所以与加工直齿圆柱齿轮的运动有所不同，如图 4-9 所示，除有主运动、展成运动、垂直进给运动以外，为了形成螺旋线齿槽，

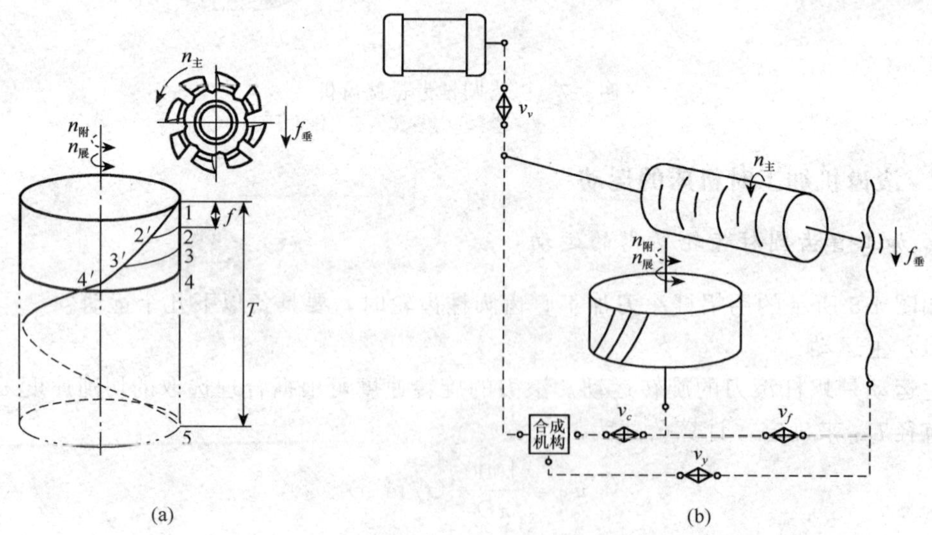

图 4-9 加工螺旋齿圆柱齿轮的运动

当滚刀垂直运动时，齿坯还应多做一个转动，如图 4-9（a）所示，滚刀从 1 点垂直移动到 2 点，工件应转到 2′点，简称为附加运动。在滚刀垂直进给一个螺旋槽的导程 T 时，根据螺旋线的方向，齿坯应多转过或少转过一周。因此，加工螺旋齿轮时，有两条传动链带动齿坯旋转，运动合成机构就是将展成运动和附加运动合成，使齿坯获得一个复合的转动。运动合成机构在 4.3.2 中介绍。

4.2　Y3150E 型滚齿机

Y3150E 型滚齿机用于加工直齿圆柱齿轮和螺旋齿圆柱齿轮，安装蜗轮滚刀或花键滚刀后也可加工蜗轮和较短的花健轴。

4.2.1　主要组成部件及技术规格

1. 主要组成部件

图 4-10 是 Y3150E 型滚齿机的外形图，它由床身、挂轮箱、立柱、刀架溜板、刀架体、工作台、后立柱和溜板等组成。立柱固定在床身上，它的左侧是安装挂轮的挂轮箱，右侧的导轨可使刀架溜板带动刀架作垂直移动，刀架还可沿刀架溜板上的圆形导轨转位，以调整滚刀轴线的安装角度。安装滚刀的刀杆插在主轴锥孔中随主轴一起旋转。齿坯装夹在工件芯轴上，直径较大的也可直接装夹在工作台上，随工作台一起旋转。工作台和后立柱在同一溜板上，沿床身水平导轨径向移动，以调整轮齿的切削深度，机床还设置了 50mm 的快速移动，以便工作台快速接近刀具。后立柱上的支架可支承工件芯轴，提高芯轴的支承刚度。

图 4-10　Y3150E 型滚齿机

2. 主要技术规格

Y3150E 型滚齿机的主要技术参数见表 4-1。

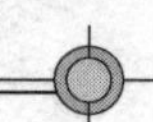

表 4-1 Y3150E 型滚齿机的技术参数

最大齿坯直径/mm		500	刀架最大回转角度	±240°
最大加工模数/mm		8	刀具中心至工作台面距离/mm	235～535
最大齿坯宽度/mm		250	刀具中心至工作台中心最小距离/mm	30
最小加工齿数		5k（k 为滚刀头数）	主轴转速/(r/min)	40～250（9 级）
刀具最大尺寸/mm	直径	160	刀架垂直进给速度/(mm/r)	0.4～4（12 级）
	长度	160	主电机功率/kW、转速/(r/min)	4、1430
刀具轴向移动最大距离/mm		55	外形尺寸长×宽×高/(cm×cm×cm)	244×136×180

4.2.2 机床的传动系统

图 4-11 是 Y3150E 型滚齿机传动系统图。在主运动传动链中，轴Ⅱ与轴Ⅳ之间采用三联滑移齿轮变速和 A/B 挂轮变速机构，因 A/B 挂轮只有三对，所以主运动有 9 级变速，由于滚齿机工作时主轴不经常变向，因此若要换向时，用控制面板上的开关改变电动机旋向。展成运动传动链为适应各种齿数的加工，用 $a/b\times c/d$ 挂轮调节工作台的转速，并通过 E/F 之间的介轮改变工作台旋向。垂直进给传动链也采用了三联滑移齿轮变速和 a_1/b_1 挂轮变速机构，两对挂轮可获得四个传动比，进给运动共得到 12 级垂直进给速度，如将 a_1 轮直接安装在ⅩⅣ轴上，还可改变进给运动方向。加工螺旋齿圆柱齿轮的附加运动传动链采用 $a_2/b_2\times c_2/d_2$ 挂轮来调节工作台附加运动的转速，并通过 a_2 与 b_2 之间的介轮改变附加运动方向。附加运动要经过运动合成机构与展成运动合成后传至工作台。

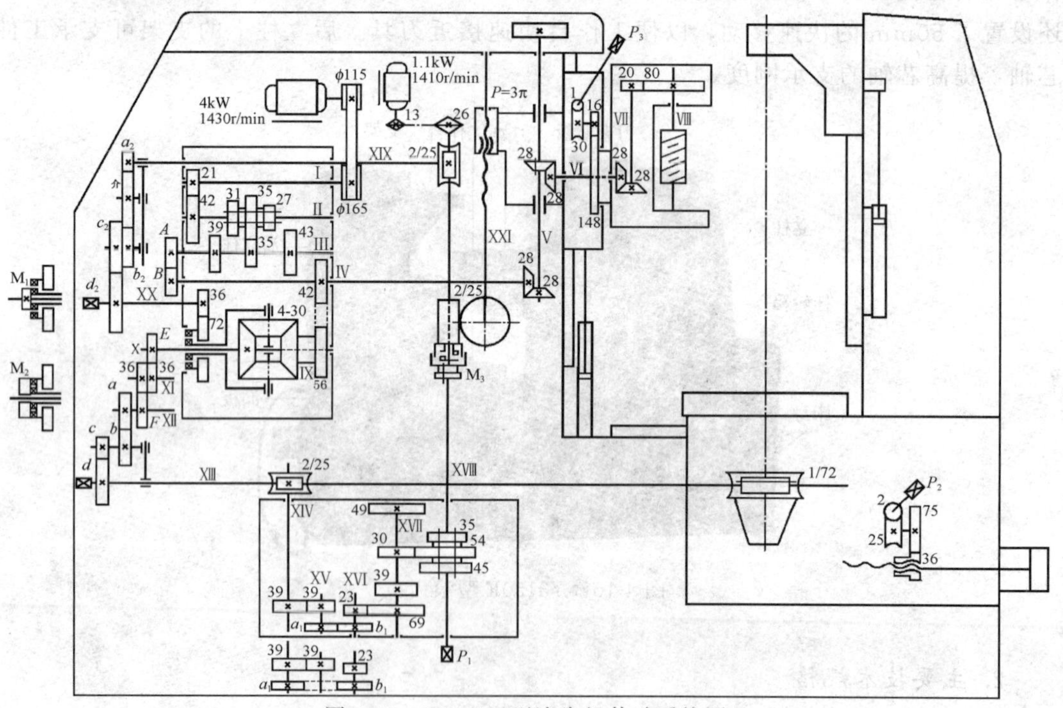

图 4-11 Y3150E 型滚齿机传动系统图

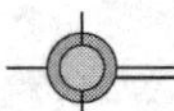

Y3150E 型滚齿机由于在主运动、进给运动传动链中采用了滑移齿轮变速机构，所以在加工过程中，给改变粗加工与精加工的速度带来很大的方便。

Y3150E 型滚齿机还有快速移动传动链，可使滚刀刀架作快速升降运动，以调整刀架位置或实现快进、快退。也可在加工螺旋齿轮时，只起动快速电机，经附加传动链来检查附加运动的方向是否正确。在起动快速电机之前，应按机床说明书要求，将变速手柄扳到“快速移动”位置上，使轴上的三联滑移齿轮处于空档位置，否则机床上的互锁装置不能使快速电机起动。

Y3150E 型滚齿机的传动结构式为

$$\text{电动机}-\frac{\varphi 115}{\varphi 165}-\mathrm{I}-\frac{21}{42}-\mathrm{II}-\begin{bmatrix}\frac{35}{35}\\ \frac{31}{39}\\ \frac{27}{43}\end{bmatrix}-\mathrm{III}-\frac{A}{B}-\mathrm{IV}-\frac{28}{28}-\mathrm{V}-\frac{28}{28}-\mathrm{VI}-\frac{28}{28}-\mathrm{VII}-\frac{20}{28}-\mathrm{VIII}\text{主轴}$$

$$(\mathrm{IV})-\frac{42}{56}-\begin{bmatrix}\text{合成}\\ \text{机构}\end{bmatrix}-\mathrm{M}-\mathrm{IX}-\begin{bmatrix}\frac{E}{F}\\ \frac{E}{\text{介轮}}\times\frac{\text{介轮}}{F}\end{bmatrix}-\mathrm{XII}-\frac{a}{b}\times\frac{c}{d}-\mathrm{XIII}-\frac{1}{72}-\text{工作台}$$

$$(\text{合成机构})-\frac{2}{25}-\mathrm{XIV}-\begin{bmatrix}\frac{39}{39}-\mathrm{XV}-\frac{a_1}{b_1}\\ \frac{a_1}{b_1}\end{bmatrix}-\mathrm{XVI}-\frac{23}{69}-\mathrm{XVII}-\begin{bmatrix}\frac{30}{54}\\ \frac{49}{35}\\ \frac{39}{45}\end{bmatrix}-\mathrm{XVIII}-\mathrm{M}_3-\frac{2}{25}-\mathrm{XIX}-\text{丝杠螺母}-\text{刀架溜板}$$

$$(\mathrm{XVIII})-\frac{13}{26}-\text{快速电机}$$

$$(\mathrm{XIII})-\frac{36}{72}-\mathrm{XXI}-\frac{c_2}{d_2}-\begin{bmatrix}\frac{a_2}{\text{介轮}}-\frac{\text{介轮}}{b_2}\\ \frac{a_2}{b_2}\end{bmatrix}-\mathrm{XX}-\frac{2}{25}-(\mathrm{XVIII})$$

4.3 Y3150E 型滚齿机的调整

4.3.1 机床传动链的调整

根据 Y3150E 型滚齿机的传动结构式，可以列出各传动链的调整计算式。

1. 加工直齿圆柱齿轮的调整计算

(1) 主运动传动链

主运动传动链的两端件是电动机与滚刀主轴。运动关系为

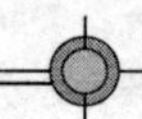

电动机 $n_{电}$ （r/min）—滚刀主轴 $n_{刀}$ （r/min）

传动链的平衡式为

$$1430\times\frac{115}{165}\times\frac{21}{42}\times u_{\text{Ⅱ}-\text{Ⅲ}}\times\frac{A}{B}\times\frac{28}{28}\times\frac{28}{28}\times\frac{28}{28}\times\frac{20}{80}=n_{刀}$$

化简后得

$$\frac{A}{B}\times u_{\text{Ⅱ}-\text{Ⅲ}}=\frac{n_{刀}}{125}$$

在实际使用时，可不必进行计算，根据确定的滚刀转速查主轴转速挂轮配换表（表4-2），从中得到 A/B 挂轮的齿数与变速箱中变速组的传动比。但要注意，当被加工齿数较少时，要适当降低滚刀转速，以便使工作台转速随之降低，防止工作台下面的分度蜗轮过早磨损。

表 4-2　Y3150E 型滚齿机主轴转速挂轮配换表

A/B	22/44			33/33			44/22		
$u_{\text{Ⅱ}-\text{Ⅲ}}$	27/43	31/39	35/35	27/43	31/39	35/35	27/43	31/39	35/35
$n_{刀}$ （r/min）	40	50	63	80	100	125	160	200	250

（2）展成运动传动链

展成运动传动链的两端件是滚刀主轴和工作台。运动关系为

滚刀主轴（1转）—工作台（k/Z 转）。

传动链的平衡式为

$$1\times\frac{80}{20}\times\frac{28}{28}\times\frac{28}{28}\times\frac{28}{28}\times\frac{42}{56}\times u_{合}\times\frac{E}{F}\times\frac{a}{b}\times\frac{c}{d}\times\frac{1}{72}\times\frac{k}{Z}$$

加工直齿圆柱齿轮时，式中的 $u_{合}=1$。代入上式化简后得

$$\frac{a}{b}\times\frac{c}{d}=\frac{F}{E}\times\frac{24k}{Z}$$

由上式看出，当被加工齿数 Z 过大或过小时，会使挂轮中的主动轮与从动轮齿数相差很大，导致挂轮安装不方便。F/E 可调整挂轮中的主动轮与从动轮齿数不会相差很大，其传动比可根据下面的条件选择：

当 $5\leqslant\frac{Z}{k}\leqslant20$ 时

$$\frac{F}{E}=\frac{24}{48}$$

当 $21\leqslant\frac{Z}{k}\leqslant142$ 时

$$\frac{F}{E}=\frac{24}{24}$$

当 $143\leqslant\frac{Z}{k}$ 时

$$\frac{F}{E}=\frac{48}{24}$$

展成运动传动链是内联系传动链，因此在选择挂轮时，要保证传动比准确，并且要符合啮合传动时的方向要求，即用右旋滚刀时，工作台要逆时针方向转动（参见图 4-8 中的 $n_{展}$）。Y3150E 型滚齿机配有展成挂轮 47 个（$m=2$），齿数为：20（两个）、23、24、25、26、30、32、33、34、35、37、40、41、43、45、46、47、48、50、52、53、55、57、58、59、60（两个）、61、62、65、67、70、71、73、75、79、80、83、85、89、90、92、95、97、98、100。

（3）垂直进给运动传动链

垂直进给运动传动链的两端件是工作台和刀架溜板，运动关系为

$$\text{工作台(1 转)— 刀架溜板 } f(\text{mm})$$

传动链的平衡式为

$$1\times\frac{72}{1}\times\frac{2}{25}\times\frac{39}{39}\times\frac{a_1}{b_1}\times\frac{23}{69}\times u_{\text{XVII}-\text{XVIII}}\times\frac{2}{25}\times 3\pi=f$$

化简后得

$$\frac{a_1}{b_1}\times u_{\text{XVII}-\text{XVIII}}=\frac{f}{0.46\pi}$$

垂直进给运动传动链也不需进行计算，可根据选择的进给量 f 查垂直进给挂轮配换表（表 4-3），从中得到 a_1/b_1 挂轮的齿数与变速箱中变速组的传动比。

表 4-3 Y3150E 型滚齿机垂直进给挂轮配换表

a_1/b_1	26/52			32/46			46/32			52/26		
$u_{\text{XVII}-\text{XVIII}}$	30/54	39/45	49/35	30/54	39/45	49/35	30/54	39/45	49/35	30/54	39/45	49/35
f/(mm/r)	0.4	0.63	1	0.56	0.87	1.41	1.16	1.8	2.9	1.6	2.5	4

2. 加工螺旋齿圆柱齿轮的调整计算

根据加工螺旋齿圆柱齿轮所需的运动分析，加工螺旋齿圆柱齿轮时要进行四条传动链的调整计算。

（1）主运动传动链

加工螺旋齿圆柱齿轮时，主运动传动链的调整计算与加工直齿圆柱齿轮时的调整计算相同。

（2）展成运动传动链

加工螺旋齿圆柱齿轮时，展成运动的平衡式与加工直齿圆柱齿轮的相似，但因为运动合成机构需要换上离合器 M_2，此时的传动比为 $u_{合1}=-1$（见 4.3.2 节），所以传动链的计算公式应为

$$\frac{a}{b}\times\frac{c}{d}=-\frac{F}{E}\times\frac{24k}{Z}$$

式中的负号说明运动合成机构输出轴Ⅸ的旋转方向与装离合器 M_1 时的旋向相反，所以安装展成运动挂轮时，要按机床说明书要求增、减介轮，计算挂轮齿数时不考虑。

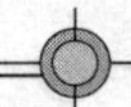

(3) 垂直进给运动传动链

加工螺旋齿圆柱齿轮时，垂直进给运动传动链的调整计算与加工直齿圆柱齿轮时的调整计算相同，应该注意的是进给量 f 的选择要比加工直齿时的 f 小一些，因为螺旋齿的齿向进给量要比直齿的大。

(4) 附加运动传动链

附加运动传动链的两端件是刀架溜板和工作台，运动关系为

$$刀架溜板(1T_z\ \mathrm{mm})—工作台(\pm 1转)$$

传动链的平衡式为

$$\frac{T_z}{3\pi}\times\frac{25}{2}\times\frac{2}{25}\times\frac{a_2}{b_2}\times\frac{c_2}{d_2}\times\frac{36}{72}\times u_{合2}\times\frac{E}{F}\times\frac{a}{b}\times\frac{c}{d}\times\frac{1}{72}=\pm 1$$

式中，$T_z=\frac{\pi m_n Z}{\sin\beta}$，其中 m_n 为被加工齿轮的法向模数，β 为被加工齿轮的螺旋角；$u_{合2}=2$。

将

$$\frac{E}{F}\times\frac{a}{b}\times\frac{c}{d}=\frac{24k}{Z}$$

代入上式化简后得

$$\frac{a_2}{b_2}\times\frac{c_2}{d_2}=\pm\frac{9\sin\beta}{m_n k}$$

附加运动传动链也是内联系传动链，因此选择配换挂轮时要尽可能保证传动比准确，以减少被加工齿轮的齿向误差。另外式中的“±”与传动比的大小无关，只说明要根据被加工齿轮的螺旋方向调整附加运动的方向，如采用逆滚加工时，即刀具从上向下走刀，切右旋齿轮，工作台应逆时针旋转，切左旋齿轮，工作台应顺时针旋转［参见图 4-8 (b)、(c) 中的 $n_{附}$］，当方向不符合要求时，可调整 a_2、b_2 之间的介轮。

还应该注意的是在加工螺旋齿圆柱齿轮时，若分多次走刀，则每次走刀后，必须点动快速电机使刀架返回到原来位置。绝不允许中途将展成运动和附加运动的挂轮及离合器脱开，否则将会使工件产生乱牙，即出现破坏螺旋齿的现象，严重时还会造成刀具和机床的损坏。

3. 机床传动链调整计算举例

【例 1】 用 Y3150E 型滚齿机加工 $m_n=2\mathrm{mm}$、$Z=46$、$\beta=18°24'$的右旋螺旋齿圆柱齿轮，滚刀的参数为：右旋滚刀、直径 $\phi 70\mathrm{mm}$、$\lambda=3°6'$、$m_n=2\mathrm{mm}$、$k=1$，切削用量为：$v=25\mathrm{m/min}$、$f=0.87\mathrm{mm/r}$，试作各传动链的调整计算。

解 1) 主运动挂轮。因为滚刀直径为 70mm，切削速度为 $v=25\mathrm{m/min}$，所以

$$n_{刀}=\frac{1000v}{\pi D_{刀}}=\frac{1000\times 25}{\pi\times 70}=113(\mathrm{r/min})$$

查表 4-1，取 $n_{刀}=100$ (r/min)，则

$$\frac{A}{B}=\frac{33}{33},\ u_{\text{Ⅱ}-\text{Ⅲ}}=\frac{31}{39}$$

2）展成运动挂轮。因为 $Z=46<142$，所以

$$\frac{E}{F}=\frac{36}{36}$$

$$\frac{a}{b}\times\frac{c}{d}=\frac{24k}{Z}=\frac{24}{46}=\frac{24}{30}\times\frac{30}{46}$$

开车让滚刀按切削方向旋转，检查工作台是否逆时针旋转，否则增减介轮。

3）垂直进给挂轮。因 $f=0.87\mathrm{mm/r}$，直接查表 4-2 得

$$\frac{a_1}{b_1}=\frac{32}{46},\ u_{\text{XVII}-\text{XVIII}}=\frac{39}{45}$$

4）附加运动挂轮。因为 $\beta=18°24'$、$m_n=2$，则

$$\frac{a_2}{b_2}\times\frac{c_2}{d_2}=\frac{9\sin\beta}{m_n k}=\frac{9\sin18°24'}{2\times1}=1.42042$$

查对数挂轮表得

$$\frac{a_2}{b_2}\times\frac{c_2}{d_2}=\frac{85}{71}\times\frac{70}{59}$$

挂轮安装后，摇动手柄 P_1 或点动快速电机按钮，让刀架向下移动，检查附加运动的方向，即工作台是否逆时针转动，否则加介轮。

4.3.2　主要部件的结构及调整

1. 运动合成机构

运动合成机构的作用是在加工螺旋齿圆柱齿轮，或加工大质数齿的直齿圆柱齿轮时，将展成运动和附加运动合成后传给工作台，使工作台获得合成运动。

图 4-12 是运动合成机构的结构原理图。它由四个齿数相等的锥齿轮组成，右中心轮 Z_{30} 与齿轮 Z_{56} 是双联齿轮，空套在Ⅹ轴上，展成运动由齿轮 Z_{56} 输入。左中心轮 Z_{30} 与Ⅹ轴固定连接，两个行星轮 Z_{30} 空套在转臂轴上，既可绕自身轴线旋转，又可随转臂 H 作行星运动。转臂套筒上又空套有齿轮 Z_{72}，附加运动由 Z_{72} 输入，合成机构的运动由Ⅹ轴输出。运动合成机构还配有两套离合器 M_1 和 M_2（图 4-12），以实现合成机构的不同作用。

（1）加工直齿圆柱齿轮

加工直齿圆柱齿轮时无附加运动，所以要装直径较小的牙嵌式离合器 M_1［图 4-12（a）］，通过离合器的端面齿和孔内的键槽将转臂套筒与轴Ⅹ连成一体，使四个锥齿轮之间无相对运动，因此当展成运动从 Z_{56} 输入时，整个合成机构像一个整体一样随齿轮 Z_{56} 同速、同向转动，所以合成机构的传动比为 $u_{合}=1$。

（2）加工螺旋齿圆柱齿轮

加工螺旋齿圆柱齿轮时，要输入附加运动，所以要安装直径较大的离合器 M_2［图 4-12（b）］，通过离合器的端面齿，将转臂套筒与齿轮 Z_{72} 连成一体，同时使转臂套筒与Ⅹ轴成为空套连接，此时合成机构成为一个周转轮系。

图 4-12（b）中，由齿轮 Z_{56} 输入的展成运动的转速为 n_1，由齿轮 Z_{72} 输入的附加运

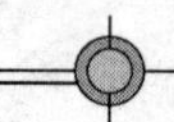

动的转速为 n_H，合成机构的输出转速为 n_4，则由周转轮系的传动原理，列出合成机构的传动比计算公式为

$$u_{1-4}^{H}=\frac{n_4-n_H}{n_1-n_H}=(-1)\frac{Z_1}{Z_2}\times\frac{Z_2}{Z_4}$$

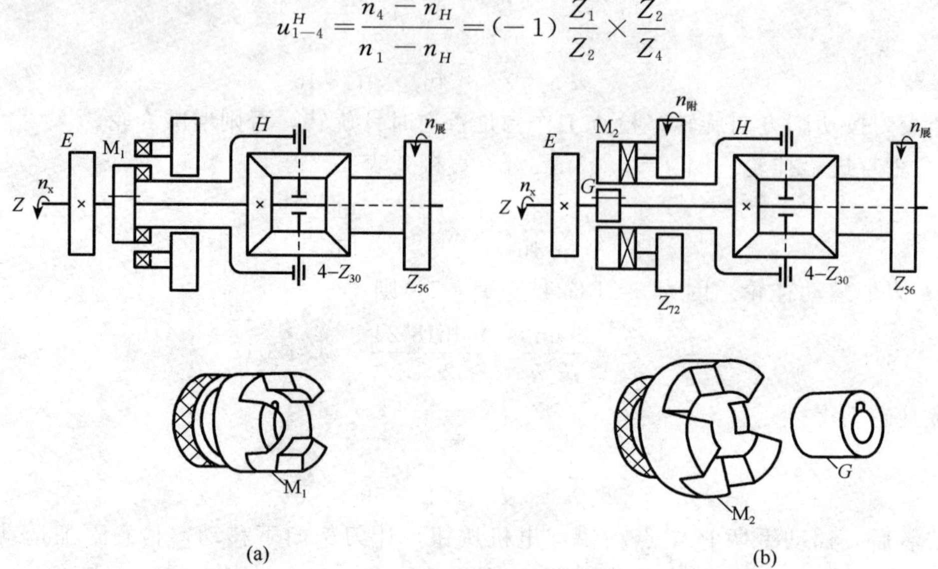

图 4-12 运动合成机构工作原理

式中，−1 表示两中心轮方向相反，因四个锥齿轮的齿数相等，上式化简为

$$u_{1-4}^{H}=\frac{n_4-n_H}{n_1-n_H}=-1$$

将上式展开得

$$n_4=2n_H-n_1$$

当展成运动 n_1 输入时，设 $n_H=0$，得

$$u_{合1}=\frac{n_4}{n_1}=-1$$

当附加运动 n_H 输入时，设 $n_1=0$，得

$$u_{合2}=\frac{n_4}{n_H}=2$$

2. *滚刀刀架*

(1) 滚刀刀架的结构

图 4-13 为 Y3150E 型滚齿机的滚刀刀架结构图。它由刀架体 1 和刀架溜板两部分组成，整个刀架体用六个螺栓 14 固定在溜板的环形 T 形槽上（图中溜板未作表示），松开螺栓，刀架体可回转一定的角度。刀架体用来支承主轴 10 和传动轴Ⅶ，如图 4-13 中 *A—A* 所示。主轴前端用内锥外圆式滑动轴承 9 支承在主轴套筒 8 中，以承受径向力，并通过 1∶20 的锥孔给滚刀主轴定心，保证主轴部件的回转精度。用两个推力轴承承受轴向力。后端的花键部分插在内花键套筒 5 内，并用铜套 3 支承。内花键套筒用两

个圆锥滚子轴承支承在刀架体上，使主轴为卸荷式结构。齿轮 Z_{80} 用键与内花键套筒 5 连接，并带动主轴旋转。主轴套筒 8 用上、下两块压板 16 和压板螺栓 15 紧固在刀架体的凹槽中（图 4-13B—B），松开压板，主轴套筒可带主轴轴向移动。安装滚刀的刀杆 11 插入主轴的莫氏锥孔中，并通过拉杆 2 从后端拉紧，刀杆左端支承在后支架的滑动轴承 13 中。后支架 12 也可在刀架体上沿主轴轴线方向调整。

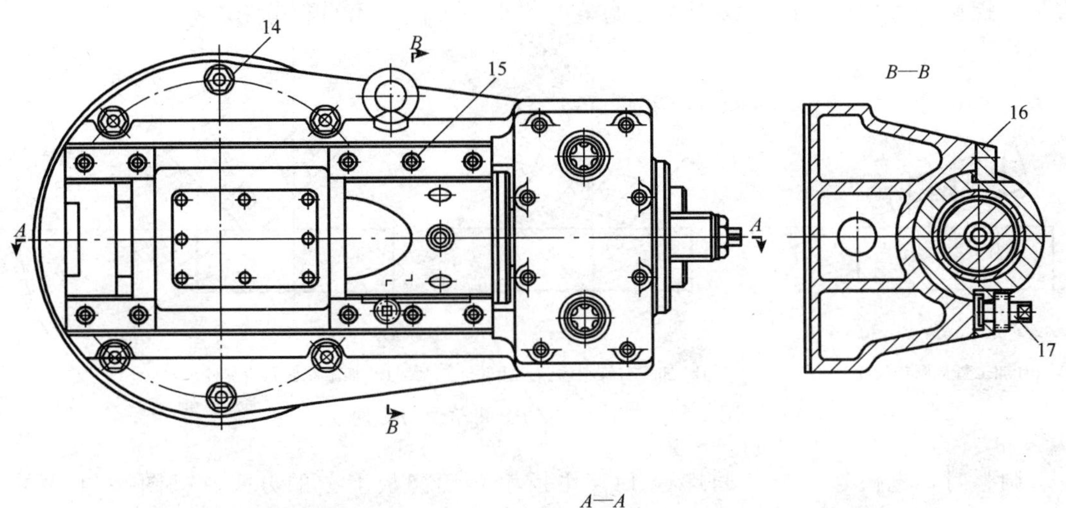

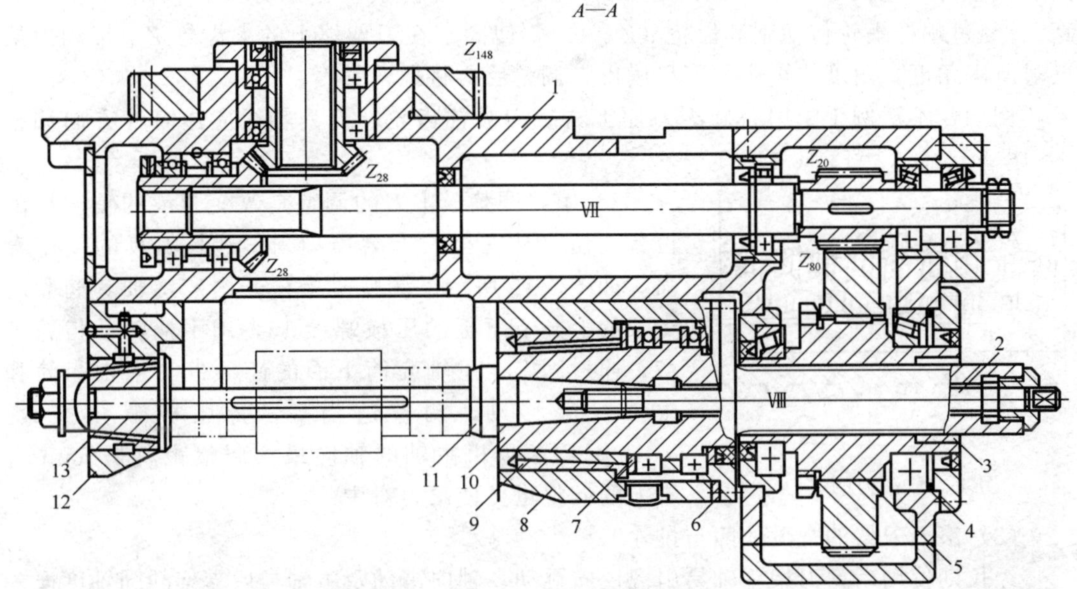

图 4-13　Y3150E 型滚齿机滚刀刀架

1. 刀架体；2. 拉杆；3. 铜套；4. 调整垫片；5. 花键套筒；6. 调整垫片；7. 调整垫片；8. 主轴套筒；9. 主轴滑动轴承；10. 主轴；11. 滚刀刀杆；12. 后支架；13. 后支架滑动轴承；14. 螺栓；15. 压板螺栓；16. 压板；17. 齿轮轴

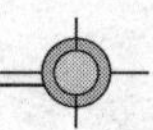

(2) 刀架的工作调整

刀架的工作调整有串刀的调整和安装角度的调整。

1) 安装角度调整。安装角度调整是使滚刀刀齿的切削方向与被切齿槽的方向一致，以便切出正确的齿形。图 4-14 表示用右旋滚刀加工直齿、螺旋齿圆柱齿轮时，滚刀角度调整的大小与方向，图中 β 为工件的螺旋角，λ 为滚刀的螺旋升角。用左旋滚刀加工直齿、螺旋齿圆柱齿轮时，滚刀角度调整的大小与方向，可自行分析。

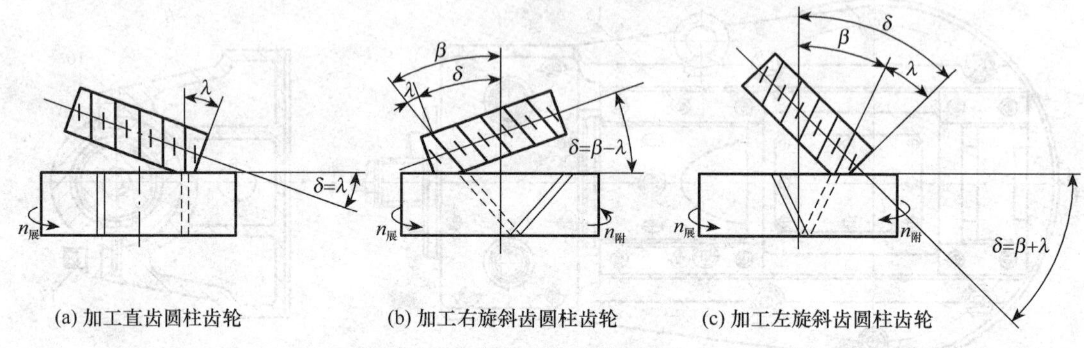

图 4-14 右旋滚刀的安装角度与方向

调整时，先松开六个紧固螺栓 14，用扳手转动溜板上方的方头轴（图 4-11 中的 P_3），经过蜗杆蜗轮传动副和齿轮（$Z=16$），使固定在刀架体上的大齿轮 Z_{148} 带动刀架转过所需角度，角度值可由刻度尺读出，调整后再将螺栓紧固。

例如，本章例 1 中用右旋滚刀加工右旋齿圆柱齿轮，刀具轴线应逆时针方向调整 $\delta=18°24'-3°6'=15°18'$。

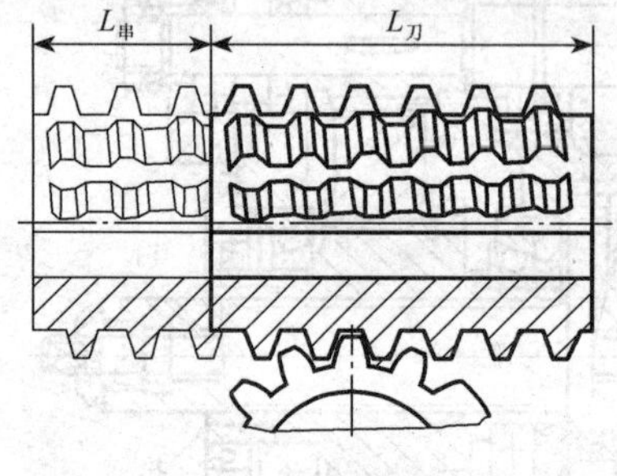

图 4-15 滚刀的串刀

2) 串刀调整。串刀的调整是改变刀齿的轴向切削位置，使刀具在全长上磨损均匀，延长刀具的使用寿命。如图 4-15 所示。调整时先松开固定主轴套筒和后支架的上、下压板的压板螺栓 15，用手柄转动齿轮轴 17，通过固定在主轴套筒下面的齿条带动主轴套筒和主轴一起移动，调整适当后，将压板螺栓拧紧。Y3150E 型滚齿机主轴的轴向最大调整距离是 55mm。串刀的调整也可使滚刀对中。

(3) 滚刀刀架的常见故障与排除

经长期使用后，刀架主轴易出现径向跳动、轴向窜动及主轴与后支架的同轴度误差等，使主轴的回转精度降低，影响齿轮的加工精度。主要原因是主轴滑动轴承 9、推力轴承、铜套 3 和后支架滑动轴承 13 的磨损所造成的。

主轴出现径向跳动时，若滑动轴承的磨损量较小而又均匀时，可拆下调整垫片 6 和 7 配磨，并使两垫片修磨量相同，然后再装配起来，由于滑动轴承是内锥式的，从而改变主轴与滑动轴承的相对位置，消除径向间隙。当主轴轴向窜动过大时，可只拆下调整垫片 6 修磨，根据窜动量的大小，修磨去一定的厚度，这时可调整推力轴承的间隙。

当滑动轴承的磨损量较大而又不均匀时，应对轴承的锥孔进行修刮或更换。更换以前，应先将主轴前端的轴颈用磨削法恢复精度后，再以此为基准，配换滑动轴承。

修磨调整垫片 4 的厚度，可以调整支承内花键套筒的圆锥滚子轴承的间隙。

3. 工作台

工作台是用于装夹工件的，它是展成运动的执行件，又是附加运动的首端件，因此对其传动精度和刚度有较高的要求。

(1) 工作台的结构

图 4-16 是 Y3150E 型滚齿机的工作台结构图。工作台 2 支承在溜板 1 的环形平面导轨上作旋转运动，该导轨承受工作台的轴向力。径向力由工作台下部的圆锥体与溜板上的内锥式滑动轴承 4 的精密配合来承受，并起定心作用。分度蜗轮蜗杆副是滚齿机的关键部件，其传动精度直接影响到齿轮的加工精度，Y3150E 型滚齿机采用了《圆柱蜗杆、蜗轮精度与公差的说明》(GB10089—88) 5 级精度的蜗轮。分度蜗轮 3 用定位销和螺栓固定在工作台的下平面上，带动工作台旋转。与其啮合的蜗杆 10 用两个圆锥滚子轴承 9 和两个深沟球轴承 12 支承在支架 11 上，用调节螺母 7 可调节圆锥滚子轴承的间隙，修磨垫片 6 的厚度可调整蜗轮蜗杆的啮合中心距。

(2) 工件的安装

加工较小直径的齿轮时，可通过工件芯轴安装 [图 4-16 (b)]。芯轴底座 14 安装在工作台中心，用底座的圆柱表面定心，并用 T 形螺栓 13 固定在工作台上。芯轴 15 通过莫氏锥柄与底座锥孔配合，并用螺母 16 压紧，用锁紧套 17 锁紧以防松动。工件安装在芯轴上，用上端的螺母并紧。芯轴上端的圆柱面支撑于后立柱支架中。加工大直径的齿轮时，可用具有较大端面的芯轴底座装夹，或直接装夹在工作台上。工件安装时还要注意找正，使工件中心与工作台中心重合。

(3) 工作台的常见故障及排除

工作台的长期使用会使内锥式滑动轴承 4 和圆环形平面导轨磨损，影响工作台的定心精度，使工作台产生径向跳动和轴向窜动，另外，分度蜗轮副也因磨损使啮合侧隙增大，影响传动精度。这一切会使齿轮的加工精度、表面粗糙度降低，并影响机床工作的平稳性。

内锥式滑动轴承 4 和圆环形平面导轨磨损间隙超差后，若磨损量较小而又均匀时，可将调整垫片 5（两个半圆环）拆下，根据间隙的大小修磨垫片的厚度，然后再装配。注意修磨时，垫片两端面的平行度保证在以 0.005mm 内。当两者的磨损严重且不均匀时，应进行必要的修理来恢复精度。

分度蜗轮副啮合侧隙的调整有两种方法，即径向调整法和轴向调整法。Y3150E 型滚齿机采用的径向调整法，即修磨调整垫片 6 的厚度来调整侧隙。应注意的是，调整前先检查磨损情况，轮齿表面磨损严重时，应先修复后再进行调整，否则将影响其接触精度。

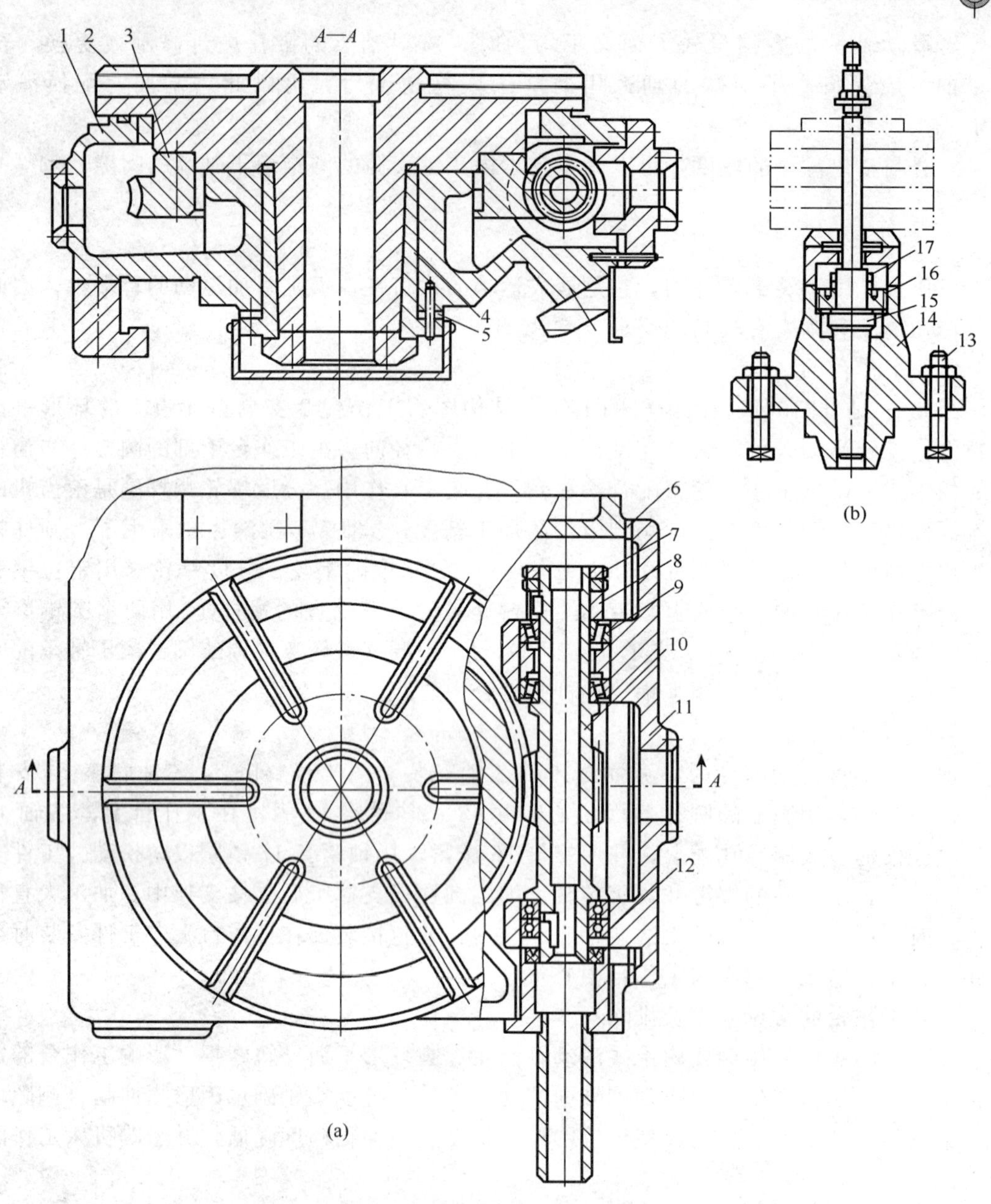

图 4-16　Y3150E 型滚齿机工作台

1. 溜板；2. 工作台；3. 分度蜗轮；4. 内锥式滑动轴承；5. 半圆调整垫片；6. 调整垫片；7. 调节螺母；8. 隔套；9. 圆锥滚子轴承；10. 蜗杆套筒；11. 蜗杆支架；12. 深沟球轴承；13. T 形螺栓；14. 底座；15. 芯轴；16. 螺母；17. 锁紧套

4.3.3　加工大质数齿轮、蜗轮的调整计算

1. 加工大质数直齿圆柱齿轮的调整计算

加工大于 100 的质数齿圆柱齿轮时（如 101、103 等），因为该齿数不能与展成运动

挂轮计算公式 $a/b \times c/d = 24k/Z$ 中的 24 约简，又无与该齿数相同的配换挂轮，所以不能计算展成运动挂轮。要完成这种大质数齿的齿轮加工，可利用运动合成的方法解决。

（1）加工原理

如前所述，展成运动两端件的运动关系为：滚刀转一周，工作台转 k/Z，若取 $Z = Z_0 \pm \Delta Z$，则运动关系为

滚刀（转一周）—工作台［转 k/Z 或 $k/(Z_0 \pm \Delta Z)$］

反之，则

工作台（转一周）—滚刀［转（$Z_0 \pm \Delta Z)/k$］

这样滚刀的转动由两部分组成，即 Z_0/k 和 $\pm \Delta Z/k$，如果用展成运动传动链完成工作台转一周，滚刀转 Z_0/k，则再用附加运动传动链完成工作台转一周，滚刀转 $\pm \Delta Z/k$ 的部分，将这两条传动链的运动合成后，便可实现大质数直齿圆柱齿轮的加工。

上面关系式中的 Z_0 是任意选取的既接近 Z，又能计算展成运动挂轮的假想齿数，$\Delta Z = Z \pm Z_0$。

（2）传动链的调整计算

由上面的分析可知，加工大质数直齿圆柱齿轮需计算四条传动链，其中主运动传动链和垂直进给运动传动链的调整计算与前面加工直齿圆柱齿轮相同，不再赘述。

1）展成运动传动链

两端件运动关系：滚刀（转 Z_0/k）—工作台（转一周）

列运动平衡式为

$$\frac{Z_0}{k} \times \frac{80}{20} \times \frac{28}{28} \times \frac{28}{28} \times \frac{28}{28} \times \frac{42}{56} \times u_{合1} \times \frac{E}{F} \times \frac{a}{b} \times \frac{c}{d} \times \frac{1}{72} = 1$$

将 $u_{合1} = -1$ 代入上式，化简后得

$$\frac{a}{b} \times \frac{c}{d} = -\frac{E}{F} \times \frac{24k}{Z_0}$$

其中，E/F 传动比的确定与前面加工直齿圆柱齿轮相同。

2）附加运动传动链

两端件运动关系：工作台（转一周）—滚刀（转 $\pm \Delta Z/k$）

列运动平衡式为

$$1 \times \frac{72}{1} \times \frac{2}{25} \times \frac{39}{39} \times \frac{a_1}{b_1} \times \frac{23}{69} \times u_{\text{XVII}-\text{XVIII}} \times \frac{2}{25} \times \frac{a_2}{b_2} \times \frac{c_2}{d_2} \times \frac{36}{72}$$
$$\times u_{合2} \times \frac{56}{42} \times \frac{28}{28} \times \frac{28}{28} \times \frac{28}{28} \times \frac{20}{80} = \pm \frac{\Delta Z}{k}$$

将 $\frac{a_1}{b_1} \times u_{\text{XVII}-\text{XVIII}} = \frac{f}{0.4608\pi}$，$u_{合2} = 2$ 代入上式，化简后得

$$\frac{a_2}{b_2} \times \frac{c_2}{d_2} = \pm \frac{9\pi \Delta Z}{kf} = \frac{9\pi}{kf}(Z - Z_0)$$

式中的“±”号决定于（$Z - Z_0$），当 $Z_0 > Z$ 时，附加运动与展成运动方向相同，当 $Z_0 < Z$ 时，附加运动与展成运动方向相反。另外由于计算公式中有垂直进给量 f，所以

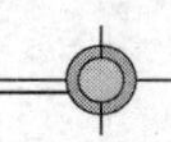

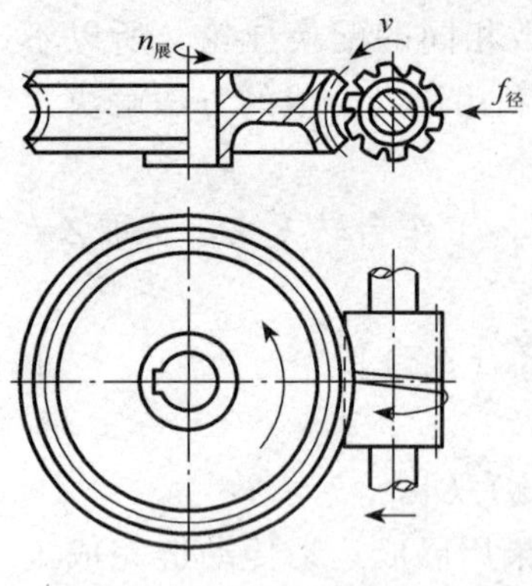

图 4-17 径向进给法加工蜗轮

在整个加工过程中不要改变进给量，否则要重新计算挂轮。

2. 加工蜗轮的调整计算

用 Y3150E 型滚齿机加工蜗轮，只能采用径向进给法，即刀架不动，工件相对刀架作径向相对移动，直至切削到全齿深，如图 4-17 所示。加工时的运动有三种：主运动、展成运动和径向进给运动。其中，主运动、展成运动传动链的调整计算与加工直齿圆柱齿轮相同，而径向进给运动只有手动。加工时，要脱开离合器 M_3，使垂直进给运动的传动链断开，用手柄转动方头 P_2（见图 4-11），经蜗杆蜗轮传动副 2/25 和齿轮副 75/36 带动螺母旋转，由丝杠螺母机构实现工作台的径向进给。

本章实训

实训项目　滚齿机调整

1. 知识与技能目标

1）了解展成法加工齿轮的工作原理及运动。
2）掌握机床传动链的调整计算。
3）熟悉滚齿机的调整与操作。

2. 实训器材

Y3150E 滚齿机、扳手。

3. 实训过程

首先熟悉铣床的组成部件和各手柄的作用。
1）根据工件的参数计算展成运动挂轮的传动比和挂轮齿数。
2）将选取的挂轮安装到机床上。
3）摇动或点动主轴旋转，检查工件的旋转方向是否符合要求，否则加介轮。
4）确定主运动、垂直进给运动的挂轮及变速手柄的位置。
5）调整刀架角度，使铣刀的切削方向与齿轮的齿槽方向一致。
6）检查无误后，经指导教师许可开车加工。

4. 思考题

1）加工斜齿圆柱齿轮为什么要多一条传动链？
2）如何实现大质数齿轮的加工？

小　　结

本章简单介绍了齿轮加工机床的类型、应用及运动，重点介绍 Y3150E 滚齿机的传动系统和典型部件与机构，以及加工直齿圆柱齿轮和斜齿圆柱齿轮的调整计算。通过本章的学习，要了解各类齿轮加工机床的特点及应用，大质数齿轮、蜗轮加工的方法。掌握加工直齿圆柱齿轮和斜齿圆柱齿轮的调整计算，掌握 Y3150E 滚齿机的各典型部件与机构的结构组成与调整方法。

习　　题

4.1　按齿轮加工原理，加工圆柱齿轮有哪几种方法？特点是什么？

4.2　用蜗杆滚刀切削直齿或螺旋齿圆柱齿轮时，机床要具备哪些运动？

4.3　Y3150E 型滚齿机有哪几条传动链？各传动链两端件的运动关系是什么？哪条是内联系传动链？

4.4　用 Y3150E 型滚齿机加工螺旋齿圆柱齿轮时，根据哪些条件确定展成运动工件的旋转方向和附加运动工件的旋转方向？

4.5　安装挂轮后开车发现，展成运动工件的旋转方向或附加运动工件的旋转方向不符合要求，应如何解决？

4.6　滚切齿轮时，滚刀刀架为什么要搬动一定的角度？如何确定搬动角度的大小和方向？

4.7　滚切齿轮时，滚刀窜刀的目的是什么？

4.8　运动合成机构中，两个离合器 M_1 和 M_2 的作用是什么？

4.9　在加工螺旋齿圆柱齿轮时，分几次走刀，每次走刀后，刀架如何返回？为什么？

4.10　用同一组附加运动的挂轮，加工一对相互啮合的螺旋齿圆柱齿轮，在确定附加运动的挂轮时，存在较大的传动比误差，加工后的这对齿轮能否使用？为什么？

4.11　用 Y3150E 型滚齿机加工 $m_n=3$mm、$Z=58$、$\beta=16°28'$ 的右旋螺旋齿圆柱齿轮，滚刀的参数为：右旋滚刀、直径 $\phi90$、$\lambda=3°32'$、$m_n=3$mm、$k=1$，切削用量为：$v=22$m/min、$f=0.63$mm/r，试作各传动链的调整计算，并确定展成运动、附加运动的旋向和滚刀刀架搬动角度的大小及方向。

第5章

其他类型机床

本章概述

在机械制造和修理部门还广泛应用着其他一些类型的机床，以实现不同零件和不同形面的加工。本章介绍了生产中常用的其他几种机床，如磨床、钻床、镗床、刨床等，并对较典型的部件结构进行了讲解，以便工作中能做到合理选用、正确使用这些机床。

知识目标

1. 掌握磨床的工作原理、加工特点、工艺范围。
2. 了解磨床的传动系统。
3. 掌握钻床、镗床、刨床的工作原理、加工特点、工艺范围。
4. 了解插床、拉床的加工特点、工艺范围。

能力目标

会钻床、牛头刨床的操作。

5.1 磨 床

磨床是用磨料磨具（砂轮、砂带、油石、研磨剂）为工具进行切削加工的机床。它主要用于各种零件特别是淬硬零件的精加工。随着磨料磨具和高效磨削工艺（如高速磨削、强力磨削等）的发展，以及磨床结构性能的不断改进，磨床的应用已从精加工逐步扩展到粗加工领域。

由于磨削加工的表面和磨削工艺方法多样性，如内外圆柱面和圆锥面、平面、齿轮齿面、螺旋面及各种成型面，所以磨床的种类很多，应用最多的有外圆磨床、内圆磨床、平面磨床、工具磨床、刀具刃具等。

5.1.1 外圆磨床

1. M1432A 型万能外圆磨床

（1）万能外圆磨床的组成部件

M1432A 型万能外圆磨床主要用于磨削内外圆柱面、内外圆锥面、阶梯轴的轴肩，以及端面和简单的成形回转体表面等。它属于普通精度等级的机床，磨削加工精度可达 IT6～IT7 级，表面粗糙度 R_a 在 0.08～1.25μm 之间。这种磨床万能性强，但磨削效率不高，自动化程度较低，适用于工具车间、维修车间和单件小批生产类型。

图 5-1 是 M1432A 型万能外圆磨床的外形图，其主要部件如下所述。

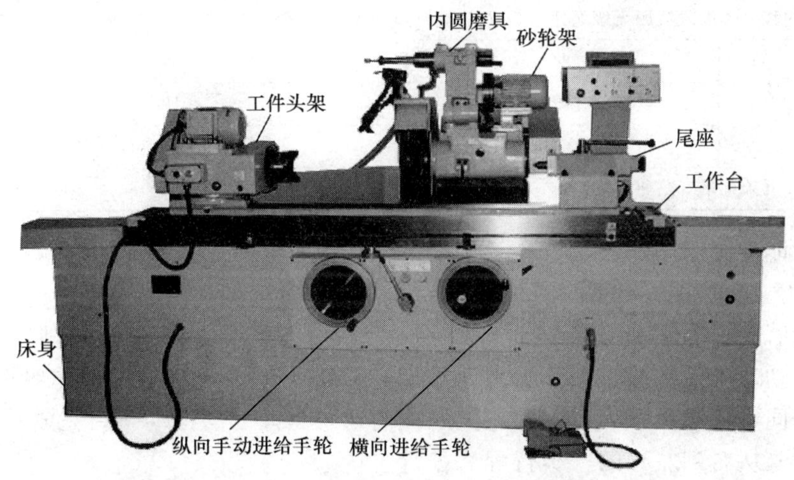

图 5-1 M1432A 型万能外圆磨床

1）床身。床身是磨床的基础支承件，用于支承机床的各部件。

2）头架。头架用于装夹工件并带动工件转动。当头架体逆时针回转一定的角度时，可磨削锥度大的短圆锥面。

3）砂轮架。砂轮架用于支承并传动砂轮主轴高速旋转。砂轮架安装在床身后部导

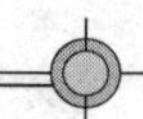

轨的滑鞍上，可绕垂直轴线回转±30°的角度，用于磨削短圆锥面。

4）内圆磨具。内圆磨具用于支承磨内孔的砂轮主轴。内圆磨具主轴由单独的内圆砂轮电动机驱动。

5）尾座。尾座上的后顶尖和头架前顶尖一起，用于支承工件。

6）工作台。工作台用于支承头架和尾座，沿床身导轨作纵向往复运动。工作台分上下两层。上工作台可绕下工作台的芯轴在水平面内偏转±10°的角度，用以磨削锥度较小的长圆锥面。

转动床身前面的横向进给手轮，通过横向进给机构带动滑鞍及砂轮架作横向移动，也可利用液压装置，使滑鞍及砂轮架作快速进退或周期性自动切入进给。

（2）机床的主要技术性能（表5-1）

表5-1　机床主要技术性能

项目		技术性能
外圆磨削直径/mm		8～320
外圆最大磨削长度（共三种规格）/mm		1000，1500，2000
内孔磨削直径/mm		30～100
内孔最大磨削长度/mm		125
磨削工件最大重量/kg		150
砂轮尺寸，转速/(r/min)		$\phi400\times50\times\phi203$，1670
头架主轴转速/(r/min)		25、50、80、112、160、224
内圆砂轮转速/(r/min)		10 000，15 000
工作台纵向移动速度（液压无级调速）/(m/min)		0.05～4
机床外形尺寸（三种规格）	长度/mm	3200，4200，5200
	宽度/mm	1800～1500
	高度/mm	1420
机床重量（三种规格）/kg		3200，4500，5800

（3）万能外圆磨床的加工方法及运动

1）加工方法。图5-2是万能外圆磨床几种典型表面的加工示意图。

纵磨法磨削长外圆和长圆锥面，如图5-2（a）、(b）所示。外圆磨削时，砂轮高速旋转为主运动，工件支撑于两顶尖之间作旋转运动，工作台带动工件作纵向往复运动，上述运动共同形成圆柱形表面。砂轮架的横向切入是间歇的运动，在完成一次往复运动或从左到右（从右到左）的一次行程后进行。

磨削长圆锥面和磨外圆时一样，所不同的是将工作台调至一定的角度位置。这时工件的回转中心线与工作台纵向进给方向不平行，所以磨削出来的表面是圆锥面。

切入法磨削短圆锥面和短圆柱面。如图5-2（c）所示，将砂轮调整至一定的角度位置，工件不作往复运动，但砂轮要作连续的横向切入进给运动。砂轮架不调整角度时可磨削短圆柱面。这种方法仅适合磨削加工面长度小于砂轮宽度的工件。

用内圆磨具磨削内锥孔和内圆柱面。如图5-2（d）所示，将头架调整至一定的角度，工件装夹在卡盘上作旋转运动，内圆砂轮作高速旋转运动，工作台作纵向往复运动实现内锥孔磨削。头架不调整角度便可磨削内圆柱面。

2）机床的运动。从上述四种典型表面加工的分析中可知，机床应具有下列运动。

主运动：磨外圆砂轮的旋转运动 n_t；磨内孔砂轮的旋转运动 n_t；主运动由两个电动机分别驱动，并设有互锁装置。

进给运动：工件旋转的圆周进给运动 n_w；往复纵磨时的工件纵向往复运动 f_a；切入式磨削时砂轮的横向进给运动 f_r。

辅助运动：包括砂轮架快速进退（液压）、工作台手动移动及尾座套筒的退回（手动或液动）等。

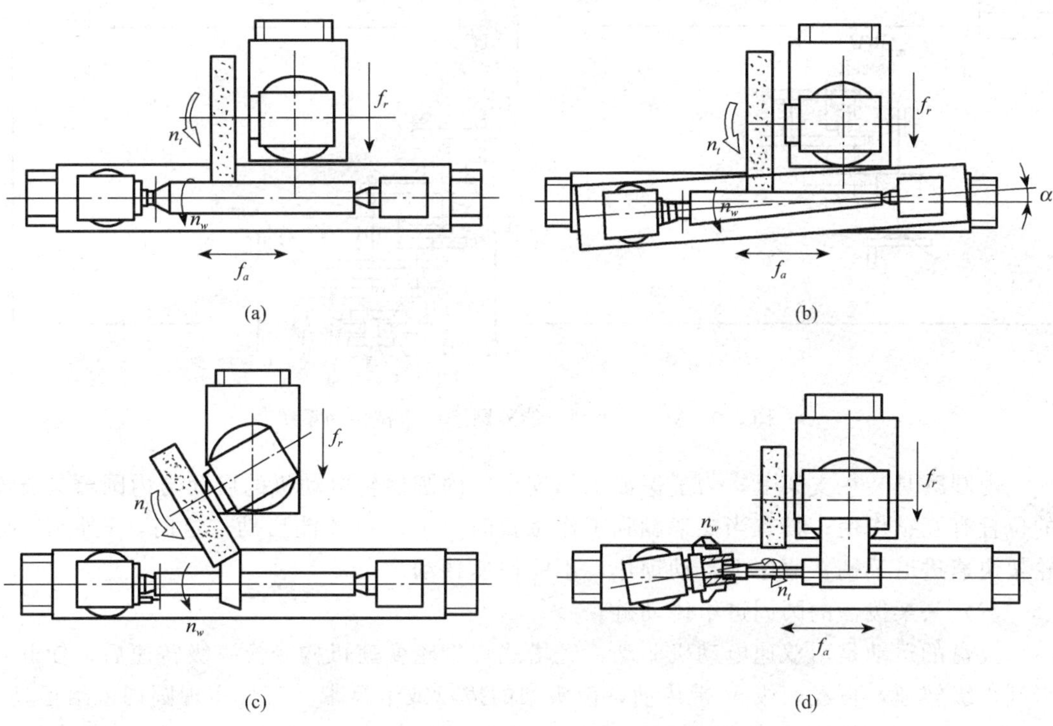

图 5-2　万能外圆磨床典型加工示意图

2. M1432A 型万能外圆磨床的机械传动系统

M1432A 型万能外圆磨床的工作运动，是由机械和液压联合传动的。在该机床中，除了工作台的纵向往复运动，砂轮架的快速进退和周期自动切入进给，尾座顶尖套筒的缩回是液压传动外，其余运动都是由机械传动的。图 5-3 是 M1432A 型万能外圆磨床的传动系统。

（1）主运动传动链

外圆砂轮主轴的运动是由主电动机经 4 根 V 形带直接传动的。传动比为 $\phi 126/\phi 112$，砂轮主轴的转速可达 1670r/min。

内圆磨具的砂轮主轴由内圆磨具上的电动机经平皮带直接传动。更换平带轮可使内圆砂轮主轴得到两种转速。

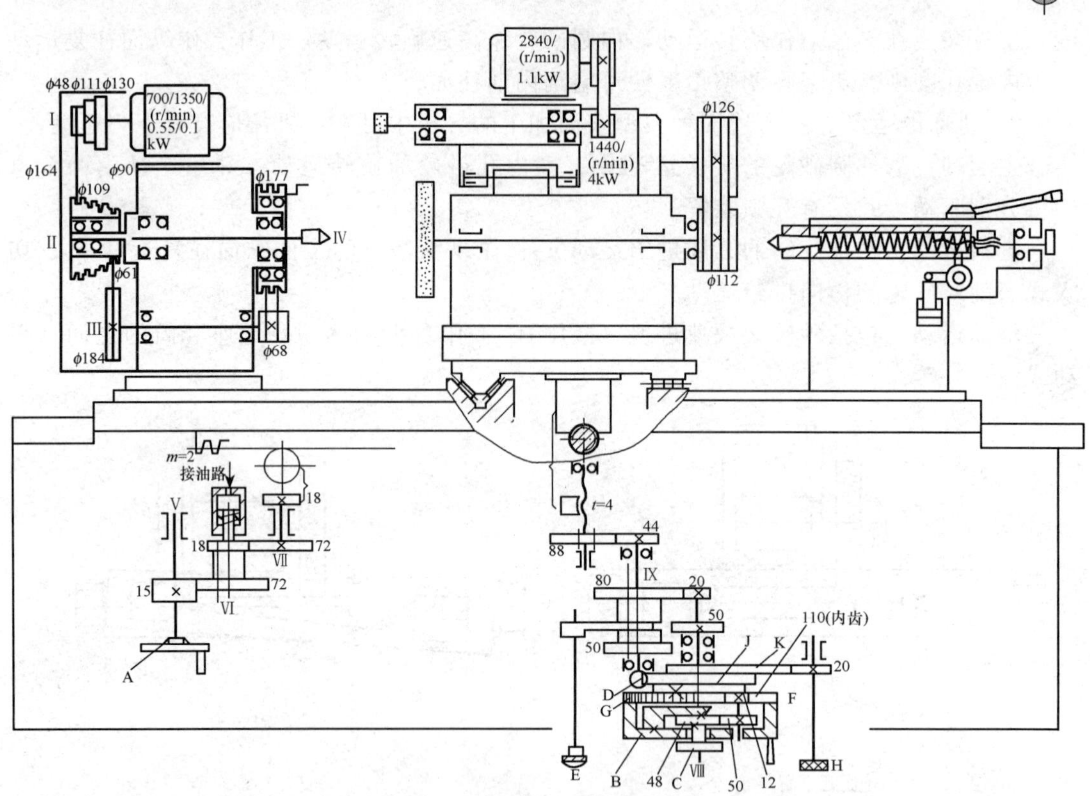

图 5-3 M1432A 型万能外圆磨床机械传动系统

内圆磨具装在支架上，为了保证工作安全，内圆砂轮电动机的启动与内圆磨具支架的位置有互锁作用；只有当支架翻到工作位置时，电动机才能启动。这时，（外圆）砂轮架快速进退手柄在原位上自动锁住，不能快速移动。

（2）头架拨盘的圆周进给传动链

拨盘的运动是由双速电动机驱动，经塔式皮带轮变速机构变换三级转速后，使Ⅱ轴得到六级转速，再经两级 V 带传动，使头架的拨盘或卡盘带动工件实现圆周进给运动。

（3）工作台的手动驱动

调整机床或磨削阶梯轴的台阶时，工作台可由手轮 A，经两级齿轮传动和齿轮齿条传动使工作台移动。

为了避免工作台纵向运动时带动手轮 A 快速转动碰伤操作者，采用了互锁油缸。手动时，互锁油缸上腔通油池，在油缸内的弹簧作用下，使齿轮副 18/72 啮合，转动手轮 A，便可实现工作台手动纵向直线移动。采用液压传动时，互锁油缸上腔通压力油，活塞压缩弹簧推动轴Ⅵ上的双联齿轮移动，使齿轮 Z_{18} 与 Z_{72} 脱开。手轮 A 不转动。

（4）砂轮架的横向进给运动

横向进给运动，可摇动手轮 B 来实现，也可由进给液压缸的柱塞 G 驱动，实现周期的自动进给。传动路线表达式为

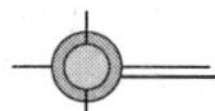

$$\left.\begin{matrix}\text{手轮 B（手动进给）}\\ \text{进给油缸柱塞 G}\\ \text{（自动进给）}\end{matrix}\right| - \text{Ⅷ} - \left|\begin{matrix}\frac{50}{50}\\ \frac{20}{80}\end{matrix}\right| - \text{Ⅸ} - \frac{44}{88} - \text{横向进给丝杠}（L=4\text{mm}）$$

横向手动进给分粗进给和细进给。粗进给时，将手柄 E 向前推，转动手轮 B 经齿轮副 50/50 和 44/88、丝杠使砂轮架作横向粗进给运动。手轮 B 转 1 转，砂轮架横向移动 2mm，手轮 B 的刻度盘 D 上分为 200 格，则每格的进给量为 0.01mm。细进给时，将手柄 E 拉到图 5-3 所示位置，经齿轮副 20/80 和 44/88 啮合传动，则砂轮架作横向细进给，手轮 B 转 1 转，砂轮架横向移动 0.5mm，刻度盘上每格进给量为 0.0025mm。

成批磨削时，通常在试磨第一个工件达到要求的直径后，调整刻度盘上挡块 F 的位置，使它在横进给磨削至所需直径时，正好与固定在床身前罩上的定位块相碰，如图 5-4所示。因此，磨削后续工件时，每当挡块 F 碰到定位块 E 上时，就停止进给（或液压自动停止进给），即可达到所需的磨削直径，上述过程就叫定程磨削。利用定程磨削可减少测量工件直径尺寸的次数，提高生产效率。

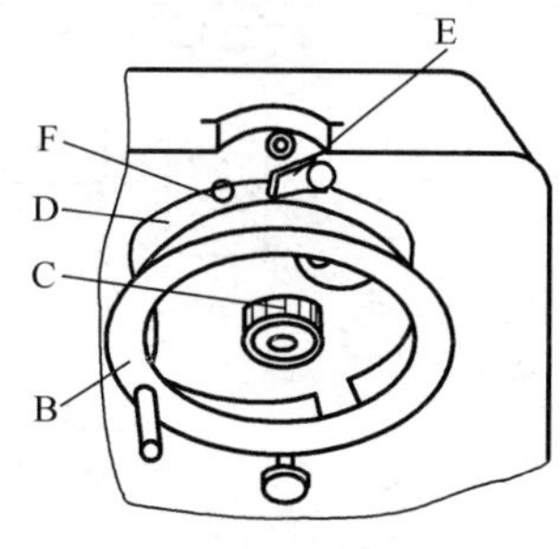

图 5-4 手动刻度的调整

B. 手柄；C. 按钮；D. 刻度盘；E. 定位块；F. 挡块

当砂轮磨损或修正后，由挡块 F 控制的工件直径就会变大，这时，必须调整砂轮架的行程终点位置，也就是调整刻度盘 D 上挡块 F 的位置。其调整的方法：如图 5-3 所示，拔出旋钮 C，使它与手轮 B 上的销子脱开，顺时针方向转动旋钮 C，经齿轮副 48/50 带动齿轮 Z_{12} 旋转，Z_{12} 与刻度盘 D 的内齿轮 Z_{110} 相啮合，于是使刻度盘 D 逆时针方向转动。刻度盘 D 应转过的格数，根据砂轮直径减小所引起的工件尺寸变化量确定。调整妥当后，将旋钮 C 的销孔推入手轮 B 的销子上，使旋钮 C 和手轮 B 成一整体。

由于旋钮 C 上周向均布 21 个销孔，而手轮 B 每转一转的横向进给量为 2mm 或 0.5mm。因此，旋钮每转过一个孔距，砂轮架的附加横向进给量为 0.01mm 或 0.0025mm。

3. M1432A 型万能外圆磨床的主要部件

（1）砂轮架

砂轮架由壳体、砂轮主轴、轴承和传动装置组成，用于支承砂轮主轴并传动砂轮主轴高速旋转，砂轮主轴及其支承结构将直接影响工件的加工精度和表面粗糙度。因此对磨床主轴的旋转精度、刚度和抗振性有更高的要求。

如图 5-5 所示，安装砂轮的压盘 1 通过主轴前端的锥体定心，用螺母压紧，以保证砂轮的定心精度。V 形带轮 13 用主轴后端的锥体定心，并用螺母紧固。

主轴的径向支承由两个短三瓦调位动压轴承来支承，轴向由止推环 8 和推力球轴承 10 作轴向定位，并承受左右两个方向的轴向力。推力球轴承的间隙由装在皮带轮内的六根弹簧 11 通过销子 14 自动消除。由于自动消除间隙的弹簧 11 的力量不可能很大，所以推力球轴承只能承受较小的向左的轴向力。因此，本机床只适宜用砂轮的左端面磨削工件的台肩端面。

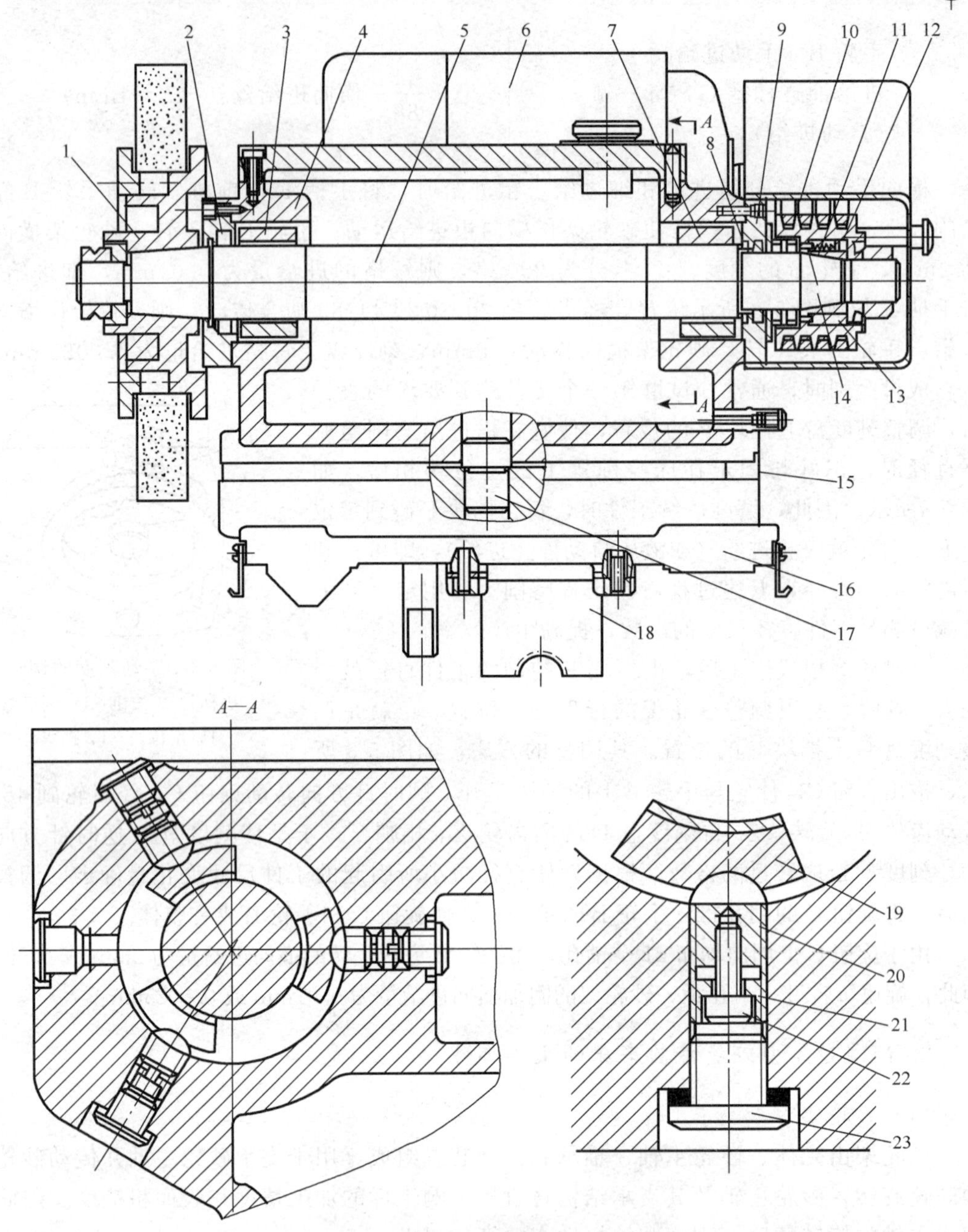

图 5-5 M1432A 型外圆磨床砂轮架结构

1. 压盘；2、9. 轴承盖；3、7. 动压滑动轴承；4. 壳体；5. 砂轮主轴；6. 主电动机；8. 止推环；10. 推力轴承；11. 弹簧；12. 调节螺钉；13. 带轮；14. 销子；15. 刻度盘；16. 滑鞍；17. 定位轴销；18. 半螺母；19. 扇形轴瓦；20. 球头螺钉；21. 螺套；22. 锁紧螺钉；23. 封口螺钉

短三瓦调位动压轴承由三块均布在主轴轴颈周围，包角约为60°的扇形轴瓦 19 组成。每块轴瓦上都由可调节的球头螺钉 20 支承。而球头螺钉的球面与轴瓦的球面经过配研，能保证有良好的接触刚度，并使轴瓦能灵活地绕球头螺钉自由摆动。螺钉的球头

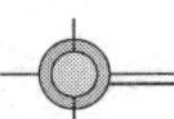

(支承点）位置在轴向处于轴瓦的正中，而在周向则偏离中间一些距离。这样，当主轴旋转时，三块轴瓦各自在螺钉的球头上自由摆动到一定平衡位置，其内表面与主轴轴颈间形成楔形缝隙，于是在轴颈周围产生三个独立的压力油膜，使主轴悬浮在三块轴瓦的中间，形成液体摩擦作用，以保证主轴有高的精度保持性。当砂轮主轴受磨削载荷而产生向某一轴瓦偏移时，这一轴瓦的楔缝变小，油膜压力升高；而在另一方向的轴瓦的楔缝变大，油膜压力减小，这样，砂轮主轴就能自动调节到原中心位置，保持主轴有高的旋转精度。轴承间隙用球头螺钉 20 进行调整，调整时，先卸下封口螺钉 23，锁紧螺钉 22 和螺套 21，然后转动球头螺钉 20，使轴瓦与轴颈间的间隙合适为止（一般情况下，其间隙为 0.01～0.02mm)。一般只调整最下面的一块轴瓦即可。调整好后，必须重新用螺套 21，螺钉 22 将球头螺钉 20 锁紧在壳体 4 的螺孔中，以保证支承刚度。

砂轮的壳体 4 固定在滑鞍 16 上，利用滑鞍下面的导轨与床身后部的横向导轨配合，并通过横向进给机构，使砂轮作横向进给运动或快速向前或向后移动。壳体 4 可绕轴销 17 回转一定角度，以磨削锥度大的短锥体。

(2) 内圆磨具及其支架

图 5-6 为内圆磨具的主轴部件结构。

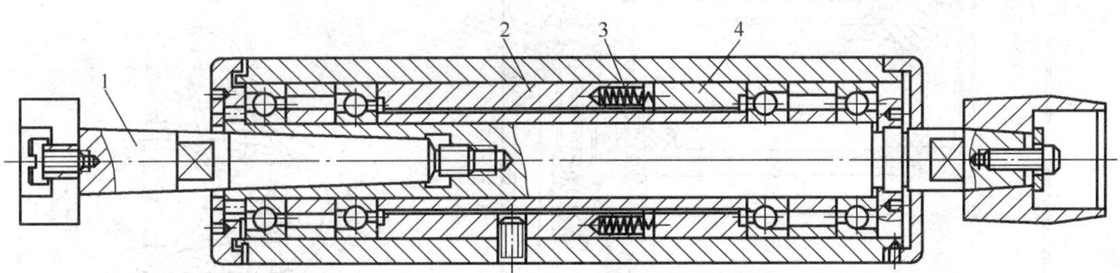

图 5-6　内圆磨具

1. 接长轴；2、4. 套筒 .3. 弹簧

由于内圆磨削时的砂轮直径较小，所以内圆磨具主轴应具有很高的转速，因此要求高转速下运动平稳，并应具有足够的刚度和寿命。内圆磨具主轴由平带传动。主轴前、后支承各用两个 D 级精度的角接触球轴承，均匀分布的 8 个弹簧 3 的作用力通过套筒 2、4 顶紧轴承外圈。当轴承磨损产生间隙或主轴受热膨胀时，由弹簧自动补偿调整，从而保证了主轴轴承刚度和稳定的预紧力。

主轴的前端有一莫氏锥孔，可根据磨削孔深度的不同安装不同的内磨接长轴 1；后端有一外锥体，以安装平带轮。

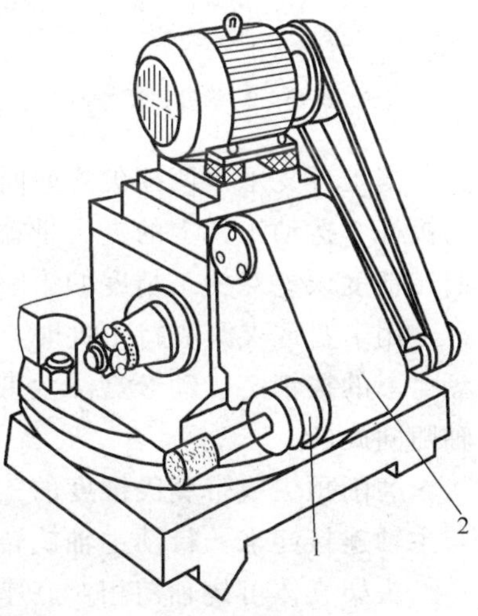

图 5-7　内圆磨具

1. 内圆磨具；2. 支架

图 5-7 为内圆磨具装在支架中的情况。内圆磨具装在支架的孔中，如果不磨削内圆时，拆下皮带，将内圆磨具支架 2 翻向上方，内圆磨具主轴的轴承用锂

基润滑脂润滑。

(3) 头架

头架用于装夹工件并带动工件旋转，实现圆周进给运动。图 5-8 是头架结构。头架主轴根据工件不同的装夹情况，可以转动或固定不动。

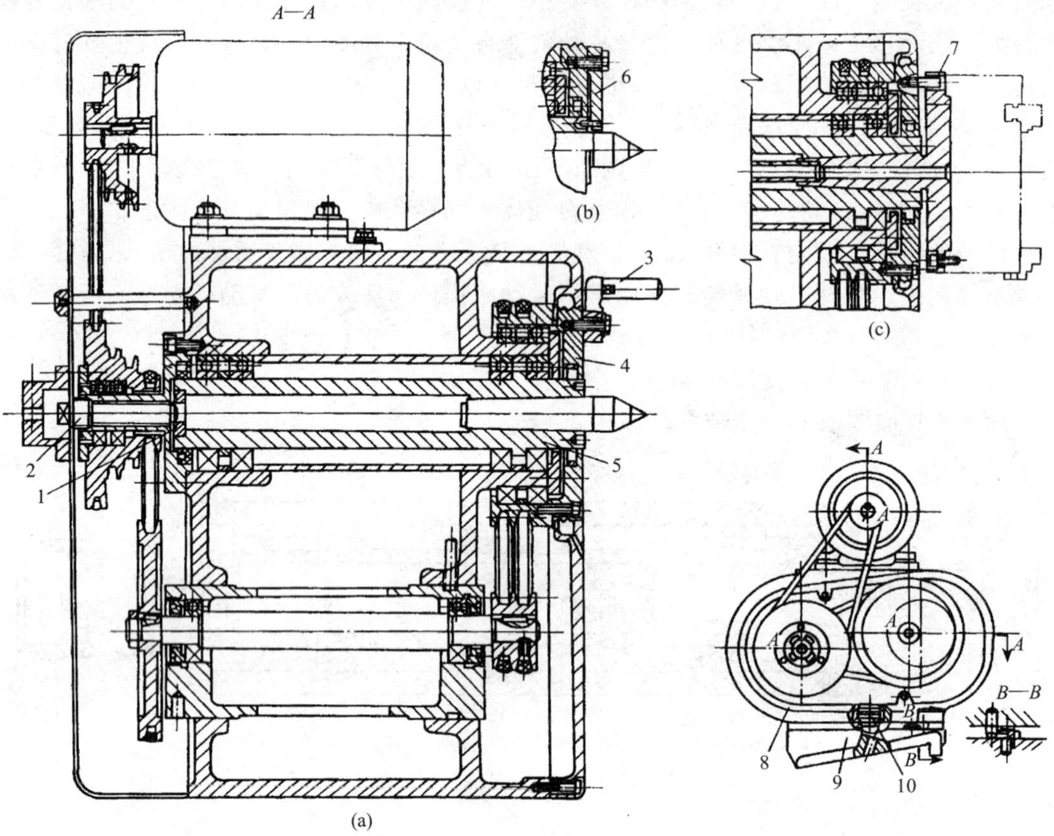

图 5-8 头架

1. 螺套；2. 螺钉；3. 拨杆；4. 拨盘；5. 主轴；6. 拨块；7. 拨销；8. 壳体；9. 底座；10. 轴销

当工件支承于两顶尖之间时，需要主轴固定不转，用螺钉 2 将主轴压紧。拨盘 4 上的拨杆 3 拨动工件上的夹头带动工件旋转。这样工件在固定顶尖上旋转，避免了主轴的回转精度误差对加工精度的影响，有利于提高加工精度。

用卡盘或夹具夹持工件时，就需要主轴旋转，此时要松开螺钉 2。工件的转动由拨盘 4 上的拨销 7 拨动卡盘法兰带动卡盘旋转。由于卡盘法兰的锥柄插在主轴锥孔中，主轴随同旋转。

磨削顶尖或带莫氏锥度的工件时，可直接将其插入主轴锥孔中，用拨块 6 将拨盘 4 与主轴连接起来，带动主轴旋转。

头架壳体可绕轴销相对底座逆时针回转 0～90°，以磨削锥度较大的短锥体。

4. 普通外圆磨床

普通外圆磨床外形和结构与万能外圆磨床相似，其区别是普通外圆磨床不带内圆磨具，不能磨削内表面；头架主轴不能转动，不带卡盘；砂轮架和头架不能调整角度，不能磨削锥度较大的圆锥面。因此，普通外圆磨床的工艺范围较窄，但是由于结构层次减少，机床的刚性得到提高，有利于提高生产率和保证加工精度、表面粗糙度。适用于成批生产中的轴类零件磨削。

5. 无心外圆磨床

(1) 无心外圆磨床工作原理

无心外圆磨床及加工原理见图 5-9。在无心外圆磨床上加工工件，不用顶尖定心和支承，而由工件的被磨削外圆面本身作定位面。工件 2 放在磨削砂轮 1 和导轮 3 之间，由托板 4 和导轮 3 支承。导轮 3 是树脂或橡胶为粘接剂砂轮，它与工件之间的摩擦系数较大，所以工件由导轮的摩擦力带动作圆周进给。导轮的线速度通常在 10～50m/min 左右，工件的线速度基本上等于导轮的线速度。磨削砂轮就是一般的砂轮，线速度很高。所以磨削砂轮与工件之间形成很大的速度差，产生磨削作用。改变导轮的转速，便可调节工件的圆周进给速度。

图 5-9　无心外圆磨床及加工示意图

1. 磨削砂轮；2. 工件；3. 导轮；4. 托板

无心磨削时，必须使工件的中心高于磨削轮和导轮的中心，工件才能磨圆。当高出量过大时，工件将在磨削区内产生跳动，使工件表面出现斑点；当高出量过小时，工件的原始形状误差不易消除。一般高出量要有一个合理值，该值可参考磨削手册确定。

(2) 磨削方法

如图 5-10 所示，无心磨床有两种磨削方式。

1) 贯穿磨削法（纵磨法）。如图 5-10（a）所示，贯穿磨削时，应调整导轮轴线在垂直平面内倾斜 α 角。将工件从机床前面放到托板上，推入磨削区域后，工件旋转，同时又轴向贯穿移动，最后至后导板经送料槽输入工件盒中。这时另一工件进入磨削区，这样就可以一件接一件地连续加工。

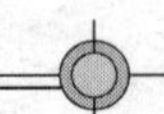

2）切入磨削法（横磨法）。如图 5-10（b）所示，切入磨削时，工件不穿过磨削区，它一面旋转，一面向磨削轮径向方向连续进给，直到磨去全部余量为止；然后导轮后退，取出工件。切入磨削时，导轮的轴心线仅倾斜很小角度（约 30′），对工件有微小的轴向推力，使它靠住挡块 4，得到可靠的轴向定位。切入磨削法适用于磨削具有阶梯或成形回转表面的工件。如果配备自动装卸机构，往往就能实现全自动循环。

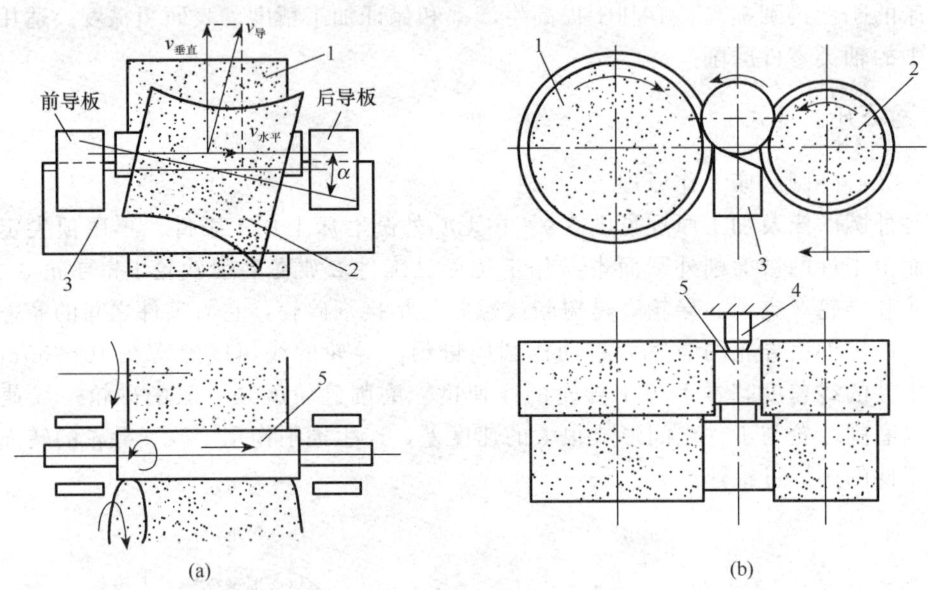

图 5-10 无心磨床加工方法示意图

1. 磨削砂轮；2. 导轮；3. 托板；4. 挡块；5. 工件

在无心外圆磨床上磨削外圆表面，工件不用打中心孔，装卸简单省时，工件支承刚度好；加工余量分配均匀，可采用较小的加工余量和较大的切削用量进行磨削；用贯穿法磨削时，加工过程可连续不断进行，故生产率较高，但机床调整费时，只适用于成批及大量生产。又因工件的支承与传动特点，只能用来加工尺寸较小、形状比较简单的零件。此外，无心磨床不能磨削不连续的外圆表面，如带有键槽、小平面等表面；也不能保证被加工面与其他表面间的相互位置精度。

5.1.2 内圆磨床

内圆磨床用于加工工件的圆柱形、圆锥形的内孔表面及其端面。内圆磨床分为普通内圆磨床、行星内圆磨床及无心内圆磨床。

1. 普通内圆磨床

普通内圆磨床有两种，图 5-11 所示的是头架安装在工作台上，工作台带动头架沿床身导轨作纵向往复运动，装在头架主轴上的卡盘夹持工件作圆周进给运动。砂轮架安装在右端的横向溜板上做主运动和横向切入运动。头架还可绕竖直轴转至一定角度以磨削锥孔。

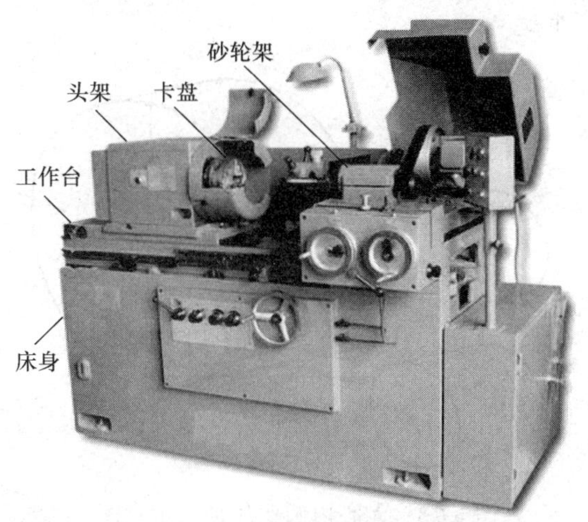

图 5-11　普通内圆磨床

另一种是砂轮架安装在工作台上，随工作台作纵向往复运动。

2. 行星内圆磨床

行星内圆磨床工作时，工件固定不动，砂轮除绕本身轴线高速旋转完成主运动外，还绕被加工孔的轴线缓慢回转，实现圆周进给，工件或砂轮架纵向移动，以磨削孔的全长，如图 5-12 所示。

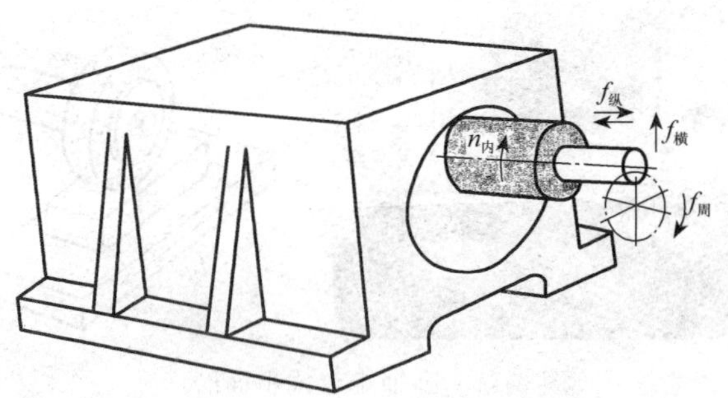

图 5-12　行星内圆磨床加工示意图

行星内圆磨床有卧式和立式两类，它适于磨削大型工件或不宜旋转的工件内孔，如箱体类零件的孔、大型内燃机连杆上的孔等，还可以磨削类似零件的外圆柱凸台。

3. 无心内圆磨床

无心内圆磨床的工作原理如图 5-13 所示。工作时工件外圆支承在滚轮和导轮上，压紧轮使工件紧靠导轮，由导轮带动旋转，实现圆周进给运动。砂轮主轴旋转并轴向移动，实现主运动和纵向进给运动。加工结束时，压紧轮按箭头 A 的方向转开，以便装卸工件。

无心内圆磨床还可以磨削内锥孔。它主要应用于大批量生产中，磨削工件外圆经过

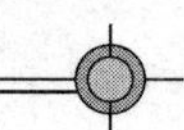

精加工的薄壁套筒类零件。

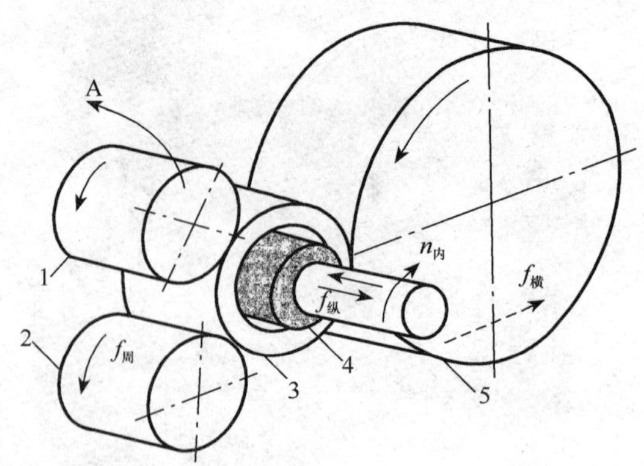

图 5-13 无心内圆磨床加工示意图

1. 压紧轮；2. 滚轮；3. 工件；4. 砂轮；5. 导轮

5.1.3 平面磨床

平面磨床用于磨削各种零件的平面。根据砂轮工作面和工作台形状的不同，平面磨床可分为四类：卧轴矩台式平面磨床（图 5-14）、卧轴圆台式平面磨床（图 5-15）、立轴矩台式平面磨床（图 5-16）及立轴圆台式平面磨床（图 5-17）。

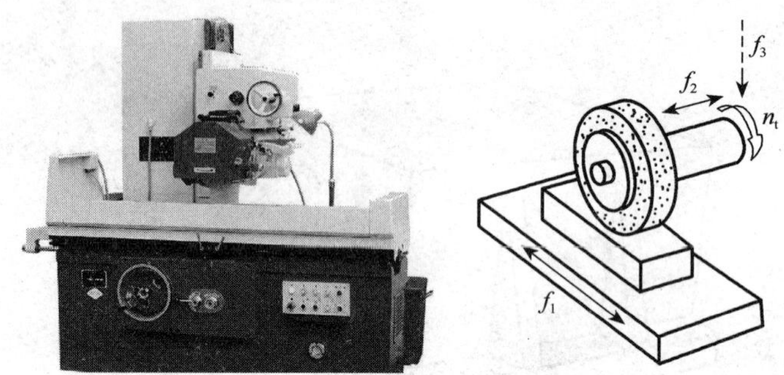

图 5-14 卧轴矩台式平面磨床

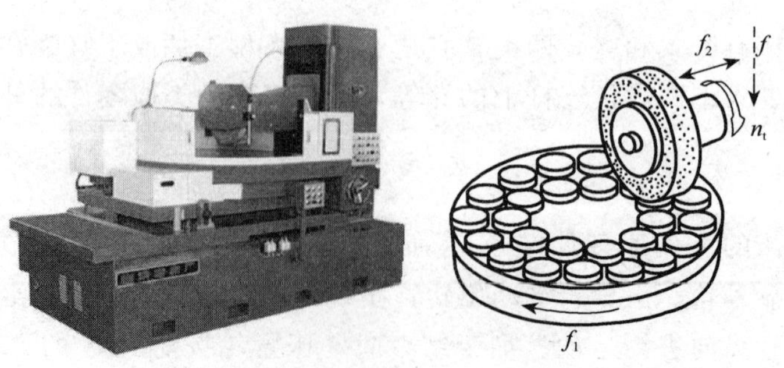

图 5-15 卧轴圆台式平面磨床

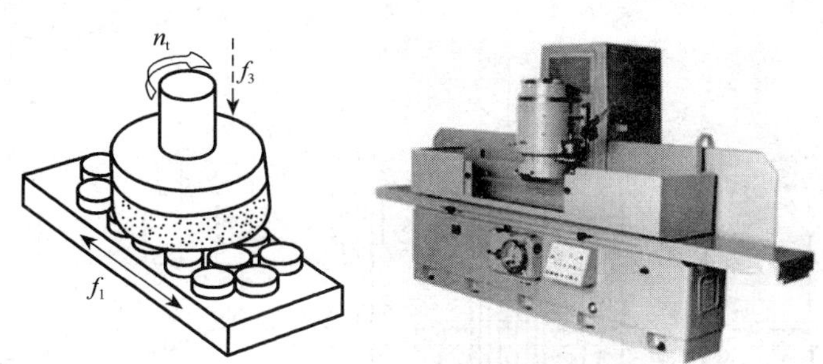

图 5-16 立轴矩台式平面磨床

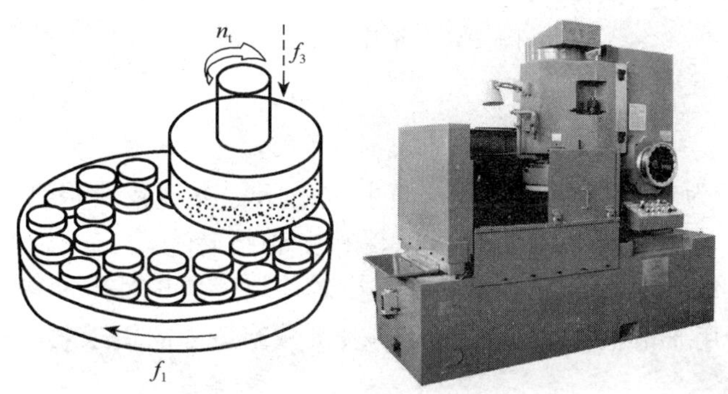

图 5-17 立轴圆台式平面磨床

在上述四种平面磨床中，用砂轮周边磨削的平面磨床与用砂轮端面磨削的平面磨床相比，砂轮与工件接触面积小，发热量少，冷却和排屑条件好，可获得较高的加工精度和较细的表面粗糙度。但端面磨削砂轮与工件接触面积较大，生产率较高，适合于粗磨。圆台平面磨床与矩台平面磨床相比，由于圆台式是连续进给，其生产率较高。圆台式只适用于磨削小零件和大直径的环形零件端面，不能磨削长零件；而矩台式可方便磨削各种常用零件，包括直径小于矩台宽度的环形零件。

在机械制造行业中，用得较多的是卧轴矩台式平面磨床和立轴圆台式平面磨床。

5.2 钻 床

钻床属于孔加工机床，加工过程中工件不动，钻头旋转并作轴向移动，因此适合于工件形状复杂，没有对称回转轴线的实心工件上钻孔加工。此外利用扩孔钻、铰刀、锪钻、丝锥还可以完成扩孔、铰孔、锪孔、攻丝等工作，如图 5-18 所示。若配备上工艺装备时，还可以进行镗孔。钻床结构简单，加工精度相对较低。

钻床的主要类型有台式钻床、立式钻床、摇臂钻床和专门化钻床（如深孔钻床、中心钻床等）。

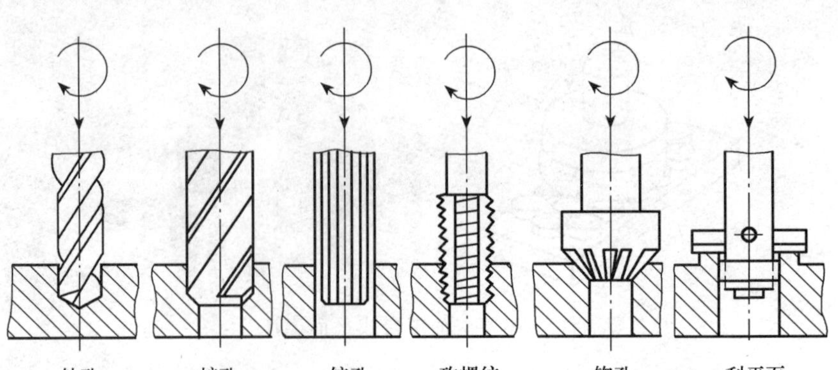

图 5-18 钻床的加工方法

5.2.1 台式钻床

如图 5-19 所示为钻孔直径≤16mm 的小型钻床。主轴转速很高，其变速是通过改变三角带在塔形带轮上的位置来实现，以保持主轴运转平稳。主轴与工作台面保持垂直。进给运动为手动。主轴箱可沿立柱调整位置，以适应工件不同高度。

台式钻床主要用于电器、仪表工业及一般机械制造中的钳工装配与修配工作中。

5.2.2 立式钻床

如图 5-20 所示为立式钻床。主轴箱支承主轴部件，并布置有主运动、进给运动的

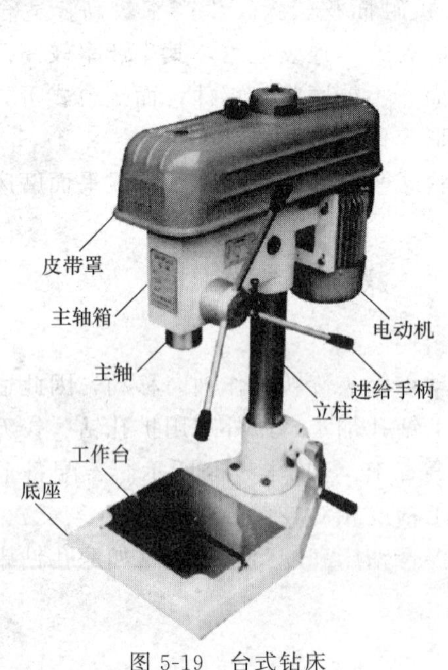

图 5-19 台式钻床

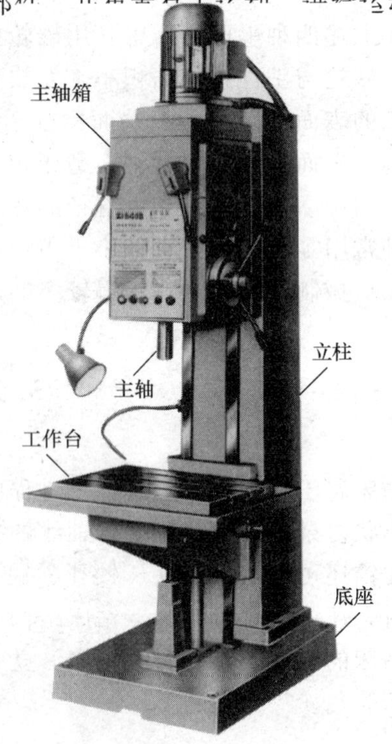

图 5-20 立式钻床

变速装置和操纵机构，主轴旋转通过电动机经齿轮分级变速机构传动，旋转方向由电机正反转实现。进给运动用过主轴箱内的进给变速机构带动主轴套筒作直线移动。进给箱右侧的操纵手柄，可使主轴与电机接通或断开，也可实现手动进给或主轴快速升降。进给操纵机构具有定程切削装置，可使钻头钻至预定深度时，停止机动进给，或攻完丝后，使丝锥自动反转退出。工作台和进给箱均可沿立柱方形导轨上下移动，调整位置，以适应工件不同高度。

因为主轴在水平面的位置不变，所以在加工时，为使主轴轴线与被加工孔中心线重合，必须移动工件。因此，立式钻床适用于中、小型工件的加工，且加工孔数不易过多。

5.2.3　摇臂钻床

1. 摇臂钻床的组成与运动

图 5-21 为摇臂钻床。立柱为双层结构，内立柱安装于底座上，外立柱套装在内立柱上，可带动摇臂绕内立柱轴线摆动，同时摇臂在升降丝杠的作用下，沿外立柱轴向上下移动，安装在摇臂上的主轴箱可沿摇臂水平导轨移动。这样可以在工件固定不动的情况下，将主轴调整到加工范围内的任意位置，便于大型和多孔工件的加工。当主轴根据加工部位调整定位后，通过液压夹紧机构，将内立柱与外立柱、外立柱与摇臂、摇臂与主轴箱之间夹紧，以保证在加工时各部件位置不变。

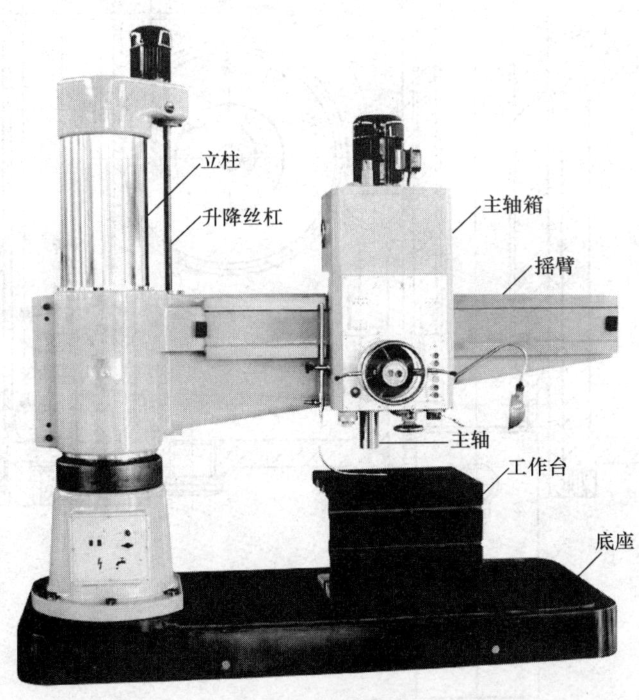

图 5-21　摇臂钻床

工件装夹在工作台上，大型工件还可直接装夹在底座上。

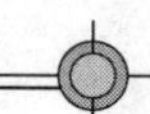

摇臂钻床的工作运动有主轴的旋转运动和主轴的轴向进给运动，辅助运动有主轴箱沿摇臂的水平移动、摇臂的升降运动和摇臂的回转运动。

2. 摇臂钻床的主轴部件

钻床主轴部件工作时既作旋转主运动，又作轴向进给运动，而且又立式安装。由于这些特点，使钻床主轴有别于其他主轴部件。

摇臂钻床的主轴部件如图 5-22 所示，主轴用滚动轴承支承在套筒中作旋转运动，因主轴主要受轴向力作用，而径向力不大，且旋转精度要求不太高，因此，径向支承采用一般的向心球轴承。轴向支承采用了两个推力球轴承，分别装在前后支承处。下端的推力球轴承承受切削抗力，上端的承受主轴重量。轴承间隙用上端的螺母调整。

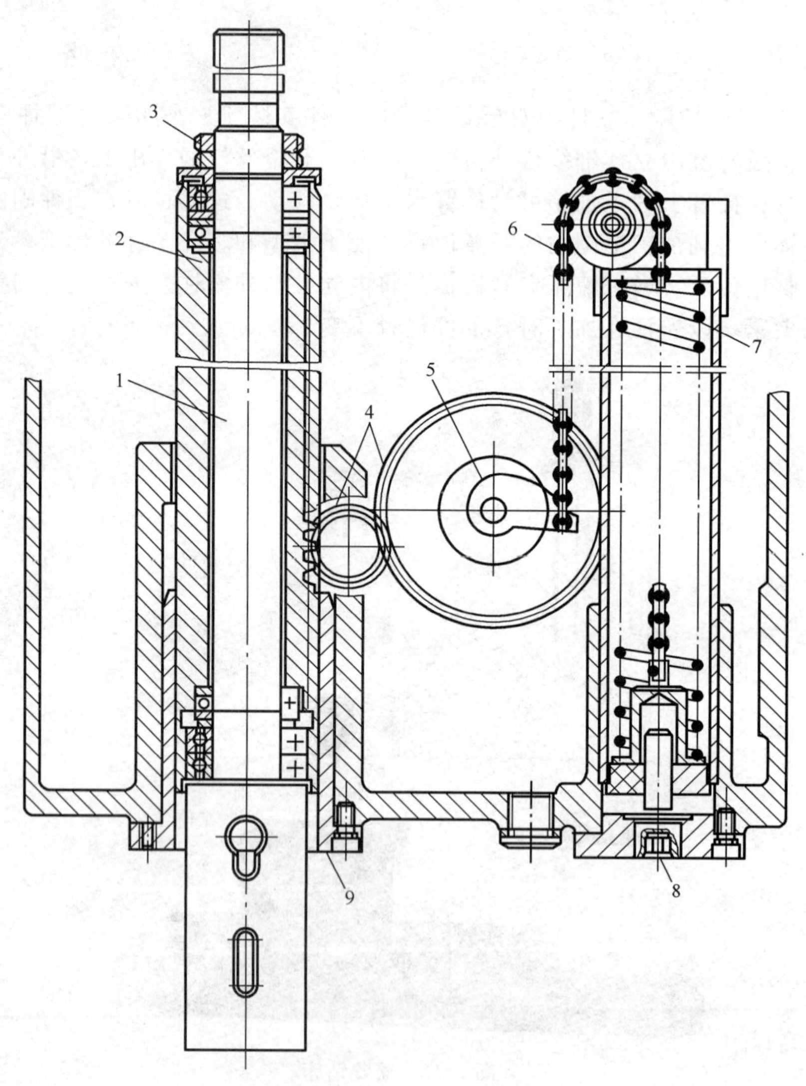

图 5-22　摇臂钻床主轴部件

1. 主轴；2. 套筒；3. 螺母；4. 齿轮；5. 凸轮；6. 链条；7. 弹簧；8. 螺钉；9. 导向套

支承主轴的套筒安装在主轴箱体上的导向套中，由齿轮齿条传动机构带动主轴作垂直进给运动。

由于钻床主轴是垂直安装，必须设置平衡机构，以防主轴因自重下落和使主轴升降轻便。图 5-22 主轴部件采用圆柱弹簧-凸轮式平衡机构。圆柱弹簧产生的弹力经链条、凸轮及齿轮作用在主轴套筒上，与主轴部件的重量相平衡。主轴部件上下移动改变弹簧的压缩量，弹簧力随之变化，由于链条连在凸轮上，凸轮曲线会改变链条拉力作用于凸轮轴的力臂大小，因此保证链条拉力对凸轮轴的转矩基本不变。使主轴在任一位置处于平衡状态。用螺钉可调节弹簧力的大小。

主轴端部有莫氏锥孔，用于刀具定心，上边的扁孔用于传递扭矩和拆卸刀具。下面的扁孔用于某些情况下固定刀具，如反刮端面时。上端的花键部分与传动齿轮连接，连接方式为卸荷式连接。

5.3 镗　床

镗床是用镗刀对工件已有的孔进行镗削加工的机床，用于加工精度要求较高的孔或孔系的加工。此外，使用不同的刀具和附件还可进行钻削、铣削、切内螺纹及加工外圆和端面等。镗床主要类型有卧式镗床、坐标镗床、金刚镗床和落地镗铣床等。

5.3.1 卧式镗床

卧式镗床是应用最多、性能最广的一种镗床，典型的加工工序如图 5-23 所示。此外，卧式镗床可在对工件一次安装中完成大部分甚至是全部的工序加工，有易于保证加工表面的尺寸精度和位置精度。对大、重型工件的加工更具有重要的意义。卧式镗床主要适用于单件小批生产和修理车间。卧式镗床镗孔的尺寸精度可达 IT7，表面粗糙度 R_a 值为 1.6～0.8μm。

如图 5-24 所示为卧式镗床。主轴箱内装有镗轴部件和平旋盘、主运动和进给运动的变速和操作机构，并可沿前立柱导轨上下移动，调整镗轴位置，以适应不同高度孔的加工。镗轴作旋转运动，又可轴向移动。平旋盘只作旋转运动，平旋盘上的径向刀具溜板随平旋盘旋转外，还可沿导轨径向移动。工作台由下滑座、上滑座和工作台组成。工作台可随下滑座沿床身导轨纵向移动，也可随上滑座在下滑座顶部导轨作横向移动，还可在上滑座的环形导轨上绕垂直轴线转动，以加工分布在不同表面上的孔。后立柱的垂直导轨上安装有后支架，用于支承长镗杆，以增加镗杆刚性。后支架可沿后立柱导轨上下移动，以保持与镗轴同轴线。后立柱的纵向位置可调整。

综上所述，卧式镗床具有下列工作运动：镗轴或平旋盘的旋转运动为主运动；进给运动根据不同的加工方式，分别有镗轴轴向移动［图 5-23（a）、(i)］、径向刀具溜板的径向移动［图 5-23（e）、(h)］、主轴箱的垂直移动［图 5-23（g)］、工作台纵向移动［图 5-23（b)、(c)、(d)、(f)］及横向移动。

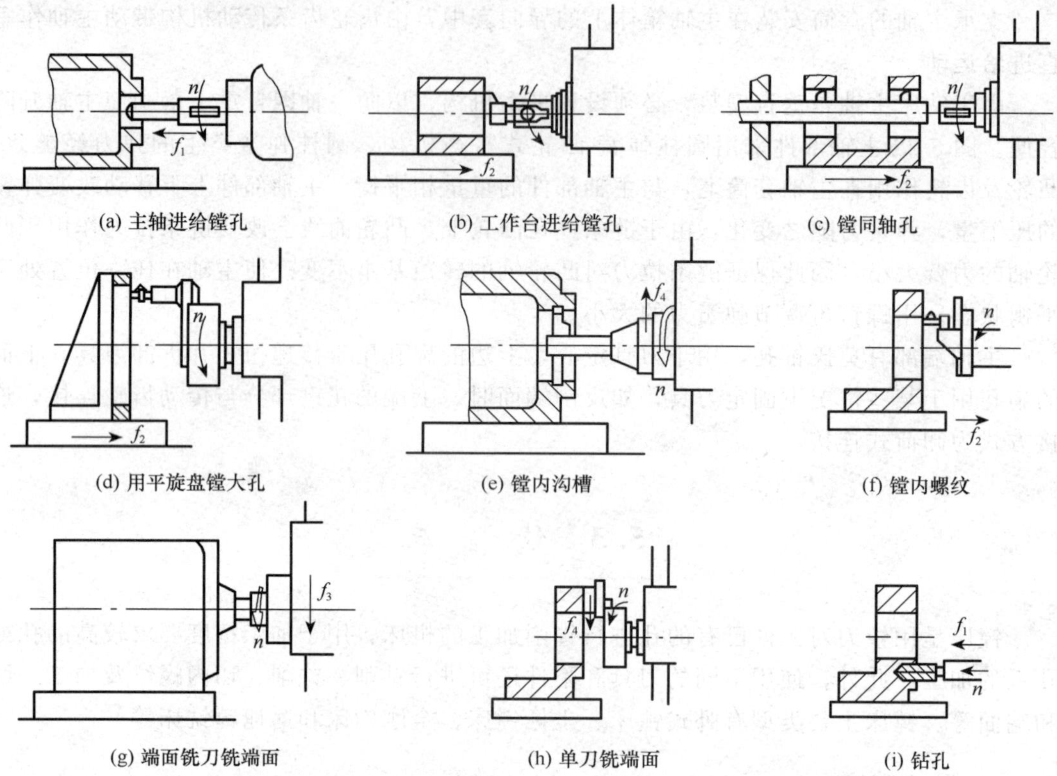

(a) 主轴进给镗孔
(b) 工作台进给镗孔
(c) 镗同轴孔
(d) 用平旋盘镗大孔
(e) 镗内沟槽
(f) 镗内螺纹
(g) 端面铣刀铣端面
(h) 单刀铣端面
(i) 钻孔

图 5-23 镗床的加工方法

前立柱
主轴箱
平旋盘
镗轴
径向
溜板
后立柱
后支架
工作台
床身
下滑座
上滑座

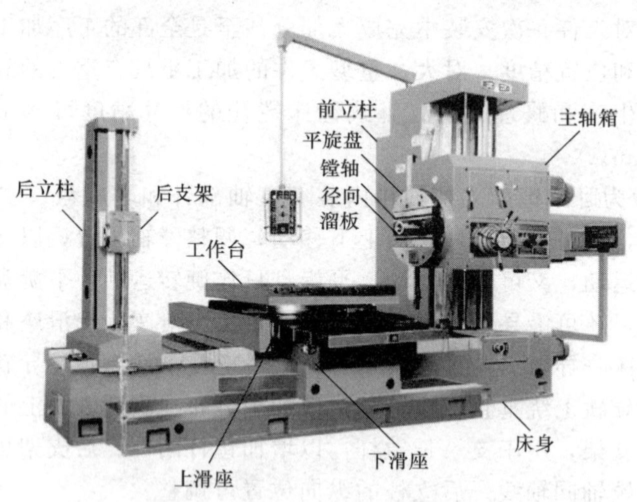

图 5-24 卧式镗床

在卧式镗床上孔系加工的坐标位置由主轴箱的垂直移动和工作台的横向移动来确定。镗床上有测量主轴箱和工作台位移的坐标测量装置，以实现其精确定位。

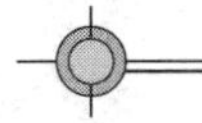

5.3.2　坐标镗床

坐标镗床是一种高精度机床，其特征是具有精密坐标定位装置；机床零部件的制造、装配精度高；机床刚性好等。坐标镗床的定位精度可达 0.002～0.01mm，镗孔精度为 IT5 级或更高精度等级。它主要用于镗削尺寸精度、位置精度要求很高的孔系，如钻模和镗模上的精密孔。

坐标镗床的工艺范围很广，除镗孔、钻孔、扩孔、铰孔、锪端面及精铣平面和沟槽外，还可进行精密刻线和划线，以及进行孔距和直线尺寸的精密测量工作。坐标镗床主要用于工具车间加工工具、模具和量具等，也可用于生产车间成批地加工精密孔系，如在飞机、汽车、拖拉机、内燃机和机床等行业中加工某些箱体零件的轴承孔。坐标镗床的布局形式主要有以下三种。

1. 立式单柱坐标镗床

立式单柱坐标镗床（图 5-25）的镗孔坐标位置由工作台的纵向移动和床鞍的横向移动来确定，坐标定位精度为 0.002～0.004mm。主轴箱沿立柱导轨可上下移动，以适应不同高度的工件加工。工作时，主轴旋转为主运动，支承主轴的套筒作垂直进给运动。这种机床工作台三面敞开，操作方便。但主轴箱悬臂安装，会影响机床刚度，因此，中小型坐标镗床大多采用这种布局形式。

图 5-25　立式单柱坐标镗床

2. 立式双柱坐标镗床

双柱坐标镗床（图 5-26）的两立柱上部通过顶梁连接，横梁可沿立柱导轨上下调整位置。主轴箱沿横梁导轨作横向移动，工作台沿床身导轨作纵向移动，以配合坐标定位。大型的双柱坐标镗床在立柱上还配有水平主轴箱。采用双柱框架式结构，刚度很大，大中型坐标镗床多为这种形式，坐标定位精度为 0.003～0.010mm。

单柱和双柱坐标镗床的主轴都垂直于工作台面，一般适合于加工一个方向上有孔的工件，如钻模、镗模和样板等。

3. 卧式坐标镗床

卧式坐标镗床（图 5-27）两个坐标方向的移动分别为工作台横向移动和主轴箱垂直移动。工作台可在水平面内回转。进给运动由纵向滑座的移动或主轴套筒伸缩来实现。由于主轴平行于工作台面，利用精密回转工作台可在一次安装工件后很方便地加工箱体类零件四周所有的坐标孔，而且工件安装方便，生产效率较高。这种镗床适合箱体类零件的加工。

如前所述，坐标镗床的特点在于有坐标测量装置。坐标测量装置种类很多，有机械的、光学的、光栅的和感应同步器的等。

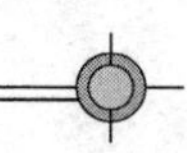

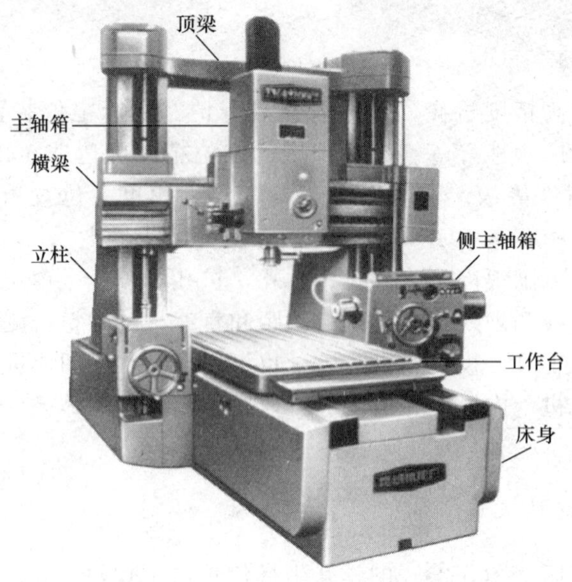

图 5-26 立式双柱坐标镗床

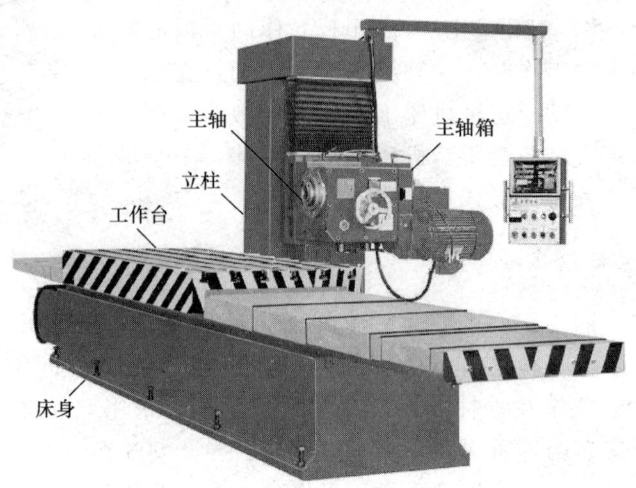

图 5-27 卧式坐标镗床

5.3.3 精镗床

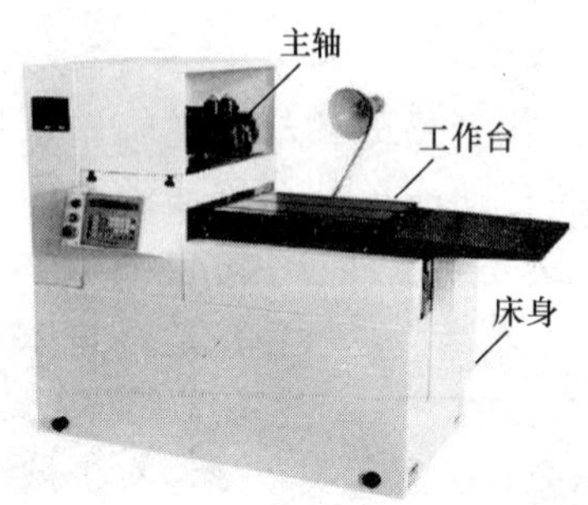

图 5-28 单面卧式精镗床

精镗床是一种高速镗床，因初期采用金刚石镗刀，故又称其为金刚镗床，如今已广泛使用硬质合金刀具。这种机床的特点是切削速度很高（600～800m/min），而切削深度和进给量极小，因此可以获得很高的加工精度和表面质量。工件的尺寸精度可达 0.003～0.005mm，表面粗糙度值 R_a 可达 0.16～1.25μm。适合尺寸精度和形状精度要求很高的孔加工。精镗床分立式和卧式两类，图 5-28 为单面卧式精镗床。

精镗床在大批量生产的汽车、拖拉机等行业中应用很广，主要用于加工连杆轴瓦、活塞、油泵壳体等零件上的精密孔，在航空工业中也用于铝镁合金工件的加工。

5.3.4　落地镗床

在重型机械中，对于大而重的工件移动困难，可采用落地镗床或落地铣镗床，外形如图 5-29 所示。落地镗床和落地铣镗床没有工作台，工件直接固定在地面平板上，运动由机床来实现。由于机床庞大，机床的移动部件重量也大，为提高移动灵敏度，避免产生爬行现象，可采用滚动导轨或静压导轨。为方便观察部件的位移，移动部件应备有数控显示装置，以节省时间和减轻劳动强度。

图 5-29　落地镗床

5.4　刨床、插床

刨床、插床是用刨刀对工件的平面、沟槽或成形表面进行刨削的机床。刨刀或工件所作的直线往复运动是主运动，进给运动是工件或刀具沿垂直于主运动方向所作的间歇运动。往复形式的主运动，只有刨刀向工件（或工件向刨刀）前进时进行刨削，返回时是空行程。故生产效率较低（加工长而窄的平面除外），因而主要用于单件、小批量生产及机修车间。刨床典型的加工工序如图 5-30 所示。

刨床有牛头刨床和龙门刨床两类。

5.4.1　牛头刨床

牛头刨床如图 5-31 所示，由床身、滑枕、刀架、工作台、横梁和变速机构组成。滑枕连同刀架可沿床身导轨作往复直线运动。刀架用来装夹刨刀和使刨刀沿所需方向移动。其具体结构如图 5-32 所示。摇动刀架手柄，滑板便会沿转盘上的导轨移动，使刨刀作垂直间歇进给运动或调整吃刀量。松开刀架转盘上的螺母，将刀偏转所需角度，可

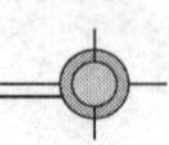

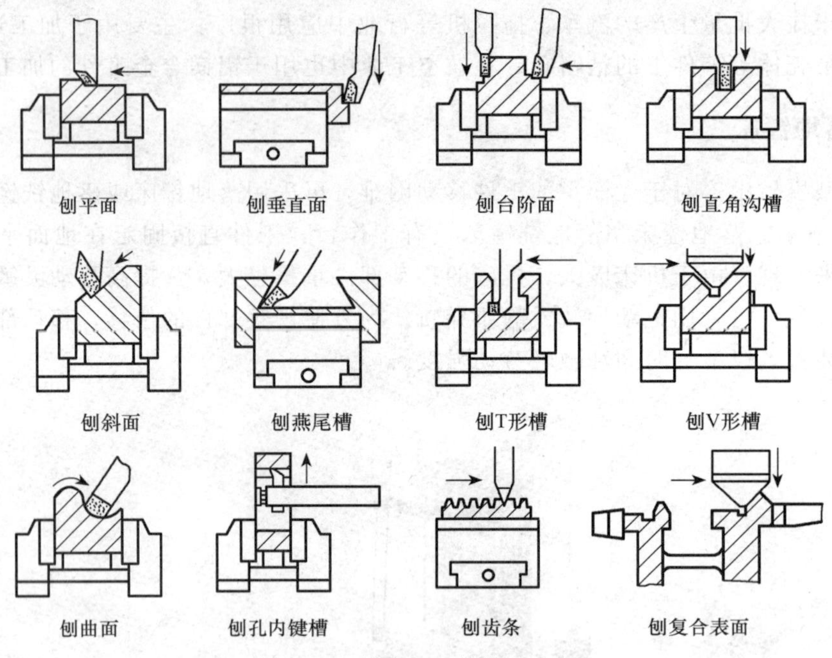

图 5-30 刨床加工的典型表面

使刀架作斜向间歇进给运动。刀架上还有抬刀板，在刨刀回程开始前，将刨刀抬起，以免擦伤工件表面和减小刀具磨损。工作台用来安装工件，可沿横梁横向移动，并可随横梁一起升降，以便调整工件位置。

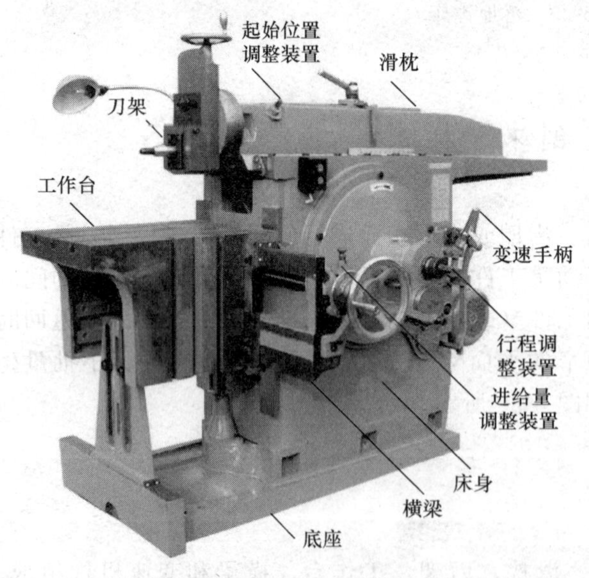

图 5-31 牛头刨床

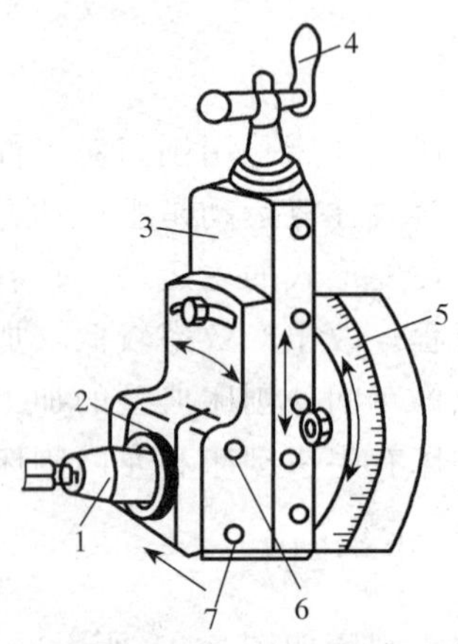

图 5-32 牛头刨床刀架

1. 刀夹；2. 抬刀板；3. 滑板；4. 刀架手柄；5. 转盘；6. 转销；7. 刀座

牛头刨床的主参数是最大刨削长度。由于滑枕行程的限制，牛头刨床主要用于单件小批生产中刨削中小型工件上的平面、成形面和沟槽。

5.4.2　龙门刨床

图 5-33 是双柱龙门刨床。工作时，工作台带动工件在床身导轨上作直线往复运动。横梁上一般装有两个垂直刀架，刀架滑座可在垂直面内回转一个角度，并可沿横梁作横向进给运动，刨刀可在刀架上作垂直或斜向进给运动，横梁可在两立柱上作上下移动，以调整垂直刀架的高度位置。一般在两个立柱上还安装可沿立柱上下移动的侧刀架，以扩大加工范围。各刀架的进给运动都是间歇运动，工作台回程时能机动抬刀，以免划伤工件表面。另外垂直刀架在横梁上、侧刀架在立柱上还有快速移动。

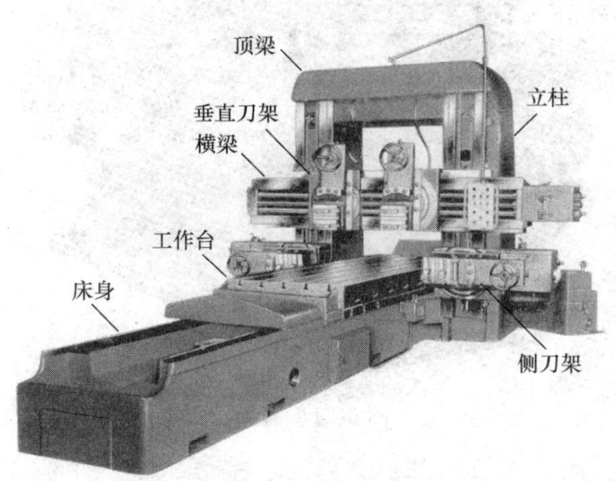

图 5-33　龙门刨床

龙门刨床主运动的驱动采用直流电机，能实现无级调速，传递功率大，特别是在工作循环中根据需要变换速度。工作台的变速和换向都是由直流电机来实现的。

龙门刨床主要用于刨削大型工件，也可在工作台上装夹多个零件同时加工。

5.4.3　插床

图 5-34 所示为普通插床。普通插床实际上是一个立式刨床，在结构上和牛头刨属于同一类。插床主要用于加工工件内部表面，如方孔、长方孔、各种多边形孔和键槽等。生产率低，只适合单件小批生产。

插床主运动为插刀随滑枕垂直方向的往复直线运动。圆工作台可利用上、下滑座作纵向、横向和圆周进给运动，圆工作台还有分度装置。进给运动均为间歇运动。

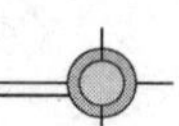

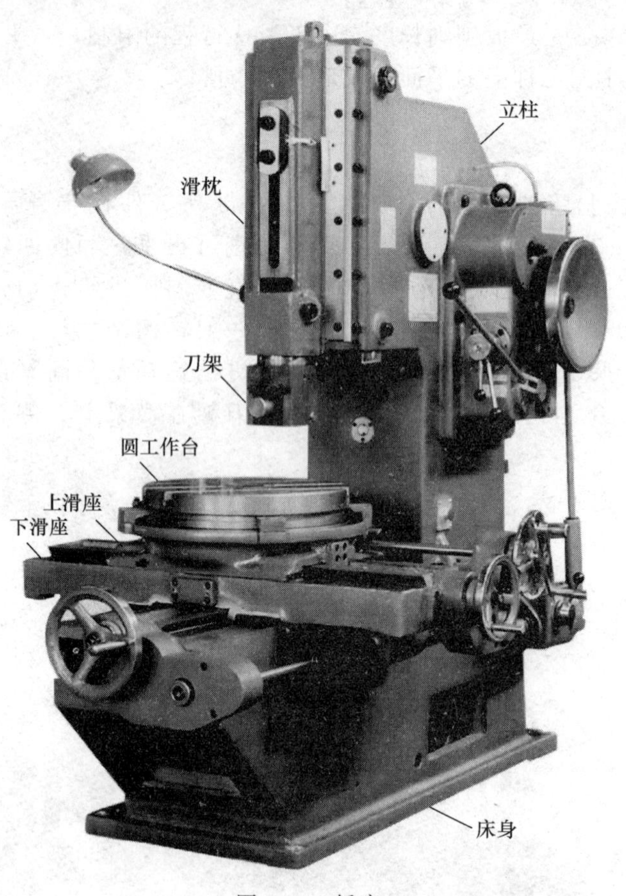

图 5-34 插床

5.5 拉 床

拉床是用拉刀加工工件各种内外成型表面的机床。拉削时，机床只有拉刀的直线运动，它是加工过程的主运动，进给运动则靠拉刀本身的结构来实现。拉削的加工精度可达 IT7～IT8，表面粗糙度值 R_a 可达 0.4～3.2μm。拉削的生产率高，但由于一把拉刀只能加工一种尺寸表面，且拉刀较昂贵，所以拉床主要用于大批量生产。拉削加工的典型表面如图 5-35 所示。

拉床按加工表面分为内拉床、外拉床、侧拉床。按机床布局形式分卧式、立式和连续拉床。拉床的主参数是额定拉力。图 5-36 所示的是卧式内拉床，由床身、液压缸、工件支架、后托架等组成，主运动由拉床上的液压驱动装置带动拉刀作直线运动实现。

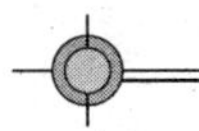

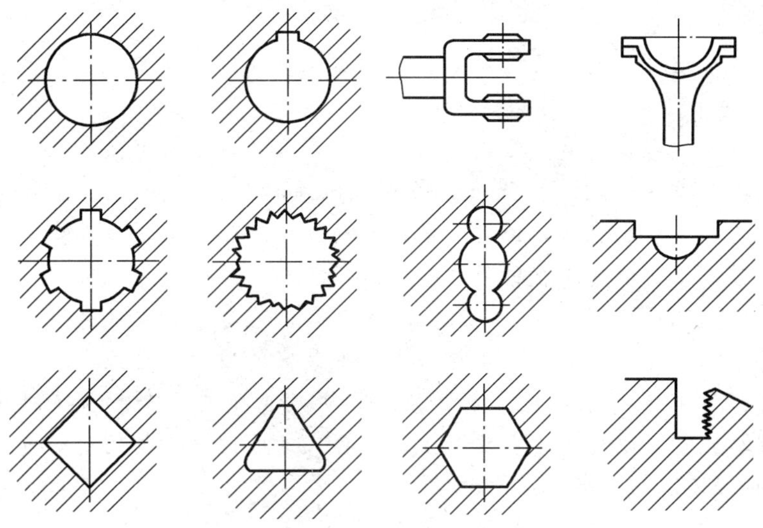

图 5-35　拉削加工的典型表面

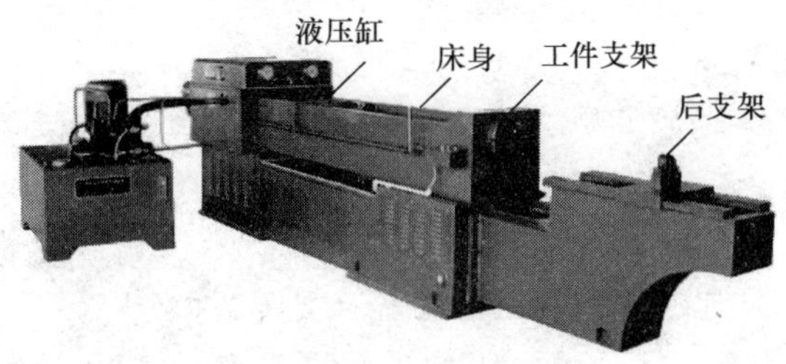

图 5-36　拉床

本章实训

实训项目　牛头刨床的调整

1. 知识与技能目标

1）了解牛头刨床的结构与组成。
2）了解牛头刨床的传动系统与工作原理。
3）掌握牛头刨床的调整方法。

2. 实训器材

B6050H 牛头刨床若干台。

3. 实训过程

首先观察牛头刨床的组成部件和传动系统，然后进行调整。每项调整完毕，开车检查调整结果，并观察其工作情况。

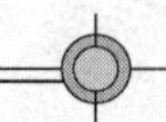

(1) 主运动的调整

刨削时的主运动应根据工件的尺寸大小和加工要求进行调整。

1) 滑枕行程长度的调整。

调整要求：滑枕行程长度应略大于工件加工表面的刨削长度。

调整方法：参见图 5-31，松开行程长度调节手柄的滚花螺母，用曲柄摇手转动手柄，通过锥齿轮，转动小丝杆，使偏心滑块移动，曲柄销带动滑块改变其在摇臂齿轮端面上的偏心位置，从而改变滑枕的行程长度。

2) 滑枕起始位置调整。

调整要求：滑枕起始位置应和工作台上工件装夹的位置相适应。

调整方法：参见图 5-31，松开锁紧手柄，再用曲柄摇手转动调节滑枕位置手柄，通过锥齿轮转动丝杆，改变螺母在丝杆上的位置，从而改变滑枕的起始位置。

3) 滑枕行程速度的调整。

调整要求：滑枕行程速度应按刨削加工要求调整。

调整方法：转换变速手柄的标示位置，即可改变变速机构中两组滑动齿轮的啮合关系，从而改变轴的转速，使滑枕行程速度相应变换，满足不同刨削要求。

(2) 进给运动的调整

刨削时，应根据工件的加工要求调整工作台横向进给量和进给方向。

1) 横向进给量的调整。进给量是指滑枕往复一次时，工作台的水平移动量。进给量的大小取决于滑枕往复一次时棘爪能拨动的棘轮齿数。调整棘轮护盖的位置，可改变棘爪拨过的棘轮齿数，即可改变横向进给量的大小。

2) 横向进给方向变换。进给方向即工作台水平移动方向，扳动进给运动换向手柄使棘爪转动 180°，棘爪的斜面反向，棘爪拨动棘轮的方向相反，故工作台移动换向。

4. 思考题

1) 牛头刨床工作时，滑枕的工作行程与空行程的速度是否一样？为什么？

2) 为什么说牛头刨床生产效率较低，但加工长而窄的平面除外？

小　结

本章重点介绍了生产中常用的几种机床，如磨床、钻床、镗床刨床等。通过本章的学习，要重点掌握以上几种机床的作用、工作特点与应用范围。了解磨床、钻床中典型部件的结构特点、工作原理，简单了解以上几种机床的结构类型。

习　题

5.1　在 M1432A 型外圆磨床上磨削外圆时，问：

(1) 若用两顶尖支承工件进行磨削，为什么工件头架的主轴不转动？另外，工件是怎样获得旋转（圆周进给）运动的？

(2) 若工件头架和尾架的锥孔中心在垂直平面内不等高，磨削的工件将产生什么误差？如何解决？若二者在水平平面内不同轴，磨削的工件又将产生什么误差？如何解决？

（3）采用定程磨削一批零件后发现工件直径尺寸大了 0.07mm，应如何进行补偿调整？说明其调整步骤。

（4）当磨削了若干工件后，发现砂轮磨钝，经修正后砂轮直径小了 0.05mm，应如何调整？

5.2　在 M1432A 型外圆磨床上磨削工件时，装夹工件的方法有哪几种？

5.3　无心外圆磨床的加工精度和生产率为什么比普通外圆磨床高？

5.4　摇臂钻床主轴部件有哪些特点？

5.5　镗床有哪些工作运动？并说明其工作范围和应用场合。

5.6　牛头刨床由哪些主要部件组成？各有何作用？

5.7　刨削主要用于哪些表面的加工？刨削加工有哪些特点？

第6章

数控机床

本章概述

数控机床是一种装有程序控制系统的自动化机床。在以数字化制造技术为核心的机电一体化时代，数控机床就是其代表产品之一。本章简要介绍数控机床的分类、组成、工作原理及应用。结合数控车床、数控铣床及数控加工中心，对其传动系统、典型部件的结构特点、工作原理作了介绍。

知识目标

1. 了解数控机床的分类、组成和发展趋势。
2. 掌握数控车床、数控铣床、数控加工中心的工作特点与应用。
3. 掌握数控车床、数控铣床主要部件的结构特点、工作原理。
4. 掌握数控加工中心主轴部件、换刀机构的结构、工作原理。

能力目标

掌握数控机床机械机构的调整技能。

6.1 概　　述

数控机床是用数字代码形式的信息（程序指令）控制刀具按给定的工作程序、运动速度和轨迹进行自动加工的机床，简称数控机床。

数控机床是综合应用计算机、自动控制、自动检测及精密机械等高新技术的产物，是典型的机电一体化产品。在数控机床上，工件加工全过程由数字指令控制，它不仅能提高产品的质量，提高生产效率，降低生产成本，还能大大改善工人的劳动条件。因此，发展数控机床是当前我国机械制造业技术改造的必由之路，是未来工厂自动化的基础。

6.1.1　数控机床的组成

数控机床一般由控制介质、数控装置、伺服系统和机床本体组成。图 6-1 的实线所示为开环控制的数控机床框图。

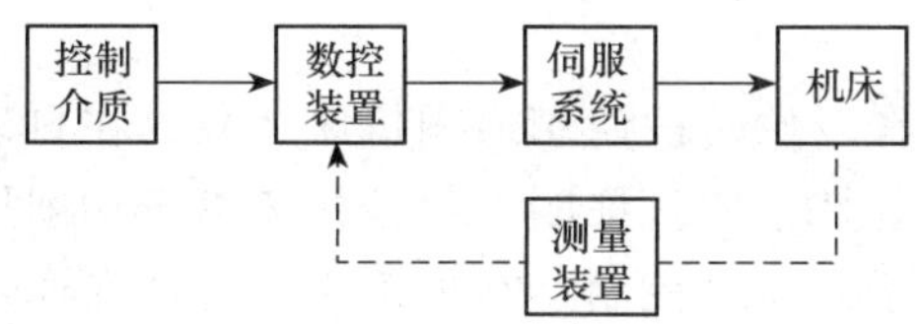

图 6-1　数控机床的组成

为了提高机床的加工精度，在上述系统中再加入一个测量装置（图 6-1 中的虚线部分），这样就构成了闭环控制的数控机床框图。开环控制系统的工作过程是这样的：将控制机床工作台运动的位移量、位移速度、位移方向、位移轨迹等参量通过控制介质输入给机床数控装置，数控装置根据这些参量指令计算得出进给脉冲序列（包含有上述 4 个参量），然后经伺服系统转换放大，最后控制工作台按所要求的速度、轨迹、方向和距离移动。若为闭环系统，则在输入指令值的同时，还反馈检测机床工作台的实际位移值，反馈量与输入量在数控装置中进行比较，若有差值，说明二者间有误差，则数控装置控制机床向着消除误差的方向运动。

1. 控制介质

数控机床工作时，不需要工人去摇手柄操作机床，但又要自动地执行人们的意图，这就必须在人和数控机床之间建立某种联系，这种联系的媒介物称之为控制介质（或称程序介质、输入介质、信息载体）。

在数控机床产生的初期，常用的控制介质是 8 单位的标准穿孔纸带，现已趋于淘汰；现代数控机床可以通过键盘，用手动方式（MDI 方式）直接输入数控系统。也可以用计算机编程后，用通信方式传送到数控系统中。

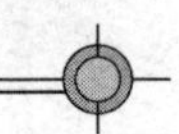

2. 数控装置

数控装置是数控机床的中枢，在普通数控机床中一般由输入装置、存储器、控制器、运算器和输出装置组成。数控装置接收输入介质的信息，并将其代码加以识别、储存、运算，输出相应的指令脉冲以驱动伺服系统，进而控制机床动作。在计算机数控机床中，由于计算机本身即含有运算器、控制器等上述单元，因此其数控装置的作用由一台计算机来完成。

3. 伺服系统

伺服系统的作用是把来自数控装置的脉冲信号转换为机床移动部件的运动，使工作台（或溜板）精确定位或按规定的轨迹作严格的相对运动，最后加工出符合图纸要求的零件。

在数控机床的伺服系统中，常用的伺服驱动元件有功率步进电机、电液脉冲马达、直流伺服电机和交流伺服电机等。

4. 机床

数控机床中的机床，在开始阶段使用通用机床，只是在自动变速、刀架或工作台自动转位和手柄等方面作些改变。实践证明：数控机床由于切削用量大、连续加工发热多等影响工件精度，并且由于是自动控制，在加工中不能像在通用机床上那样可以随时由人工进行干预。所以其设计要求比通用机床更严格，制造要求更精密。因而后来在数控机床设计时，采用了许多新的加强刚性、减小热变形、提高精度等方面的措施，使得数控机床的外部造型、整体布局、传动系统及刀具系统等方面都已发生了很大的变化。

6.1.2 数控机床的分类

目前，数控机床品种已经基本齐全，规格繁多，据不完全统计已有400多个品种规格。可以按照多种原则来进行分类。但归纳起来，常以下面4种方法来分类。

1. 按工艺用途分类

（1）一般数控机床

这类机床和传统的通用机床种类一样，有数控的车、铣、镗、钻、磨床等，而且每一种又有很多品种，如数控铣床中就有立铣、卧铣、工具铣、龙门铣等。这类机床的工艺可能性和通用机床相似，所不同的是它能加工复杂形状的零件。

（2）数控加工中心机床

这类机床是在一般数控机床的基础上发展起来的。它是在一般数控机床上加装一个刀库（可容纳10～100多把刀具）和自动换刀装置而构成的一种带自动换刀装置的数控机床，习惯上简称为加工中心，这使数控机床进一步向自动化和高效化方向发展。

数控加工中心和一般数控机床相比具有如下优点：

1）减少机床台数，便于管理，对于多工序的零件只要一台机床就能完成全部加工，并可以减少半成品的库存量。

2）由于工件只要一次装夹，就能完成多道工序加工，因此减少了由于多次安装造成的定位误差，可以依靠机床精度来保证加工质量；同时大大减少了专用工夹具的数量，进一步缩短了生产准备时间。

3）工序集中，减少了辅助时间，提高了生产率。

由于数控加工中心机床的优点很多，深受用户欢迎，因此在数控机床生产中占有很重要的地位。

另外还有一类加工中心，是在车床基础上发展起来的，以轴类零件为主要加工对象。除可进行车削、镗削外，还可以进行端面和周面上任意部位的钻削、铣削和攻丝加工。这类加工中心也设有刀库，可安装4～12把刀具，习惯上称此类机床为车削中心。

（3）多坐标数控机床

有些复杂形状的零件，用三坐标的数控机床还是无法加工，如螺旋桨、飞机曲面零件的加工等，需要三个以上坐标的合成运动才能加工出所需形状。于是出现了多坐标的数控机床，其特点是数控装置控制的轴数较多，机床结构也比较复杂。

2. 按数控机床的运动轨迹分类

按照能够控制的刀具与工件间相对运动的轨迹，可分为以下3种。

（1）点位控制数控机床

这类机床的数控装置只能控制机床移动部件从一个位置（点）精确地移动到另一个位置（点），即仅控制行程终点的坐标值，在移动过程中不进行任何切削加工，见图6-2（a）。两相关点之间的移动先是以快速移动到接近新的位置，然后降速1～3级，使之慢速趋近定位点，以保证其定位精度。

这类机床主要有数控坐标镗床、数控钻床、数控冲床和数控测量机等，其相应的数控装置称之为点位控制装置。

（2）点位直线控制数控机床

这类机床工作时，不仅要控制两相关点之间的位置（即距离），还要控制两相关点之间的移动速度和路线（即轨迹）。其路线一般都由和各轴线平行的直线段组成。它和点位控制数控机床的区别在于：当机床的移动部件移动时，可以沿一个坐标轴的方向进行切削加工，见图6-2（b）。

这类机床主要有简易数控车床、数控镗铣床和数控加工中心等。相应的数控装置称为点位直线控制装置。

（3）轮廓控制数控机床

这类机床的控制装置能够同时对两个或两个以上的坐标轴进行连续控制。加工时不仅要控制起点和终点，还要控制整个加工过程中每点的速度和位置，使机床加工出符合图纸要求的复杂形状的零件，见图6-2（c）。

这类机床主要有数控车床、数控铣床、数控磨床和电加工机床等。其相应的数控装置称之为轮廓控制装置（或连续控制装置）。

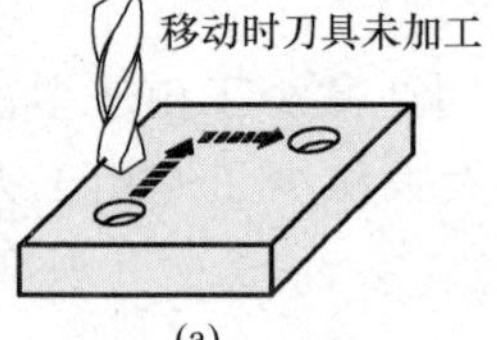

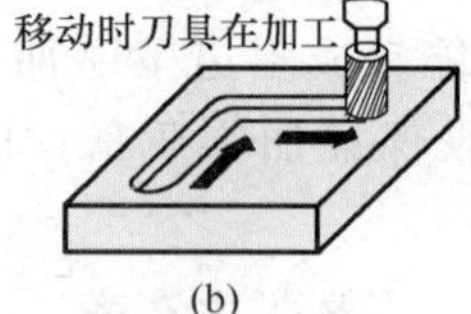

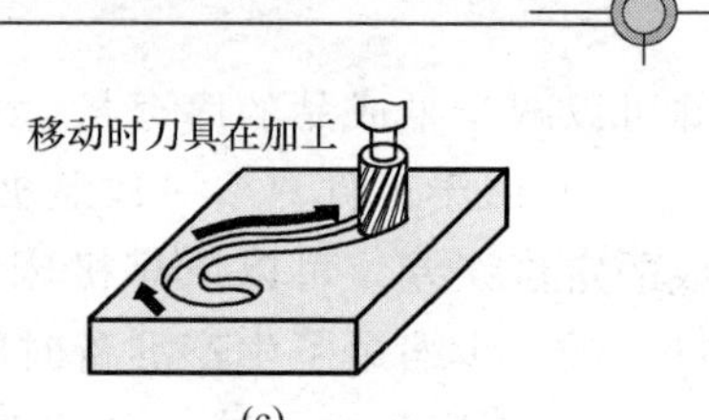

图 6-2 刀具与工件相对运动轨迹

3. 按伺服系统的控制方式分类

数控机床按照对被控制量有无检测反馈装置可以分为开环和闭环两种。在闭环系统中，根据测量装置安放的位置又可以将其分为全闭环和半闭环两种。在开环系统的基础上，还发展了一种开环补偿型数控系统。

（1）开环控制数控机床

在开环控制中，机床没有检测反馈装置（图 6-3）。

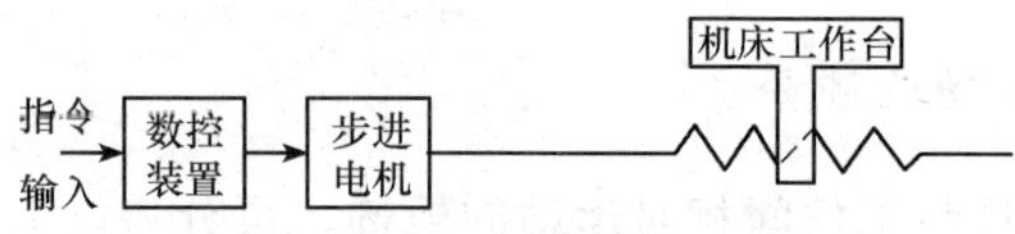

图 6-3 开环控制系统框图

数控装置发出信号的流程是单向的，所以不存在系统稳定性问题。也正是由于信号的单向流程，它对机床移动部件的实际位置不作检验，所以机床加工精度不高，其精度主要取决于伺服系统的性能。工作过程是：输入的数据经过数控装置运算分配出指令脉冲，通过伺服机构（伺服元件常为步进电机）使被控工作台移动。这种机床工作比较稳定、反应迅速、调试方便、维修简单，但其控制精度受到限制，适用于一般要求的中、小型数控机床。

（2）闭环控制数控机床

由于开环控制精度达不到精密机床和大型机床的要求，所以必须检测它的实际工作位置，为此，在开环控制数控机床上增加检测反馈装置，在加工中时刻检测机床移动部件的位置，使之与数控装置所要求的位置相符合，以期达到很高的加工精度。

闭环控制系统框图如图 6-4 所示。图中 A 为速度测量元件，C 为位置测量元件。当指令值发送到位置比较电路时，若此时工作台没有移动，则没有反馈量，指令值使得伺服电机转动，通过 A 将速度反馈信号送到速度控制电路，通过 C 将工作台实际位移量反馈回去，在位置比较电路中与指令值进行比较，用比较的差值进行控制，直至差值消除时为止，最终实现工作台的精确定位。这类机床的优点是精度高、速度快，但是调试和维修比较复杂。其关键是系统的稳定性，所以在设计时必须对稳定性给予足够的重视。

（3）半闭环控制数控机床

半闭环控制系统的组成如图 6-5 所示。

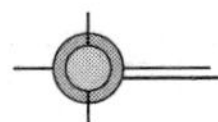

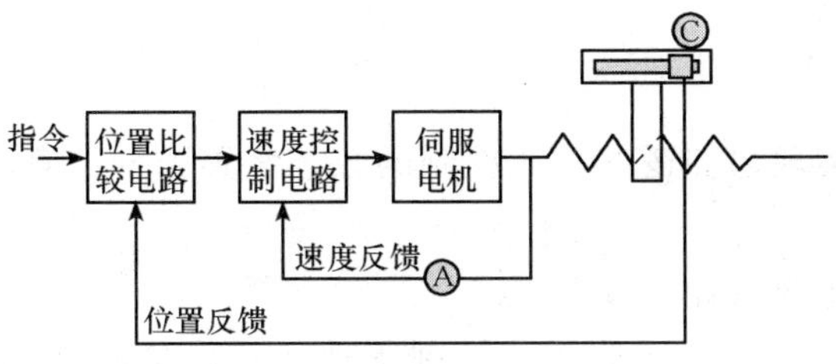

图 6-4　闭环控制系统框图

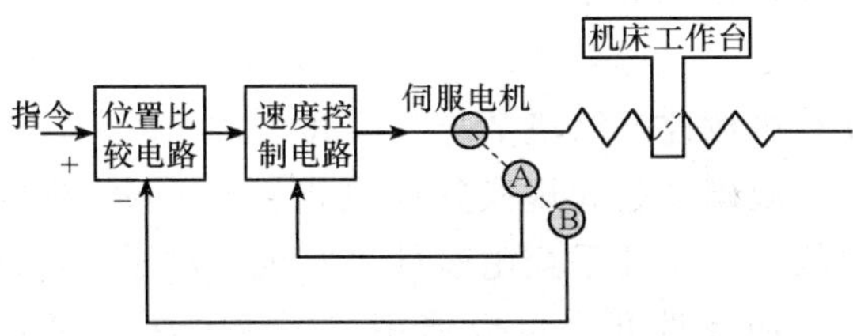

图 6-5　半闭环控制系统框图

这种控制方式对工作台的实际位置不进行检查测量，而是通过与伺服电机有联系的测量元件，如测速发电机 A 和光电编码盘 B（或旋转变压器）等间接检测出伺服电机的转角，推算出工作台的实际位移量，图 6-5 半闭环控制系统框图用此值与指令值进行比较，用差值来实现控制，从图中可以看出，由于工作台没有完全包括在控制回路内，因而称为半闭环控制。这种控制方式介于开环与闭环之间，精度没有闭环高，调试却比闭环方便。

（4）开环补偿型数控机床

将上述三种控制方式的特点有选择地集中起来，可以组成混合控制的方案。这在大型数控机床中是人们多年研究的课题，现在已成为现实。由于大型数控机床需要高得多的进给速度和返回速度，又需要相当高的精度，如果只采用全闭环的控制，机床传动链和工作台全部置于控制环节中，尽管安装调试多经周折，仍然困难重重。为了避开这些矛盾，可以采用混合控制方式。在具体方案中它又可分为两种形式：一是开环补偿型；一是半闭环补偿型。这里仅对开环补偿型控制数控机床加以介绍。图 6-6为开环补偿型控制方式的组成框图。它的特点是：基本控制选用步进电机的开环控制伺服机构，附加一个校正伺服电路。通过装在工作台上的直线位移测量元件的反馈信号来校正机械系统的误差。

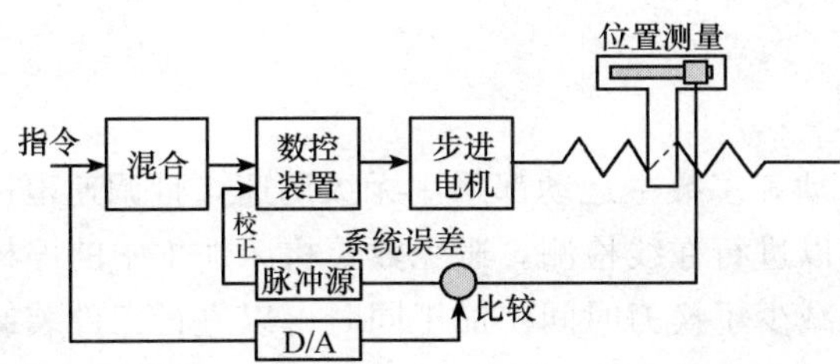

图 6-6　开环补偿型控制框图

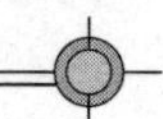

4. 按数控装置分类

数控机床若按其实现数控逻辑功能控制的数控装置来分，有硬线（件）数控和软线（件）数控两种。

（1）硬线数控（普通数控，NC）

这类数控系统的输入、插补运算、控制等功能均由集成电路或分立元件等器件实现。一般来说，数控机床不同，其控制电路也不同，因此系统的通用性较差，因其全部由硬件组成，所以功能和灵活性也较差。这类系统在 20 世纪 70 年代以前应用得比较广泛。

（2）软线数控（计算机数控或微机数控，CNC 或 MNC）

这类系统利用中、大规模及超大规模集成电路组成 CNC 装置，或用微机与专用集成芯片组成，其主要的数控功能几乎全由软件来实现，对于不同的数控机床，只需编制不同的软件就可以实现，而硬件几乎可以通用。因而灵活性和适应性强，便于批量生产，模块化的软、硬件提高了系统的质量和可靠性。所以，现代数控机床都采用 CNC 装置。

6.1.3 数控机床的特点

数控机床是一种高效、新型的自动化机床，具有广泛的应用前景。它与普通机床相比具有以下特点。

1. 适应性、灵活性好

数控机床由于采用数控加工程序控制，当加工零件改变时，只要改变数控加工程序，便可实现对新零件的自动化加工，因此能适应当前市场竞争中对产品不断更新换代的要求，解决了多品种、单件小批量生产的自动化问题。满足飞机、汽车、造船、动力设备、国防军工等制造部门对复杂形状零件和型面零件的加工需要。

2. 精度高、质量稳定

数控机床是按照预定的程序自动加工，不需要人工干预，这就消除了操作者人为产生失误或误差；数控机床本身的刚度高、精度好，并且精度保持性较好，这更有利于零件加工质量的稳定；还可以利用软件进行误差补偿和校正，也使数控加工具有较高的精度。

3. 生产效率高

数控机床的进给运动和多数主运动都采用无级调速，且调速范围大，可选择合理的切削速度和进给速度；可以进行在线检测，避免数控机床加工中的停机时间；可采用自动换刀、自动交换工作台，减少了换刀时间；加工同时可以进行工件装卸，并且一次装夹可实现多面和多工序加工，减少工件装夹、对刀等辅助时间；数控加工工序集中，可减少零件周转时间。因此，数控加工比普通机床加工生产率高，一般零件可以高出 3～4 倍，复杂零件可提高十几倍甚至几十倍。

4. 劳动强度低、劳动条件好

数控机床的操作者一般只需装卸零件、更换刀具、利用操作面板控制机床的自动加工，不需要进行繁杂的重复性手工操作，因此劳动强度大为减轻。此外，数控机床一般都具有较好的安全防护、自动排屑、自动冷却和自动润滑装置，操作者的劳动条件可得到很大改善。

5. 有利于现代化生产与管理

采用数控机床加工能方便、精确计算零件的加工时间，能精确计算生产和加工费用，有利于生产过程的科学管理和信息化管理。数控机床是 DNC、FMS、CIMS 等先进制造系统的基础，便于制造系统的集成。

6. 使用、维护技术要求高

数控机床是综合多学科、新技术的产物，机床价格高，设备一次性投资大，相应的机床操作和维护要求也较高。因此，为保证数控加工的综合经济效益，要求机床的使用者和维修人员应具有较高的专业素质。

6.1.4　数控机床的发展阶段与发展方向

1. 数控机床的发展阶段

(1) 数控技术的发展

第一阶段：1952 年的电子管数控系统

第二阶段：1959 年的晶体管数控系统
第三阶段：1965 年的小规模集成电路系统 } 硬件数控时代

第四阶段：1970 年的小型计算机数控系统

第五阶段：1974 年的微处理器数控系统
第六阶段：基于 PC 的通用 CNC 数控系统 } 软件数控时代

(2) 伺服驱动系统的发展阶段

伺服驱动系统的发展经过了步进电机→液压伺服驱动系统→小惯量直流伺服电机→大惯量直流伺服电机→交流伺服电机→数字式伺服系统。

2. 数控机床的发展方向

为了满足市场和科学技术发展的需要，达到现代制造技术对数控技术提出的更高要求，当前，世界数控技术及其装备发展方向主要体现在以下几个方面。

(1) 高速、高效、高精度和高可靠性

要提高加工效率，首先必须提高切削和进给速度，同时，还要缩短加工时间；要确保加工质量，必须提高机床部件运动轨迹的精度，而可靠性则是上述目标的基本保证。

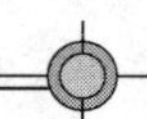

为此，必须要有高性能的数控装置作保证。

（2）模块化、智能化、柔性化和集成化

为了适应数控机床多品种、小批量的特点，个性化、智能化、柔性化和集成化是近几年来特别明显的发展趋势。

（3）开放性

为适应数控技术迅速发展的各种要求，最重要的发展趋势是体系结构的开放性，如美国、欧盟及日本发展的开放式数控计划等。

（4）新一代数控加工工艺与装备

为适应制造自动化的发展，向 FMC、FMS 和 CIMS 提供基础设备，要求数字控制制造系统不仅能完成通常的加工功能，而且还要具备自动测量、自动上下料、自动换刀、自动更换主轴头（有时带坐标变换）、自动误差补偿、自动诊断、进线和联网等功能，并可广泛应用机器人、物流系统、FMC，FMS Web－based 制造及无图纸制造技术。

围绕数控技术、制造过程技术，在快速成型、并联机构机床、机器人机床、多功能机床等整机方面，以及高速电主轴、直线电机、软件补偿精度等单元技术方面先后有所突破。并联杆系结构的新型数控机床实用化，这种虚拟轴数控机床用软件的复杂性代替传统机床机构的复杂性，开拓了数控机床发展的新领域。

由于采用了神经网络控制技术、模糊控制技术、数字化网络技术，机械加工向虚拟制造的方向发展。

6.2 数控车床

数控车床主要用来加工各种形状的轴类或盘类回转体零件。它能自动完成内外圆柱面、圆锥面、成形回转表面、螺纹面的切削加工，特别适合加工形状复杂的轴、盘类零件。它集通用性好的万能型车床、加工精度高的精密型车床和加工效率高的专用型车床的特点于一身，是使用量最大、覆盖面最广的一种数控机床。数控车床加工零件的尺寸精度可达 IT5～IT6，表面粗糙度可控制在 1.6μm 以下。

6.2.1 数控车床的分类与布局

1. 数控车床的分类

数控车床的分类方法较多，但通常都以和普通车床相似的方法进行分类。

（1）按车床主轴位置分类

1）立式数控车床，即车床主轴轴线处于垂直位置的数控车床。

2）卧式数控车床，即车床主轴轴线处于水平位置的数控车床。

（2）按数控系统控制的轴数分类

1）两轴控制的数控车床，即机床上只有一个回转刀架，实现两坐标轴控制。

2）四轴控制的数控车床，即机床上有两个独立的回转刀架，实现四坐标轴控制。

2. 数控车床的布局

数控车床的布局受工件尺寸和形状、机床生产率、机床精度、操纵方便和安全等要求的影响。对卧式数控车床的布局，与普通卧式车床相比有两点明显的区别，直接影响到数控车床的使用性能、机床的结构和外观。

（1）床身的布局形式

机床的床身是整个机床的基础支承件，是机床的主体，一般用来放置导轨、主轴箱等重要部件。数控车床的床身有图6-7所示的四种布局形式。其中斜床身-平滑板和平床身-斜滑板结构在现代数控车床中被广泛应用，因为这种布局形式具有以下特点：容易排屑和安装自动排屑器，从工件上切下的炽热切屑不至于堆积在导轨上影响导轨精度；便于安装机械手，实现单机自动化；容易设置封闭式防护装置，机床外形整齐、美观，占地面积小；便于操作。

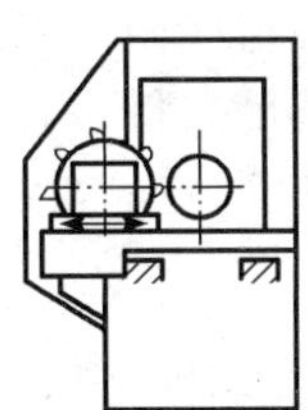
(a) 平床身-平滑板

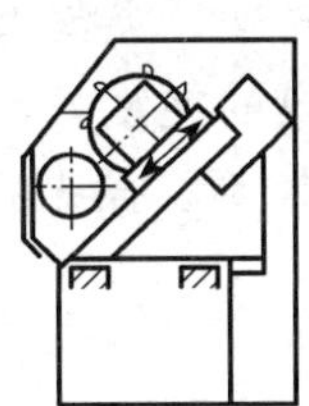
(b) 平床身-斜滑板

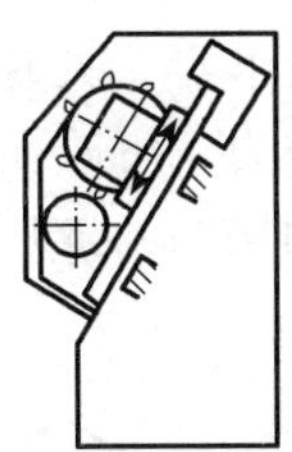
(c) 斜床身-平滑板

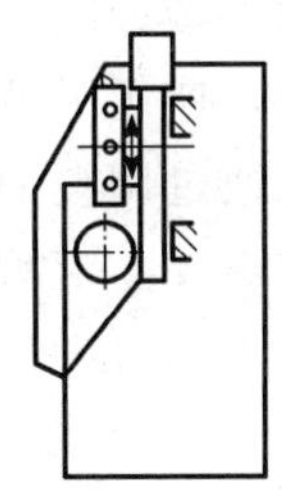
(d) 直立床身-直立滑板

图6-7 床身的布局形式

（2）刀架的布局形式

数控车床的刀架是机床的重要组成部分。刀架用于夹持刀具进行切削，因此其结构直接影响机床的切削性能和切削效率。在一定程度上，刀架的结构和性能体现了机床的设计和制造水平。

1）单刀架数控车床。普通数控车床一般都配置有各种形式的单刀架，如四工位立式自动转位刀架或六工位卧式刀架，全功能数控车床配置的是8工位或12工位卧式刀架，如图6-8所示。

四工位立式刀架　　八工位卧式刀架

图6-8 自动转位刀架

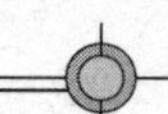

2）双刀架数控车床。这类车床其双刀架的配置（即移动导轨分布）可以是如图 6-9（a）所示的平行分布，也可以是如图 6-9（b）所示的相互垂直分布，还可以是同轨结构。

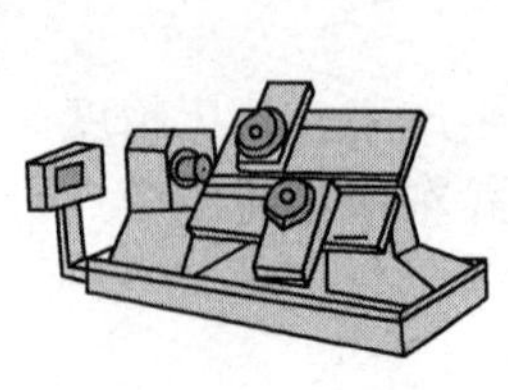

(a) 平行交错双刀架

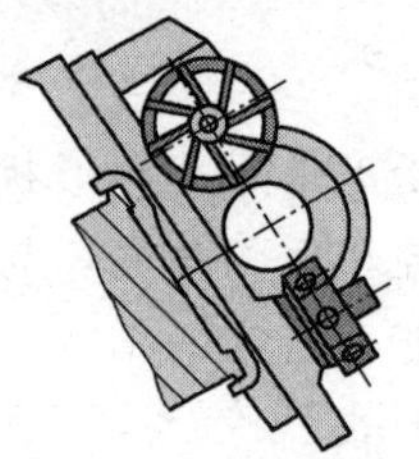

(b) 垂直交错双刀架

图 6-9 双刀架配置方式

6.2.2 MJ-50 数控车床

MJ-50 数控车床是两轴控制的卧式数控车床。采用平床身-斜滑板结构的床身布局，其机械部分的配置如图 6-10 所示。横断面为矩形的导轨提高了支承刚度。为了装卸工件方便、省力，使用了液压动力卡盘，具有高转速、夹紧力大、精度高、调爪方便等特点，这种卡盘通过调整油缸的压力，可改变卡盘的夹紧力，以满足夹持各种薄壁和易变形工件的特殊需要。卡盘由主轴尾端的液压缸控制。操纵脚踏开关使卡盘夹紧、松开。滑板上安装有 10 工位回转刀架。

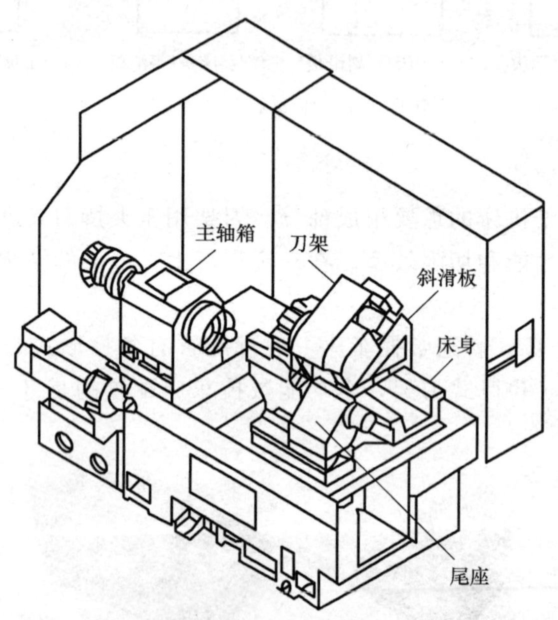

图 6-10 卧式数控车床布局

该机床配有日本 FANUC-OTE、德国 SIEMENS、台湾地区的 HUST 三种数控系统。

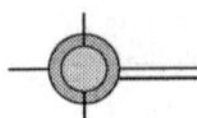

1. 数控车床的传动系统

由于采用了高性能的无级变速主轴及伺服传动系统，不需要变速传动装置，数控机床的机械传动结构大为简化，传动链也大大缩短。图 6-11 为 MJ-50 型数控车床的传动系统图。

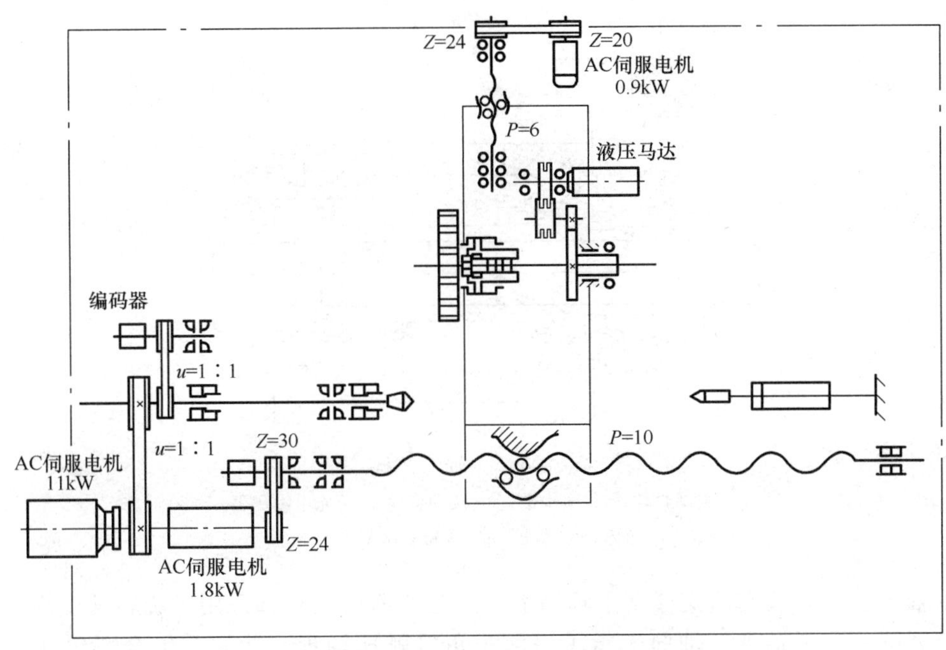

图 6-11 MJ-50 数控车床的传动系统

(1) 主运动传动系统

1) 主运动传动链。主运动的传动过程是：AC 伺服电机→1∶1 同步带传动→主轴。

通过伺服电机能使主轴在较大范围内实现无级变速，能实现恒切削速度加工。主轴箱内没有了齿轮变速传动机构，减少了齿轮传动对主轴精度的影响，且振动小，噪音降低。

2) 主轴速度检测。主轴→1∶1 同步带传动→光电编码器→检测主轴速度。

由于数控车床的主运动和各个方向的进给运动均由单独的电机通过各自的机械传动实现。主运动和进给运动之间没有直接的机械联系，因此在主轴箱的左侧安装了一个光电编码器，光电编码器将主轴的转速信号送回数控装置，一方面实现主轴调速用的数字反馈，另一方面就是配合纵向进给交流伺服电动机，如加工螺纹时，要通过光电编码器及数控系统的协调作用来实现主轴转一转，进给轴 Z 轴或 X 轴移动一个导程。

(2) 进给运动传动系统

进给运动传动系统就是 *X* 轴的进给传动和 *Z* 轴的进给传动。

1) *X* 轴进给传动链。*X* 轴的进给传动过程是：0.9kW 交流伺服电机→20/24 同步带传动→滚珠丝杆→螺母带动工作台横向移动（丝杆导程为 6 mm）。

2) *Z* 轴进给传动链。*Z* 轴的进给传动过程是：1.8kW 交流伺服电机→24/30 同步

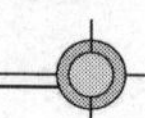

带传动→滚珠丝杆→螺母带动工作台纵向移动（丝杆导程为 10 mm）。

2. 数控车床的典型部件

(1) 主轴箱

MJ-50 数控车床的主轴箱结构如图 6-12 所示。

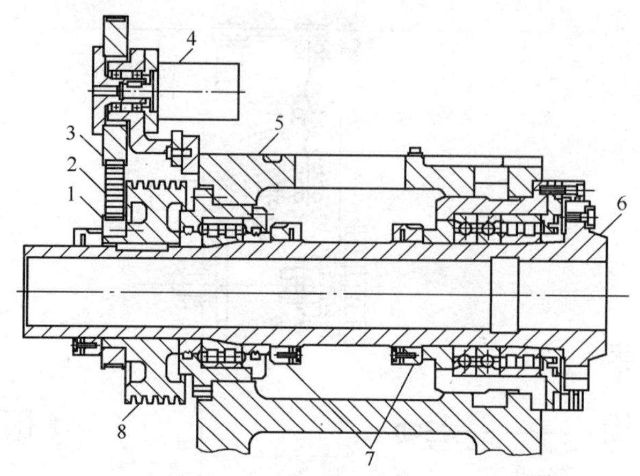

图 6-12 主轴箱结构

1. 主动带轮；2. 同步带；3. 从动带轮；4. 光电编码器；5. 箱体；6. 主轴；7. 螺母；8. V 形带轮

主轴由前、后双支承支撑于主轴箱上，径向的前后支承都采用了旋转精度高、刚度大的双列圆柱滚子轴承。轴向支承采用两个角接触球轴承，背靠背组合布置在主轴前端。这种支承结构可以满足高转速、大载荷的主轴部件要求。轴承间隙可由螺母调整。

主轴后端的 V 形带轮将电机的运动传给主轴，同时固定在其上的同步带轮通过同步带带动光电编码器，和主轴同步运转。光电编码器用螺钉固定在主轴箱左侧。

(2) *X* 轴进给传动装置

X 轴进给传动装置实现车床横向进给。图 6-13 所示为 MJ-50 数控车床的 X 轴进给传动装置。

交流伺服电机安装在斜滑板右下方，通过同步带直接驱动滚珠丝杠螺母传动副，丝杠旋转，螺母通过 X 向滑板带动回转刀架移动，实现 *X* 轴的进给运动。丝杠支承在斜滑板上，前支承由三个角接触球轴承组成，其中两个串连配置，大口向后。后支承的两个角接触球轴承背对背配置。这种支承方式结构、工艺复杂，但有利于保证丝杠的轴向刚度。*A*－*A* 剖视表示前支承座在斜滑板上的固定方式。

B－*B* 剖视表示 X 向滑板与斜滑板是矩形导轨配合，这种导轨刚度好，但磨损间隙不能自动补偿，要用图中表示的镶条来调整。由于滑板倾斜，滚动丝杠螺母又不能自锁，*X* 向滑板在自重和回转刀架重量作用下的下滑由伺服电机的电磁制动实现自锁。

脉冲编码器安装在伺服电机的尾端。

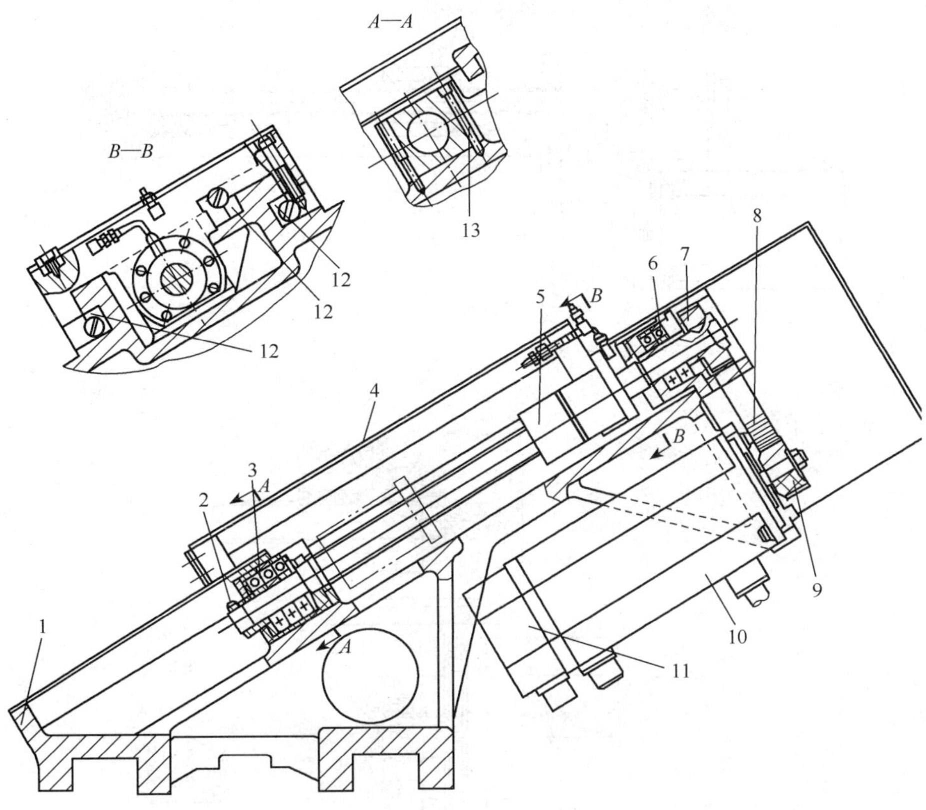

图 6-13 X 轴进给传动装置

1. 斜滑板；2. 螺母；3. 前支承；4. X 向滑板；5. 滚珠丝杠螺母；6. 后支承；
7. 从带轮；8. 同步带；9. 主带轮；10. 伺服电机；
11. 编码器；12. 镶条；13. 螺钉

(3) *Z* 轴进给传动装置

Z 轴进给传动装置实现车床纵向进给。其传动方式与 X 轴进给传动装置基本相同，都是交流伺服电机通过同步带直接驱动滚珠丝杠螺母传动副。主要区别有三点，如图 6-14所示。

一是丝杠水平安装在平床身上，丝杠的左支承由三个角接触球轴承组成，用于承受径向载荷和部分轴向载荷。右支承是一个圆柱滚子轴承，只用于承受径向载荷。丝杠旋转时，固定在斜滑板下的滚珠螺母带动斜滑板沿平床身上的矩形导轨移动，实现 Z 轴的进给运动。

二是 *Z* 轴进给传动装置电机与同步带轮之间是通过弹性环无键连接装置来传递动力。弹性环连接是利用外加的轴向压紧力通过内外锥形环的变形对轴毂进行胀紧使接触表面产生径向压力，从而形成摩擦连接，可以传递扭矩和轴向力。为了传递较大的载荷，单侧压紧时可增至 4 对环，双侧压紧时可增至 8 对环。

三是脉冲编码器的安装。*Z* 轴进给传动装置脉冲编码器直接安装在丝杆上，用于检测丝杆的回转角度，有利于提高系统精度。

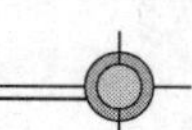

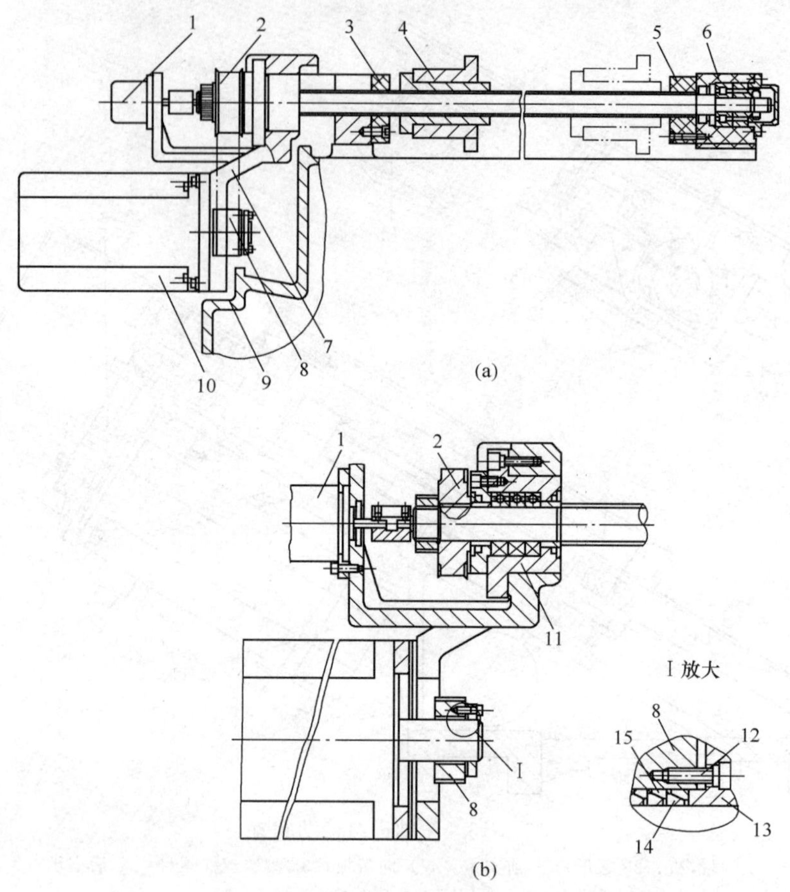

图 6-14　Z 轴进给传动装置

1. 脉冲编码器；2. 从动带轮；3、5. 缓冲挡块；4. 滚珠丝杠螺母；6. 右支承；7. 同步带；8. 主动带轮；9. 床身；10. 伺服电机；11. 右支承；12. 螺钉；13. 法兰；14. 内锥环；15. 外锥环

（4）回转刀架

刀架是数控车床的重要部件，用于安装各种切削加工刀具，其结构直接影响机床的切削性能和工作效率。MJ-50 数控车床采用卧式十工位液压回转刀架，如图 6-15 所示。刀架的工作循环是：接受换刀指令→松开刀盘→转位到要求位置→刀盘夹紧→发出转位结束信号。

1）刀盘的松开与夹紧。刀盘固定在刀盘轴上，在刀盘背后和刀架体上分别装有端面齿盘，在刀盘轴上还安装有活塞，可带刀盘轴移动。当接到转位指令后，活塞右侧进油，带动刀盘轴向左移动，使刀盘背后的齿盘与固定在刀架体上的齿盘脱离啮合，刀盘松开。转位后，活塞左侧进油，带动刀盘轴向右移动，使两齿盘啮合、定位，并在油压作用下夹紧。开关 PRS6 确认加紧状态并向数控装置发出夹紧信号。

2）刀盘转位。刀盘转位由液压马达驱动。当端面齿盘脱离啮合后，液压马达启动，带动平板共轭分度凸轮转动，再经一对齿轮传动，使刀盘轴带动刀盘转位。刀盘旋转的位置由五个开关 PRS1～5 的通断组合确认。开关 PRS7 向数控装置发出转位结束信号，指令液压马达停转。

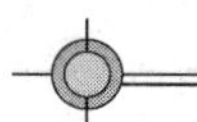

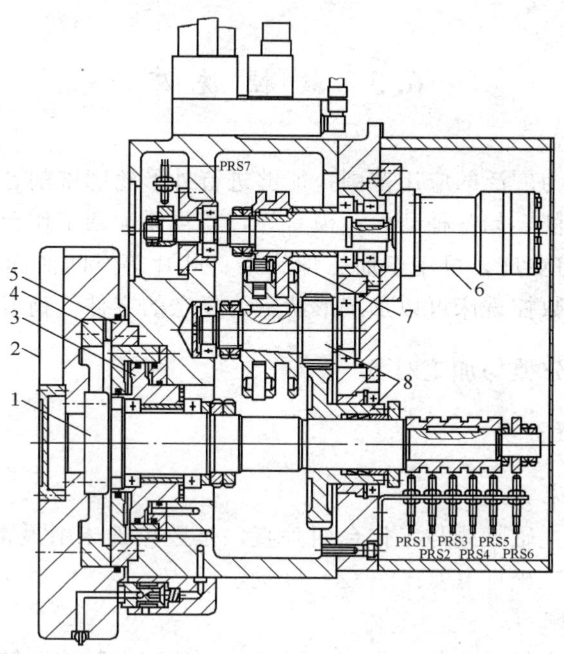

图 6-15　回转刀架

1. 刀盘轴；2. 刀盘；3. 活塞；4. 刀盘后齿盘；
5. 刀架体齿盘；6. 液压马达；7. 分度凸轮；8. 齿轮

在自动工作时，数控装置可使刀盘就近转位换刀。手动转位时，刀盘只能单方向转动。

(5) 尾座

加工长轴类零件时需要使用尾座，一般有手动尾座和可编程尾座两种。如图 6-16 所示为 MJ-50 数控车床出厂时配置的液压尾座。

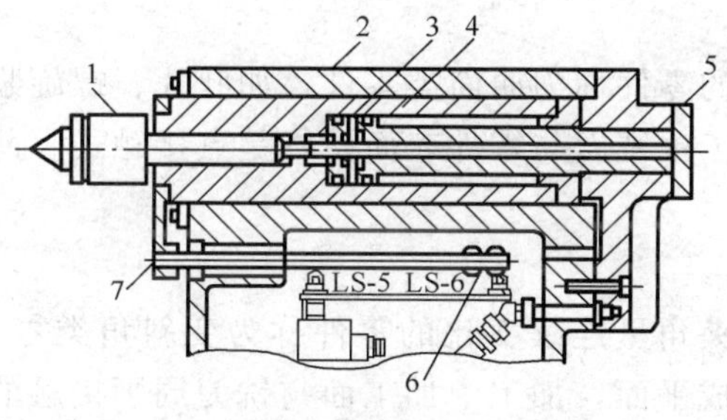

图 6-16　尾座

1. 顶尖；2. 尾座体；3. 活塞；4. 尾座套筒；5. 端盖；6. 挡块；7. 行程杆

尾座套筒的移动由数控系统发出指令，液压系统的电磁阀控制油路换向，实现尾座套筒的伸出与退回，挡块用于调整尾座套筒的行程大小。尾座套筒的动作与主轴互锁，即在主轴转动时，按动尾座套筒退出按钮，套筒也不会动作，只有在主轴停止状态下，尾座套筒才能退出，以保证安全。

调整机床时，也可手动控制尾座套筒移动。

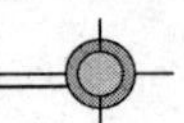

6.3 数控铣床

数控铣床具有更为广泛的应用范围，能够进行外形轮廓铣削、平面或曲面型腔铣削及三维复杂型面的铣削，如各种凸轮、模具等，若再添加圆工作台等附件（此时变为四坐标），则应用范围将更广，可用于加工螺旋桨、叶片等空间曲面零件。此外，随着高速铣削技术的发展，数控铣床可以加工形状更为复杂的零件，精度也更高。

6.3.1 数控铣床的分类与加工对象

1. 按主轴的位置分类

(1) 立式数控铣床

立式数控铣床的主轴轴线与工作台面垂直，是数控铣床中最常见的一种布局形式。立式数控铣床一般为三坐标（X、Y、Z）联动。

(2) 卧式数控铣床

卧式数控铣床的主轴轴线与工作台面平行。一般配有数控回转工作台以实现四轴或五轴加工，从而扩大功能和加工范围。

2. 数控铣床主要加工对象

(1) 平面类零件

加工面平行、垂直于水平面或与水平面成定角的零件称为平面类零件，这一类零件的特点是：加工单元面为平面或可展开成平面。其数控铣削相对比较简单，一般用两坐标联动就可以加工出来。

(2) 曲面类零件

加工面为空间曲面的零件称为曲面类零件，如叶片、螺旋浆和模具，其特点是加工面不能展开成平面，加工中铣刀与零件表面始终是点接触式。此类零件一般采用三坐标数控铣床加工。

(3) 变斜角类零件

加工面与水平面的夹角呈连续变化的零件称为变斜角类零件，如图 6-17 所示。其特点是加工面不能展开成平面，加工中加工面与铣刀周围接触的瞬间为一条直线。此类零件最好采用 4 坐标和 5 坐标数控铣床摆角加工，在没有上述机床时，也可用 3 坐标数控铣床上进行 2.5 坐标近似加工。

6.3.2 XK5032 立式数控铣床

1. 机床的组成与特点

XK5032 立式升降台数控铣床的组成如图 6-18 所示。

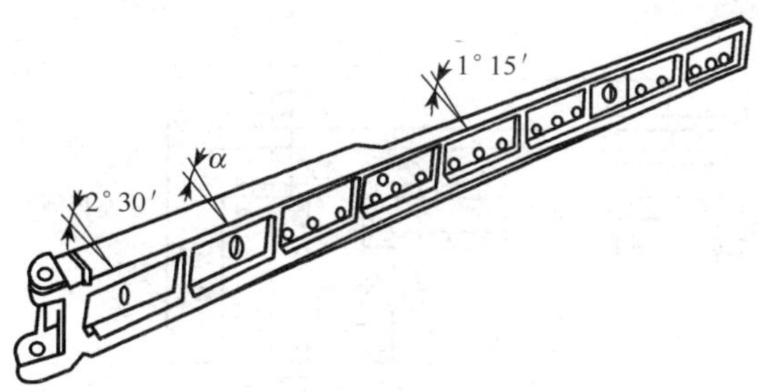

图 6-17 变斜角类零件

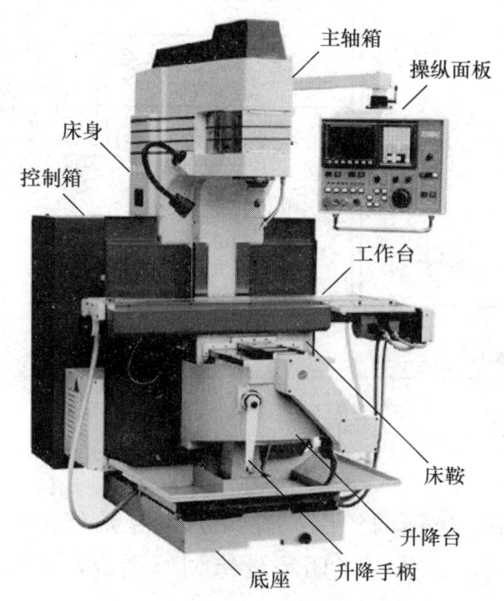

图 6-18 XK5032 立式升降台数控铣床

XK5032 型数控铣床是配有高精度、高性能、带有 CNC 控制的软件系统的三坐标数控铣床，并可附加第四控制轴。机床具有直线插补、圆弧插补、三坐标联动空间直线插补功能，还有刀具补偿、固定循环和用户宏程序等功能；能完成 90%以上的基本铣削、镗削、钻削、攻螺纹及自动工作循环等工作，可用于加工各种形状复杂的凸轮、样板和模具零件。

机床配置了 FANUC-OMC 数控系统。

2. 机床的传动系统

图 6-19 是 XK5032 型数控铣床的传动系统图。

(1) 主运动系统

电动机经带传动直接带动主轴Ⅱ旋转，通过改变带传动的传动比 ϕ71.02/ϕ162.56 或 ϕ96.52/ϕ127，可获得主轴的高速挡和低速挡。主轴电机采用的宽调速交流伺服电机，能实现无级调速，因此，主轴在高速挡的转速范围是 80～4500r/min，在低速挡的转速范围是 45～2600r/min。主轴的正反转由电动机的正反转控制。

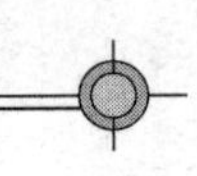

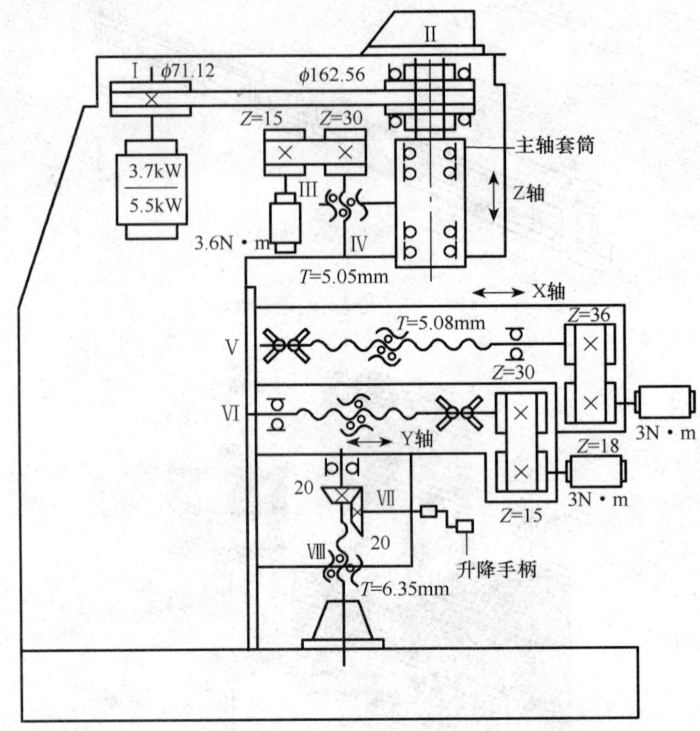

图 6-19　XK5032 型数控铣床传动系统图

(2) 进给运动系统

XK5032 型数控铣床三坐标的控制方式为工作台纵向（X 轴）、床鞍横向移动（Y 轴），主轴垂直升降（Z 轴），采用半闭环进给伺服系统，可实现两轴半和三轴的联动控制。

1) X 轴运动。交流伺服电机→同步带（18/36）→Ⅴ滚动丝杠螺母→工作台纵向移动。工作台的移动速度和方向由伺服电机控制。

2) Y 轴运动。交流伺服电机→同步带（15/30）→Ⅵ滚动丝杠螺母→床鞍横向移动。床鞍的移动速度和方向由伺服电机控制。

3) Z 轴运动。交流伺服电机→同步带（15/30）→Ⅳ滚动丝杠螺母→主轴套筒垂直移动。主轴套筒的移动速度和方向由伺服电机控制。

4) 升降台的运动。升降台的运动为手动控制。升降手柄→Ⅶ→弧齿锥齿轮（20/20）→Ⅷ丝杠螺母→升降台垂直移动。

3. 机床的典型部件

(1) 主轴部件

XK5032 型数控铣床的主轴部件工作时既旋转又作轴向运动，因此采用套装结构。如图 6-20 所示。

主轴通过前后双支承支撑在主轴套筒内，前支承为两个角接触球轴承背靠背配置方式，承受主轴的径向载荷和双向的轴向载荷，后端采用深沟球轴承，承受径向载荷。后端的花键部分连接带轮，由带轮带动主轴旋转。

主轴套筒支撑在主轴箱内，上面的螺母支架用来固定进给丝杠的滚珠螺母，通过丝杠螺母传动，实现主轴套筒的垂直移动。

刀具的装夹是用主轴前端的内锥孔定心，端面键传递扭矩，拉杆下端的钢球锁紧刀柄。安装刀具时，先启动电磁阀，压缩空气使活塞向下移动，再通过锁紧套筒推动推力套筒使拉杆下移到主轴内孔较大处，拉杆下端的六个钢珠径向松开。此时将刀柄缺口对准端面键，插入主轴的锥孔中，然后关闭电磁阀，活塞卸荷，在波形弹簧作用下，锁紧套筒带动推力套筒使拉杆上移，拉杆下端的六个钢珠又被径向缩回，卡在刀柄尾部的环槽中，将刀具锁紧，见图 6-20 中局部放大图。卸刀时，先手握刀柄，启动电磁阀将刀具取出。该装置气动控制，可实现刀具快速装卸。

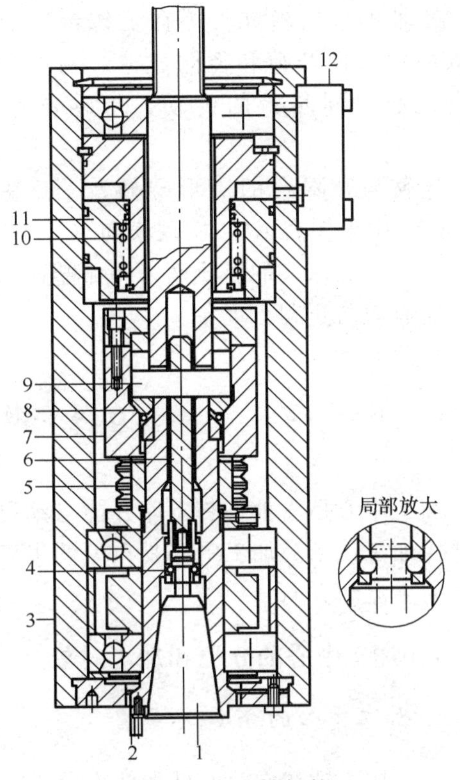

图 6-20　主轴部件

1. 主轴；2. 端面键；3. 主轴套筒；4. 钢珠；5. 波形弹簧；6. 拉杆；7. 锁紧套筒；8. 推力套筒；9. 轴销；10. 弹簧；11. 活塞；12. 螺母支架

(2) 工作台与床鞍

图 6-21 是工作台与床鞍的结构图。

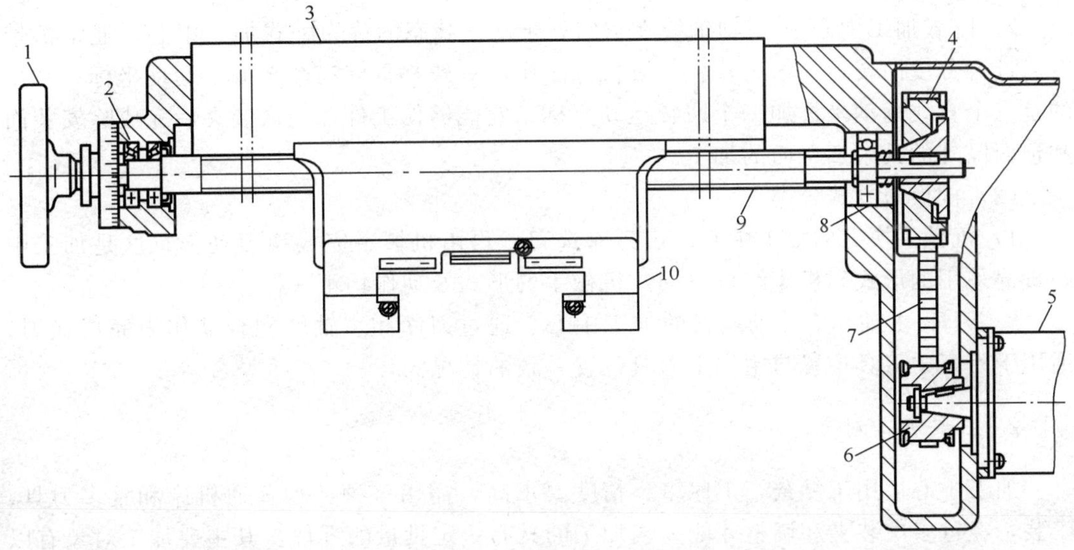

图 6-21　工作台与床鞍

1. 手轮；2. 左支承；3. 工作台；4. 从动带轮；5. AC 伺服电机；6. 主动带轮；7. 同步带；8. 右支承；9. 滚珠丝杠；10. 床鞍

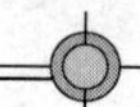

X 轴的进给丝杠支撑在工作台两端，左端用两个圆锥滚柱轴承支撑，承受工作台双向的轴向载荷和径向载荷，右端用向心球轴承只承受径向载荷。右端的交流伺服电机通过同步带的传动，带动丝杠旋转并移动。左端的手轮用于工作台手动操纵。

床鞍与升降台的矩形导轨配合，并通过支撑在升降台上的滚珠丝杠螺母传动（图 6-21 中未作表示），实现横向（Y 轴）移动。

工作台和床鞍的导轨面采用贴塑面，使导轨的摩擦系数降低，提高耐磨性和运动平稳，能有效防止爬行现象。

6.4 数控加工中心

加工中心是一种备有刀库并能自动更换刀具，工件在一次装夹中完成多种工序加工的数控加工设备。加工中心是典型的集高新技术于一体的机械加工设备，成为现代机床发展的主流和方向。

6.4.1 加工中心的分类和加工对象

1. 加工中心的分类

（1）按主轴在空间所处的状态分类

1）立式加工中心。主轴轴线在空间处于垂直状态的称为立式加工中心。工作台多为长方形，无分度回转功能，一般具有三个直线运动坐标，并可在工作台上安装一个水平轴的数控回转台，用以加工螺旋线零件。

2）卧式加工中心 。主轴轴线在空间处于水平状态的称为卧式加工中心。通常都带有可进行分度回转运动的工作台。卧式加工中心一般都具有三个至五个运动坐标，常见的是三个直线运动坐标加一个回转运动坐标，它能够使工件在一次装夹后完成除安装面和顶面以外的其余四个面的加工。

（2）按换刀方式分类

1）机械手换刀的加工中心。由刀库选刀，再由机械手完成换刀动作，这是加工中心普遍采用的形式。机床结构不同，机械手的形式及动作均不一样。

2）刀库-主轴相对移动换刀的加工中心。通过刀库和主轴的配合动作来完成换刀，适用于刀库中刀具位置与主轴上刀具位置一致的情况。

2. 主要加工对象

加工中心适用于复杂、工序多、精度要求高，需用多种类型普通机床和繁多刀具、工装，经过多次装夹和调整才能完成加工的具有一定批量的零件。其主要加工对象有以下四类。

（1）箱体类零件

箱体类零件是指具有一个以上的孔系，并有较多型腔的零件，这类零件在机械、汽车、飞机等行业较多，如汽车的发动机缸体、变速箱体，机床的床头箱、主轴箱，柴油机缸体，齿轮泵壳体等。

（2）复杂曲面

在航空航天、汽车、船舶、国防等领域的产品中，复杂曲面类占有较大的比重，如叶轮、螺旋桨、各种曲面成型模具等。

（3）异形件

异形件是外形不规则的零件，大多需要点、线、面多工位混合加工，如支架、基座、样板、靠模等。

（4）盘、套、板类零件

带有键槽、径向孔或端面有分布孔系及有曲面的盘套或轴类零件，还有具有较多孔加工的板类零件，适宜采用加工中心加工。

6.4.2 XH714数控加工中心

XH714立式加工中心是一种中小规格、高效通用的自动化机床。该机床设有可容20把刀具的自动换刀系统，并有先进的数字控制系统Sinumerik810D，通过编程，在一次装夹中可自动完成铣、镗、钻、铰、攻丝等多种工序的加工。若选用数控回转台，可扩大为四轴控制，实现多面加工。图6-22所示是XH714立式加工中心

图6-22 XH714立式加工中心

XH714立式加工中心采用钢筋封闭式框架结构，刚性高、抗震性好；主传动采用交流调速电机，在45～4500r/min范围内无级变速，对不同零件加工的适应能力强。X、Y、Z三个方向采用镶钢——贴塑导轨副，滚珠丝杠传动，高速进给震动小，低速无爬行，精度稳定性高；间歇自动润滑系统使各主要运动部件均能得到良好的自动润滑，有效地提高了可靠性和使用寿命，因此，该机床具有刚性好、变速范围宽、精度高、柔性大等特点，特别适用于多品种生产的机器制造厂。

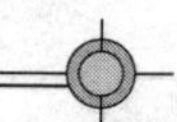

1. XH714 立式加工中心传动系统

本机床传动系统分为主传动系统、进给系统和辅助运动系统，见图 6-23。

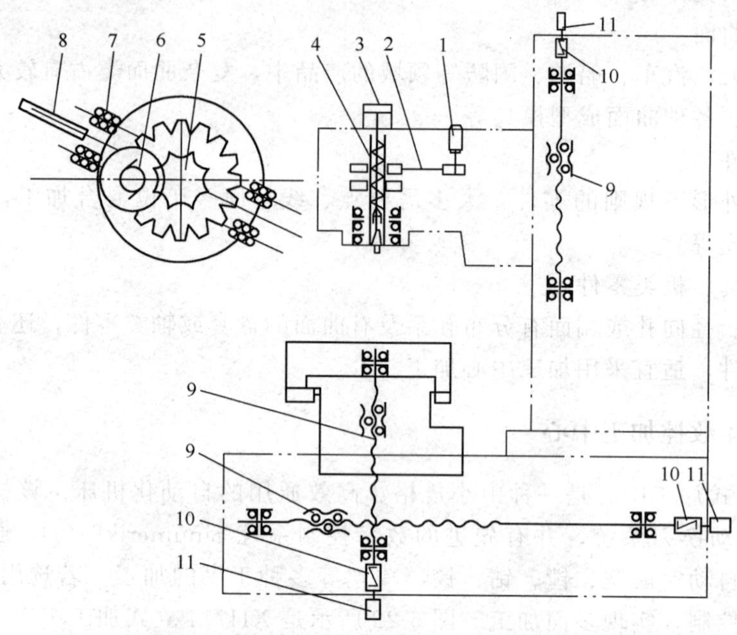

图 6-23　XH714 立式加工中心传动系统

1. 主轴电机；2. 同步带传动副；3. 气缸；4. 主轴；5. 槽轮机构；6. 低速力矩电机；7. 直线滚动导轨；8. 刀库气缸；9. 滚珠丝杠螺母；10. 弹性膜片联轴器；11. 进给伺服电机

(1) 主传动系统

主传动系统由交流伺服电机 1、同步带传动件 2（传动比为 1∶1）及执行件主轴 4 组成。

(2) 进给运动

进给运动分为 X、Y、Z 三个方向上的直线运动。这三个方向的传动原理完全一样，均由伺服电机 11 通过弹簧膜片联轴器 10 与滚珠丝杠螺母 9 直联，从而使执行件工作台（床鞍、铣头）沿 X（Y、Z）轴作直线运动。

(3) 辅助运动

辅助运动主要有换刀运动。低速力矩电机 6，通过槽轮机构 5 实现刀库刀盘的分度运动，气缸 8 完成刀库的送进与复位。配合换刀运动，还有气动的夹刀运动和主轴吹气。

2. XH714 立式加工中心的自动换刀装置

XH714 加工中心采用的是由刀库和主轴的相对运动实现刀具交换。此换刀方式须将用过的刀具送回刀库，然后再由刀库取新刀具送至主轴。由于这两个动作不能同时进行，因此换刀时间较长。

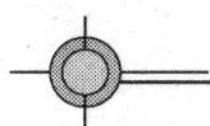

(1) 换刀过程

图 6-24 所示是这种换刀方式的实例，刀库位于主轴箱左侧，刀具交换顺序如下：

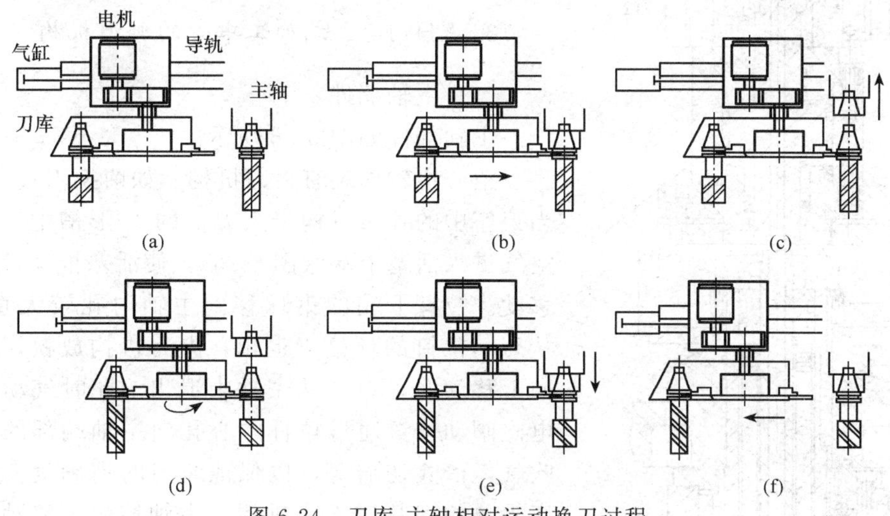

图 6-24　刀库-主轴相对运动换刀过程

1) 加工结束，主轴箱移动到与刀库等高的位置并在准停位置停止转动，同时刀库回转，使刀库的某个空刀位座对准主轴上的刀具柄部 V 形槽，见图 6-24 (a)。

2) 刀库右移，刀座中的弹簧机构卡入刀柄的 V 形槽中，见图 6-24 (b)。

3) 主轴上的夹刀机构放松，主轴箱向上移动，离开刀具，见图 6-24 (c)。

4) 刀库旋转，移走用过的刀具，并将下工序需要的刀具对准主轴，见图 6-24 (d)。

5) 主轴箱向下移动，使刀具插入主轴锥孔内，夹刀机构将刀具夹紧在主轴上，见图 6-24 (e)。

6) 刀库向左快速移动，离开主轴箱，换刀结束见图 6-24 (f)。

(2) XH714 加工中心的刀库部件

图 6-25 所示是 XH714 加工中心的刀库部件，主要由支架、支座、槽轮机构、圆盘等组成。

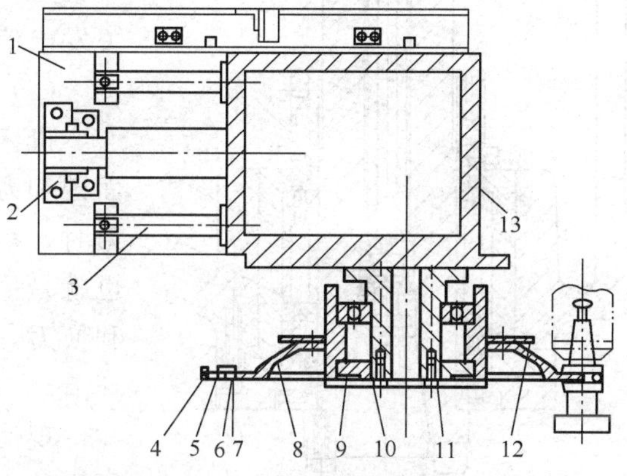

图 6-25　XH714 加工中心刀库

1. 支架；2. 气缸；3. 直线滚动导轨副；4. 工具导柱；5. 工具导向板；6. 刀具座；7. 刀具键；8. 圆盘；9. 轴承；10. 轴承；11. 轴；12. 槽轮；13. 支座

圆盘 8 用于安放刀柄，圆盘上装有 20 套刀具座 6，每套刀具座中都有刀具键 7、工具导向板 5 和工具导向柱 4。刀具座通过工具导向板、工具导向柱的作用夹持刀柄，刀具键镶入刀柄键槽内，保证刀柄键在主轴准停后准确地卡在主轴轴端的端面键上。圆盘由轴承 9、10 支承，在低速力矩电机、槽轮机构 12 的作用下，绕轴 11 回转，实现分度运动。支座 13 与圆盘等组件连接，在气缸 2 作用下，沿直线滚动导轨副 3 作往复运动，完成刀库送刀、接刀运动。支架 1 安装

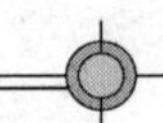

在立柱左侧，用于支承刀库部件，确定刀库部件与主轴的相互位置。

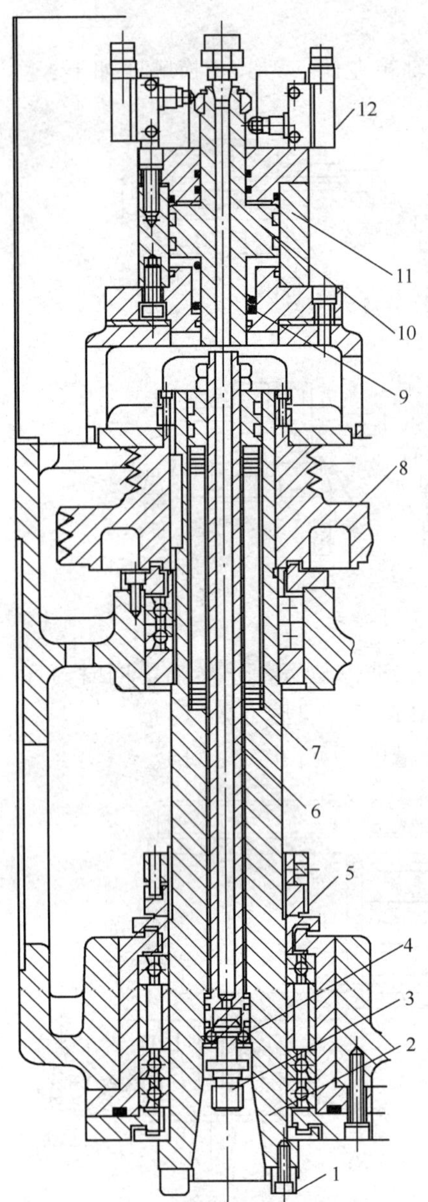

图 6-26 主轴部件

1. 端面键；2. 主轴；3. 刀柄拉钉；4. 钢珠；5. 螺母；6. 拉杆；7. 蝶形弹簧；8. 带轮；9. 弹簧；10. 活塞；11. 气缸；12. 行程开关

3. XH714 立式加工中心的典型机构

(1) 主轴部件

主轴部件如图 6-26 所示。

空心主轴内装有夹刀机构。如前换刀过程所述，当刀座中的弹簧机构卡入刀柄的 V 形槽中后，压缩空气进入活塞上端（图 6-26），使活塞推动拉杆向下移动。拉杆下端的钢珠移到主轴内孔较大直径处，从刀柄拉钉的环槽中退出，夹刀机构放松，主轴箱向上移动时，刀杆从主轴中退出。此时气动系统的电磁阀动作，通过拉杆中心孔向主轴端部的锥孔内吹气，清除切屑等，以保证装刀的精确度。当下工序需要的刀具对准主轴后，主轴箱向下移动，使刀具插入主轴的锥孔内，活塞上端卸荷，在蝶形弹簧力作用下，拉杆向上移动，钢珠又回到移到主轴内孔小直径处，卡入刀柄拉钉的环槽中，将刀杆夹紧，参见图 6-20。刀杆的夹紧与放松，由上端的行程开关发出信号。

(2) 主轴准停装置

机床工作时，切削转矩通常是通过主轴上的端面键和刀柄上的键槽来传递的，因此每一次自动换刀时，都必须使刀柄上的键槽对准主轴的端面键，也就是主轴必须准确停在某固定的角度上，才能顺利换刀。由此可知主轴准停是实现 ATC 过程的重要环节。

现代数控机床较多地采用电气准停装置。图 6-26 所示的主轴部件采用了磁性传感器准停装置。在主轴带轮上方的厚垫片上安装一个永久磁铁，与主轴一起旋转。在对应主轴准停位置处，距离永久磁铁旋转外轨迹 1～2mm 处固定一个磁传感器，它经过放大器并与主轴控制单元相连接，如图 6-27 所示。当数控装置发出主轴停转指令，主轴电机立即降速，在主轴以最低转速转动很少的几转后，永久磁铁对准磁性传感器时，磁性传感器发出准停信号，信号经放大后，由定向电路控制主轴电机准确的停在规定的位置上。

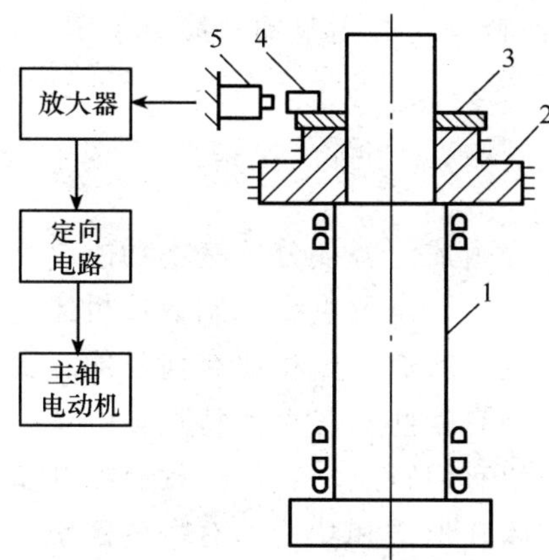

图6-27　磁性传感器准停装置

1. 主轴；2. 带轮；3. 垫片；4. 永久磁铁；5. 磁性传感器

本章实训

实训项目　加工中心自动换刀装置

1. 知识与技能目标

1）了解加工中心自动换刀装置的类型。

2）了解刀库的结构形式和选刀方式。

3）了解自动换刀的工作原理过程。

2. 实训器材

JCS-018A加工中心或其他型号的机械手换刀的加工中心。

3. 实训过程

1）观察加工中心换刀装置的结构组成。

2）观察换刀装置的工作情况和换刀过程。

3）绘制换刀过程的原理图，并用文字简要说明。

4. 思考题

1）机械手换刀与刀库-主轴相对移动的换刀方式相比有何特点？

2）如何保证机械手抓取刀具时，既掉不下来，又能方便的取出？

小　　结

本章简要介绍了数控机床的分类、组成、工作原理，以及数控车床、数控铣床、数控加工中心的工作特点与应用。数控车床、数控铣床、数控加工中心的传动系统、典型部件的结构特点、工作原理和换刀机构的结构、工作原理。通过本章的学习，要重点掌

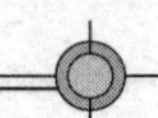

握以上几种机床的作用、工作特点与应用范围。简单了解数控机床的分类、组成和发展趋势。

习　　题

6.1　数控设备由哪几部分组成？各部分的基本功能是什么？数控设备有哪些特点？

6.2　何谓点位控制数控机床、点位直线控制数控机床、轮廓控制数控机床？

6.3　数控车床的传动系统与普通车床相比有何不同？更适合什么类型的零件加工？

6.4　数控车床的结构布局有哪些？各有何特点？

6.5　数控车床的回转刀架有何特点？转位过程有哪几步？

6.6　数控铣床与普通铣床在形式和功能上有哪些区别？

6.7　XK5032 数控铣床的主轴部件有何特点？如何实现刀杆的夹紧？

6.8　加工中心与一般数控机床相比有何特点？适合于什么类型的零件加工？

6.9　数控加工中心的主轴为何需要准停？如何实现准停？

6.10　XH714 采用什么换刀方式？换刀过程有哪几步？

第7章

发动机构造原理

本章概述

内燃机是一种动力机械，它是通过使燃料在机器内部燃烧，并将其放出的热能直接转换为动力的热力发动机。常见的内燃机有柴油机和汽油机。本章简单介绍发动机的分类及型号，重点学习发动机的工作原理和两大组件的结构特点，五大系统的作用、工作原理，以及电子技术在发动机上的应用。

知识目标

1. 了解发动机的分类及型号，多缸发动机的工作原理。
2. 理解发动机的工作原理。
3. 掌握机体部件、曲柄连杆机构的结构特点。
4. 掌握柴油机各系统的作用、工作原理。
5. 了解电子技术在发动机上的应用。

能力目标

1. 会柴油机各系统的调节。
2. 会发动机活塞气缸部件的间隙测量。

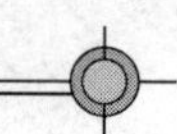

7.1 概　　述

7.1.1 发动机的定义

将能源转化为机械能的装置称为动力机械，也叫发动机。本章所指发动机是利用热能做功的机器，称之为热机。热机分外燃机和内燃机两种。由于外燃机（主要指蒸汽机）已退出动力机械领域，因此，目前人们所称发动机主要是指内燃机，即燃料在气缸内部燃烧的发动机。

7.1.2 发动机的分类

按所用燃料不同分：柴油机、汽油机、煤气机等。

按活塞运动方式分：往复式、旋转式。

按活塞行程数分：四行程、二行程。

按气缸数分：单缸机、多缸机。

按气缸排列方式分：直列式、对置式、卧式、V 型、W 型等。

按点火方式分：压燃式、点燃式。

按进气方式分：自然吸气式、增压式。

按冷却方式分：水冷、风冷。

按额定转速分（柴油机）：高速（1000r/min 以上）、中速（600～1000r/min）、低速（600r/min 以下）。

7.1.3 发动机的型号

国家标准规定的发动机型号及编制规则如图 7-1 所示。

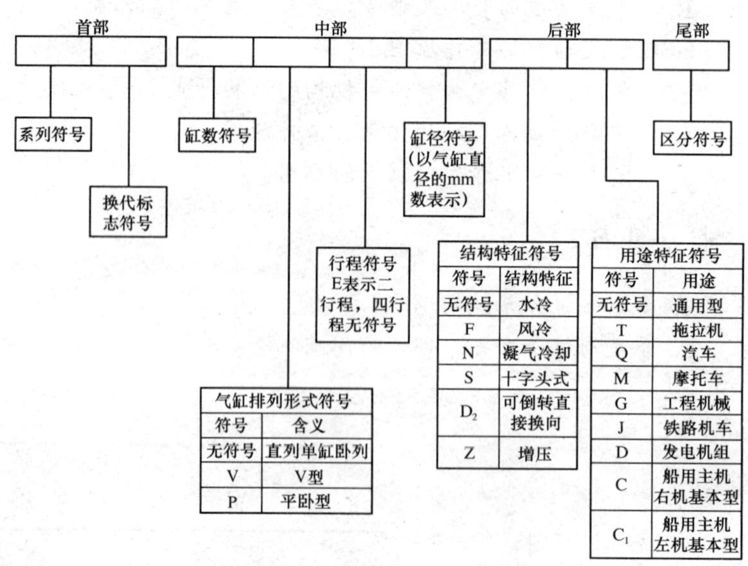

图 7-1　发动机型号编制规则

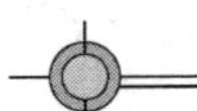

例：6135Q——表示六缸、直列式、四行程、缸径 135mm 的水冷汽车用柴油机。

7.2　发动机基本知识与工作原理

7.2.1　发动机基本知识

1. 发动机基本结构

图 7-2 为发动机结构简图。在圆筒形的气缸 5 中有一个活塞 6，连杆 8 的上端通过活塞销 7 与活塞 6 铰接，其下端与曲轴 9 的连杆轴颈铰接，从而把只能作直线往复运动的活塞与只能作旋转运动的曲轴联系起来，使这两种机械运动可以相互转换。气缸的上端由气缸盖 4 封闭，气缸盖上装有进气门 3 和排气门 1，并由专门机构分别控制而实现对进排气道的开闭。另一个由专门机构控制的喷油器 2，负责定时向燃烧室喷射柴油。曲轴的一端装有飞轮 10，以使曲轴均匀旋转。

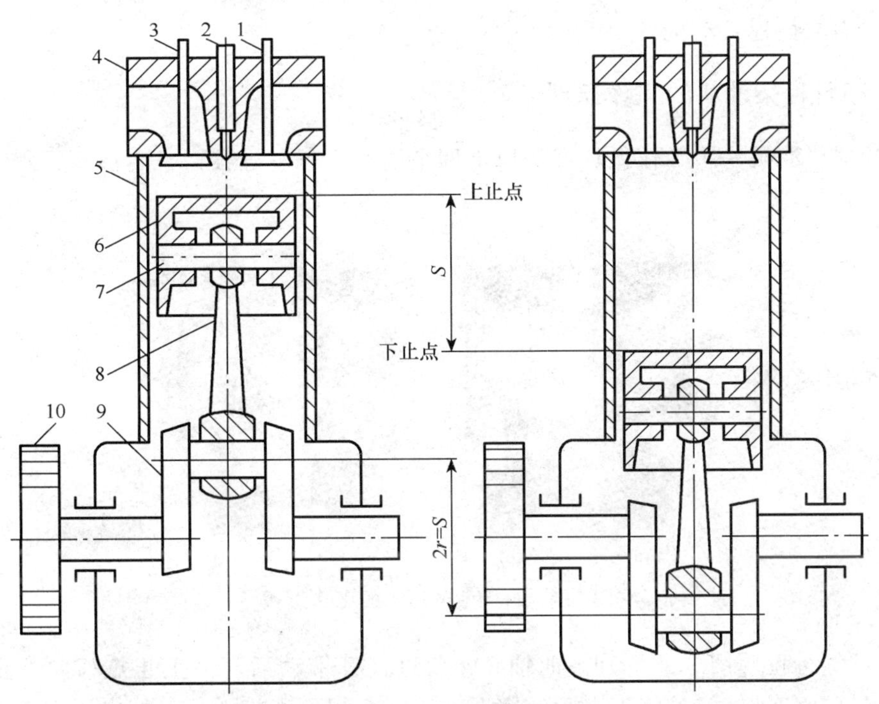

图 7-2　单缸四行程柴油机结构简图

1. 排气门；2. 喷油器；3. 进气门；4. 气缸盖；5. 气缸；6. 活塞；7. 活塞销；8. 连杆；9. 曲轴；10. 飞轮

2. 发动机常用术语

上止点：活塞顶面离曲轴回转中心最远处，称为上止点。

下止点：活塞顶面离曲轴回转中心最近处，称为下止点。

活塞行程：上、下止点间的距离称为活塞行程，用 S 表示。曲轴与连杆大头的连

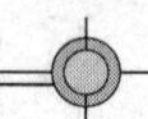

接中心至曲轴中心的距离 r 称为曲柄半径，显然 $S=2r$。同时曲轴每转一周，活塞移动两个行程。

气缸工作容积：活塞从上止点到下止点所让开的空间，或从下止点到上止点所排开的空间称为气缸工作容积。

排量：多缸发动机各缸工作容积之和称为发动机排量。

燃烧室空积：活塞在上止点时，活塞顶面上方的空间为燃烧室容积。

气缸总空积：当活塞处于下止点时，活塞顶上方的空间为气缸总容积。

压缩比：气缸总容积与燃烧室容积之比称为压缩比。它表示活塞由下止点运动到上止点时，气缸内气体被压缩的程度。压缩比越大，则压缩终了时气体的压力和温度就越高。

工作循环：发动机每完成进气、压缩、做功、排气四个过程为一个工作循环。

四行程发动机：曲轴旋转两圈（720°），活塞上下运动四次，完成一个工作循环的发动机称为四行程发动机。

二行程发动机：曲轴旋转一圈（360°），活塞上下运动两次，完成一个工作循环的发动机称为二行程发动机。

7.2.2 四行程柴油机的工作原理

四行程柴油机一个工作循环经历以下四个过程，每一过程由一个活塞行程完成，如图 7-3 所示。

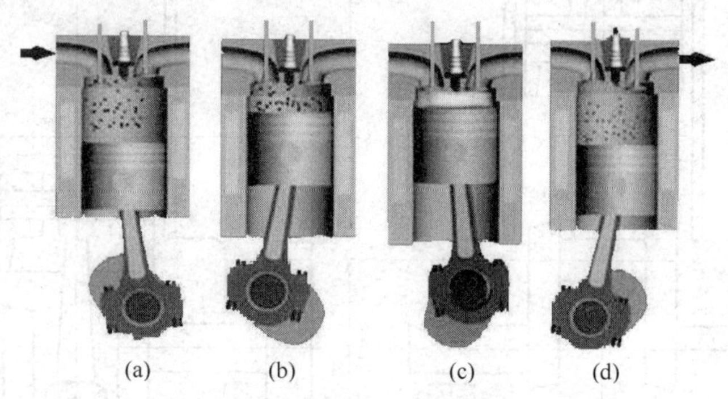

图 7-3 四行程柴油机的工作过程

1）进气行程［图 7-3（a）］。曲轴旋转通过连杆带动活塞由上止点移向下止点，此时进气门打开，排气门关闭。由于活塞上方空间容积不断扩大，气缸内压力降至大气压力以下，新鲜空气经进气门不断被吸入气缸。进气终了时气缸压力约为 0.085～0.095MPa，同时受上一循环残存废气的影响，温度约为 50～100℃。

2）压缩行程［图 7-3（b）］。活塞到达下止点后，随着曲轴的继续旋转，活塞由下止点向上止点运动，此时进、排气门均关闭。由于气缸容积不断减小，空气受压缩后温度、压力随之升高，压力可达 3～5MPa，温度可达 500～700℃，为柴油的燃烧准备了充分条件（柴油自燃温度约为 330℃）。

3）作功行程［图 7-3（c）］。当压缩行程接近终了（即活塞接近上止点时），喷油器将柴油以雾状喷入气缸，并迅速与空气混合，形成可燃混合气，在气缸高温作用下自行着火燃烧，温度和压力迅速上升，温度可达1700～2000℃，压力可达8～10MPa。此时由于进、排气门仍处于关闭状态，高压气体将活塞从上止点推向下止点，并通过连杆推动曲轴旋转做功。随着活塞下移，气缸容积不断增大，气体压力和温度也逐渐降低，这一过程实现了化学能变热能、热能变机械能的两次能量转换。

4）排气行程［图7-3（d）］。做功行程至下止点后，随着曲轴的继续旋转，活塞由下止点向上止点运动，此时排气门打开，进气门关闭，废气在自身压力和活塞推力的作用下排出气缸。排气终了时的温度约为430～630℃，压力约为0.105～0.12MPa。

柴油机经历了进气、压缩、作功、排气四个过程，完成了一个工作循环。由于曲轴一端装有飞轮，依靠飞轮旋转的惯性将使曲轴继续旋转，则下一个工作循环又将开始，如此周而复始，使柴油机得以连续运转。

从上述四个行程中不难看出，只有作功行程发出能量，其余三个行程都要消耗能量。最初（起动时）这些能量需依靠外力提供，当柴油机一旦着火工作以后，由作功行程向其余三个行程提供能量（能量以飞轮惯性的形式提供），而这三个行程又为作功行程创造必要的条件。

四行程汽油机和四行程柴油机工作原理基本相同，所不同的是：柴油机利用压缩产生的热量将混合气点燃，而汽油机利用火花塞所产生的高压电火花将混合气点燃；另外，汽油机的混合气一般在气缸外部形成。四行程汽油机在此不作介绍。

二行程汽油机主要用于小型机械上，如小型摩托车，二行程柴油机已全面淘汰；转子式发动机目前还未全面应用；汽轮机主要用于航空机械上。因此本章主要介绍四行程柴油机。

7.2.3 曲轴旋转平稳性的平衡

1. 曲轴旋转平稳性的方法

由于发动机工作中四个行程的不平衡，必然导致运转的不平衡。解决曲轴旋转平稳性的方法主要有以下两种。

（1）安装飞轮

由于飞轮质量较大，装于曲轴一端，利用它的惯性作用，在作功行程中贮存部分动能，使曲轴转速不致太快；而在其他三个行程中释放动能，又使曲轴转速不致太慢，从而使曲轴旋转较为平稳。所以飞轮是稳定曲轴转速不可缺少的方法。但是，随着发动机功率的增大，飞轮就得很大、很笨重。

（2）多缸发动机

大功率发动机可采用多缸发动机。多缸发动机就是将若干个单缸发动机按一定方式排列组合成一体，将各缸的活塞连杆组件连在同一根曲轴上，并使各缸的作功过程有一定的间隔和补充，成为一个整体的发动机。由于间隔作功，曲轴的受力较为均匀，转速也比较稳定，可以减小飞轮的尺寸和重量。

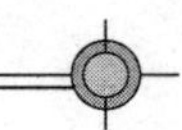

2. 多缸发动机的作功间隔与作功顺序

为了使发动机转速平稳，多缸发动机各缸的作功行程均匀错开。即在发动机完成一个工作循环的曲轴转角内，各缸作功行程的间隔角（以曲轴转角表示）应力求均匀。若多缸发动机的气缸数为 i，则四行程发动机各缸的作功间隔角应为 720°/i；二行程发动机各缸的作功间隔角应为 360°/i。

为了使曲轴和机体承载合理均匀，并有利于作功缸的散热，应使连续作功的两缸相距尽可能远些。下面以四缸发动机为例说明其工作次序。

四缸机作功间隔角应为 720°/4＝180°。其曲轴形状毫无例外地都将四个曲拐布置在同一平面内，且前后对称，即 1、4 缸曲拐在曲轴轴线的同一侧，2、3 缸曲拐在曲轴轴线的另一侧（图 7-4）。发动机的各缸工作次序有两种：1—3—4—2 或 1—2—4—3。其工作循环见表 7-1。

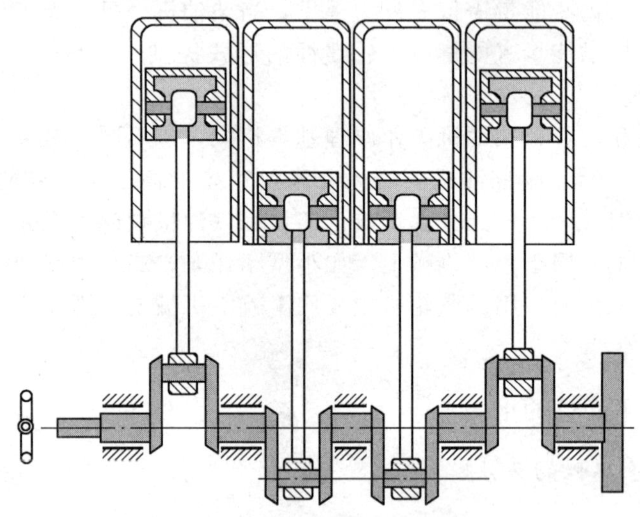

图 7-4 四缸机的曲拐布置

表 7-1 四缸机工作循环（作功次序：1—3—4—2）

曲轴转角	一缸	二缸	三缸	四缸
0°～180°	作功	排气	压缩	进气
180°～360°	排气	进气	作功	压缩
360°～540°	进气	压缩	排气	作功
540°～720°	压缩	作功	进气	排气

7.2.4 发动机的总体构造

为实现燃料化学能转换成热能进而转换为机械能这一能量转换过程，并能连续、长期、稳定地工作，发动机是一部由许多机构和系统组成的复杂机器，如图 7-5 所示。现代发动机甚至可以称为机电一体化最完备的装置。

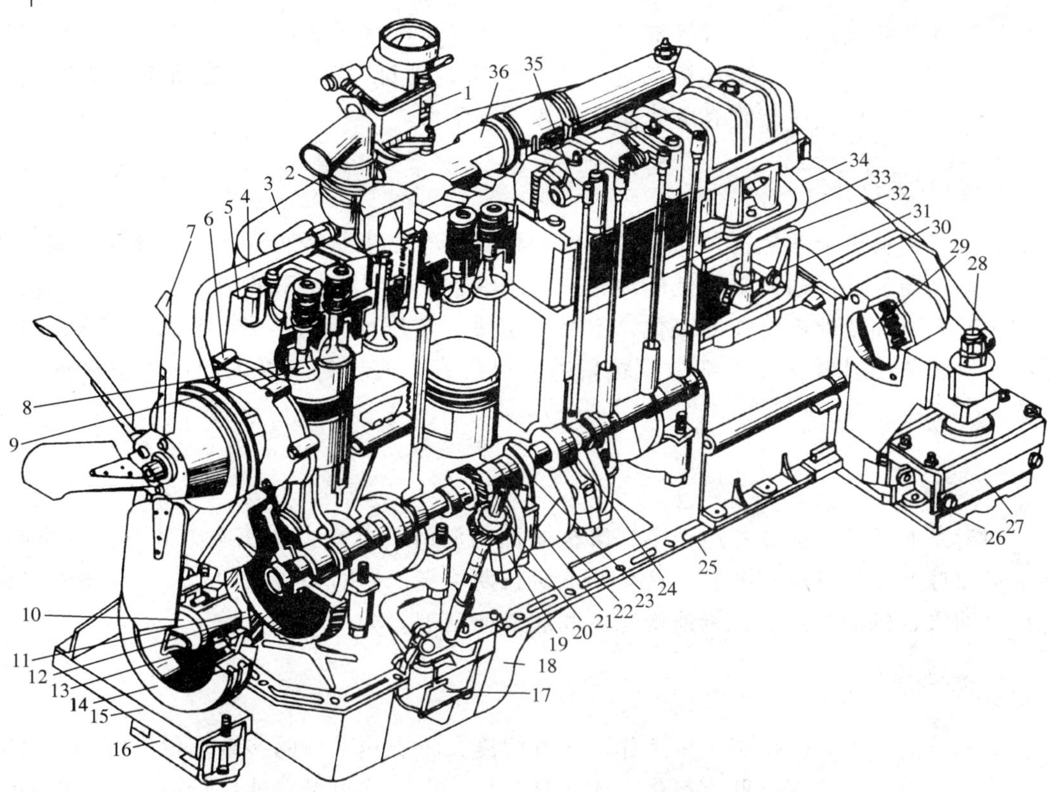

图 7-5　发动机总体构造

1. 化油器；2. 曲轴处通风装置；3. 进、排气支管总成；4. 小循环水管；5. 气缸盖；6. 水泵；7. 风扇；8. 进气门；9. 排气门；10. 起动爪；11. 曲轴正时齿轮；12. 凸轮轴正时齿轮；13. 正时齿轮室盖及曲轴前油封；14. 曲轴输出带轮；15. 发动机前悬置支架总成；16. 发动机前悬置软垫总成；17. 机油泵；18. 油底壳；19. 活塞、连杆总成；20. 机油泵、分电器驱动轴总成；21. 主轴承盖；22. 曲轴；23. 曲轴止推片；24. 凸轮轴；25. 油底壳衬垫；26. 发动机后悬置软垫；27. 限位板；28. 发动机后悬置螺栓；29. 飞轮；30. 飞轮壳；31. 曲轴箱通风挡油板；32. 后挺杆室盖；33. 气缸体；34. 曲轴箱通风管；35. 摇臂；36. 气缸盖出水管

1. 机体组件

机体组件是整个柴油机的基础和骨架，所有的运动机构和系统都由它支承和定位，借以形成完整的柴油机，包括机体（气缸体-曲轴箱）、气缸套、气缸盖和油底壳等。

2. 曲柄连杆机构

曲柄连杆机构是柴油机借以产生并传递动力的机构，通过它把活塞在气缸中的直线往复运动（推力）和曲轴的旋转运动（转矩）有机地联系起来，并由此向外输出动力。曲柄连杆机构包括活塞连杆组和曲轴飞轮组等。

3. 配气机构

配气机构主要由进气门、排气门、摇臂、推杆、挺杆、凸轮轴、正时齿轮等组成，

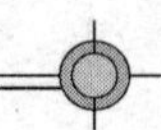

其作用是使新鲜气体适时充入气缸并及时排出废气。配气系统还包括设置在气缸盖内的进、排气道，与进、排气道连接的进、排气歧管，进排气管，空气滤清器，排气消声器，增压式柴油机上还装置有废气涡轮增压器。

4. 燃料供给系

柴油机燃料供给系包括：燃油箱、柴油粗滤清器、柴油精滤清器、喷油泵、调速器总成、喷油器、柴油输送泵、低压油管、高压油管。燃料供给系的功用是，根据柴油机工作循环需要和柴油机负荷的变化，定时、定量、定压地将清洁的柴油输送至喷油器，由喷油器将柴油以雾状（极细微颗粒）喷入燃烧室，使之与气缸内的压缩空气混合并燃烧。

5. 润滑系

润滑系的任务是保证各运动零件摩擦表面的润滑，以减少摩擦阻力和零件的磨损，并带走摩擦产生的热量和磨屑，这是柴油机长期可靠工作的必要条件之一。润滑系主要包括机油泵、机油滤清器、机油冷却器和润滑油道等。

6. 冷却系

冷却系的任务是保持柴油机工作的正常温度，将受热零件的多余热量散发到大气中去。柴油机温度过高或过低，都将影响正常工作，因而这也是柴油机长期可靠工作的必要条件之一。冷却系主要包括水泵、风扇、散热器和节温装置等。

7. 起动装置

静止的柴油机需借助外力才能转入自行运转。起动装置为柴油机的起动提供外力创造必要条件。起动装置包括起动机（电动机或二行程汽油机）及便利于起动的辅助装置。

由于所用燃料不同，汽油机与柴油机相比，总体构造有两点主要不同：

1）汽油机燃料供给系不同。汽油机在进气管路中串连一个制备汽油与空气混合的装置——化油器（或电子控制的汽油喷射系统）。把汽油与即将进入气缸的空气，根据发动机不同工况的要求，制备成各种适当浓度的混合气，进入气缸。

2）汽油机中有点火系统。因为汽油机进入气缸的是汽油与空气的混合气，因此汽油机的压缩比不可能像柴油机那么大（柴油机压缩比一般为 16～22，而汽油机的压缩比一般只有 6～9）。否则，活塞还未到上止点，缸内混合气就可能被压燃，发动机将无法运转。汽油机设置有点火系统，其任务是：在活塞上行到压缩行程临近上止点时，在缸内产生电火花，以点燃气缸内的可燃混合气。汽油机的点火系包括：蓄电池、发电机、点火线圈、分电器、火花塞、低压导线和高压导线等。

综上所述，曲柄连杆机构与供给系互相配合，得以实现能量的转化，发出动力，是柴油机的核心机构。它们工作情况的好坏，对柴油机的性能具有决定性的影响，而其他各机构和系统则都是起保证作用的。它们之间互相配合、协同动作，为柴油机的长期工作创造必要的条件，缺一不可。

7.3 机体组件

7.3.1 机体组件的功用与组成

机体组件是发动机的基础和骨架，发动机的各机构和各系统均安装在机体组件。机体组件还要承受各种载荷的作用，因此要求机体具有足够的强度和刚度，又尽可能尺寸小、质量轻、耐磨损和耐腐蚀。

机体组件包括气缸体、曲轴箱、气缸套、气缸盖和气缸垫等机件。

7.3.2 机体组件的主要机件

1. 气缸体

气缸体用来安装气缸套，水冷发动机的气缸体通常和上曲轴箱铸成一体，总称气缸体（或机体）。通常用铸铁铸造，目前在轿车发动机上采用铝合金机体的越来越普遍。

常见气缸布置形式有单列卧式、单列直立式、V 型及对置式等。气缸数在 6 缸以下的发动机常采用单列直立式［图 7-6（a)］。8 缸以上的发动机多采用 V 型［图 7-6（b)］，这种结构缩短了发动机的长度和高度，缸体的刚度及曲轴的扭转强度和刚度都相应提高，但结构复杂。

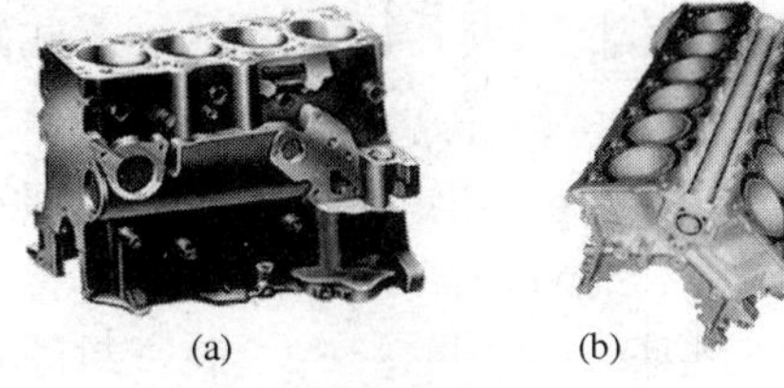

(a) (b)

图 7-6 液冷整体式气缸体

水冷式发动机的气缸体横断面结构形式通常有三种，即龙门式、无裙式和隧道式（图 7-7）。

曲轴箱的下平面位于曲轴中心线以下，如图 7-7（a）所示，称为龙门式。多数柴油机的曲轴箱是采用这种结构形式，由于其上有一定的龙门高度，所以可锻铸铁的主轴承盖就可以以一定的过盈度压装于曲轴箱上，取得较理想的效果。

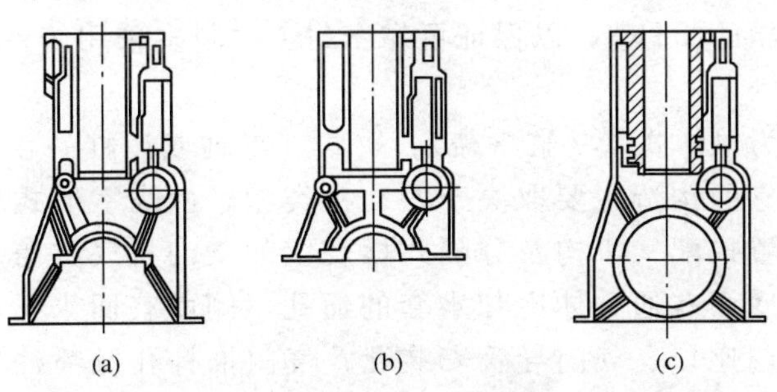

(a) (b) (c)

图 7-7 气缸体的断面形状

无裙式气缸体［图 7-7（b)］的曲轴轴线与油底壳安装平面在同一平面内，其加工简便，但整体刚度差，一般多用于汽油机。

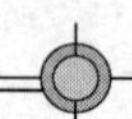

图 7-7（c）是一种隧道式曲轴箱，这种结构是用在曲轴的主轴承为滚动轴承的柴油机上，其强度和刚度好，但曲轴需从缸体的后端装入，拆装不方便。为了提高气缸和曲轴箱的刚度，在气缸体和曲轴箱内铸有隔板和加强肋。

2. 气缸套

镶入气缸体的圆筒形气缸称为气缸套。气缸套与活塞、气缸盖共同组成燃烧室和工作容积，并引导活塞作直线运动，同时其又是散热通道。

目前国内使用较多的是高磷合金铸铁材料，内孔进行表面处理，提高耐磨性。气缸套有干式与湿式两种形式。

（1）干式气缸套

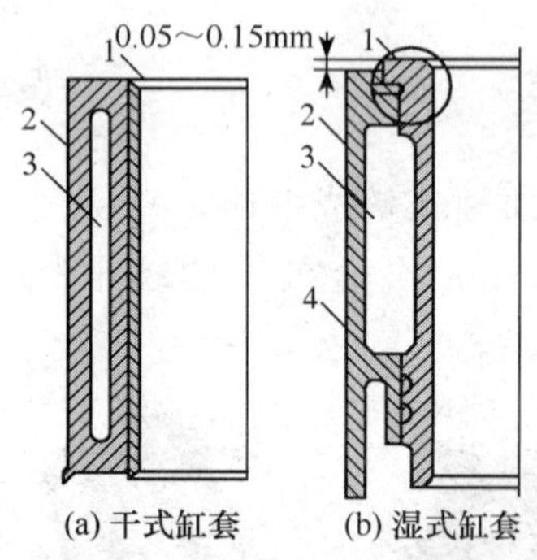

图 7-8　气缸套的结构形式
1. 缸套；2. 缸体；3. 冷却水道；4. 封水圈

干式缸套［图 7-8（a)］是一个以过盈或过渡配合镶在缸体相应支承孔中的薄壁圆筒，其壁厚为 3～5mm。干式缸套不与冷却水直接接触，无腐蚀和穴蚀现象，刚度好，但散热条件差，另外，这种形式的缸套还有加工精度要求高、工艺性差（这是由于壁薄所造成）和维修困难等缺点。

（2）湿式气缸套

湿式缸套［图 7-8（b)］外表面直接与冷却水接触。一般缸套外表面的为上下两部分凸起的圆柱表面，用以保证缸套的径向定位。缸套壁厚约为 5～9mm。缸套上部凸缘使其轴向定位，下部圆柱表面处加工出 2～3 道密封圈槽，以安装密封圈，这种 O 形密封圈多用耐热耐油橡胶制成。

湿式缸套冷却效果好，加工容易，修理拆装方便，当前，大、中功率四冲程柴油机多采用湿式缸套。但易产生漏水现象，故必须把握正确的装配工艺。

3. 气缸盖

气缸盖用来封闭气缸顶面，与气缸和活塞共同组成燃烧室和工作腔。气缸盖直接接触高温燃气，承受螺栓预紧力、燃气压力和交变应力，要求气缸盖具有一定强度和刚度，冷却可靠，接合面要平整，以保证可靠密封。材料多采用铸铁，也有采用铝合金铸造。

气缸盖结构分为单体式（一缸一盖)、块式（二缸或三缸一盖）和整体式（多缸共用一盖）三种。它的构造主要取决于发动机类型、燃烧室形式和配气机构的布置等。其中以采用顶置式配气机构及分隔式燃烧室的柴油机气缸盖较为复杂，内部有连通的冷却水套，底面有通缸体冷却水套的通孔，侧面有回水孔，对应每个气缸还有进排气通道、气门座口、气门导管安装孔、气门推杆孔及喷油器安装孔（汽油机有火花塞安装孔）和辅助燃烧室；另外还有缸盖固定螺栓的安装孔及通往摇臂的润滑油道等。

图 7-9 所示是 6135 型柴油机的气缸盖，属于块式结构，与缸体安装时通过两个定位套筒定位。

气缸盖用螺栓紧固在气缸体上，为了保证在气缸体端面各处都能均匀压紧，在拧紧螺栓时，必须由中央对称地向四周扩展的顺序分 2～3 次进行，最后一次的拧紧力应符合工厂的规定值。

4. 气缸垫

气缸垫用来保证气缸体与气缸盖结合面间的密封，防止漏气、漏水、漏油。

气缸垫要耐热、耐蚀、具有足够的强度、一定的弹性和导热性，从而保持可靠的密封，另外还应能重复使用，寿命长。气缸垫的结构如图 7-10 所示。气缸垫材料可分为金属-石棉衬垫、金属-复合材料衬垫和全金属衬垫等几种。

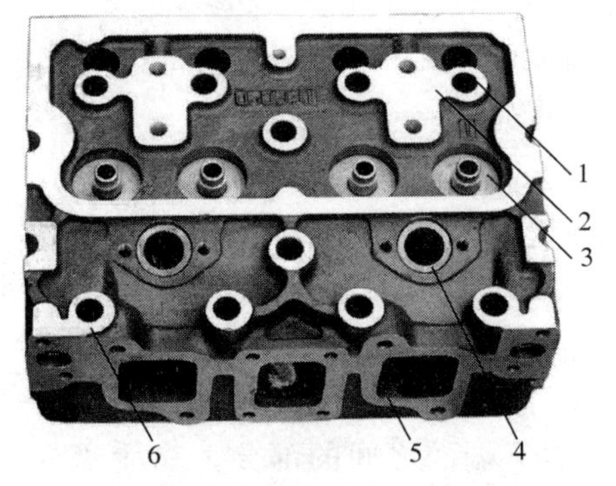

图 7-9　6135 型柴油机气缸盖

1. 推杆孔；2. 摇臂座安装面；3. 气门导管座孔；4. 喷油器孔座；5. 进气孔；6. 缸盖螺栓孔

图 7-10　6135 型柴油机气缸垫

5. 油底壳

油底壳的主要功用是储存机油和封闭机体或曲轴箱。

油底壳用薄钢板冲压或用铝铸造而成。油底壳内设有挡板，用以减轻汽车颠簸时油面的震荡。此外，为了保证汽车倾斜时机油泵能正常吸油，通常将油底壳局部做得较深。油底壳底部设放油螺塞。有的放油螺塞带磁性，可以吸引机油中的铁屑。图 7-11 所示是 6135 型柴油机的油底壳。

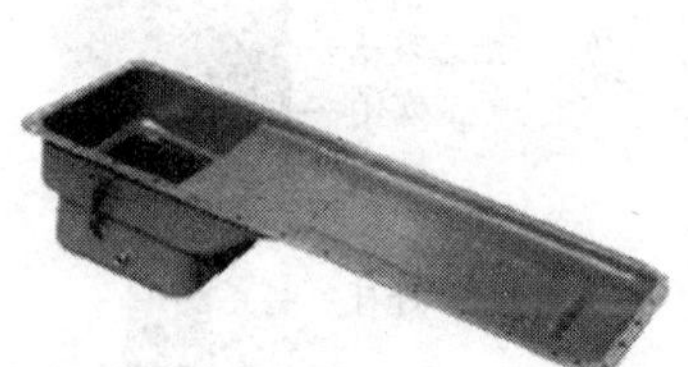

图 7-11　6135 型柴油机油底壳

7.4 曲柄连杆机构

曲柄连杆机构是发动机的主要运动机构，其功用是将活塞的往复运动转变为曲轴的旋转运动，同时将作用于活塞上的力转变为曲轴对外输出的转矩。曲柄连杆机构由活塞连杆组和曲轴飞轮组组成。

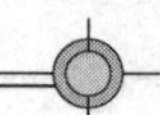

7.4.1 活塞连杆组

活塞连杆组主要由活塞、活塞环、活塞销、连杆和轴瓦等组成（图 7-12)。

1. 活塞

活塞的功用是，用活塞与气缸套、气缸盖共同构成发动机密闭的工作空间，防止燃气漏入曲轴箱和阻止过多的润滑油窜入气缸内；承受燃气压力，并将其传给连杆和曲轴；承受侧推力，起到了导向作用；将热量通过气缸壁传给冷却介质。

活塞是发动机中工作条件最严酷的零件。因此要求活塞应具有足够的强度和刚度，较高的耐磨性，重量轻。现代汽车发动机广泛采用铝合金活塞。

如图 7-13 所示，一般柴油机活塞的结构是由顶部 1、头部 2 和裙部 3 等三部分组成。现分述如下。

(1) 活塞顶部

活塞顶部是燃烧室的组成部分，其结构形状和燃烧室的要求密切相关，分为平顶、凸顶和凹顶三种。柴油机的活塞顶部设有形状不同的浅凹坑，以适应不同的燃烧室。

(2) 活塞头部

活塞头部（又称防漏部)，由活塞顶至油环槽下端面之间的部分。在活塞头部切有用来安装气环和油环的气环槽和油环槽。在油环槽底部还加工有回油孔或横向切槽，油环从气缸壁上刮下来的多余机油，经回油孔或横向切槽流回油底壳。活塞头部应该足够厚，从活塞顶到环槽区的断面变化要尽可能圆滑，过渡圆角 R 应足够大，以减小热流阻力。

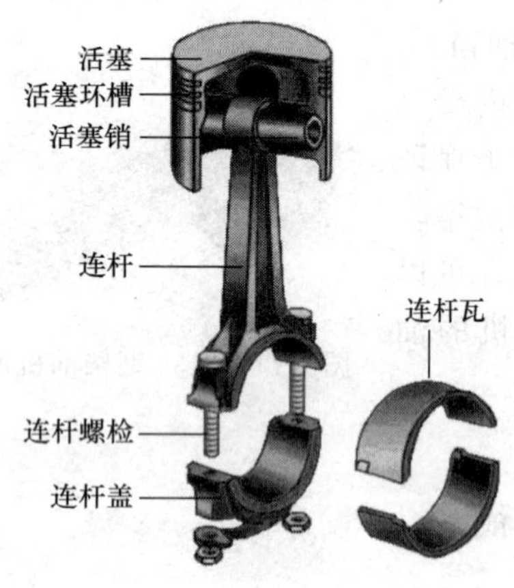

图 7-12 活塞连杆组

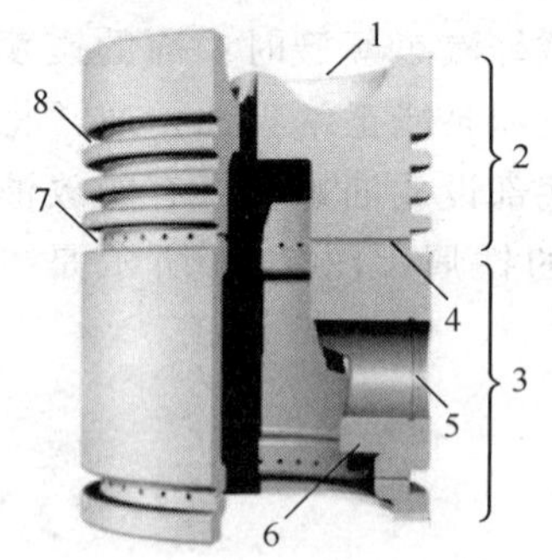

图 7-13 活塞构造

1. 活塞顶（ω 型凹坑)；2. 活塞头部；3. 活塞裙部；4. 回油孔；5. 活塞销卡环槽；6. 销孔座；7. 油环槽；8. 气环槽

(3) 活塞裙部

活塞头部以下的部分为活塞裙部，又称导向部。裙部的形状应该保证活塞在气缸内得到良好的导向，气缸与活塞之间在任何工况下都应保持均匀、适宜的间隙。间隙过大，活塞敲缸；间隙过小，活塞可能被气缸卡住。活塞销孔位于裙部，为保证销孔座处的足够强度和刚度，不仅加厚金属层，且在活塞内腔中设有加强肋。

为保证活塞与缸壁间均匀而合理的配合间隙，常温下通常将活塞裙部加工成椭圆形，长轴垂直于活塞销轴线方向［图 7-14（a）、(b)］；活塞沿高度方向加工成上小下大的截锥形或阶梯形［图 7-14（c)］。这样活塞在工作中变形后，裙部可近似恢复成正圆形，高度方向可近似恢复成正圆柱形，使合理的配合间隙得到保证。

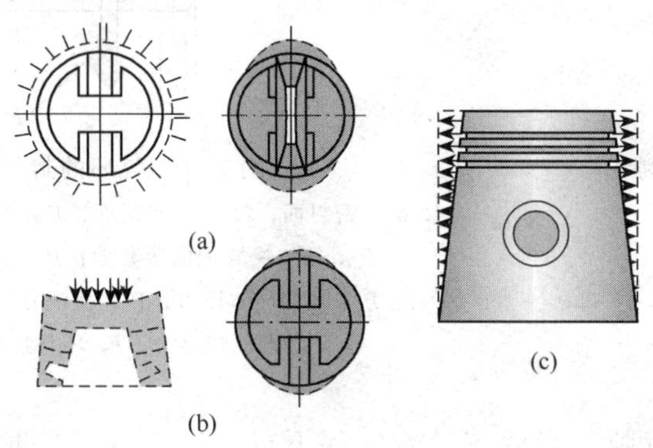

图 7-14　活塞工作时的变形

2. 活塞环

活塞环是具有一定弹性的金属开口圆环，自由状态下它的外径大于气缸直径，装入气缸后其外圆面紧贴气缸壁。按其功用可分为气环和油环两种。

根据活塞环的功用及工作条件，制造活塞环的材料应具有良好的耐磨性、导热性、耐热性、冲击韧性、弹性和足够的机械强度。目前广泛应用的活塞环材料有优质灰铸铁、球墨铸铁、合金铸铁和钢带等。

为防止活塞环工作中因受膨胀而卡死在环槽和气缸中，装配后在环的切口处、环与环槽端面之间及环的内侧与环槽底面之间都留有适当间隙，如图 7-15 所示，分别称为开口间隙 Δ_1、侧隙 Δ_2及背隙 Δ_3。

(1) 气环

气环的作用是封气，防止活塞顶部的气体向曲轴箱泄漏。常用的气环断面为矩形。

1) 气环的封气原理。气环在自由状态时不是整圆，且大于缸径，所以装入缸孔后，环以一定的弹力 P_0与缸壁压紧，形成所谓第一密封面（图 7-16）。在此条件下，被密封气体不能通过环外周与缸壁之间，而是窜入环与环槽之间的空间，一方面把环向下压紧于环槽侧面上，形成第二密封面，同时又将环向外压紧于缸壁上，加强了第一密封面。当发动机在正常状态下工作时，气体只可能由环切口处漏出。如果几道活塞环的开口相互错开，那么就形成了迷宫式漏气通道。

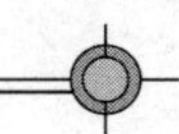

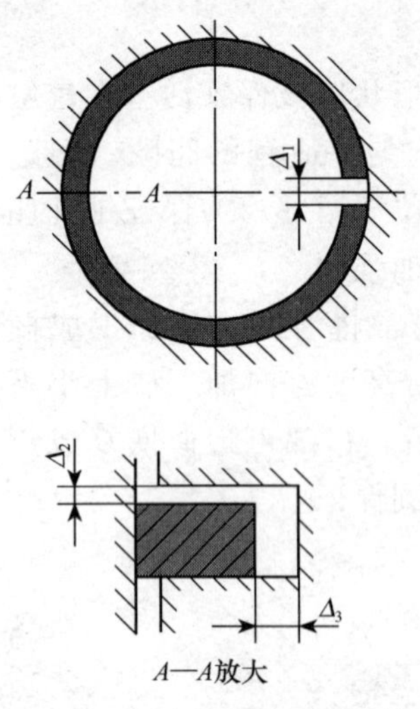

图 7-15 活塞环间隙

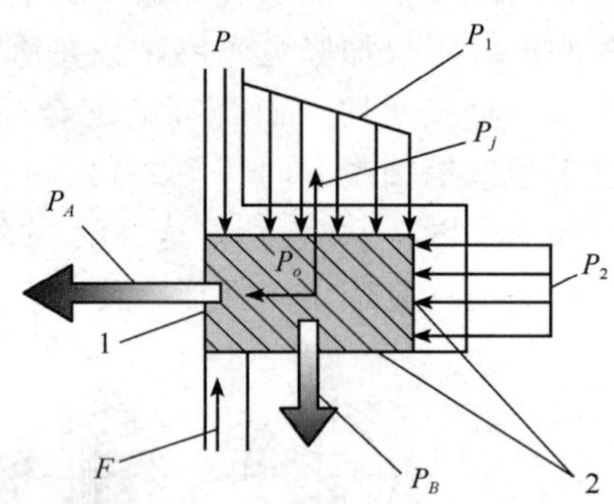

图 7-16 气环的封气原理

1. 第一密封面；2. 第二密封面；P_A. 第一密封面的压紧力；P_B. 第二密封面的压紧力；P. 气缸内气体压力；P_1. 环侧气体压力；P_2. 背压力；P_0. 环的弹力；P_j. 环的惯性力；F. 环与缸壁的摩擦力

由于存在侧隙和背隙，当活塞带着气环下行（进气行程）时，气环靠在环槽的上方，气环从缸壁上刮下的润滑油充入环槽下方；当活塞又带着气环上行（压缩行程）时，气环又靠在环槽的下方，同时将油挤压到环槽上，如此反复，就像油泵一样，将润滑油泵入燃烧室。这种现象称为气环的泵油作用，如图 7-17 所示。润滑油窜入燃烧室后形成积炭，使燃烧性能变坏；增加了润滑油的消耗；挤压活塞环失去弹性，破坏了对气缸的密封性，加速发动机的磨损。且对于汽油机，窜入燃烧室的机油可能使火花塞“淹死”。

2）气环的断面形状。图 7-18 表示了各种端面形状的气环。

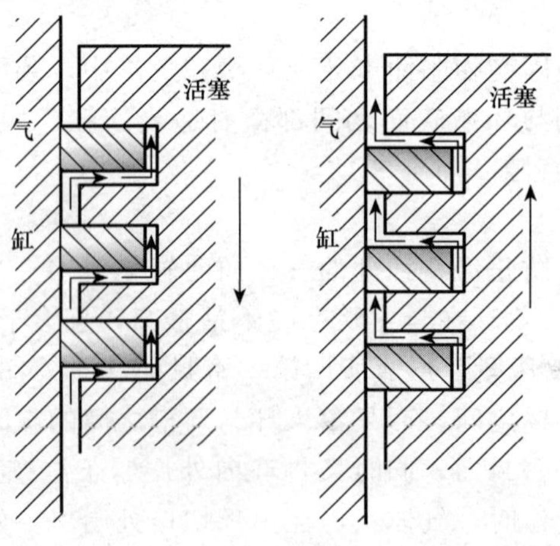

图 7-17 气环的泵油

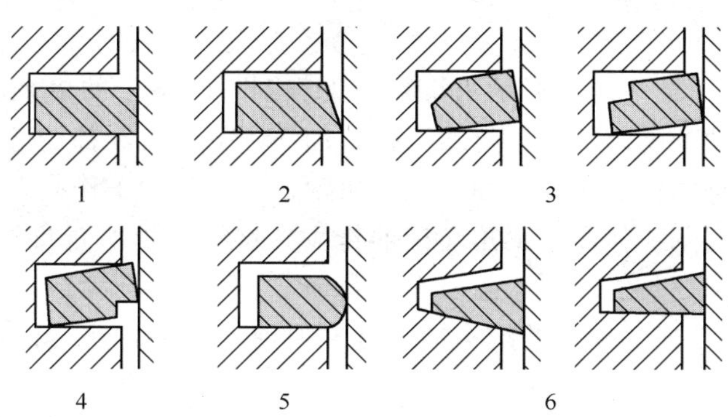

图 7-18　气环的各种断面形状

1. 矩形环；2. 锥面环；3. 内切口扭曲环；4. 外切口扭曲环；5. 桶形环；6. 梯形环

① 扭曲环。扭曲环是在矩形环内圆上方（图 7-18 中 3）或外圆下方（图 7-18 中 4）切成台阶或倒角而成，破坏了环的断面对称性，当压缩状态下装入气缸后，由于环外侧拉应力的合力与内侧压应力的合力不共线，形成扭曲力矩，使环产生扭曲变形（图 7-19）。因变形后的环与环槽上下端面接触，所以防止了环在环槽内的上下窜动，避免了泵油作用，并减小了环与环槽的磨损。另外扭曲环易于磨合，向下刮油性能好，气密性也比较好。安装时内切扭曲环的切口朝上，外切扭曲环的切口朝下。外切扭曲环因切口处漏气量多，不宜作第一道环。

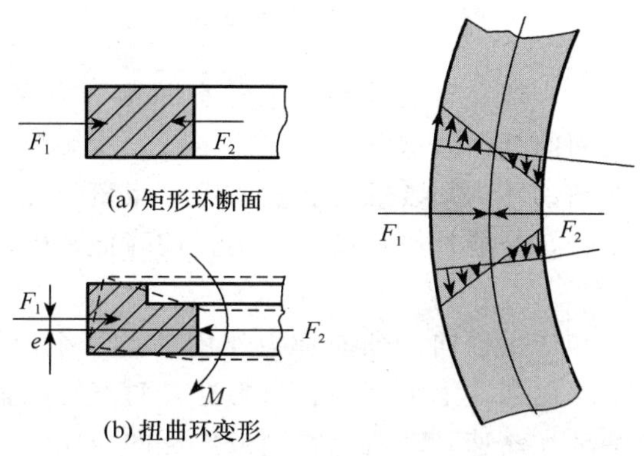

图 7-19　扭曲环的作用原理

② 桶形环。图 7-18 中 5 桶形环是近年来才出现的。其结构特点是外圆表面制成凸圆弧形，圆弧曲率半径为缸径的一半。这种环已广泛应用于高速高负荷的柴油机。桶形断面形状的出现，是由于人们对矩形环磨合及运行中自然出现凸圆弧形的观察所得到的启示。

实践证明，桶形环具有下列优点：桶形环与缸壁是线接触，易于磨合；环面能很好适应活塞的摆动，可避免棱缘负荷；环面对气缸表面接触面积小且适应性好，所以密封性能好；无论活塞向上和向下运动，环面都能构成油楔，使润滑油容易进入摩擦面，保证良好润滑，从而使磨损减少。改进后的 6135 型柴油机的第一道环即采用了桶形环。

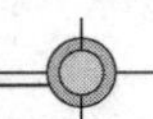

(2) 油环

1) 油环的作用。油环的主要功用是刮除飞溅到气缸壁上的多余的机油，并在气缸壁上涂布一层均匀的油膜。活塞上行或下行，油环刮下的机油都能通过凹槽底的小孔或狭缝，并经过活塞环槽上的径向回油孔流回曲轴箱，油环的工作表面都加工有倒角，形成刮片状，刀口面起刮油作用，倒角起布油作用。这样既可防止机油窜入燃烧室燃烧，又可减少活塞、活塞环与气缸的摩擦阻力和磨损。

2) 油环的结构形式。油环的结构形式有普通油环、背衬胀簧油环和组合油环等几种（图 7-20）。

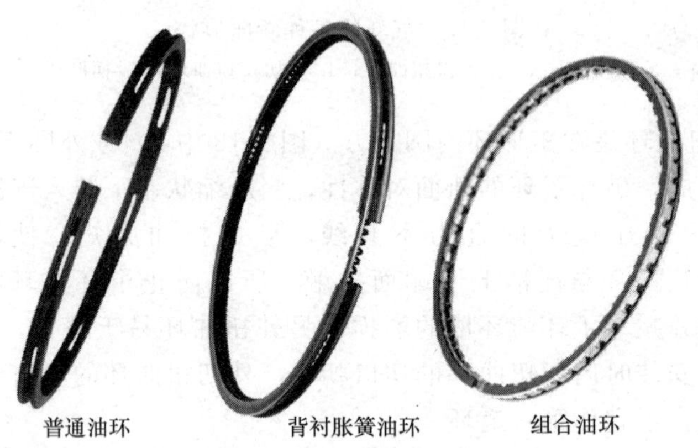

图 7-20 油环的结构形式

普通油环也叫开槽油环，即在环的外圆面上开有凹槽，槽底部加工有通孔或狭缝，使刮下的机油通过此处流回曲轴箱，这种环制造成本低，使用较普遍。

背衬胀簧油环是在普通油环内加装螺旋胀簧或钢片胀簧，提高了环的径向压力，使环与气缸壁能均匀稳定贴合，并能补偿环磨损后的弹性降低，因此封油性能好，使用寿命长。

组合环由上、下刮片和产生径向、轴向弹力作用的衬簧组成。这种油环刮片很薄，对气缸壁的比压大，刮油作用强；上下刮片各自独立，对气缸的适应性好；质量小；回油通路大。因此，组合油环在高速发动机上得到较广泛的应用。

3. 活塞销

活塞销用来连接活塞和连杆，并把活塞所受的力传给连杆。

活塞销是在大小和方向都不断变化的冲击性载荷下工作的。同时，由于是作低速摆转运动，油膜不易建立，润滑条件较差。

活塞销的材料一般为低碳钢或低碳合金钢，如 20、20Cr、20MnV 等，再经表面渗碳或氰化处理。这样既有较高的表面硬度，耐磨性好，刚度、强度高，又有较好的韧性和耐冲击性。

活塞销的基本结构为一厚壁管状体［图 7-21（a)］，也有的按等强度要求做成变截面结构［图 7-21（b)、(c)］。

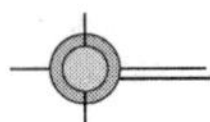

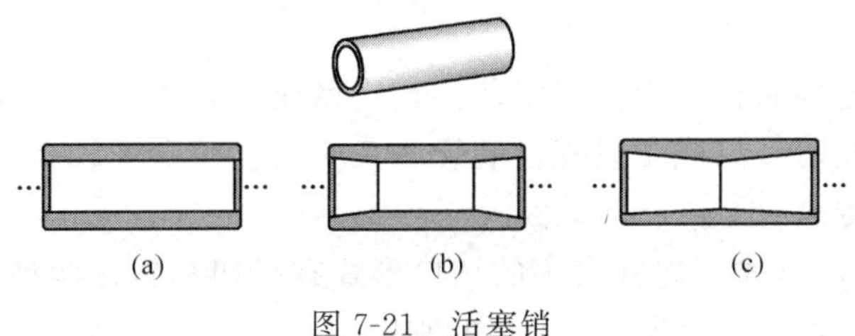

图 7-21　活塞销

活塞销与连杆的连接分全浮式和半浮式两种，目前均采用全浮式连接。全浮式连接就是发动机在正常工作温度下，活塞销在连杆小头及活塞销座内都有合适的配合间隙而且能自由转动。这是目前绝大多数发动机采用的连接方式。半浮式连接方式已很少采用，在此不作描述。

4. 连杆

连杆用来连接活塞和曲轴，传递动力，把活塞的直线往复运动转变为曲轴的旋转运动。在连杆高速左右摆动中，它承受着很大的燃气压力和复杂的惯性力。因此要求它具有足够的强度和刚度。连杆一般用优质钢材通过模锻制造。

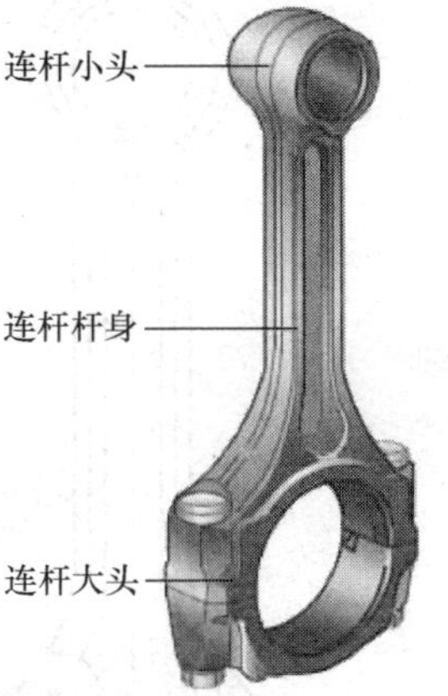

连杆的结构分为大头、小头和杆身三个部分（图 7-22）。

连杆小头
连杆杆身
连杆大头

图 7-22　连杆结构

(1) 小头

连杆小头用来安装活塞销，以连接活塞。活塞销为全浮式的，连杆小头孔内压有青铜衬套或铁基粉末冶金衬套，如图 7-25所示。为了衬套的润滑，小头上部一般铣有积存飞溅润滑油的油槽（或油孔），并通过衬套上的槽或孔，或两段衬套之间的空隙，与衬套内表面相通。全浮式活塞销与衬套之间是间隙配合，配合精度较高，是在装配前通过对衬套内孔的加工来达到的。

(2) 杆身

杆身通常采用工字形断面（图 7-23），不机械加工，经过喷丸处理以提高结构刚度和疲劳强度。某些发动机，在杆身还钻有油道［图 7-23 (b)］，使连杆轴承的润滑油流向小头进行润滑。钻有油道的连杆须在小头顶部加工出喷油孔，以便润滑油从小头喷向活塞顶，以冷却活塞（图 7-24）。

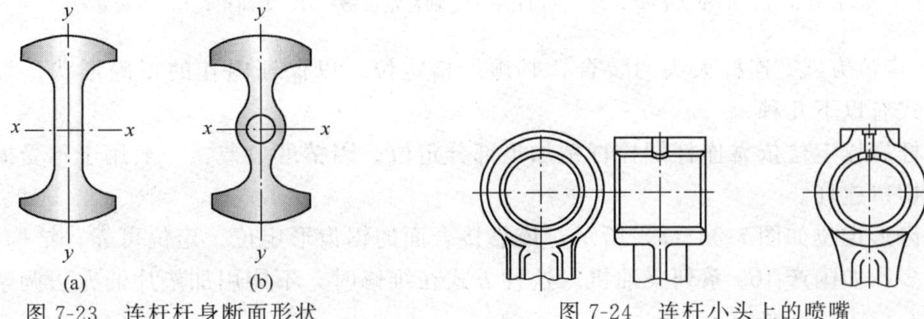

图 7-23　连杆杆身断面形状

图 7-24　连杆小头上的喷嘴

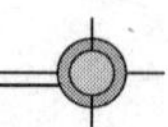

(3) 大头

连杆大头用于连接曲轴。为便于安装，大头做成分开式，一半为连杆体大头，一半为连杆盖，二者一般用 2 只或 4 只螺栓装合。大头内孔粗糙度较高，以保证连杆轴承装入后能很好地贴合传热。

1) 连杆大头切口形式。连杆大头的切口形式有平切和斜切两种。

平切口：如图 7-25 (b) 所示，大端的刚度较大，制造方便，多用于汽油机。

斜切口：如图 7-25 (a) 所示，因为某些发动机连杆大头尺寸较大，为了拆装时能从气缸内通过，采用了这种形式。其接合面与杆身中心线一般成 30°～60° (常用 45°) 夹角，多用于柴油机。

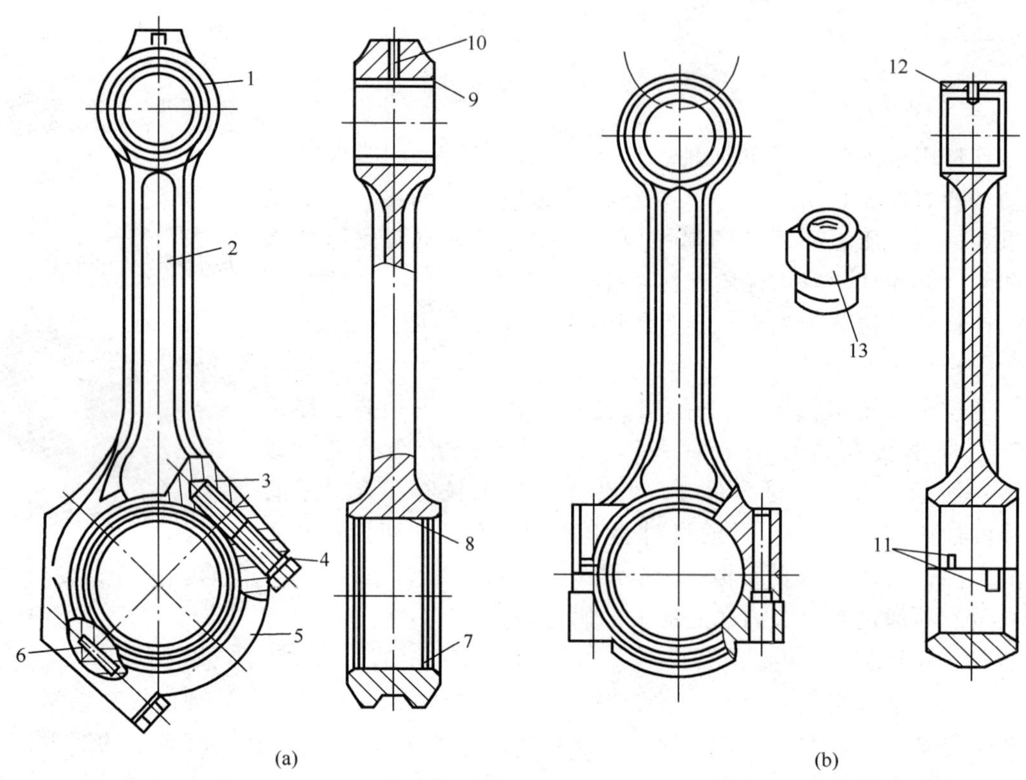

图 7-25 连杆构造

1. 连杆小头；2. 连杆杆身；3. 连杆大头；4. 连杆螺钉；5. 连杆盖；6. 定位销；7. 连杆盖轴瓦；8. 连杆轴瓦；9. 小头衬套；10. 集油孔；11. 轴瓦定位槽；12. 集油槽；13. 自锁螺母

2) 定位方式。连杆大头的装合，必须严格定位，以保证内孔的正确形状，常见的定位方式有以下几种。

连杆螺栓定位依靠连杆螺栓杆精加工部分定位。因精度较差，一般用于不受横向分力的平切口连杆。

锯齿形定位如图 7-26 (a) 所示，依靠接合面的锯齿形定位。定位可靠，结构紧凑，应用较多，如国产 105 系列柴油机。这种方式在维修时，不能用加垫片的方法调整轴承间隙。

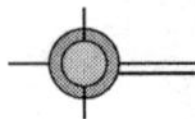

套、销定位如图7-26（b）、（c）所示，依靠套或销与连杆体（或盖）的孔配合定位。这种形式能多向定位，定位可靠，如国产135系列柴油机用定位套。

止口定位如图7-26（d）所示。这种形式工艺简单，但止口易变形，定位不可靠，且结构不紧凑，应用较少，如国产95系列柴油机采用此种形式。

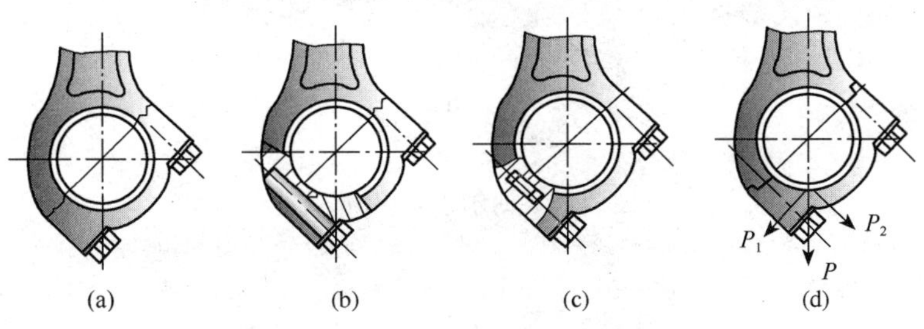

图7-26 斜切口连杆大头及其定位方式

（4）连杆螺栓

连接连杆大头及连杆盖的连杆螺栓结构形式有两种：一种是螺钉式，即螺钉直接旋入杆身的螺孔里。一般用在斜切口连杆大头的结构上；另一种是用螺栓穿过连杆身大头和轴瓦盖的螺栓孔，用螺母紧固。有的柴油机还采用了防松装置，以防螺栓松脱，发生严重事故。

工作时连杆螺栓承受交变载荷，因此在结构上应尽量增大连杆螺栓的弹性，而在加工方面要精细加工过渡圆角，消除应力集中，以提高其抗疲劳强度。柴油机连杆螺栓一般都用韧性较高的优质合金钢制造。

5. 连杆轴承

连杆大头与连杆盖中装有分开式滑动轴承（一般称轴瓦），轴瓦用1～3mm钢带作瓦背，其上浇有厚0.3～0.7mm的减磨合金，如图7-27所示。轴瓦减磨合金主要有：铜铅合金与铅青铜、锡铝轴承合金及铝硅合金。

连杆轴瓦上制有定位凸键，供安装时嵌入连杆大头和连杆盖的定位槽中，以防轴瓦前后移动或转动，有的轴瓦上还制有油孔，安装时应与连杆上相应的油孔对齐。

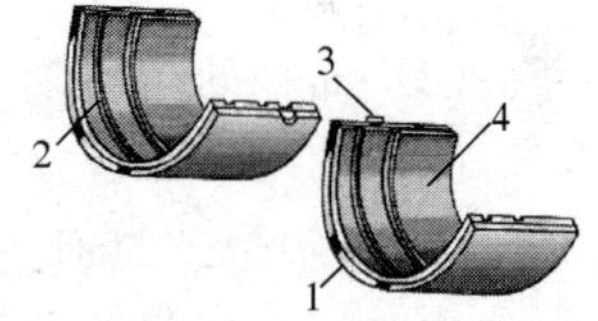

图7-27 连杆轴瓦

1. 钢背；2. 油槽；3. 凸键；4. 减磨合金层

7.4.2 曲轴飞轮组

曲轴飞轮组主要由曲轴、飞轮和扭转减振器等构件组成（图7-28）。

1. 曲轴

曲轴是发动机旋转的主轴。它的作用是将连杆传来的气体压力转变为转矩，作为动力而输出作功，并驱动配气机构、喷油泵等各辅助装置。

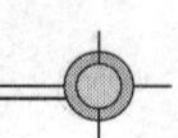

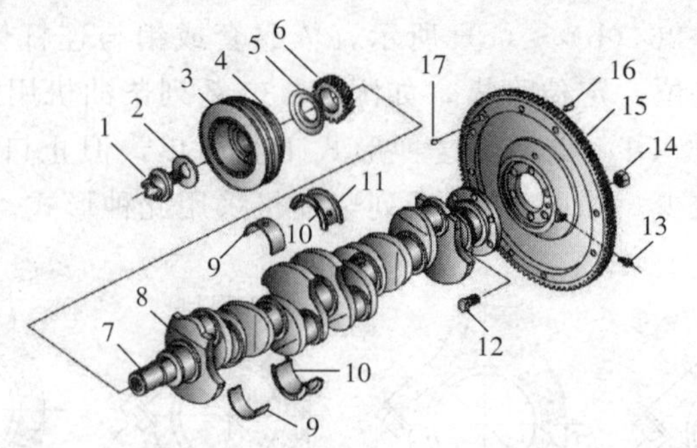

图 7-28　曲轴飞轮组分解图

1. 起动爪；2. 起动爪锁紧垫圈；3. 扭转减振器；4. 带轮；5. 挡油片；6. 正时齿轮；7. 半圆键槽；8. 曲轴；9. 主轴承上下轴瓦；10. 中间主轴瓦；11. 止推片；12. 螺栓；13. 润滑脂嘴；14. 螺母；15. 齿环；16. 圆柱销；17. 一、六缸活塞处于上止点时的记号

(1) 曲轴的形式

曲轴可分为整体式和组合式两类。整体式曲轴（图 7-29）采用整体制造，强度和刚度好，结构紧凑，质量轻，工作可靠，使用广泛；组合式曲轴又分为圆盘组合式、套合式和分段式三种。6135 系列柴油机采用圆盘组合式曲轴（图 7-30）。它的每个曲拐单独制造，然后用螺栓（每段上各有 3 个是定位螺栓）连成完整曲轴，它的主轴颈兼作曲柄臂。这种曲轴系列产品制造简单，使用中当某段损坏进行单独更换时，不致报废整轴，但结构复杂，加工精度要求高。

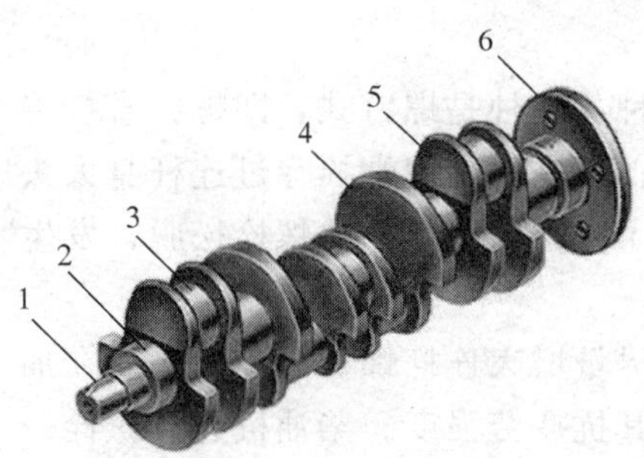

图 7-29　整体式曲轴

1. 前端轴；2. 主轴颈；3. 连杆轴颈；4. 平衡重；5. 曲柄；6. 后凸缘盘

(2) 曲轴的结构

曲轴的结构通常分为主轴颈、连杆轴颈、曲柄臂、曲轴前端和曲轴后端几部分。

1) 主轴颈。主轴颈（图 7-29 中 2）可使曲轴支承在曲轴箱上，按支承情况，曲轴可分为全支承和非全支承两种（图 7-31）。工程机械用柴油机均为全支承，亦即主轴颈数比连杆轴颈多一个。全支承可使曲轴抗弯曲刚度高，使主轴承载荷减轻。

2) 连杆轴颈。连杆轴颈（图 7-29 中 3）也叫曲柄销，在直列式发动机上，连杆轴颈与气缸数相同，在 V 型发动机上，因为绝大多数是一个连杆轴颈上装左右两列各一个气缸的连杆，所以连杆轴颈为气缸数的一半。

主轴颈和连杆轴颈一般经过高频淬火或火焰淬火，以提高表面硬度和耐磨性。轴颈经过光磨加工，要求有较高的精度和较高的表面粗糙度，轴颈上的油孔经倒角和抛光，避免应力集中。主轴颈和连杆轴颈间有较大的重叠度，以提高疲劳强度。

3) 曲柄。曲柄（图 7-29 中 4）用来连接主轴颈和连杆轴颈。为提高弯扭刚度，一般做成椭圆形。曲柄与各轴颈的连接处有较大的过渡圆角，有的还对圆角进行冷滚压强化处理，防止应力集中，避免发生断轴事故。

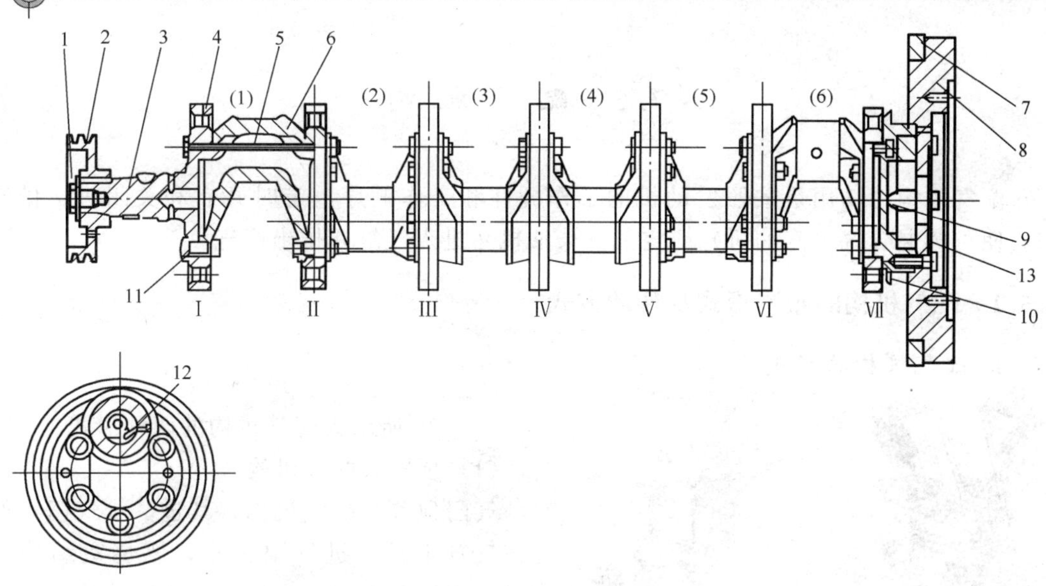

图 7-30　组合式曲轴

1. 起动爪；2. 皮带盘；3. 前端轴；4. 滚动轴承；5. 连接螺钉；6. 曲柄；
7. 飞轮齿圈；8. 飞轮；9. 后端凸缘；10. 挡油圈；11. 定位螺钉；12. 油管；13. 锁片

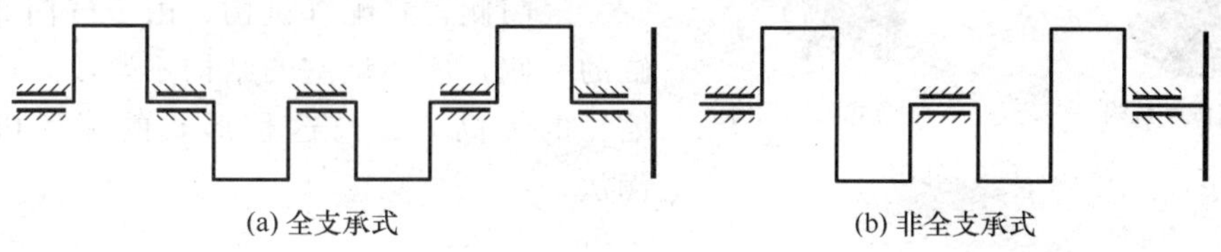

(a) 全支承式　　(b) 非全支承式

图 7-31　曲轴的支承型式示意图

4）平衡重。平衡重（图 7-29 中 5）的作用是平衡连杆大头、连杆轴颈和曲柄等产生的离心惯性力及其力矩，有时也平衡活塞连杆组的往复惯性力及其力矩，使发动机运转平稳，并可减小曲轴轴承的负荷。一般平衡重和曲轴锻造或铸造为一体，也可单独制造，并和曲轴连接成一体。

5）前、后端。曲轴前端（图 7-29 中 1）用来安装曲轴正时齿轮、甩油盘、皮带轮、扭转减振器和起动爪等零件。

曲轴后端（图 7-29 中 6）用来安装飞轮，通常加工有回油螺纹，回油螺纹的旋向和曲轴转向相反，从而起到封油作用。

2. 飞轮

飞轮是一个轮缘较厚的圆盘零件，由铸铁或铸钢制造，安装在曲轴后端的接盘上。飞轮除了平衡曲轴转速外，还是发动机向外传递动力的主要机件。另外在飞轮外圆上一般还镶有起动齿圈，供起动时与起动机齿轮啮合。

飞轮外圆上一般刻有一缸上止点记号和点火提前角刻度线（汽油机）或供油提前角刻度线（柴油机），以便调整和检验点火正时，供油提前角和气门间隙时参照。修理中安装飞轮时，不允许改变与接盘的相对位置。

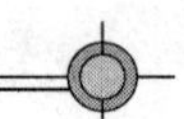

7.5 配气机构

配气机构的功用是按照发动机的工作循环和工作顺序，定时开启和关闭进、排气门，使可燃混合气（汽油机）或空气（柴油机）进入气缸并排出废气。

7.5.1 配气机构的布置形式及传动方式

1. 配气机构的形式

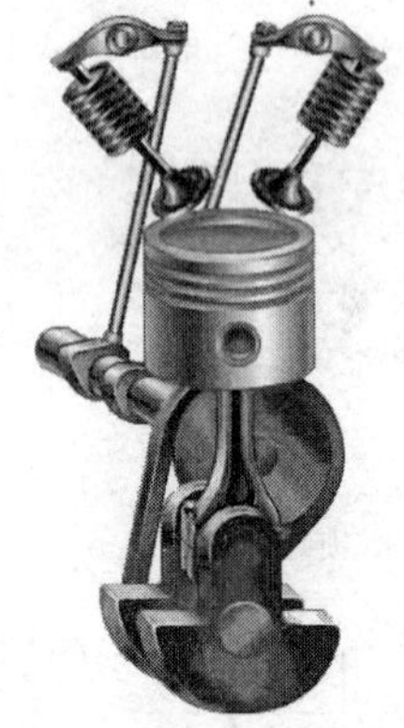

顶置式配气机构　　侧置式配气机构

图 7-32 配气机构

图 7-32 所示为配气机构的两种形式。

（1）顶置式配气机构

气门顶置式配气机构，其进、排气门都倒挂在气缸上部，进气阻力小，燃烧室结构紧凑，气流搅动大，能达到较高的压缩比。目前国产的汽车发动机都采用这种配气机构。

（2）侧置式配气机构

气门侧置式配气机构，由于气门布置在气缸的一侧，使燃烧室的结构不紧凑，限制了压缩比的提高。目前这种形式的配气机构已经淘汰。

2. 凸轮轴的布置形式

如图 7-33 所示，凸轮轴的布置形式可分为下置、中置和上置三种。

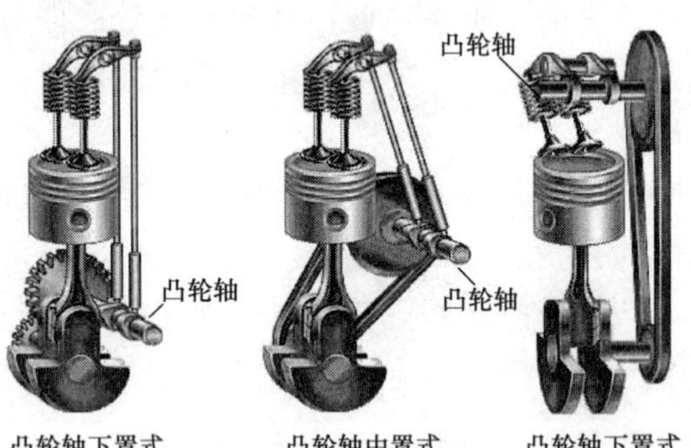

图 7-33 凸轮轴布置型式

（1）凸轮轴下置的配气机构

凸轮轴位于曲轴箱内。凸轮轴离曲轴较近，一般用一对齿轮驱动，运动件多，凸轮轴至气门的传动链长，整个机构的刚度差，多用于较低转速发动机。

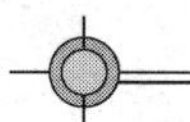

(2) 凸轮轴中置的配气机构

凸轮轴位于气缸体上部。与凸轮轴下置式相比，缩短了推杆，增大了机构的刚度，更适用于较高转速发动机。

(3) 凸轮轴上置式配气机构

凸轮轴布置在气缸盖上。传动件少，整个机构的刚度大，适合于高速发动机，但凸轮轴与曲轴传动距离较远，一般用齿形带传动或链传动。

上置凸轮轴的另一种形式是凸轮轴直接驱动气门。这种配气机构的往复运动质量最小，对凸轮轴和气门弹簧设计的要求也最低，因此特别适用于高速强化发动机。这在国外的高速汽车发动机上得到广泛的应用，如图 7-34 所示。

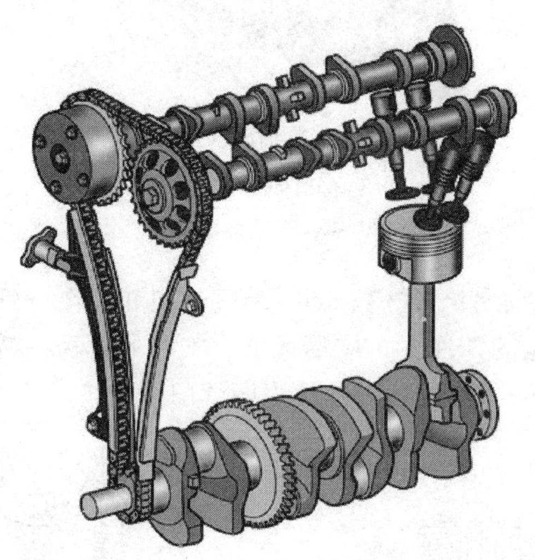

图 7-34　凸轮轴上置直接驱动气门配气机构

3. 凸轮轴的传动方式

凸轮轴的传动方式有齿轮传动、链传动和同步带传动。

凸轮轴下置、中置式的配气机构大多采用圆柱形正时齿轮传动，为了啮合平稳，减小噪声，正时齿轮多用斜齿，见图 7-35。

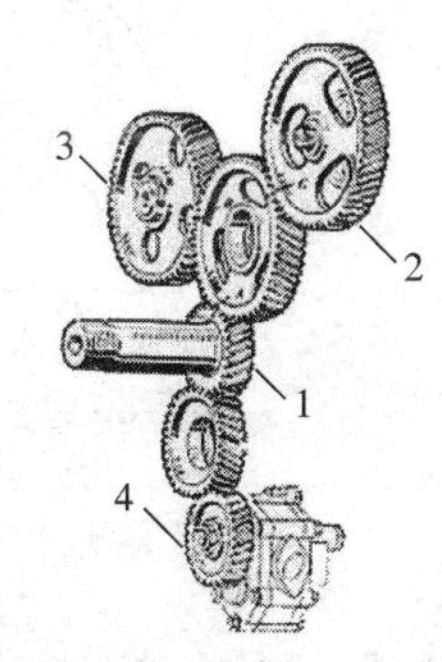

图 7-35　凸轮轴的正时齿轮传动

1. 曲轴正时齿轮；2. 喷油泵正时齿轮；3. 凸轮轴正时齿轮；4. 机油泵正时齿轮

链传动适用于凸轮轴上置的配气机构，见图 7-34 所示，链传动的主要问题是其工作可靠性和耐久性不如齿轮传动。近年来在高速汽车发动机上还广泛地采用同步带代替传动链，如图 7-36 所示，同步传动带具有噪声小、质量轻、成本低、工作可靠和不需要润滑等优点。

图 7-36 凸轮轴的同步带传动

4. 气门排列方式

一般发动机都采用每缸两个气门，即一个进气门和一个排气门的结构。为了进一步改善气缸的换气，在可能的条件下，应尽量加大气门的直径，特别是进气门的直径。现代发动机多采用多气门结构，图 7-37 所示为四气门结构。

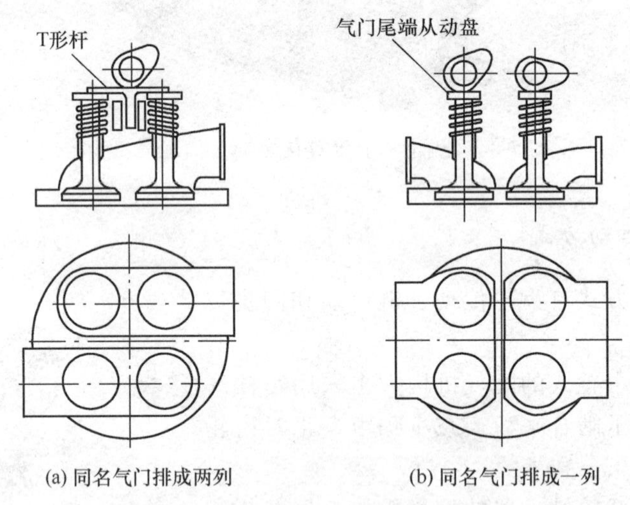

(a) 同名气门排成两列　　(b) 同名气门排成一列

图 7-37 每缸四气门的布置及其驱动

7.5.2 配气机构的构造

1. 气门组

发动机气门组的组成如图 7-38（a）所示。

对气门组最基本的要求是气门与气门座能紧密配合，在高温条件下工作可靠，为

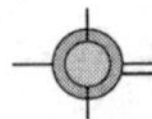

此，气门组必须满足：气门与气门座配合锥面精密；气门导管对气门的导向正确，不使气门倾斜；气门弹簧要有足够的刚度和预紧力，且其两端面应与气门中心线垂直，保证气门关闭迅速、严密。

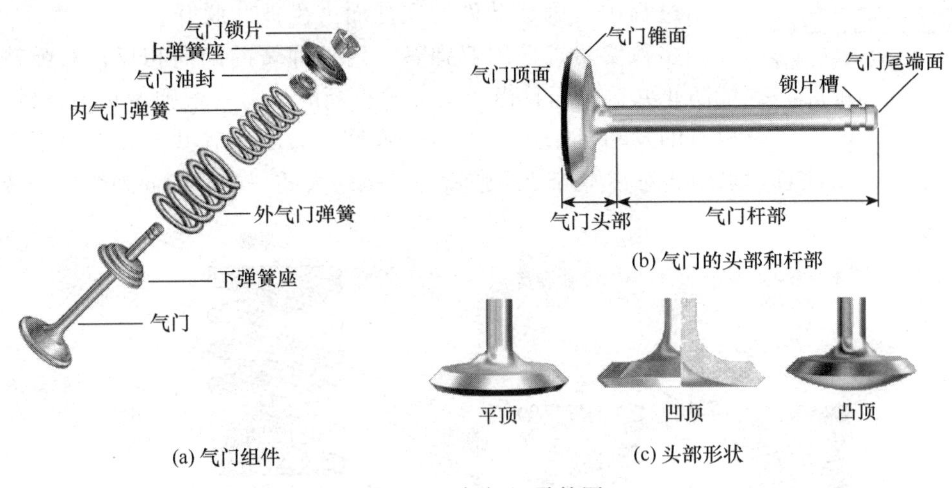

图 7-38　气门组零件图

(1) 气门

气门由菌状的头部和圆柱形的杆部组成，见图 7-38 (b)。头部形状有三种，见图 7-38 (c)。平顶气门制造方便，吸热面小，进、排气门广泛采用。凹顶气门重量轻，惯性力小，但受热面积大，所以只用于进气门。凸顶气门强度高，导气性好，但重量大，只用于排气门。

气阀密封锥面的锥角一般作成 30°～45°。在气阀开度相同时，较小的密封锥角可使气流通过截面较大，如图 7-39 所示，因此进气阀采用 30°锥角。但 30°锥角的阀盘边缘变薄，刚度减弱，使密封带的密封性及导热性变差，因此排气阀采用 45°锥角。气门与气门座须经配对研磨，其密封环带宽度以 1～2mm 为宜。头部与杆部用过渡圆弧连接，保证气流的流通断面大、流动阻力小。气门杆与气门导管应很好配合，以保证其导向作用。气门杆尾部制有装弹簧锁片的环槽。

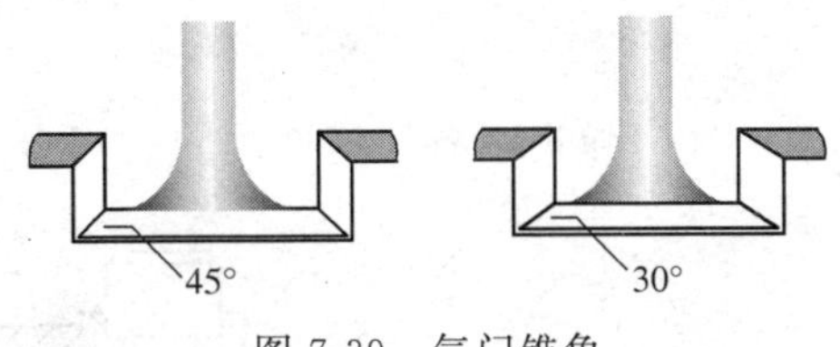

图 7-39　气门锥角

气门的工作条件很差，头部与高温气体接触，同时，杆部在气门导管中作高速往复运动，且润滑困难。因此，气门的材料要求耐高温、耐腐蚀，有较高的疲劳强度和刚度等。进气门通常采用普通合金钢制造，排气门通常采用耐热合金钢制造。有的发动机为了节约耐热合金钢，排气门的头部用耐热合金钢，而杆部用铬钢，将两者焊接一起。为了改善充气，多数发动机的进气门头部的直径比排气门的大。

(2) 气门座

气门座是与气门头部锥面配合的环形座（图 7-40），与气门头部一起对气缸起密封作用，同时接受气门头部传来的热量使气门得到散热。

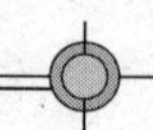

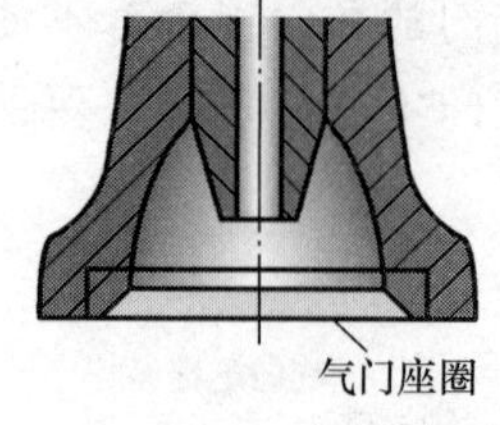

图 7-40 气门座和锥角

(3) 气门弹簧

气门弹簧，一般是用弹簧钢丝制成的圆柱形螺旋弹簧，见图 7-41。其功用是使气门与气门座保持紧密闭合，并防止气门在开闭过程中，因运动件的惯性而产生彼此脱开。

多数发动机采用双弹簧，内外弹簧的旋向相反，双弹簧不仅能防止共振，而且当一根弹簧折断时，另一根弹簧仍能继续工作。也有的发动机采用一根气门弹簧，为防止其共振，采用不等螺距弹簧。安装时要注意，采用非对称不等螺距弹簧时。螺距大的一端应朝向弹簧座安装。

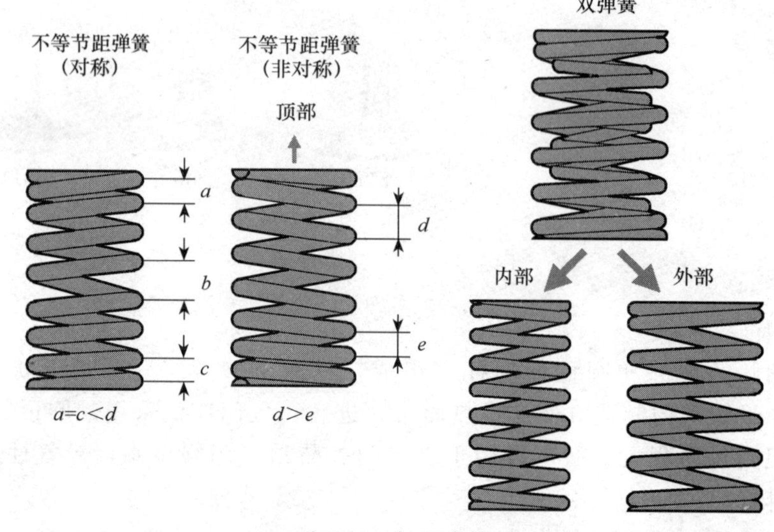

图 7-41 气门弹簧

气门弹簧座与气门杆之间的固定方式有锁片固定和锁销固定两种，见图 7-42。

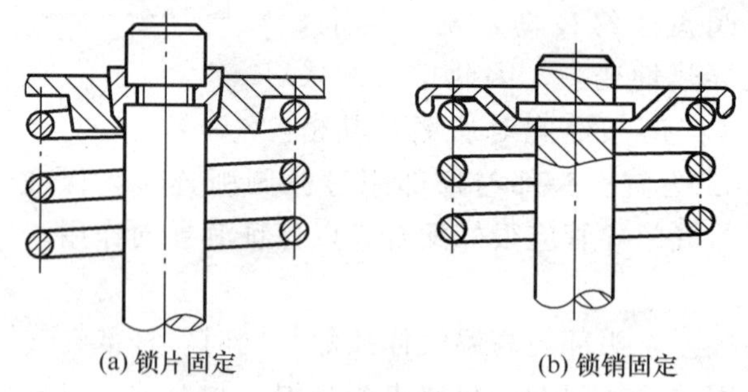

图 7-42 气门弹簧座的固定方式

(4) 气门导管

气门导管的主要功用是保证气门能沿自身轴线作上下往复直线运动，使气门与气门座能正确配合，气门杆与气门导管间的配合间隙一般为 0.05～0.12mm，气门导管通常用铸铁制成，压入缸盖或缸体中，图 7-43 是气门导管的结构形式及安装方式。

2. 气门传动组

气门传动组的主要功用是使气门根据配气正时的要求按时开启和关闭，并有足够的开度，气门传动组的组成如图 7-44 所示。

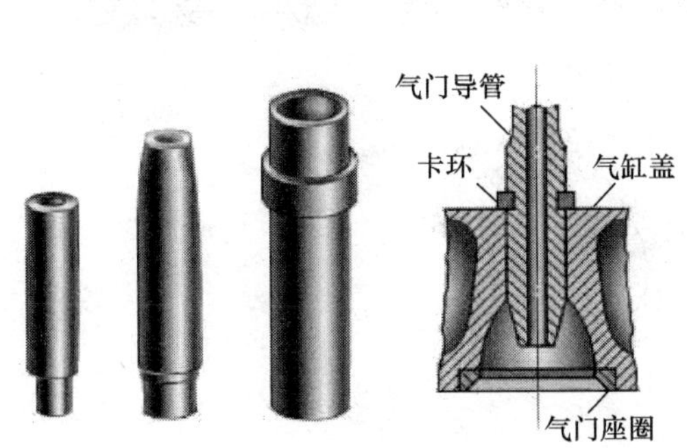

图 7-43　气门导管及其安装

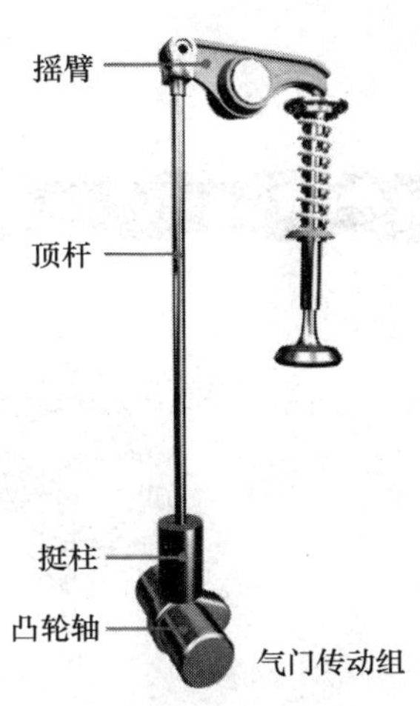

图 7-44　气门传动组

（1）凸轮轴

凸轮轴是配气机构最关键的零件，用来控制各缸气门的适时开启和关闭。

图 7-45（a）为 6135G 型柴油机的凸轮轴总成图。其工作次序为 1—5—3—6—2—4。相继作功两缸的进（或排）气门凸轮夹角为 360°/6＝60°，如图 7-45（b）所示。凸轮按箭头所示方向旋转［图 7-45（c）］，AB 段消除气门间隙，BCD 段为工作段，DE 段恢复气门间隙。为了减小变形，凸轮轴采用全支撑。考虑安装的需要，凸轮轴的轴颈大于凸轮的最高点。第一道轴颈处装有推力轴承 2 及粉末冶金隔圈 3，用来承受轴向力，防止凸轮轴轴向窜动。

凸轮轴一般采用碳钢模锻，轴颈和凸轮表面经渗碳淬火或高频淬火，近年来广泛采用合金铸铁或球墨铸铁铸造的凸轮轴，使制造成本大为降低。

（2）挺柱

挺柱的主要功用是将凸轮的推力传给推杆、摇臂，将气门打开。挺柱底面的结构如图 7-46 所示，图 7-46（a）中挺杆为平底，挺杆的中心线与凸轮的对称线有一个偏心距。图 7-46（b）中挺柱底面为球面，同时与凸轮有一定的偏心。以上两种挺柱，工作中挺柱既沿着轴线方向作往复运动，又绕轴线作小量转动，使挺柱与凸轮间的磨损较均匀。图 7-46（c）为带滚轮的挺柱。与凸轮的接触为滚动接触，使磨损减小。

挺柱一般用钢或铸铁制成，表面经热处理以提高其硬度。

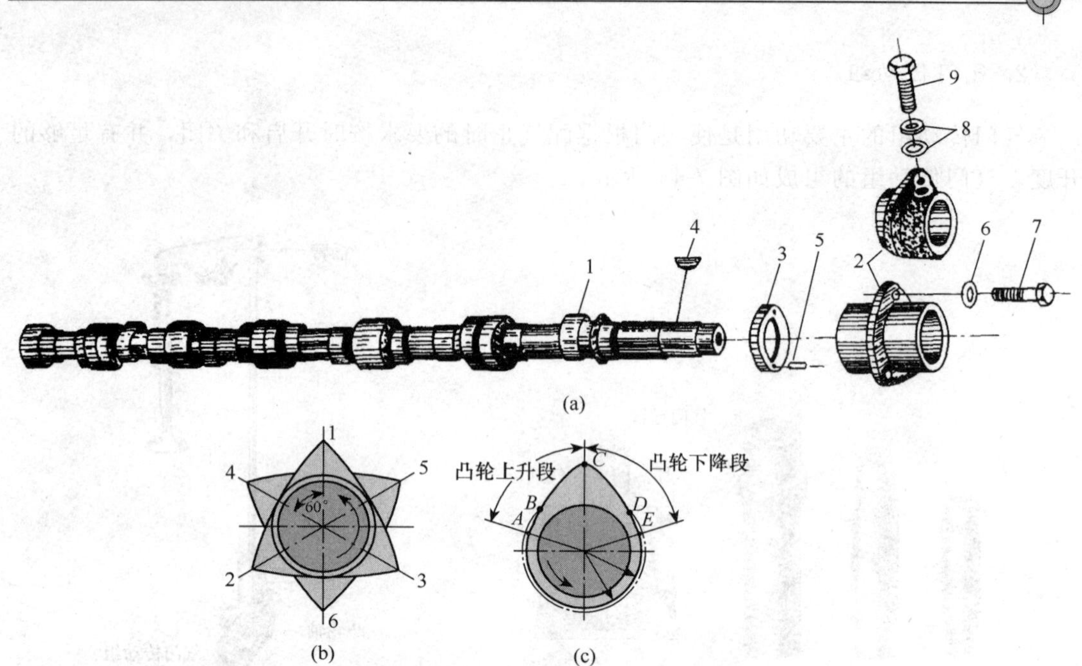

图 7-45　6135G 型柴油机凸轮轴总成

1. 凸轮轴；2. 推力轴承；3. 隔圈；4. 半圆键；5. 圆柱销；6. 垫圈；7. 固定螺栓；8. 垫圈；9. 接头螺钉

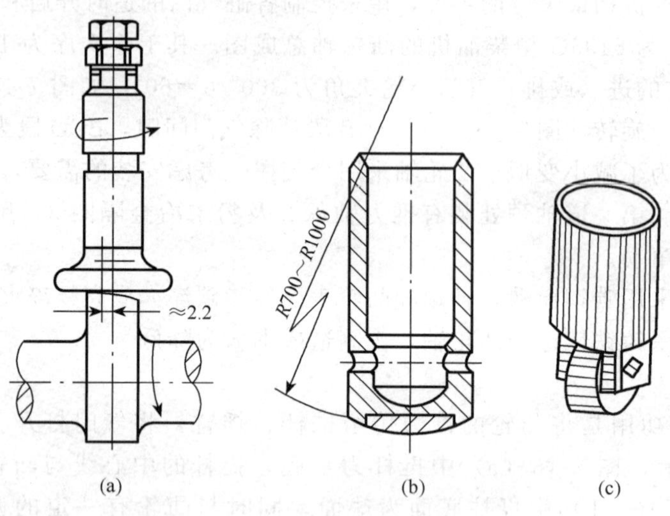

图 7-46　挺柱底面结构示意图

使用以上挺柱时，配气机构需留有气门间隙，在发动机工作时，配气机构各机件将产生撞击而发出响声。为解决这一问题，有的发动机上采用液压挺柱。

液压挺柱的作用是使凸轮与气门间实现无间隙传动，以解决由于气门间隙的存在，将使发动机工作时配气机构产生撞击和噪声。气门及其传动件因温度升高而膨胀，或因磨损而缩短，都会由液力作用来自行调整或补偿，如图 7-47 所示，其中图（a）为气门开启状态，图（b）为气门关闭状态。如今越来越多的发动机特别是轿车发动机上采用了液压挺柱。

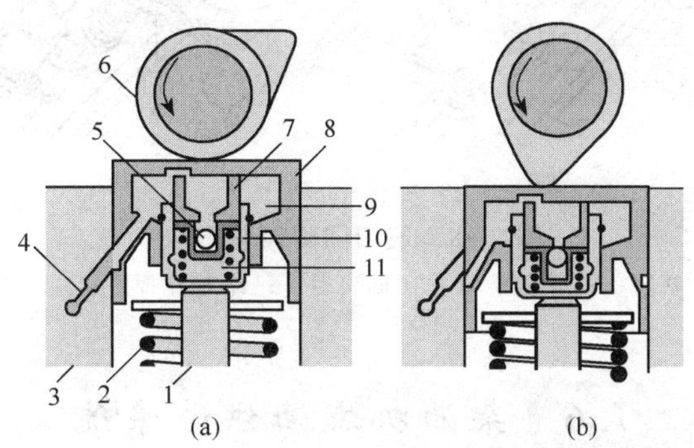

图 7-47　液压挺柱的结构与工作原理

1. 气门杆；2. 气门弹簧；3. 气缸盖；4. 量油孔；5. 球阀；6. 凸轮轴；7. 柱塞；8. 挺柱体；9. 低压油腔；10. 液压缸；11. 高压油腔

（3）推杆

推杆（图 7-44）的功用是将挺柱传来的推力传给摇臂。为了减轻质量，推杆一般用空心的钢管制成，其上端焊一个圆形凹坑的端头，调整螺钉的球头位于其中，其下端焊一个球头，位于挺柱的圆形凹坑中。二端头用钢制成，并经淬火和磨光，以保证其耐磨性。

（4）摇臂

摇臂的功用是将推杆传来的力改变方向和大小作用在气门上，用以开启气门。

从图 7-44 可见，摇臂的两臂是不等长的。长臂用以开启气门，短臂拧入调整螺钉，这样的结构，可在一定的气门升程条件下，使挺柱、推杆上下移动的距离减小，从而减轻惯性力。短臂端有螺纹孔，用来调节气门间隙。长臂端有圆弧形的工作表面压在气门的尾端上，须经淬火磨光。

摇臂一般用钢材模锻制成，通过其中心孔的青铜衬套套装在摇臂轴上，两端用弹簧固定。

7.5.3　气门间隙的调整

除装有液压气门挺杆配气系统的发动机外，在普通发动机气门传动机构中都留有一定的气门间隙，以防机件因热胀冷缩影响发动机的正常工作。如果气门间隙过大，不但影响发动机动力性能，而且还会出现噪声（气门响）；如果气门间隙过小，会使气门关闭不严，使发动机不能正常工作，还有可能造成配气机构的机件工作面烧蚀损坏。因此，气门间隙必须按规定标准调整。

检查或调整气门间隙时，应处于压缩行程上止点位置。调整方法见图 7-48 和单元实训。

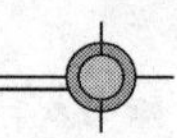

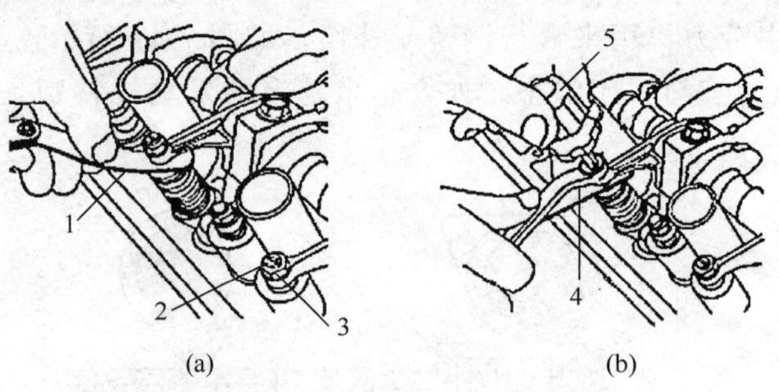

图 7-48 气门间隙调整方法

1. 塞规；2. 调整螺钉；3. 固定螺母；4. 梅花扳手；5. 改锥

7.6 柴油机燃油供给系统

柴油机燃油供给系统的任务，就是按照柴油机工作顺序及不同工况的要求，在每一工作循环中，把干净的柴油定时、定量、定压，并按一定规律和要求供给气缸，使其与空气形成可燃混合气并自行着火燃烧，把燃油中含有的化学能释放出来，通过曲柄连杆机构转变为机械功。

7.6.1 燃油供给系统的组成

柴油机燃油供给系主要由燃油箱、滤清器、输油泵、喷油泵、喷油器、高压油管、低压油管等组成，如图 7-49 所示。

燃料供给系统可分为低压与高压两个油路。所谓低压油路是指从燃油箱到喷油泵入口这段油路，该段油路中的油压是由输油泵建立的，而输油泵的出油压力一般为 0.15～0.3MPa，故这段油路称为低压油路。高压油路是指从喷油泵到喷油器的这段油路，该油路中的油压是由喷油泵建立的，一般在 10MPa 以上。

在低压油路中，输油泵 9 从柴油箱 11 内将柴油吸出，经柴油粗滤清器 10 滤去较大颗粒的杂质，再经柴油细滤清器 1 滤去细微杂质后进入喷油泵 13，喷油泵将低压柴油增压后，经高压油管 3、喷油器 4 以一定的压力和一定的雾化质量喷入燃烧室，形成可燃混合气。输油泵输送给喷油泵的多余柴油和喷油器泄漏的柴油经回油管流回油箱。

为了在起动时排除油路中的空气，并使柴油充满回路，在输油泵上装有手油泵。

7.6.2 燃油喷射装置

1. 喷油泵

喷油泵是柴油机燃料供给系统的关键部件，它工作的好坏直接影响柴油机的动力性、经济性和排放性能。它的功用是根据柴油机不同的工况，将一定量的燃油提高到一定的压力后，按规定的时间和供油规律供给喷油器而喷入气缸。

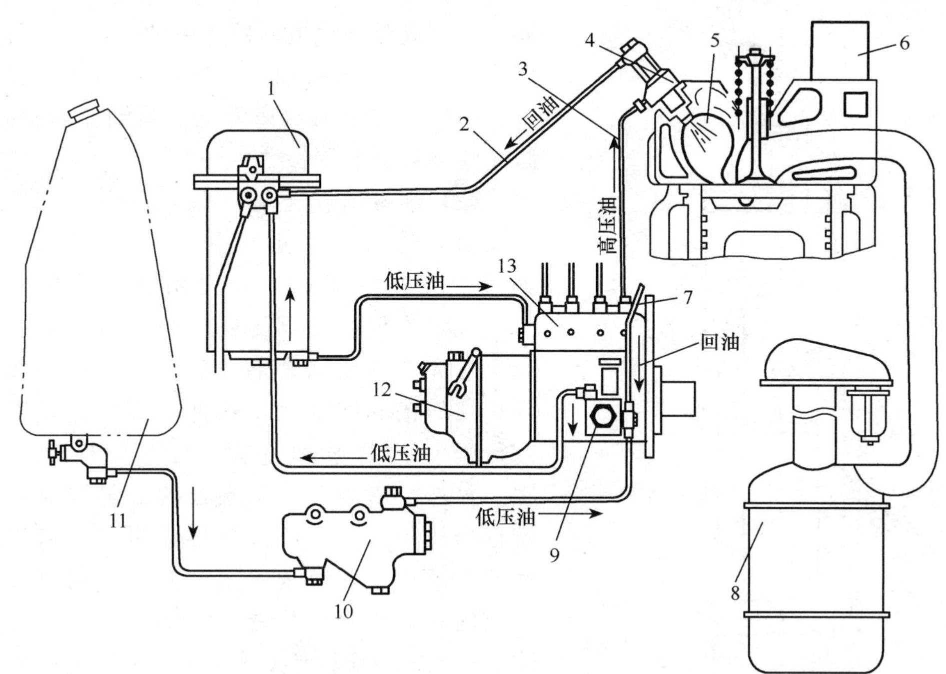

图 7-49　柴油机燃油供给系统

1. 柴油细滤器；2、7. 回油管；3. 高压油管；4. 喷油器；5. 涡流室；6. 排气管；
8. 空气滤清器；9. 输油泵；10. 柴油粗滤器；11. 柴油箱；12. 调速器；13. 喷油泵

喷油泵的结构形式很多。柴油机的喷油泵按作用原理不同大体可分为三类：柱塞式喷油泵、喷油泵-喷油器和转子分配式喷油泵。本章以柱塞式喷油泵为例进行介绍。

(1) 柱塞式喷油泵的工作原理

在多缸柴油机上，每一个气缸需要一套泵油机构进行供油。这套泵油机构称为分泵，如图 7-50所示。将各分泵组装在同一壳体中，共用一根凸轮轴驱动，并对其供油量进行统一地调节，即组合喷油泵总成，如图 7-51 所示。

喷油泵的工作原理如图 7-52 所示。泵油过程主要由柱塞和柱塞套这对精密偶件的相对运动来实现的。柱塞圆柱表面上铣有直线形（或螺旋形）的斜槽，斜槽内腔和柱塞上面的泵腔用柱塞中心油道（或直槽）相连通，柱塞套筒上的油孔与泵体上的低压油腔相通。当柱塞下移到图 7-52 (a)所示的位置时，燃油经低压油腔经进油孔被吸入，充满柱塞上面的空间。图 7-52 (b)表示柱塞向上运动时，起初一部分燃料被挤回低压油腔，这个过程一直延续到柱塞顶面遮住油孔的上边缘为止。如柱塞继续上升，柱塞上部的燃料压力迅速增大，于是便推开出油阀向高压油管供油。柱塞上升到图 7-52 (c) 所示位置时，斜槽的边缘与油孔的下边缘接通，柱塞上面的柴油便通过中心油道、斜槽和回油孔回到低压油腔，供油即停止。

(2) 出油阀偶件

出油阀偶件位于柱塞偶件的上方（图 7-52)，弹簧将出油阀压紧在出油阀座上。在密封锥面和十字形断面的尾部之间有一个圆柱形的减压带。在出油阀被高压柴油顶起的过程中，当减压环带离开阀座的导向孔时，高压柴油才进入高压油管中，防止喷油前的

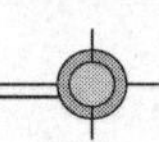

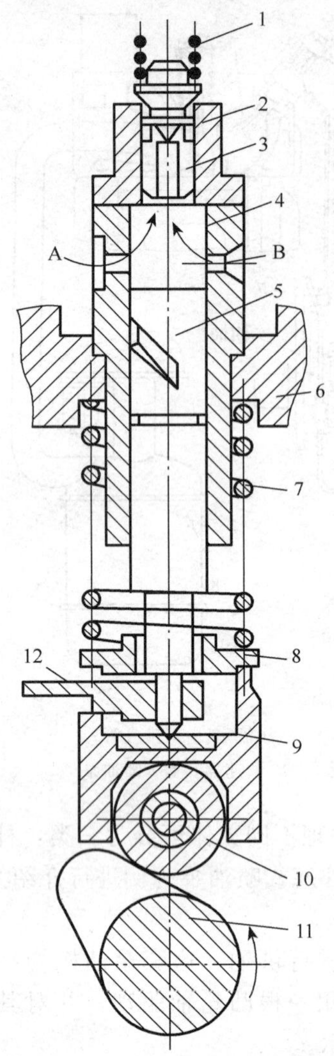

图 7-50 柱塞式单体喷油泵

1. 出油阀弹簧；2. 出油阀座；3. 出油阀；4. 柱塞套；5. 柱塞；6. 泵体；7. 柱塞弹簧；8. 弹簧下座；9. 滚轮体总成；10. 滚轮；11. 凸轮轴；12. 油量调节臂；A、B. 进、回油孔

滴油，提高喷射速度。停止供油时，减压环带下落进入导向孔切断油路，同时上部空间容积增大，高压油管压力迅速降低，喷油器断油迅速，防止喷油后的滴漏。

(3) 油量调节机构

由上述可知，柱塞上、下运动的行程 h，如图 7-52（d）所示，虽是由驱动凸轮的最大矢径决定，但喷油泵的实际喷油行程只有在柱塞上行完全封闭两个油孔之后才开始，而上行到柱塞斜槽和回油孔接通便立即停止，即在柱塞行程 h_g 内是泵油过程，h_g 称为柱塞有效行程。显然，喷油泵每次泵出的油量取决于有效行程的长短。因此要改变供油量，只需改变柱塞的有效行程。通常采用改变柱塞斜槽和柱塞套回油孔的相对角位置的方法来实现。柱塞的调节通常有齿圈-齿条式和拨叉-拉杆式调节机构，见图 7-53。

2. 喷油器

喷油器是柴油机燃油供给系统的重要部件之一，其作用是将柴油雾化成细微的颗粒，并把它们分布到燃烧室中。根据混合气形成与燃烧的要求，喷油器应具有一定的喷射压力和射程，以及合适的喷雾锥角。此外，喷油器在规定的时刻应能迅速切断柴油的供给，不发生滴漏现象。

喷油器通常可分为孔式和轴针式两种。本章以轴针式喷油器为例进行介绍。

轴针式喷油器结构如图 7-54 所示。针阀偶件如图 7-55 所示，针阀下端的密封锥面以下还向下延伸出一个轴针，其形状有圆柱形［图 7-55（b)］和倒锥形［图 7-55（c)］。由于轴针伸出喷孔外面，两者间形成圆环状的狭缝，故喷射呈现为空心的圆锥形。圆柱形轴针喷射的喷雾锥角较小，而倒锥形轴针的喷雾锥角较大。喷孔的通过断面与喷注锥角的大小，主要取决于轴针的升程和形状。

轴针式喷油器工作过程是：高压油泵将高压柴油通过进油管接头 6 和斜油道送入针阀体下部，并作用在针阀的承压锥面上。当此压力超过调压弹簧 4 的预紧力时，针阀被抬起，针阀体环形油腔内的高压柴油沿针阀与针阀体所形成的缝隙中高速以雾状喷出。当喷油泵停止供油时，环形油腔内压力降低，在调压弹簧作用下，针阀落入针阀体中，停止喷油。

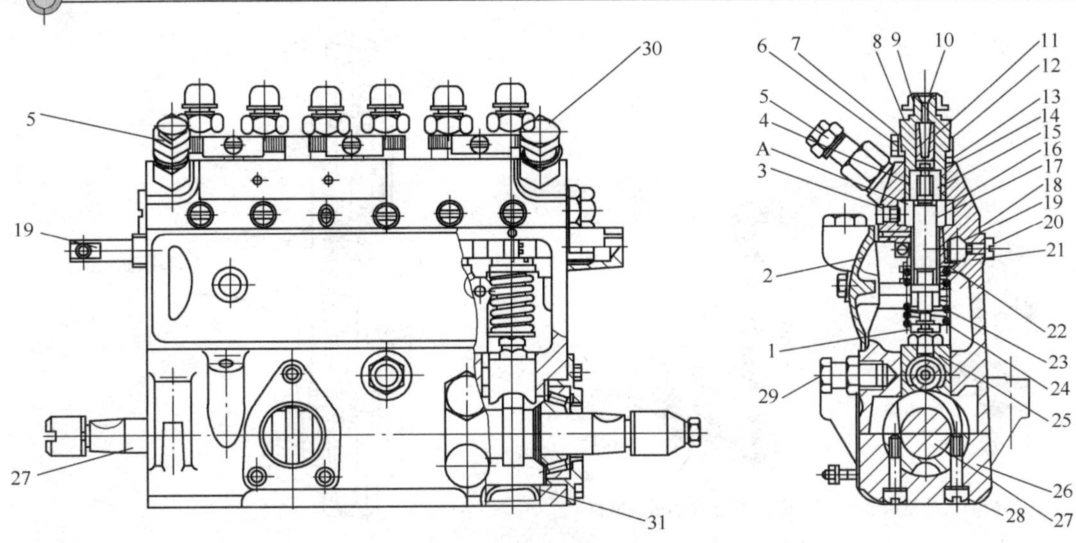

图 7-51　柱塞式组合喷油泵

1. 调整螺钉；2. 检查窗盖；3. 挡油螺钉；4. 出油阀；5. 限压阀部件；6. 槽形螺钉；7. 前夹板；8. 出油阀锁紧座；9. 减容器；10. 护帽；11. 出油阀弹簧；12. 后夹板；13. O 型密封圈；14. 垫圈；15. 出油阀座；16. 柱塞套；17. 柱塞；18. 可调齿圈；19. 调节齿杆；20. 齿杆限位螺钉；21. 控制套筒；22. 弹簧上座；23. 柱塞弹簧；24. 弹簧下座；25. 滚轮架部件；26. 泵体；27. 凸轮轴；28. 紧固螺钉；29. 润滑油进油空心螺栓；30. 柴油进油空心螺栓；31. 堵盖

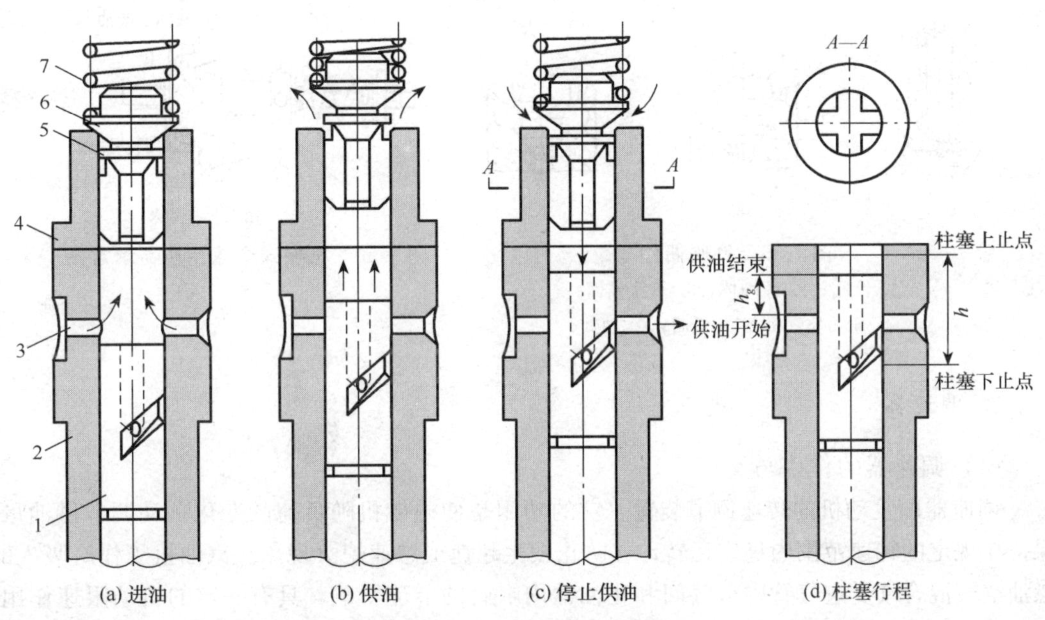

图 7-52　柱塞式喷油泵工作原理

1. 柱塞；2. 柱塞套；3. 油孔；4. 出油阀座；5. 减压环带；6. 出油阀；7. 弹簧

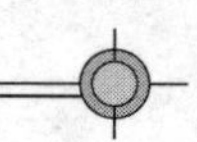

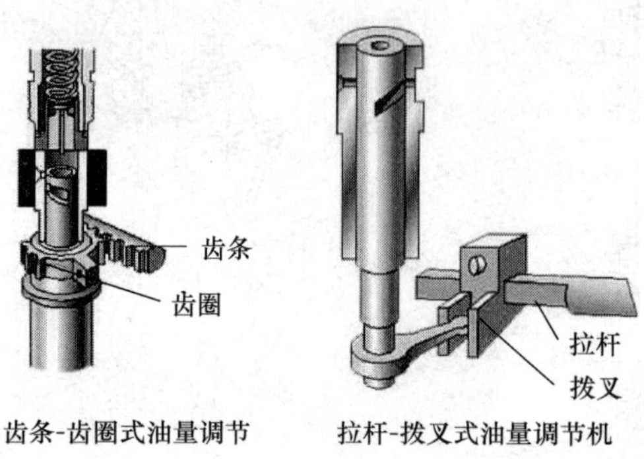

图 7-53 油量调节机构

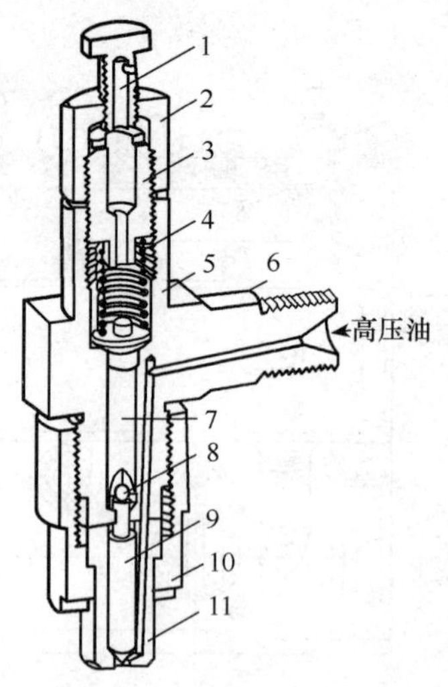

图 7-54 轴针式喷油器

1. 回油管接头；2. 护帽；3. 调压螺钉；4. 调压弹簧；5. 喷油器体；6. 进油管接头；7. 顶杆；8. 钢球；9. 针阀；10. 紧固螺套；11. 针阀体

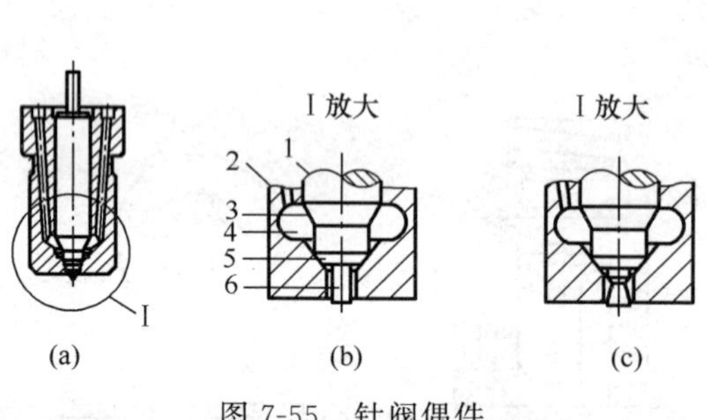

图 7-55 针阀偶件

1. 针阀；2. 针阀体；3. 承压锥面；4. 压力室；5. 密封锥面；6. 轴针

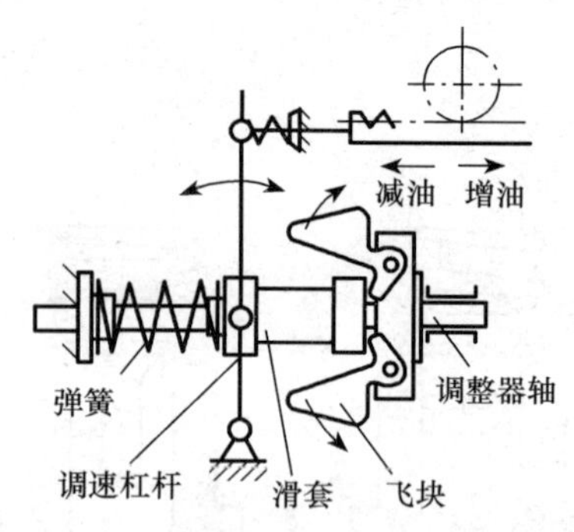

图 7-56 机械式全速调速器示意图

3. 调速器

(1) 调速器的作用与类型

调速器即发动机的转速调节装置。它的功用是使内燃机随负荷的变化自动调节供油量，保持在规定的转速范围内稳定运转，并防止发生超速或怠速熄火现象。汽油机工作时吸入的燃油空气混合气受进气管内节气门和化油器内喉管的节流影响，具有一定的自动限速作用，通常不需要另装调速器。而柴油机的喷油系统与不加限制的进气系统相互分开，如不加装调速器就会运转不稳，甚至超速或熄火。因而调速器是柴油机必不可少的一个部件。

调速器的类型：按功能分有两速调速器、全速调速器、定速调速器和综合调速器；按转速传感分有气动式调速器、机械离心式调速器和复合式调速器。

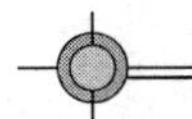

（2）机械式调速器的工作原理

图 7-56 为机械式全速调速器的示意图。调速器轴由内燃机曲轴驱动旋转。飞块架与调速器轴连接在一起，飞块与飞块架通过铰链连接。装在调速器轴上的滑套可沿轴向滑动，并推动调速器杆摆动。调速器杆推动喷油器齿条移动，从而改变供油量。当内燃机在某一工况下工作时，飞块的离心力通过飞块内端作用在滑套上，其轴向力与调速弹簧作用力平衡，则调速器杆停留在这个平衡位置上，内燃机获得某一定的供油量并稳定在某一转速下。当负荷增加时，内燃机转速降低，飞块离心力减小，这时作用于滑套上的弹簧作用力大于离心力的作用力，因而使滑套向右移动，推动调速器杆向右摆动，推动喷油器齿条使供油量增加。于是内燃机转速增高，飞块离心力增大，滑套左移，停在一个新的平衡位置上。反之，如负荷减小而内燃机转速增高时，离心力推动滑套左移，使供油量减小，内燃机转速和离心力都下降，滑套又稳定在一个新的平衡位置上。

两速调速器一般条件下使用于汽车柴油机，它只能自动稳定和限制柴油机最低与最高转速，而在所有中间转速范围内则由驾驶员控制。

（3）电子调速器的工作原理

由于电子技术的发展，电子控制系统已愈加广泛地应用在发动机上，其中电子调速器在柴油机上的应用已达到非常令人满意的效果。

电子调速器是根据接受的电信号，通过控制器和执行器来改变喷油泵供油量的大小。图 7-57 表示了电子调速器的工作原理，用转速调整电位器设定需要的转速，传感器通过飞轮上的齿圈测量出发动机转速实际值，并送至控制器，在控制器中实际值与设定值相比较，其比较的差值经控制线路的整理、放大，驱动执行器输出轴，通过调节连杆拉动喷油泵齿杆，进行供油量的调节，从而达到保持此设定转速的目的。

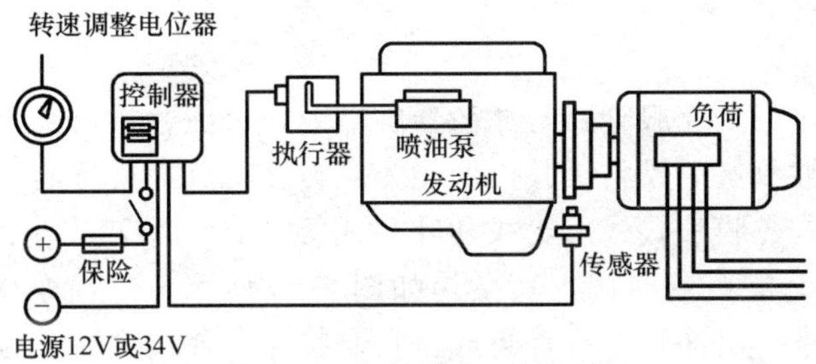

图 7-57　电子调速器原理图

7.6.3　燃油供给系统辅助装置

1. 柴油滤清器

燃料的清洁度及其雾化性质对喷油系统的工作可靠性与寿命有很大影响。燃料中含有的杂质主要是灰尘粒子、金属表面的锈蚀物和贴在零件表面上的其他杂质。若储存较久，氧化胶质也会增多。柴油滤清器的作用就是滤去柴油中的杂质、水分和石蜡，以减少各精密偶件的磨损，保证喷雾质量。

滤清器一般有单级式和双联式两种。如图 7-58 所示，双联式滤清器是由两个结构

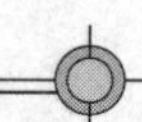

基本相同的滤清器串连而成，两个滤清器盖合制成一体，第一级粗滤是纸质滤芯，第二级细滤是航空毛毡及纺绸滤芯。

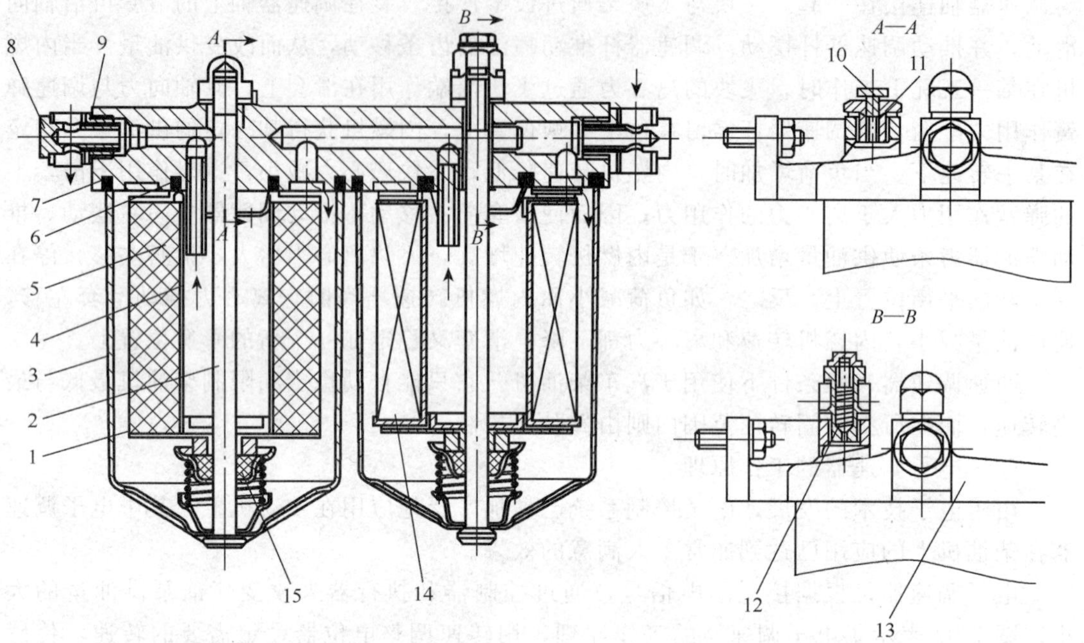

图 7-58 双联式柴油滤清器

1. 绸布滤芯；2. 紧固螺杆；3. 外壳；4. 滤筒；5. 毛毡滤芯；6. 毛毡密封圈；7. 橡胶密封圈；8. 油管接头；9. 接头垫；10. 放气螺钉；11. 放气螺塞；12. 溢流阀；13. 滤清器盖；14. 纸质滤芯；15. 滤芯垫

2. 输油泵

输油泵的主要作用是克服管路与滤清器的阻力，保证燃料在低压油路内循环，并在一定压力下提供足够数量的燃料。其供油能力应为发动机全负荷最大喷油量的 3～4 倍。

输油泵有活塞式、膜片式、齿轮式和叶片式等几种。活塞式输油泵由于工作可靠，目前在车用柴油机上被普遍使用，其结构如图 7-59 所示。它由泵体、手泵、滚轮体、进油阀、出油阀、进、出油管接头等组成。它安装在组合式喷油泵的一侧，由喷油泵凸轮轴上的偏心轮驱动。

输油泵工作原理如图 7-60 所示。当偏心轮的凸起部分顶动滚轮体时，活塞在推杆作用下向前腔运动，前腔空间减小，压力升高，使进油阀关闭，当压力超过出油阀弹簧弹力时，出油阀被压开，前腔的柴油被压往后腔，为出油做准备，见图 7-60（a）。当偏心轮的凸起部分离开滚轮体时，活塞在弹簧作用下向上运动，前腔空间增大，压力降低，后腔空间减小，压力升高，此时进油阀被吸开，油箱内的柴油被吸入前腔，由于后腔压力升高，出油阀关闭，后腔的柴油被压往出油管，见图 7-60（b）。

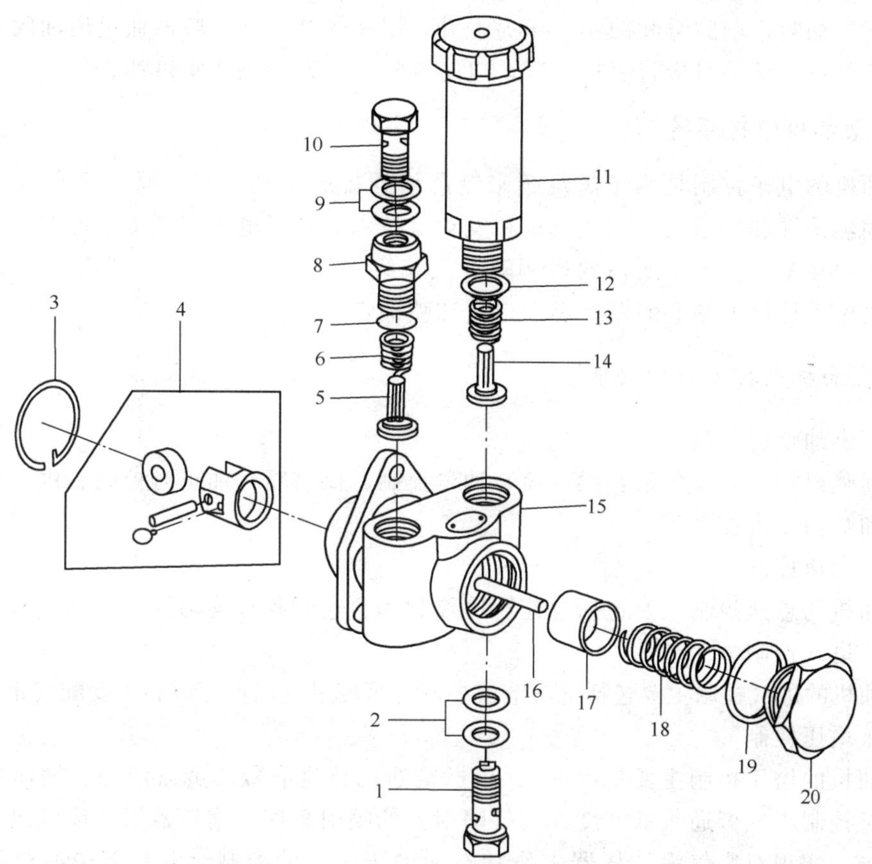

图 7-59　活塞式输油泵构造

1. 进油螺栓；2、9、19. 密封垫圈；3. 弹簧挡圈；4. 挺柱总成；5. 出油阀；6、13. 进出油阀弹簧；7、12. 密封圈；8. 油管接头；10. 出油管螺栓；11. 手油泵；14. 进油阀；15. 泵体；16. 推杆；17. 活塞；18. 活塞弹簧；20. 紧固螺栓

当发动机耗油量减少时，后腔压力升高，活塞无法上升至最高位置，使活塞行程缩短，从而减少供油量，见图 7-60（c）。当发动机耗油量增加时，后腔压力降低，活塞又恢复全行程运动，使供油量增加。因此该油泵具有自动调节油量的能力。

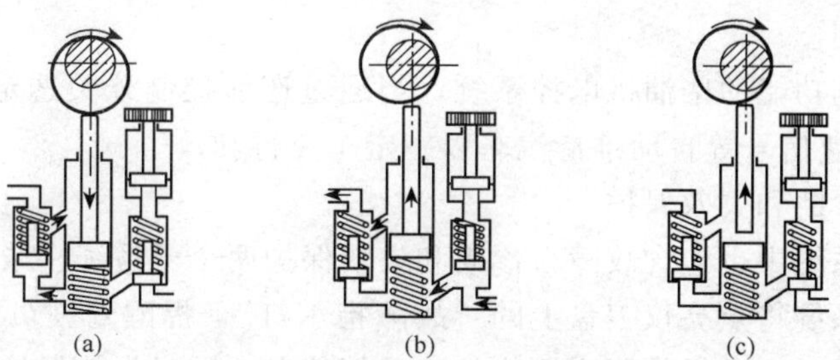

图 7-60　活塞式输油泵工作原理

输油泵上装有手油泵，它的主要作用是用于排除系统内的空气，为顺利起动提供保证。手柄上提时整个前腔空间增大，压力降低，进油阀被吸开，油箱内的柴油被吸入前

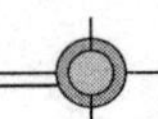

腔，压下手柄时，前腔空间减小，压力上升，出油阀被顶开，柴油通过出油阀进入出油管。在不使用手油泵时应将手柄拧紧，以防空气进入而影响正常供油。

7.6.4 柴油机电控系统简介

发动机的电子控制是为了满足越来越严格的排放法规要求，同时提高汽车的动力性、燃油经济性和舒适性。现代汽车和发动机技术离开了电子控制是不可想象的。电子产品的产值在整个汽车中所占的比例随着汽车级别的提升而升高，可达 30%以上。柴油发动机电子控制的核心问题是燃油定量和喷油定时。

1. 柴油机电控系统的功能

(1) 燃油喷射控制

燃油喷射控制主要包括：供（喷）油量控制、供（喷）油正时控制、供（喷）油速率控制和喷油压力控制等。

(2) 怠速控制

柴油机的怠速控制主要包括怠速转速控制和怠速时各缸均匀性的控制。

(3) 进气控制

柴油机的进气控制主要包括进气节流控制、可变进气涡流控制和可变配气正时控制。

(4) 增压控制

柴油机的增压控制主要是由 ECU 根据柴油机转速信号、负荷信号、增压压力信号等，通过控制废气旁通阀的开度或废气喷射器的喷射角度、增压器涡轮废气进口截面大小等措施，实现对废气涡增压器工作状态和增压压力的控制，以改善柴油机的扭矩特性，提高加速性能，降低排放和噪声。

(5) 排放控制

柴油机的排放控制主要是废气再循环（EGR）控制。ECU 主要根据柴油机转速和负荷信号，按内存程序控制 EGR 阀开度，以调节 EGR 率。

(6) 起动控制

柴油机起动控制主要包括供（喷）油量控制、供（喷）油正时控制和预热装置控制，其中供（喷）油量控制和供（喷）油正时控制与其他工况相同。

(7) 巡航控制

带有巡航控制功能的柴油机电控系统，当通过巡航控制开关选定巡航控制模式后，ECU 即可根据车速信号等自动维持汽车以一定车速行驶。

(8) 故障自诊断和失效保护

柴油机电控系统中也包含故障自诊断和失效保护两个子系统。柴油机电控系统出现故障时，自诊断系统将点亮仪表盘上的“故障指示灯”，提醒驾驶员注意，并储存故障码，检修时可通过一定的操作程序调取故障码等信息；同时失效保护系统启动相应保护程序，使柴油能够继续保持运转或强制熄火。

(9) 柴油机与自动变速器的综合控制

在装用电控自动变速器的柴油车上，将柴油机控制 ECU 和自动变速器控制 ECU

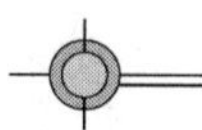

合为一体，实现柴油机与自动变速器的综合控制，以改善汽车的变速性能。

2. 发动机电子控制系统的组成

柴油发动机电子控制系统跟其他电子控制系统一样，也是由传感器、电子控制单元（ECU）和执行器组成。各种柴油电控系统的区别在于控制功能、传感器的数量和类型、执行元件的类型及 ECU 控制软件及主要电控元件的结构原理和安装位置。

（1）传感器

目前柴油机电子控制系统常用的传感器有二十余种，可分为三大类：

1）运行工况传感器。向电控单元提供柴油机运行工况的参数，如提供曲轴转速和相位的霍尔传感器。

2）修正参数传感器。采集的信号用来对基本循环喷油量或基本喷油提前角等基本参数进行修正，如燃油温度传感器、进气温度传感器、冷却液温度传感器等。

3）执行器信号反馈传感器。将执行器运行情况反馈给电控单元，实现对执行器的闭环反馈控制，如针阀升程传感器、油门位置传感器等。

（2）电子控制单元

电子控制单元（ECU）接受传感器提供的各种信息并加以处理，根据处理向执行器发出指令，对发动机实施控制。电子控制单元由微型计算机和模拟电路组成。随着发动机技术的不断发展，电子控制单元的信息处理量越来越大。

（3）执行器

执行 ECU 的指令，调节柴油机的供（喷）油量和供（喷）油正时。目前柴油机电子控制系统常用的执行器有集成于燃油喷射泵内的喷油量执行器和喷油提前角执行器，共轨式喷油系统中的喷油器、电控泵喷嘴等。

3. 柴油机电控系统的类型结构

按燃油喷射系统的基本组成和结构，分第一代电控喷油系统和第二代电控喷油系统。

（1）第一代柴油机电控燃油喷射系统（常规压力电控喷油系统）

第一代电控喷油系统保留了传统燃油喷射系统的基本组成和结构，只是将原有的机械式喷油泵及其机械控制部件用电控喷油泵及其控制部件取代，通过设置传感器、电控单元、电子调速器及有关电液控制执行器等组成控制系统，使控制精度和响应速度得以提高。其优点是柴油机结构不需改动，生产继承性好，便于对现有柴油机进行升级换代。缺点是系统响应慢、控制频率低、控制自由度小、控制精度不够高，喷油压力无法独立控制。

（2）第二代柴油机电控燃油喷射系统（高压电控喷油系统）

第二代电控喷油系统改变了传统燃油供给系统的组成和结构，主要以电控共轨式（各缸喷油器共用一个高压油管）喷油系统为特征，直接对喷油器的喷油量、喷油正时、喷油速率和喷油规律、喷油压力等进行“时间-压力控制”或“压力控制”。其特点是通过设置传感器、电控单元、高速电磁阀和相关电液控制执行元件等，组成数字式高频调节系统，有电磁阀的通、断电时刻和通、断电时间控制喷油泵的供油量和供油正时。但供油压力还无法独立控制。

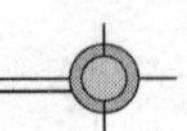

7.7 润滑系统

7.7.1 润滑系统的作用与润滑方式

1. 润滑系统的作用

发动机工作时，各运动零件均以一定的力作用在另一个零件上，并且发生高速的相对运动，有了相对运动，零件表面必然要产生摩擦，加速磨损。因此，为了减轻磨损，减小摩擦阻力，延长使用寿命，发动机上都必须有润滑系统。

润滑系统除了润滑运动零件表面，减小摩擦阻力和磨损，减小发动机的功率消耗外，还可以在机油不断循环的过程中，清洗摩擦表面，带走磨屑和摩擦产生的热量，起清洗、冷却作用；又由于在相对运动的零件之间和零件表面形成油膜，还起到了密封、防锈蚀、减震缓冲作用。

2. 润滑方式

(1) 压力润滑

曲轴主轴承、连杆轴承及凸轮轴轴承等处所承受的载荷及相对运动速度较大，需要以一定的压力将机油输送到摩擦部位，这种润滑方式称之为压力润滑。其特点是工作可靠、润滑效果好，并且具有良好的冷却和清洗作用。

(2) 飞溅润滑

对于机油难以用压力输送到或承受负荷不大的摩擦部分，如气缸壁、正时齿轮、凸轮表面等处的润滑，则利用运动零件飞溅出来的油滴或油雾润滑摩擦表面，称之为飞溅润滑。

(3) 掺混润滑

摩托车及其他小型曲轴箱换气的二冲程汽油机摩擦表面的润滑，是在汽油中掺入4%～6%的机油（一般汽油与机油的比例为20：1），通过化油器或燃油喷射装置雾化后，进入曲轴箱和气缸内润滑各零件摩擦表面，这种润滑方式称为掺混润滑。

7.7.2 润滑系统的组成及润滑部位

为使发动机得到必要的润滑，压力润滑系中必须具有为进行压力润滑和保证机油循环而建立足够油压的机油泵、贮存机油的容器（一般利用曲轴箱下的油底壳贮油），由润滑油管以及在发动机机体上加工出来的一系列润滑油道组成的循环油路。油路中还必须有限制最高油压的装置——限压阀。

机油在循环过程中，由于吸收零件摩擦所产生的热量会引起温度升高。机油温度过高，其黏度将下降，不易形成油膜，还会加速机油的老化变质，缩短使用周期。机油温度过低，将导致摩擦阻力增加。因此应对机油进行适当冷却，以保持油温在正常温度范围之内（70℃～90℃或更高），一般发动机是利用车辆行驶中的迎面空气流吹拂油底壳来使机油冷却的，在热负荷较高的发动机上，则专门设有机油散热器或冷却器，以加强机油冷却。

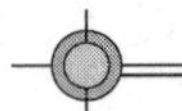

为能随时掌握润滑系的工作状况，一般发动机中都设有指示机油压力的机油压力表（指示器）和机油温度表。润滑系统结构如图 7-61 所示。图 7-62 表示了发动机的润滑部位，主要有曲柄连杆机构、配气机构及正室齿轮室。

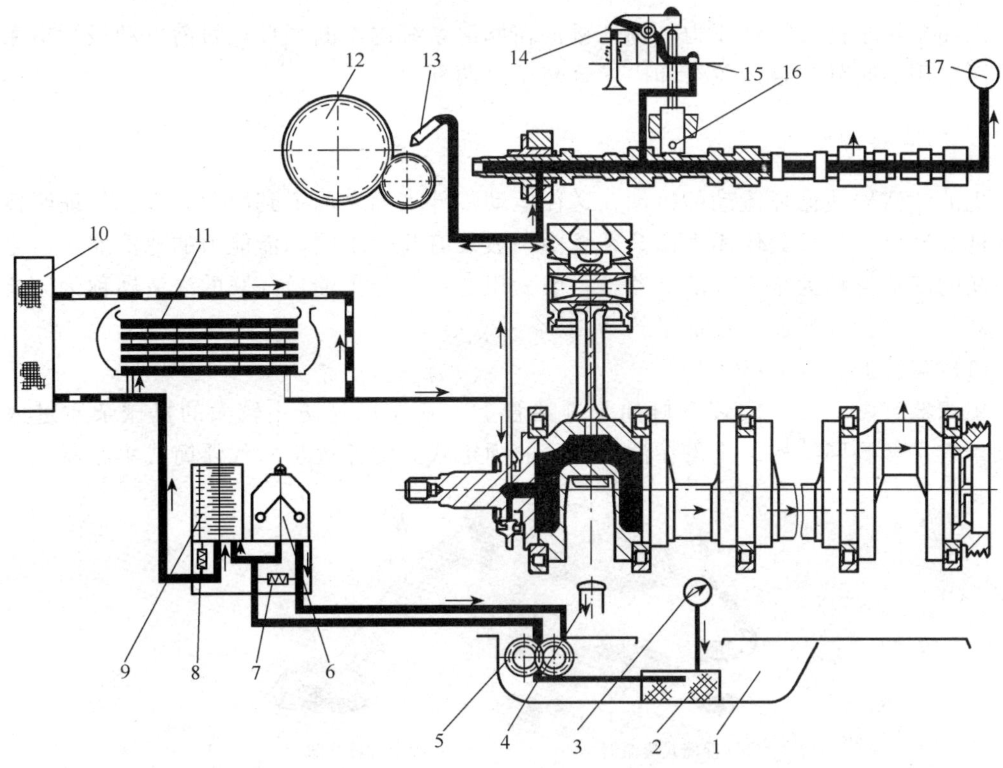

图 7-61　6135 型柴油机润滑油路

1. 油底壳；2. 集滤器；3. 油温表；4. 加油口；5. 机油泵；6. 离心式机油细清器；7. 调压阀；8. 旁通阀；9. 机油粗滤器；10. 风冷式机油散热器；11. 水冷式机油冷却器；12. 齿轮系；13. 齿轮润滑喷嘴；14. 摇臂；15. 气缸盖；16. 挺杆；17. 机油压力表

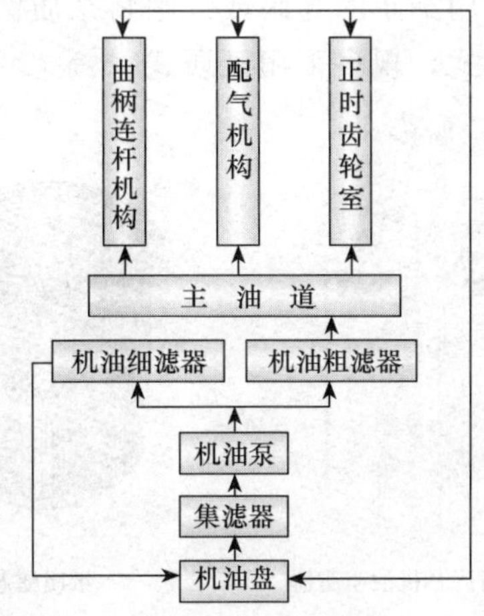

图 7-62　润滑部位

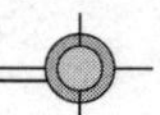

7.7.3 润滑系统的主要部件

1. 机油泵

机油泵用于提高机油压力，保证机油在润滑系统内不断循环，目前发动机润滑系统中广泛采用的是外啮合齿轮泵和内啮合转子泵两种。

2. 机油滤清器

机油滤清器使循环流动的机油在送往运动零件表面之前得到净化处理。保证摩擦表面的良好润滑，延长其使用寿命。系统中一般装有几个不同滤清能力的滤清器，与主油道串联的滤清器称为全流式滤清器，一般为粗滤器；与主油道并联的滤清器称为分流式滤清器，一般为细滤器，过油量约为10%～30%。

(1) 集滤器

集滤器（图7-63）安装于机油泵进油管上，其作用是防止较大的机械杂质进入机油泵，它是金属网结构。淹没在油面之下的固定式集滤器逐步取代浮筒式集滤器。

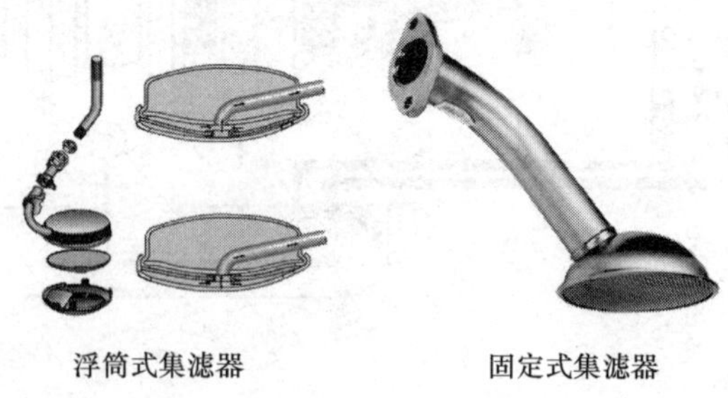

图7-63 集滤器

(2) 粗滤器

粗滤器（图7-64）串联在机油泵与主油道之间，属于全流式滤清器。粗滤器是过滤式滤清器，其工作原理是利用细小的孔眼或缝隙将杂质留在滤芯的外部。传统的粗滤器多采用金属片缝隙式和绕线式，现多采用纸质式。

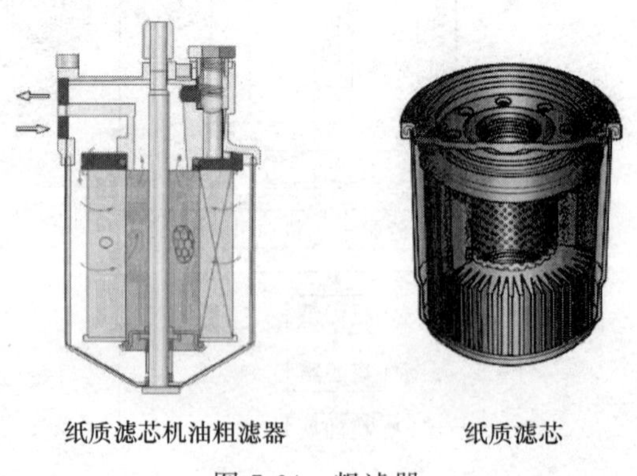

图7-64 粗滤器

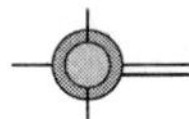

(3) 细滤器

细滤器与主油道并联，属于分流式滤清器。少量的机油通过它滤清后又回到油底壳。细滤器有过滤式和离心式两种，过滤式机油细滤器存在着滤清能力与通过能力的矛盾。为此多数发动机采用离心式细滤器。这种滤清器体积小，结构简单，能过滤更细的杂质，是一种较好的精滤器。其结构与工作原理见图 7-65。

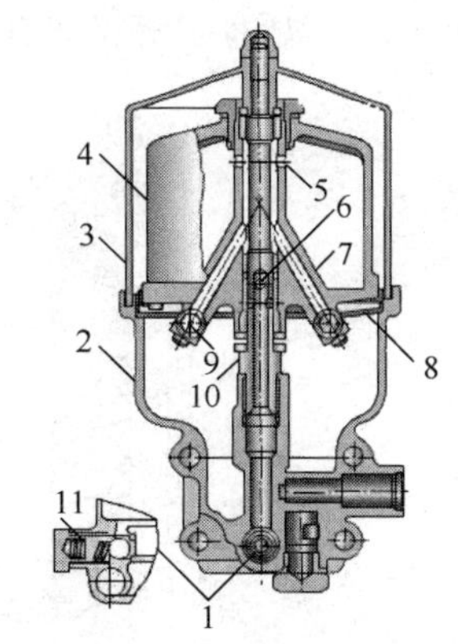

图 7-65　离心式细滤器

1. 滤清器进油口；2. 壳体；3. 上盖；4. 转子盖；5. 进油孔；6. 出油孔；7. 转子体；8. 挡板；9. 喷嘴；10. 转子轴；11. 进油限压阀

具有一定压力的润滑油从底部进入滤清器，进入空心轴，从轴孔出来进入转子体内，经滤网再进入喷嘴油道，最后从两个喷嘴的小孔小喷射出来。喷射时的反作用力使转子作高速旋转，则其中的润滑油也跟着一起旋转。此时，润滑油中的杂质颗粒在离心力的作用下，甩向四周而积聚在转子的内壁上，清洁的润滑油即经喷嘴喷出。

这种滤清器，在正常工作时，转子的转速应大于 5000r/min。6135 柴油机上也采用这种离心式滤清器。

(4) 机油散热器和冷却器

发动机运转时，由于机油黏度随温度的升高而变稀，降低了润滑能力。因此，有些发动机安装了机油散热器或机油冷却器。其作用是降低机油温度，保持润滑油一定的黏度。

7.8 冷却系统

可燃混合气在燃烧过程中会产生大量热量，发动机工作时在燃烧室内最高瞬间温度可达 2000℃左右，高温将导致发动机无法正常工作，并将会产生一系列严重后果。

常见的冷却系统有风冷和水冷两种，风冷一般用于小排量发动机。水冷系统根据冷却水循环方式分为自然对流式和强制循环式。

自然对流是以液体受热后，高温液体向上运动而低温液体向下运动这种物理现象进行循环的。这种循环方式的水箱必须置于发动机之上。由于自然对流冷却不均匀、效果差，故只用在小功率发动机上。

强制循环式水冷系统是利用水泵强制冷却水在发动机的水套和散热器之间进行循环流动。由于这种循环水的流量、循环路径，以及流经散热器的风力、风量可以调节，故其冷却能力大且冷却强度可调，冷却均匀，工作可靠。其目前在发动机上广泛采用。本节将重点介绍强制循环式液冷系统。

7.8.1　强制循环水冷系统的组成

强制循环水冷系统的组成如图 7-66 所示。它主要由水泵 7、冷却水套 5、散热器 1、分水管 6 及节温器 4 等部件组成。

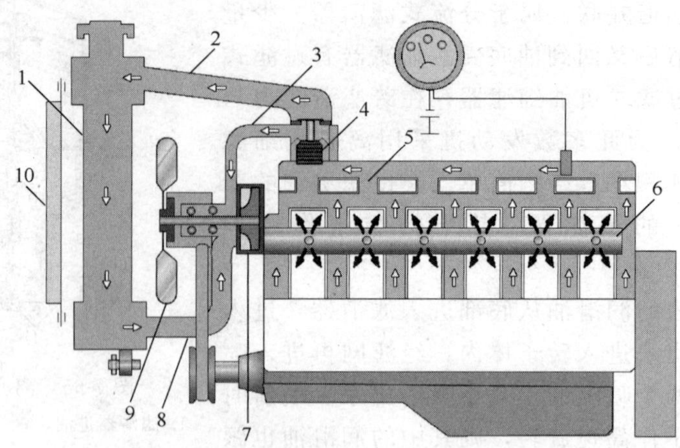

图 7-66 发动机强制循环冷却系统示意图

1. 散热器；2. 上水管；3. 旁通阀；4. 节温器；5. 水套；6. 分水管；
7. 水泵；8. 下水管；9. 风扇；10. 百叶窗

在水冷发动机的气缸体和气缸盖中都铸有贮液的连通水套、水管和空间，使循环的冷却水得以接近受热零件、吸收并带走热量。在多缸发动机中，为了使各气缸冷却均匀，在水套中设有分水管。分水管一般为铜制扁管，插入缸体水套中。沿扁管的纵向开有若干个出水孔，离水泵愈远其孔径愈大，冷却液能均匀地分配给各缸水套，从而使各缸能得到充分均匀的冷却。在有些发动机上为使气缸盖上高温部分获得较好的冷却，通常在气门座过梁处，气门座与喷油器之间，以及气门座与辅助燃烧室之间设有较大的通水孔或加装专门的喷水管，以加强这部分的冷却，这种结构在柴油机上应用较多，汽油机基本不采用。

7.8.2 强制循环水冷系统的工作循环

发动机工作时冷却水的循环路径是：水泵将经过散热器冷却的冷却水泵入分水管，再进入缸体水套、缸盖水套，吸收热量后，再经缸盖出水口流经节温器。当水温达到节温器开启温度时，节温器主阀开启，旁通阀关闭，冷却水经散热器上水管进入散热器，散热后由下水管流入水泵。当水温低于节温器开启温度时，节温器主阀关闭，旁通阀打开，冷却水不经散热器，直接由旁通管进入水泵。我们把流经散热器的循环称为大循环，把不经散热器的循环称为小循环。当节温器处在半开启状态时，大小循环并行。

在冷却系统中，如果散热器是通过溢水管或加液口与大气相通则称为开式冷却系统；如果在散热气盖上，或溢水管处安装有空气蒸气阀，则称为闭式冷却系统。闭式冷却系可以提高冷却水的沸点，特别是在高原地区，大气压力较低，冷却水不致过早沸腾，从而减少冷却水的消耗量。

7.8.3　水冷系统的主要部件

1. 节温器

节温器是一个根据水温高低可自动调节冷却水循环路径的开关。它一般安装在气缸盖的出水口处，也可以布置在散热器的出水管路中，能精确地控制冷却水温度，但其结构复杂，成本较高，多用于高性能的汽车及在冬季经常高速行驶的汽车上。

传统的节温器用石蜡或乙醚作为感温体控制节温器阀门。如图 7-67（a）所示，皱纹筒内装有乙醚和酒精的混合物，当水温高于 70°C 时，液体蒸发膨胀，皱纹筒伸长，打开大循环水道。水温达到 80～85°C 时，大循环水道完全打开，而小循环水道完全关闭，加速冷却水的散热。当水温低于 70°C 时，皱纹筒收缩，关闭大循环水道，打开小循环水道，冷却水直接进入水泵，如图 7-67（b）所示。

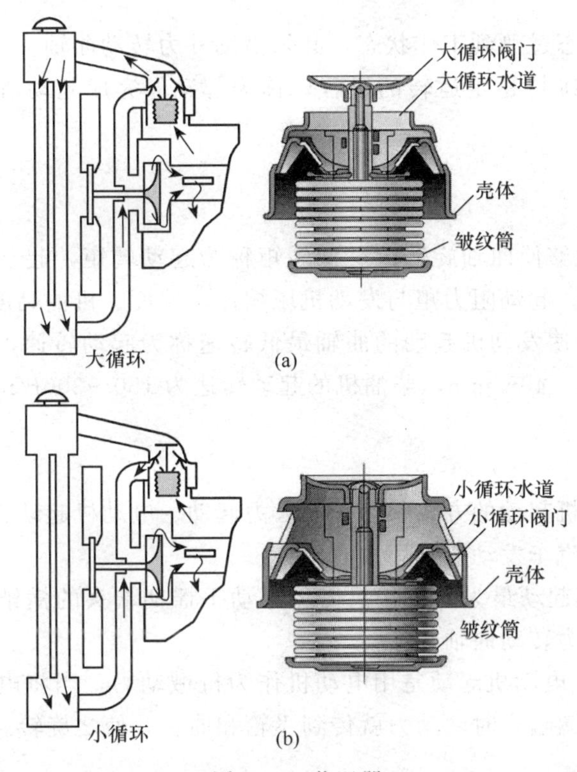

图 7-67　节温器

电子节温器，即电子控制发动机冷却系统，在发动机上已应用，该系统中的冷却水温度调节、冷却水的循环（节温控制）、冷却风扇的工作均由发动机负荷决定并由发动机控制单元控制，使之相对于装备传统冷却系统的发动机在部分负荷时具有更好的燃油经济性及较低的 CO/HC 排放。电子控制冷却系统以最小的更改改变了传统的冷却循环，完成了冷却循环的重新布置，它由信号单元、温度调节单元、发动机控制单元组成。

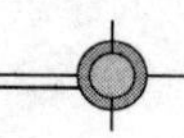

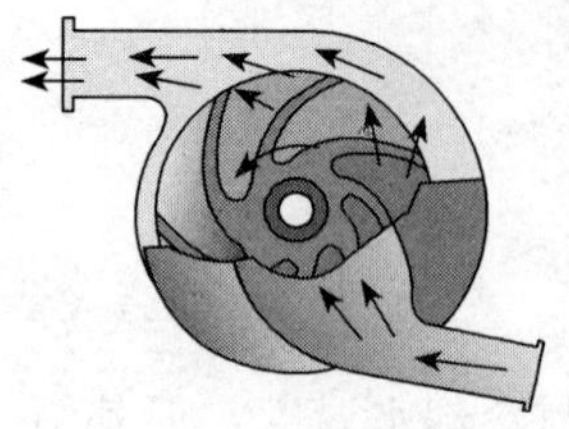

图 7-68 离心式水泵

2. 水泵

发动机上多采用离心式水泵，如图 7-68 所示，其工作原理是通过叶轮的漩转，产生真空，使冷却水不断地由进水管进入。水泵叶轮按结构形状可分为放射型和漩涡型，图 7-68 所示为漩涡型。水泵装在气缸体的前段上部，多数发动机水泵和风扇共用一轴。

7.9 起动装置

7.9.1 发动机的起动

发动机从静止状态过渡到工作状态，必须借助外力转动曲轴。曲轴在外力作用下开始转动过渡到能自动维持稳定运转的过程，称为起动。完成起动所需要的装置叫起动装置。

1. 起动条件

1）起动转矩。能够使曲轴旋转的最低转矩称为起动转矩，起动转矩必须克服压缩阻力和内磨擦阻力矩。起动阻力矩与发动机压缩比、温度、机油黏度等有关。

2）起动转速。能使发动机起动的曲轴最低转速称为起动转速，在 0～20℃ 时，汽油机的起动转速为 30～40r/min，柴油机的起动转速为 150～300r/min。

2. 起动方式

转动曲轴使发动机起动的方式很多，有人力起动、电动机起动、柴油机用汽油机起动、压缩空气起动。汽车发动机常用的有两种：

1）人力起动。其起动最为简单，只需将起动手摇柄端头的横销嵌入发动机曲轴前端的起动爪内，以人力转动曲轴。

2）电动机起动。电动机起动是用电动机作为机械动力，当将电动机轴上的齿轮与发动机飞轮周缘的齿圈啮合时，动力就传到飞轮和曲轴，使之旋转。电动机本身用蓄电池作为电源。

7.9.2 电动机起动

1. 电动机起动装置的组成

电动机起动装置由三部分组成：

1）直流串激式电动机，产生转矩。

2）传动机构，起动时，使小齿轮与飞轮齿圈啮合，传递转矩；起动后，使小齿轮与飞轮自动脱开。

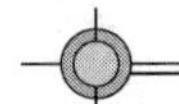

3）控制装置，又称为启动机开关，有机械式和电磁式两种。其用于接通、切断电动机与蓄电池之间的电路，在有些汽车上，还具有接入和隔除点火线圈附加电阻的作用。

2. 电动机起动装置

图 7-69 是电磁式控制装置，它由吸引线圈 6、保持线圈 5、静铁芯 12、动铁芯 4、回位弹簧、主触点 14、15 和接触盘 13 组成。吸引线圈 6 与保持线圈 5 匝数相同、绕向也相同。

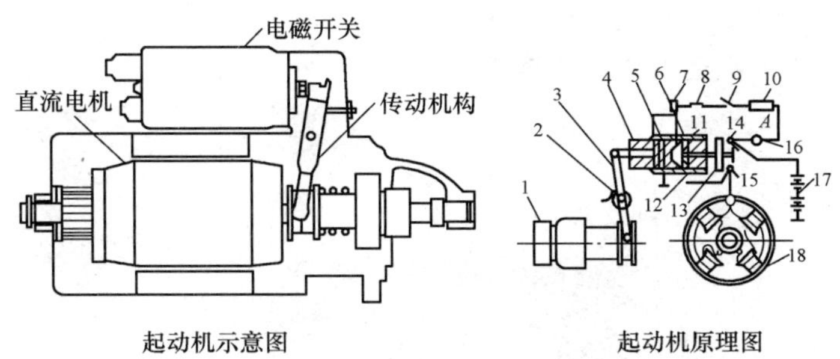

图 7-69 启动机控制装置

1. 驱动齿轮；2. 复位弹簧；3. 传动叉；4. 动铁芯；5. 保持线圈；6. 吸引线圈；7. 接线柱；8. 启动按钮；9. 启动开关；10. 断电器；11. 黄铜套筒；12. 静铁芯；13. 触盘；14、15. 触点；16. 电流表；17. 电池；18. 直流电动机

当接通启动开关时，如图 7-70 所示，吸引线圈 6 中的电流经起动机的激磁绕组 F 和电枢绕组后搭铁，保持线圈 5 则直接搭铁。这时，这两个线圈产生同方向的磁通，并产生很强的吸引力，吸引动铁芯运动。动铁芯带动传动叉 3 绕支点转动，拨动电动机输出轴上的齿轮与飞轮上的齿圈啮合（图 7-69），当驱动齿轮与飞轮齿圈完全啮合的同时，动铁芯运动正好使由动、静触点组成的主触点闭合。主触点闭合后，吸引线圈的两端被主触点短路，如图 7-71 所示，蓄电池输出大电流直接进入电动机而发出较大的转矩，克服发动机的阻力矩将曲轴驱动。吸引线圈 6 被短路后，由于此时动、静铁芯完全接触，磁阻很小，只靠保持线圈 5 中的电流就能维持铁芯的吸合状态。

发动机起动后，断开启动开关，从启动开关供给保持线圈的电流被切断，如图 7-71 所示。但此瞬时主触点仍闭合，电流从主触点流向吸引线圈 6，再经保持线圈 5 搭铁，而这时吸引线圈电流改变了方向，两个线圈产生的磁通方向相反而抵消。在回位弹簧作用下，动铁芯带动传动叉使驱动齿轮返回原位，主触点断开，启动机因断电而停转。

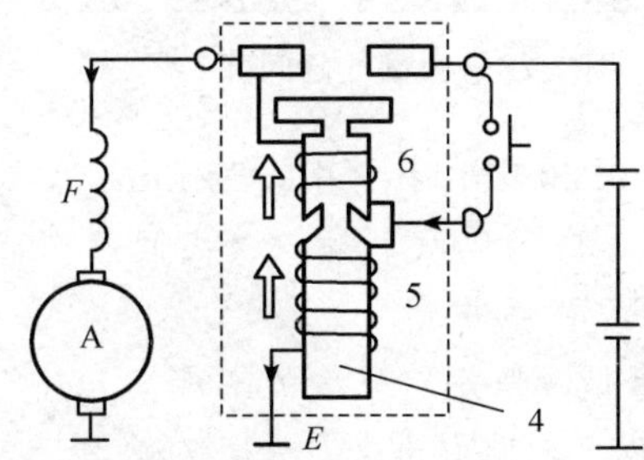

图 7-70 启动时电磁开关中的电流图

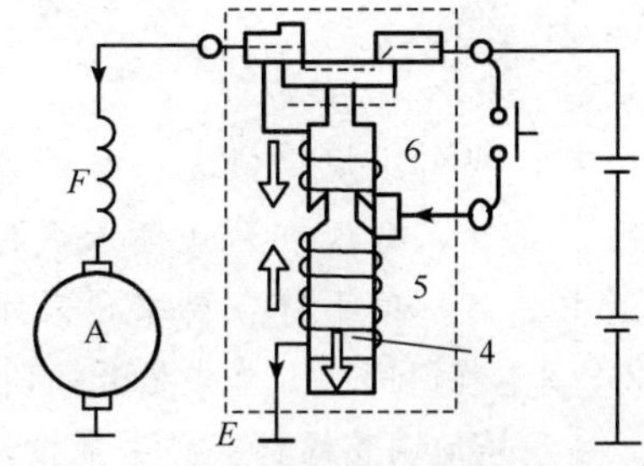

图 7-71 启动后电磁开关中的电流图

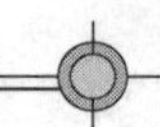

本章实训

实训项目（一） 气门间隙的调整

1. 知识与技能目标

1）了解配气系统的功用、结构形式与工作过程。

2）了解气门间隙对发动机工作性能的影响。

3）掌握气门间隙调整依据和调整方法。

2. 实训器材

发动机若干台、塞规、梅花扳手、改锥

3. 实训过程

在调整气门间隙作业前，应先查阅维修手册，查出所维护发动机的气门间隙，同时应注意所给出的间隙值是冷车还是热车状态值，以保证调整正确。如6135Q发动机在冷态情况下，进气门间隙为0.25～0.30mm，排气门间隙为0.30～0.35mm。调整步骤如下：

1）找到一缸上止点。用手柄转动曲轴或撬动飞轮，使一缸处于压缩上止点位置。发动机气缸排列是从飞轮处开始计数，如图7-72所示。此时从气门处看，一缸的气门应都处于关闭的状态。如果一缸的气门不全是关闭状态，说明一缸活塞在排气上止点位置，应再转动曲轴360°，使一缸处于压缩上止点位置。

另外，汽油机还可以打开分电器盖并确定各缸高压分线的位置，摇转曲轴，当分火头指向该缸分线位置时，触点张开的瞬间位置，则该缸处于压缩行程的上止点位置。这样便可以比较准确地确定各缸压缩上止点的位置，方便调整气门。

2）测量气门间隙。选出符合规格的塞规插入气门杆与气门摇臂（或凸轮）之间，稍微拉动塞规，如有轻微的阻力，表示间隙正确，如图7-73所示。

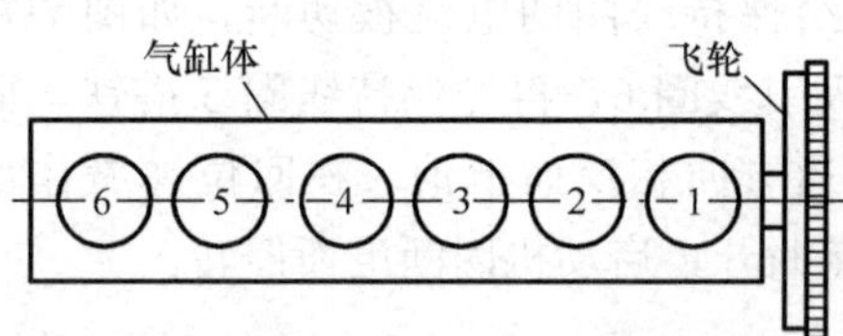

图7-72 气缸排列

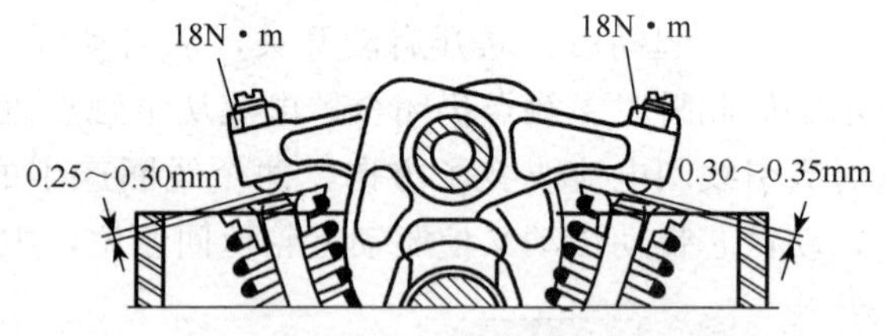

图7-73 测量气门间隙

也可以找出比规定值大一号的塞规（如规定值为0.20mm时，用0.25mm）插入气门间隙，此时，塞规应无法插入，再用小一号的塞规，应可以顺利插入气门间隙中，如果上述中任何一项不符合要求，表示气门间隙不正常，必须进行调整。

3）调整气门间隙。首先松开气门调整螺钉的固定螺母，把规定厚度的塞规插入气门间隙处，一手转动调整螺钉，一手抽拉塞规，直到塞规稍微受到阻力为止，如图7-48所示。

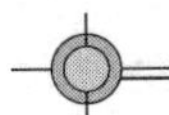

调整妥当之后，塞规插到气门间隙中央，用改锥保持调整螺钉不动，拧紧固定螺母。锁好螺钉后，再用塞规重新测量气门间隙，因为可能在锁紧时无意转动了调整螺钉，使气门间隙改变。如果气门间隙改变，应重新调整到正确为止。

4）检查装复。当气门间隙全部调整好了以后，应再用塞规逐缸检查一遍，如有不合格的间隙，一定要调整到正确为止。待全部气门间隙都正确后，再检查一下所有的固定螺钉是否已锁紧。气门间隙调整完毕后，用抹布擦净衬垫、气缸盖罩和缸盖的结合面；然后将气缸盖罩放置于缸盖上，用螺栓固定；再装复其他配件。

4. 思考题

1）气门间隙不当对发动机有何影响？

2）在一缸位于压缩上止点，能否检查调整一半数量的气门间隙；然后转动曲轴一周，再调整剩余的气门间隙，即所谓的两次调整法？

实训项目（二） 活塞环间隙测量和气缸磨损度测量

1. 实训目的

1）了解活塞环的作用、结构类型

2）了解活塞环间隙和气缸磨损对发动机工作性能的影响

3）掌握间隙测量方法与步骤

2. 实训器材

发动机若干台、塞规、内径百分表

3. 实训过程

（1）活塞环间隙检测

活塞环间隙检测包括开口间隙、侧隙和背隙的测量。

1）活塞环开口间隙的测量。检测时把活塞环平放于气缸内，用活塞顶部把它推平至气缸的上部或旧气缸的未磨损处，然后用塞尺测量开口间隙，如图7-74（a）所示。

2）活塞环侧隙的测量。侧隙是指活塞环在环槽内上下方向的间隙。检测时，可将环外沿反向放入环槽内，用塞尺测量，如图7-74（b）所示。

3）活塞环背隙的测量。背隙是指活塞环与活塞装入气缸后，活塞环背面与活塞环槽底之间的间隙。它等于[(气缸直径−活塞环槽底直径)/2−环厚]。

（2）气缸磨损度检测

测量气缸磨损度，即测量气缸的圆度、圆柱度和磨损量三项指标。

测量时应用内径百分表在垂直于气缸轴线的三个截面上的各两个方向上进行。如图7-75所示。截面Ⅰ为活塞位于上止点时第一道活塞环相应的位置，即气缸磨损最大的位置；截面Ⅱ在气缸的中部；截面Ⅲ为活塞位于下止点时，最下面一道活塞环相应的

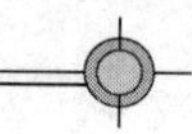

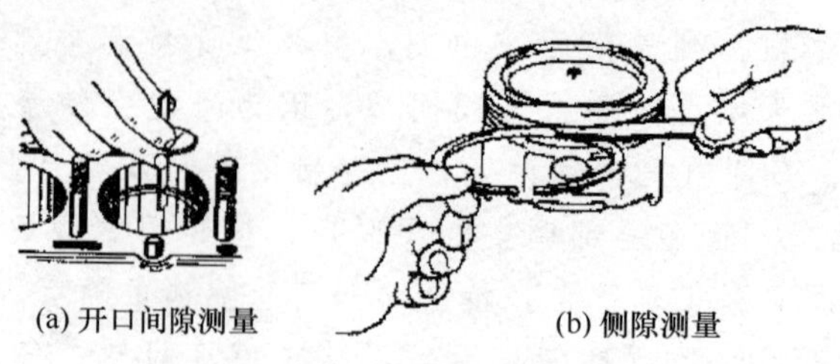
(a) 开口间隙测量 (b) 侧隙测量

图 7-74 活塞环间隙测量

位置（气缸下缘以上 10mm 左右）。在每个截面上测出互相垂直的两个方向（即垂直于曲轴轴线方向和平行于曲轴轴线方向）的直径。

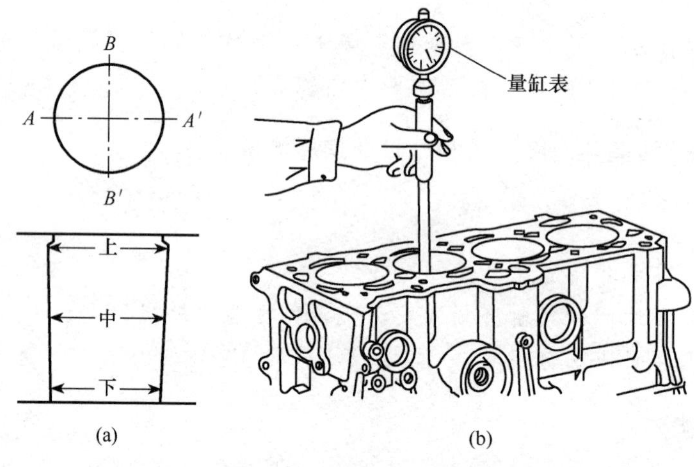

(a) (b)

图 7-75 气缸磨损度测量

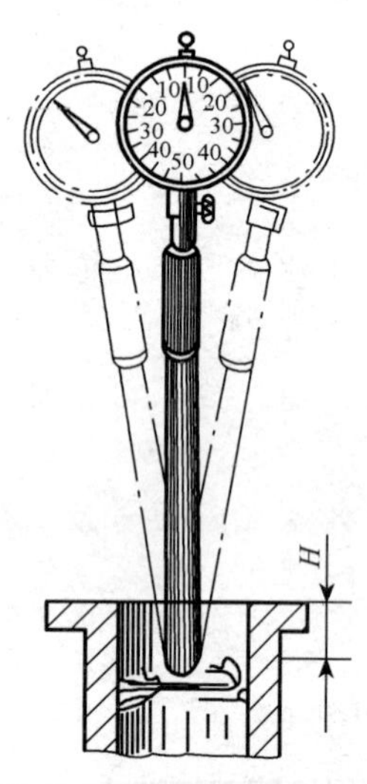

图 7-76 气缸的测量方法

用量缸表测量缸径时，应使其下面的测杆处于垂直于气缸轴线的位置。为此测某一位置缸径时，应在该直径所在的纵平面内摆动量缸表，如图 7-76 所示。表盘指针顺时针摆转到极限位置刚要回动时，即表明测杆已垂直于气缸轴线。

1）圆柱度误差，用两点法测量时，是指在Ⅰ与Ⅲ截面上所测得的最大直径与最小直径的差值之半。

2）圆度误差，用两点法测量时，是指在每个截面上所测得的最大直径与最小直径的差值之半。三个截面中的最大差值即为该缸的最大圆度误差。

3）最大磨损量，即气缸最大磨损处直径（一般在截面Ⅰ上，个别在截面Ⅱ上）与气缸未磨损处（气缸顶部）直径之差。

4. 思考题

1）活塞环侧隙不当会造成什么现象？如何消除该现象？

2）气缸磨损有何规律？产生磨损的原因有哪些？

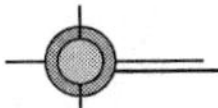

小　　结

本章简单介绍了发动机的分类及型号，重点介绍发动机的工作原理和各部件的结构特点，以及各系统的作用、工作原理。通过本章的学习，要重点掌握发动机的工作原理，两大组件的结构特点，五大系统的作用、工作原理。了解发动机的分类及型号，以及电子技术在发动机上的应用。

习　　题

7.1　什么叫发动机？四行程发动机的含义是什么？

7.2　发动机是怎样分类的？

7.3　发动机由哪几大部分组成？

7.4　简述四行程柴油机的工作原理。

7.5　曲柄连杆机构由哪几部分组成？

7.6　活塞连杆组的功用是什么？

7.7　发动机为什么要设置较大的飞轮？

7.8　配气机构有哪几种形式？有何优缺点？

7.9　气门传动方式有哪几种？现代发动机为什么大多采用齿带传动？

7.10　柴油燃油供给系统由哪几部分组成？功用是什么？

7.11　简述高压油泵的工作过程。

7.12　润滑系统的功用是什么？发动机为什么必须进行适当的润滑？

7.13　发动机为什么要进行适当的冷却？冷却过度和冷却不良有什么不良后果？

7.14　为什么说现代发动机是机电一体化程度最高的机电设备之一？

第8章

电梯与自动扶梯

本章概述

电梯与自动扶梯是典型的机电一体化运输设备，在发展国民经济建设和人们的日常生活中起着重要的作用。自动扶梯不仅起着输送乘客的作用，同时以其艺术装饰性起到了美化环境的作用。本章简单介绍了电梯、自动扶梯的分类、技术指标以及控制系统类型与特点。重点介绍电梯、自动扶梯的机械系统的组成，典型部件的结构特点、工作原理，安全保护装置的作用与工作原理。

知识目标

1. 了解电梯的分类、技术指标和自动扶梯的技术规格。
2. 掌握电梯、自动扶梯的结构、典型部件的工作原理。
3. 掌握各安全保护装置的作用与工作原理。
4. 了解控制系统类型与特点。

能力目标

能初步达到根据电梯故障现象判断故障产生原因的能力。

8.1 电梯

8.1.1 简述

电梯是高层建筑中不可缺少的垂直方向的运输工具，随着现代化城市的高速发展，电梯在发展国民经济建设和人们的日常生活中起着重要的作用。例如，上海浦东地区的金茂大厦，是地面以下3层、地面以上88层的超高层建筑，高度为420米，大厦内装有电梯60台，自动扶梯18台；原纽约的世界贸易中心大楼，高410米、共110层，大楼内有电梯208台，自动扶梯49台，每天要输送5万人员上班，还有8万来访旅游人员。综上所述，电梯与人们的生活有着越来越密切的关系，在某种情况下电梯的作用比建筑物本身更为重要。

当今世界，电梯的生产情况与实用数量已成为衡量一个国家现代化程度的标志之一。建国以前，我国使用着约有2000台电梯，但是几乎没有电梯生产企业。解放后，随着国民经济的发展，电梯制造业应运而生，从20世纪60年代的开始起步，到70年代初具规模。改革开放以来，经济建设的飞速发展对电梯的需求量开始增加，在八五期间，电梯产量以每年13%的速度增长，五年总需求量上升到8.4万台。

目前，交流调压调速电梯已趋成熟，一些企业都有了成功的产品，微机控制电梯是电梯技术的发展方向，有些生产企业与科研单位相结合，推出了微机控制的电梯新机型，使电梯的控制功能增强，性能得到改善，明显提高了可靠性。另外，用可编程序控制器（PC）取代继电器控制系统的机型也已投产，使电梯的性能得到很大改善，故障率大大降低。有些企业还开发了紧急供电装置、地震控制、自检测等电梯新功能。总之，与国外先进技术相比，虽然还有一定的差距，但国内电梯技术正以迅猛的发展速度赶超世界先进水平。

1. 电梯的分类

电梯可按以下几个方面进行分类。

(1) 按用途分

1）乘客电梯。乘客电梯是用于宾馆商厦运载乘客的电梯，备有完善的安全装置，轿厢内部装修比较豪华。

2）载货电梯。载货电梯是用于载运货物的电梯，因可有人伴随，故要有必备的安全装置。

3）客货两用电梯。客货两用电梯是一种可载运乘客和货物的两用电梯，常以载客为主，但轿厢内部装修与乘客电梯不同。

4）病床电梯。病床电梯用于医院载运手术车和病床的电梯，主要特点是轿厢窄而长。

5）住宅电梯。民用住宅所用的电梯，内部装修简单，且一般采用下集选控制方式。

6）杂物电梯。杂物电梯或称服务电梯，如图书馆、办公楼、饭店等运送图书、文

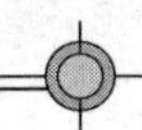

件、食品等小型货物的电梯，这种电梯结构简单，因无必备的安全装置，所以不允许人员乘坐。

7）船舶电梯。船舶上使用的电梯，在航行中摇摆的船舶上能正常工作。

8）观光电梯。大型宾馆的大厅中央或高层建筑的外墙上运行的电梯，采用透明的轿厢，可供乘客观光之用。

9）车辆电梯。用于运送车辆的电梯，轿厢较大，有的无轿厢顶。

10）其他电梯。除以上电梯以外，还有冷库电梯、防暴电梯、矿井电梯、建筑工程电梯等专用电梯。

（2）按运行速度分

按电梯运行速度一般做如下的区分：

1）低速电梯。其运行速度低于 1m/s 的电梯。

2）快速电梯。其运行速度大于 1m/s 而低于 2m/s 的电梯。

3）高速电梯。其运行速度大于 2m/s 的电梯。

（3）按拖动方式分

1）直流电梯，用直流电动机驱动的电梯。

2）交流电梯，用交流电动机驱动的电梯。其又分交流单速电梯、交流双速电梯、交流调速电梯及变压变频调速电梯。

3）液压电梯，用液压传动系统传动的电梯。

（4）按控制方式分

电梯的控制方式很多，一般可分为以下几种。

1）按钮控制电梯。按钮控制电梯是一种简单的自动控制电梯，具有自动平层功能，它又可分为；

① 轿外按钮控制。电梯的召唤、运行方向和选层均通过安装在各楼层厅门处的按钮进行操作，在运行中直至停靠之前，不接受其他楼层的操作指令，一般为服务电梯。

② 轿内按钮控制。按钮安装在轿厢内，由司机操纵电梯的运行，即电梯只接受轿厢内的按钮指令。厅门处的按钮不能截停、操纵电梯，只能通过轿厢内的指示灯发出召唤信号。一般为载货电梯。

2）信号控制电梯。信号控制电梯是一种控制程度很高的有司机电梯。它能将厅门召唤信号、轿内选层信号和其他专用信号进行自动综合分析，有司机进行操纵。一般具有轿厢命令登记、厅外召唤登记、顺向截停、自动换向、自动平层、自动开门等功能，用于有司机客梯。

3）集选控制电梯。集选控制电梯是一种高度自动控制的电梯，能将厅门召唤信号、轿内选层信号等多种信号加以自动综合分析判断后，自动决定轿厢的运行，可实现无司机控制。

这种电梯除具有信号控制电梯的功能外，还具有自动延时控制停站时间、自动应召服务、自动换向应答反向厅外召唤等功能。另外还具有有/无司机操纵的转换功能，当有司机操纵时，就为信号控制电梯。这种电梯常用于宾馆、饭店、办公楼的客梯。

4）下集选控制电梯。这种电梯只有在电梯下行时才具有集选功能，电梯上行时不能截停。即乘客要从某层上行时，只能截停下行电梯，随电梯下到基站后再上行，这种控制方式常用于住宅电梯。

5）并联控制电梯。将2～3台电梯集中排列，共用厅外召唤信号，按规定的并联控制运行程序，进行集中控制和自动调度，用于提高载运效率，缩短候机时间。

6）群控电梯。将多台电梯集中排列，共用厅外召唤信号，由计算机根据客流情况和各梯所在楼层位置，自动进行交通分析，自动选择最佳运行方式，实现多台电梯集中控制和自动调度。

另外，根据上面提到的有、无司机，还可分为有司机电梯、无司机电梯、有/无司机电梯。

2. 电梯的规格与性能指标

（1）基本规格

电梯的基本规格表示它的服务对象、运载能力、工作性能及主要尺寸等。一般包括以下几个部分。

1）电梯用途。电梯用途即电梯的类别，指该电梯是乘客电梯、货物电梯、住宅电梯等。

2）额定载重量。设计时规定的保证电梯正常运行的允许载重量，单位为千克（kg）。它是电梯的主参数，根据我国标准《电梯主参数、轿厢、井道、机房的形式及尺寸》（GB7025—86）规定，额定载重量分别（kg）为400、630、800、1000、1250、1600、2000、2500。

3）额定速度。设计时规定的保证电梯正常运行的工作速度，单位为m/s（米/秒）。它也是电梯的主要参数，按照上面的标准规定，额定速度（m/s）分别为0.63、1.00、1.60、2.50（本标准只适用于≤2.50m/s的电梯）。

4）拖动方式。拖动方式指电梯采用的动力种类，如直流电机拖动、交流电机拖动及液压传动。

5）控制方式。电梯运行的控制方式分为按钮控制、信号控制、集选控制、并联控制及群控。

6）轿厢尺寸。轿厢尺寸以深×宽表示，其尺寸大小与电梯的种类、额定载重量、井道的尺寸有关，可查阅GB7025—86。

7）门的形式。它是指轿厢门的结构形式，有中分式、旁开式、直分式等。

根据我国《电梯系列型谱》（JB/2110—74），可将以上内容进行搭配，称之为电梯系列型谱。

（2）电梯的型号

对于一台电梯，通常用型号将其基本规格的主要内容表达出来。目前没有国家统一的标准。根据建设部标准《电梯、液压梯产品型号编制方法》（JJ45—86）规定，电梯的型号由电梯的类型、主参数、控制方式三部分组成，其顺序如图8-1所示。

其中类、组、型及控制方式用具有代表意义的大写汉语拼音字母表示，主参数用阿拉伯数字表示，改型代号用小写的字母顺序表示。各项内容的代号表示如下：

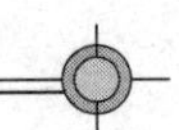

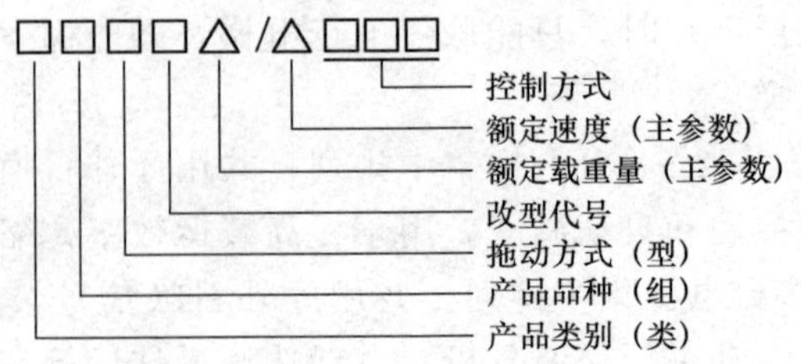

图 8-1 电梯型号编制

产品类别：电梯、液压梯均用 T 表示。

产品品种代号见表 8-1。

表 8-1 产品品种代号

产品品种	乘客电梯	载货电梯	客货电梯	病床电梯	住宅电梯	杂物电梯	船舶电梯	观光电梯	汽车电梯
代号	K	H	L	B	Z	W	C	G	Q

拖动方式代号见表 8-2。

表 8-2 拖动方式代号

拖动方式	交流	直流	液压
代　　号	J	Z	Y

控制方式代号见表 8-3。

表 8-3 控制方式代号

控制方式	代　　号	控制方式	代　　号
手柄开关控制、自动门	SZ	信号控制	XH
手柄开关控制、手动门	SS	集选控制	JX
按钮控制、自动门	AZ	并联控制	BL
按钮控制、手动门	AS	群梯控制	QK

注：控制方式用微机处理时，在代号后面加 W，如 JXW。

（3）电梯的主要性能指标

电梯的工作性能主要以满足乘客乘坐舒适、安全可靠为目的，性能指标常以速度特性、工作噪音、平层准确度来评价。我国《电梯技术条件》（GB10058—88）对其分别规定如下：

1）速度特性。对于速度特性指标，我国电梯技术条件中，只对加、减速度最大值及水平振动加速度做出了规定。

① 当电源为额定频率、电动机施以额定电压时，电梯轿厢以半载向下运行至行程中段（除去加速和减速段）时的速度，应不超过额定速度的 5%。

② 电梯启动和制动时的加、减速度最大值不大于 1.5m/s^2；额定速度在 1～2m/s 的电梯，平均加、减速度应不小于 0.5m/s^2；额定速度大于 2m/s 的电梯，其平均加、

减速度应不小于 0.7m/s^2。

③ 乘客电梯和病床电梯的轿厢在运行时，水平方向与垂直方向的振动加速度（用时域记录的振动曲线中的单峰值）应符合不同等级电梯的规定值。

2）工作噪音。工作噪音包括电梯运行时的机房噪音、启动运行至减速制动全过程中轿厢内的噪音。用声级计的 A 挡进行测量，单位为 dB（A）。对乘客电梯和病床电梯，其噪音应符合不同等级电梯的规定值。

3）平层准确度。平层准确度与电梯的载重量、运行方向有关，测量时，应分别以空载、满载做上、下运行，到达同一层站时，取其误差的最大值。对各类电梯，轿厢平层准确度应达到不同等级电梯的规定值。

8.1.2　电梯的机械系统

图 8-2 是电梯的基本结构图。其机械部分由曳引系统、轿厢和门系统、平衡系统、导向系统、安全保护装置组成。

1. 曳引系统

电梯曳引系统的作用是输出动力和传递动力，驱动电梯运行。它主要由曳引机和一些传动件组成，如图 8-3 所示。

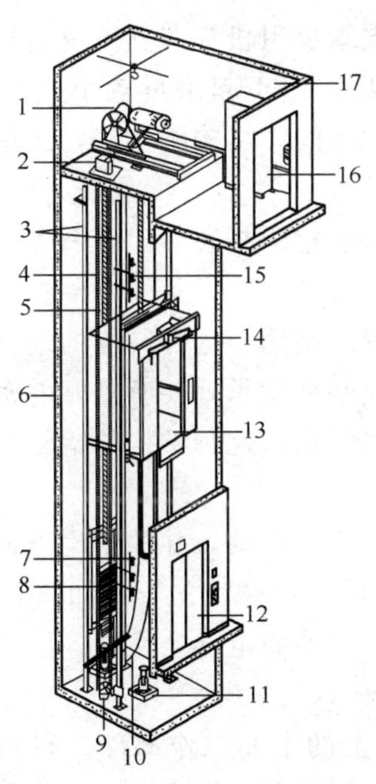

图 8-2　电梯的基本结构

1. 曳引机；2. 限速器；3. 导轨；4. 限速器钢丝绳；5. 曳引钢丝绳；6. 井道；7. 下终端保护开关；8. 对重；9. 限速器涨紧装置；10. 补偿装置；11. 缓冲器；12. 厅门；13. 轿厢；14. 开门机；15. 上终端保护开关；16. 控制柜；17. 机房

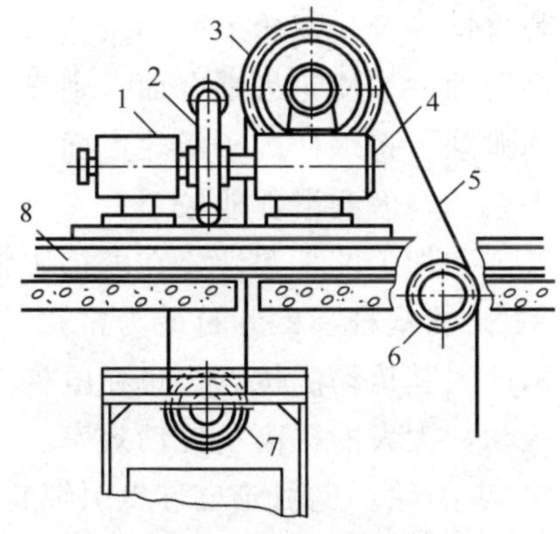

图 8-3　曳引系统

1. 电动机；2. 电磁制动器；3. 曳引轮；4. 减速器；5. 曳引钢丝绳；6. 导向轮；7. 反绳轮；8. 曳引机承重梁

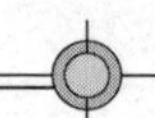

(1) 曳引机

曳引机是电梯的动力装置，由电动机、制动器、曳引轮组成，并根据电动机与曳引轮之间有、无减速器，分为有齿曳引机和无齿曳引机，如图 8-4 所示。无齿曳引机的电动机直接驱动曳引轮，一般用于高速电梯（大于 2m/s）。由于没有减速器，所以传动效率高、噪声小、传动平稳。有齿曳引机因用减速器驱动曳引轮，从而降低了输出转速，提高了输出转矩。

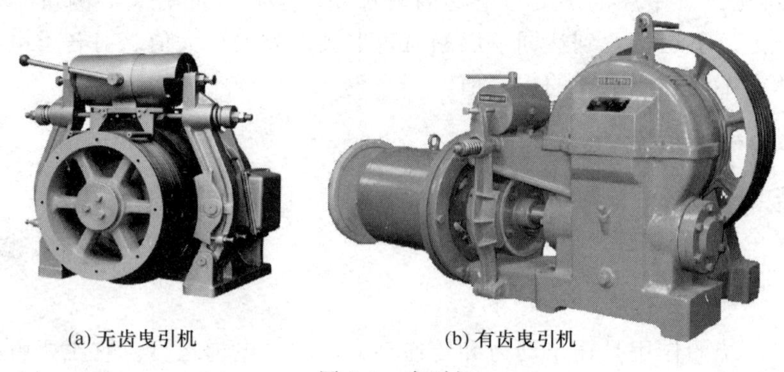

(a) 无齿曳引机　　(b) 有齿曳引机

图 8-4　曳引机

根据安装曳引轮主轴的支承方式，又分为单支承曳引机和双支承曳引机。单支承曳引机的曳引轮安装在主轴的伸出端，结构简单轻巧，用于起重量较小（不大于 1t）的电梯。双支承曳引机的曳引轮安装在主轴两支承的中间，结构刚性好，适用于大起重量的电梯。

1）减速器。有齿曳引机的减速器一般采用的蜗轮蜗杆传动。其特点是降速比大、传动平稳、结构紧凑、噪声小。

若将蜗杆置于蜗轮下面的减速器，称蜗杆下置式结构。这种结构的蜗杆可浸在箱体内的润滑油中，使轮齿啮合面得到充分的润滑，但蜗杆支承处要有良好的密封，以防止润滑油泄漏。将蜗杆置于蜗轮上面，称蜗杆上置式结构，这种结构的蜗轮蜗杆啮合面不易进入杂物，但润滑性能较差。

考虑到加工的工艺性，在电梯中常使用圆柱形蜗杆传动，并根据输出速度的要求选择 1～4 头的蜗杆。2 头的最为常用，1 头的用于低速电梯，3、4 头的用于高速电梯。弧面蜗杆因其传动的优点，也在电梯上得到应用，国外的电梯产品中，已应用斜齿圆柱齿轮传动，大大的提高了传动效率。

2）曳引轮。曳引轮也称曳引绳轮，是曳引机上的主要工作部件，利用轮上的绳槽与曳引绳的摩擦力传递运动，当曳引轮两侧的曳引绳有一定拉力差时，应保证曳引绳不打滑。因此曳引轮绳槽的形状直接关系到曳引力的大小和曳引绳的寿命。图 8-5 表示了曳引轮的结构和三种常见的绳槽形状。

① 半圆形绳槽。图 8-5（a）是半圆形绳槽，与曳引绳的接触面积最大，曳引绳在绳槽中的变形小、摩擦小，有利于延长曳引绳的使用寿命。但其当量摩擦系数小，所以必须增大包角才能提高曳引能力。一般用于复绕式的高速电梯中。

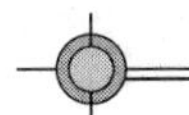

② 带切口的半圆形绳槽。图 8-5（b）是带切口的半圆形绳槽，在半圆槽的底部切出一个楔形槽，使曳引绳与绳槽接触面积减少，比压增大。同时曳引绳在沟槽处产生弹性变形，有一部分嵌入槽中，使得当量摩擦系数增大，一般可为半圆槽的 1.5～2 倍，从而提高了曳引能力。楔形槽夹角一般取 90°～110°，这种槽形在电梯上应用最为广泛。

③ V 形槽。图 8-5（c）是 V 形槽，曳引绳与绳槽接触面积小，且 V 形槽两侧能对钢丝绳产生较大的挤压力，从而提高其当量摩擦系数，但因曳引绳和绳槽磨损较快，而限制了楔形槽的应用，一般用于杂物电梯等轻载低速电梯上。

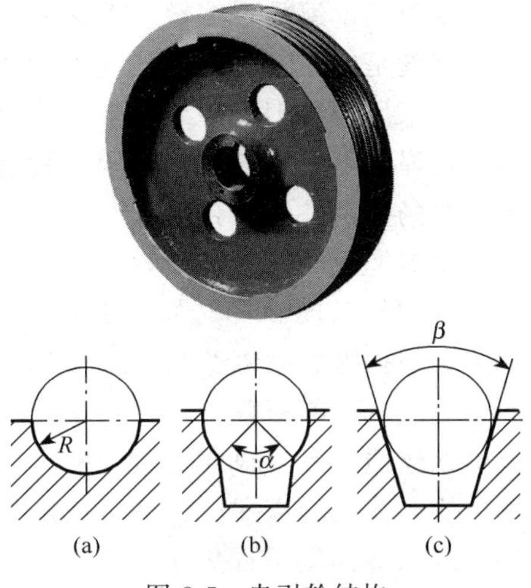

图 8-5　曳引轮结构

曳引轮的材料对曳引绳和曳引轮本身的使用寿命影响很大。一般常用球墨铸铁制造，以提高其耐磨性。曳引轮直径一般取曳引绳直径的 45～55 倍，以减少曳引绳的弯曲应力，延长曳引绳的使用寿命。

3）制动器。图 8-6 是一种常见的电磁制动器，安装在电机轴与蜗杆轴的连接处，实现电梯停车制动。

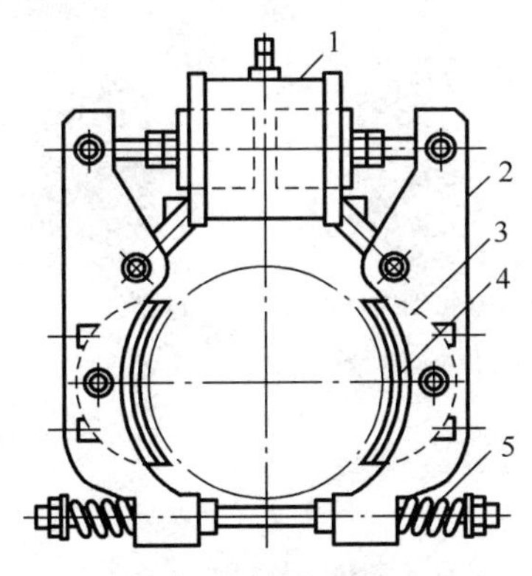

图 8-6　电磁制动器

1. 电磁铁；2. 制动臂；3. 制动瓦；4. 制动带；5. 压缩弹簧

电磁制动器由电磁铁 1、制动臂 2、制动瓦 3、制动带 4、压缩弹簧 5 组成。电梯上常用直流电磁铁，因为它结构简单、动作平稳、噪音小。电磁铁是用来松开闸瓦，当闸瓦松开时，闸瓦与制动轮表面应有 0.5～0.7mm 的合理间隙，为此电磁铁在吸合时，必须有足够的吸合行程。制动臂用来传递制动力，要保证有足够的强度和刚度。制动瓦是提供制动摩擦力矩的工作部分，用摩擦系数较大的石棉材料做成的制动带铆接在制动瓦上，为使制动瓦与制动轮保持最佳的抱合，制动瓦与制动臂采用铰链连接，使制动瓦有一定的活动余量。制动弹簧通过制动臂向制动瓦提供压力，调节弹簧压缩量可调整制动力矩。

制动器的电磁铁在电路上与电动机并联，电梯运行时，电磁铁吸合，使闸瓦松开；而电梯停止时，电磁铁断电释放，制动瓦在弹簧作用下抱紧制动轮，实现机械制动。

（2）曳引传动

曳引传动是指借助于曳引钢丝绳与曳引轮槽之间产生的摩擦力矩驱动电梯轿厢与对重垂直上下运动的传动，是由曳引轮、定滑轮、动滑轮组合在一起来实现。

1）曳引传动件。传动件主要是曳引钢丝绳和导向轮、反绳轮。

① 曳引钢丝绳。曳引钢丝绳承受电梯的全部重量，并绕着曳引轮、导向轮和反绳轮反复弯曲，在曳引轮绳槽中承受很大的比压，还要频繁承受电梯启动、制动的冲击。因此，对曳引钢丝绳的强度、耐磨性和挠性均有很高的要求。

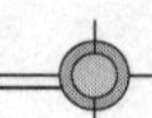

曳引钢丝绳是由钢丝、绳股和绳芯组成。

钢丝是钢丝绳的基本强度单元，根据其韧性的高低，分为特级、Ⅰ级、Ⅱ级，电梯钢丝绳采用特级钢丝。绳股是由若干根钢丝捻成的每一根小绳，然后再由若干股绳股捻成钢丝绳，曳引钢丝绳多采用 8 股钢丝绳。绳芯是被绳股缠绕的挠性芯棒，起支承、固定绳股的作用，并能存储润滑油。曳引钢丝绳采用了具有较好挠性的纤维芯。

根据绳股的构造可分为点接触、线接触和面接触的钢丝绳，如图 8-7 所示。其中线接触的钢丝绳接触面积大、接触应力小，具有较高的挠性和抗拉强度。在线接触的钢丝绳中，根据绳股中钢丝的配置又分很多种，图 8-8 表示了三种配置的钢丝绳，代号为 X 的外粗式（又称西鲁式）配置的钢丝绳，因其外层钢丝粗，耐磨性能好，被广泛应用于曳引钢丝绳。另外根据绳股和钢丝绳的捻制方向，分为左捻和右捻。再根据绳股和钢丝绳的捻制方向的搭配，又有交互捻和同向捻之分，因交互捻在使用中没有扭转打结的趋势，所以电梯使用右交互捻的钢丝绳。

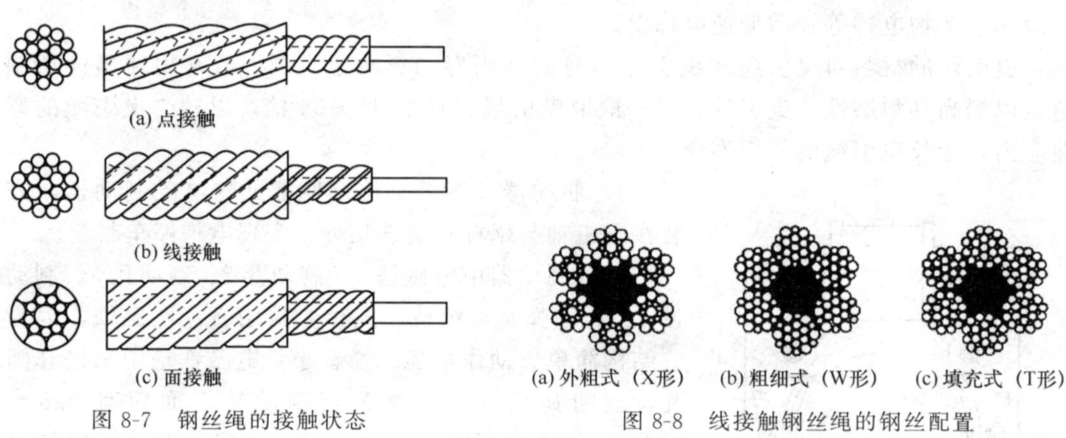

图 8-7　钢丝绳的接触状态

图 8-8　线接触钢丝绳的钢丝配置

对电梯钢丝绳强度的要求用静载安全系数表示，即

$$k=\frac{pn}{T}$$

式中，k 为钢丝绳静载安全系数；P 为钢丝绳的破断拉力；n 为钢丝绳的根数，我国规定电梯钢丝绳的根数不少于 4 根，杂物电梯不少于 2 根；T 为作用在轿厢一侧的钢丝绳上的最大静载荷，包括轿厢自重、额定载重和轿厢一侧钢丝绳的最大重量。

我国规定电梯钢丝绳的值一般要大于 12，杂物电梯大于 10。

钢丝绳的两端要与有关的构件连接，如用 1∶1 绕法，绳的一端与轿厢上的绳头板连接，另一端要与对重上的绳头板连接；如采用 2∶1 绕法，钢丝绳的两端都必须引到机房，与机房上的固定支架的绳头板连接固定。

固定钢丝绳端部的装置也叫绳头组合，其固定方法有很多种，最安全牢靠的方法是用巴氏合金填充的锥形套筒法，如图 8-9 所示。将曳引绳插入锥套 1 中，各绳股打弯作花结后拉入锥套内，然后向锥套内浇铸巴氏合金。

锥套与绳头板 3 的连接采用了弹簧均衡受力装置。将锥套拉杆 5 插入绳头板 3 的孔中，并套入弹簧 4 和弹簧座 6，然后用双螺母 7 固定。螺母还可调节弹簧力，以均衡各根曳引绳的受力。

② 导向轮、反绳轮。导向轮是将曳引钢丝绳引向对重或轿厢的滑轮（图 8-10 中的 2），安装在曳引机机架或承重梁上。

反绳轮是设置在轿厢顶部或对重顶部的动滑轮（图 8-10 中的 5）以及机房内的定滑轮，其作用是将曳引钢丝绳绕过反绳轮，以构成不同的曳引绳传动比。根据传动比的不同，反绳轮可以是一个或多个。

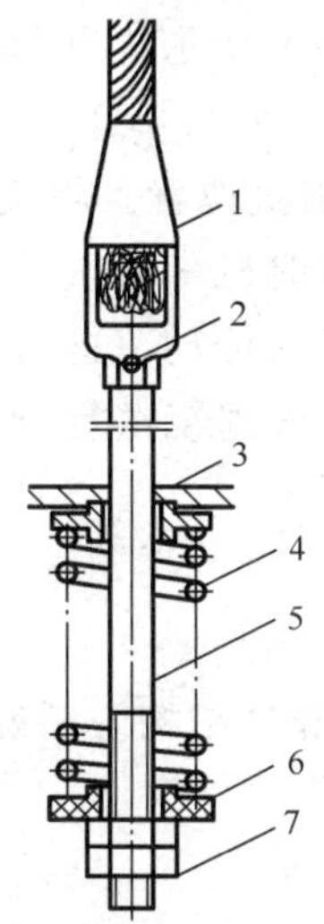

图 8-9 曳引绳端部连接装置

1. 锥套；2. 铆钉；3. 绳头板；4. 弹簧；5. 拉杆；6. 弹簧垫；7. 螺母

2）曳引绳传动比。曳引绳传动比就是曳引钢丝绳的线速度与轿厢运行速度的比值，有以下几种形式，如图 8-10 所示。

① 1∶1 传动。曳引钢丝绳两端分别固定在轿厢与对重顶部，直接驱动轿厢和对重［图 8-10（a）］。这种传动形式的曳引钢丝绳线速度与轿厢的运动速度关系为 $v_{绳}=v_{厢}$，曳引钢丝绳的张力与轿厢总重量的关系为 $T_{绳}=T_{厢}$。这种传动形式一般用于客梯。

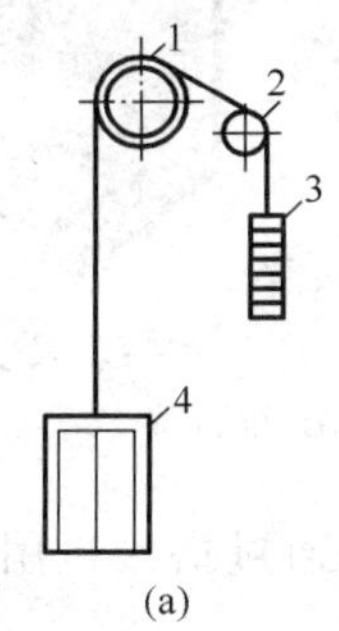

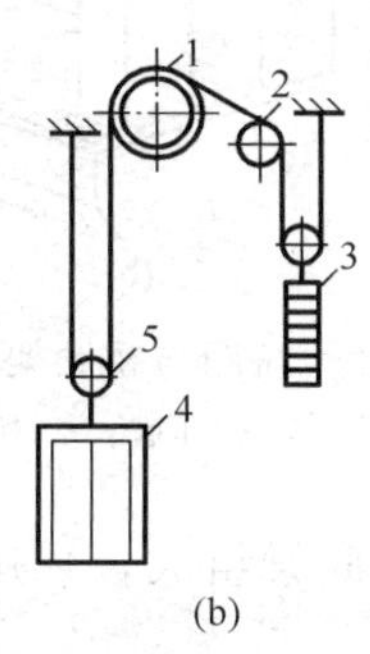

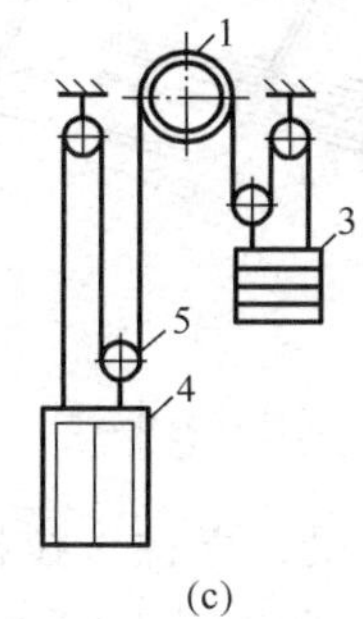

图 8-10 曳引绳传动比

1. 曳引轮；2. 导向轮；3. 对重；4. 轿厢；5. 反绳轮

② 2∶1 传动。曳引钢丝绳绕过轿厢与对重顶部的反绳轮，再将两端分别固定［图 8-10（b）］。这种传动形式需要曳引钢丝绳加长，并反复曲折。曳引钢丝绳与轿厢的速度、受力关系为 $v_{绳}=2v_{厢}$、$T_{绳}=1/2T_{厢}$。

③ 3∶1 传动。这种传动形式除在轿厢、对重的顶部设置有反绳轮，还在机房设置了反绳轮［图 8-10（c）］。这就需要曳引钢丝绳更长，曲折的次数更多。曳引钢丝绳与轿厢的速度、受力关系为 $v_{绳}=3v_{厢}$、$T_{绳}=1/3T_{厢}$。

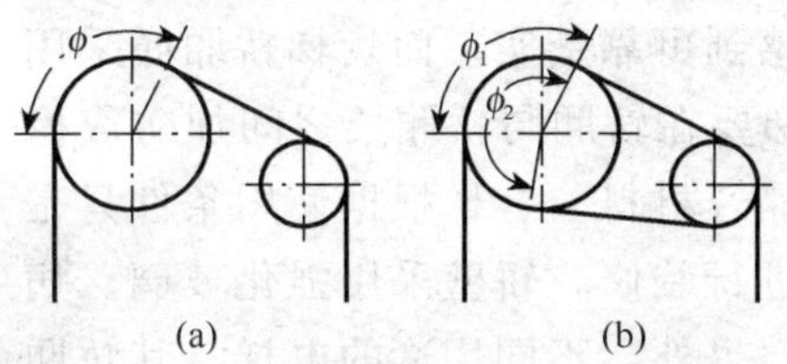

图 8-11 曳引钢丝绳缠绕方式

大的传动比适用于大吨位的电梯，货梯的传动比比客梯大。

3）曳引传动形式。

① 曳引钢丝绳缠绕。曳引钢丝绳在曳引轮上的最大包角不超过 180°，称为半绕式传动，

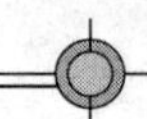

如图 8-11（a）所示。为了增加摩擦力，将曳引钢丝绳绕过曳引轮和导向轮一周后，再引向轿厢和对重，如图 8-11（b）所示，则称为全绕式传动，一般用于无齿曳引机。

② 曳引机位置。将曳引机安置在井道上方时，称上置式传动，这是一种常见的传动形式，此时机房承重较大。如果井道上方无法设置机房，也可将曳引机置于井道底部，称下置式传动。这时必须先将曳引钢丝绳引向井道顶部，再经导向轮引向轿厢和对重，使得钢丝绳绕法复杂，而且要求井道有足够的宽度。

2. 轿厢和门系统

（1）轿厢

1）轿厢的结构。轿厢是运送乘客或货物的承载部件，由轿厢体和轿厢架组成，如图 8-12 所示。

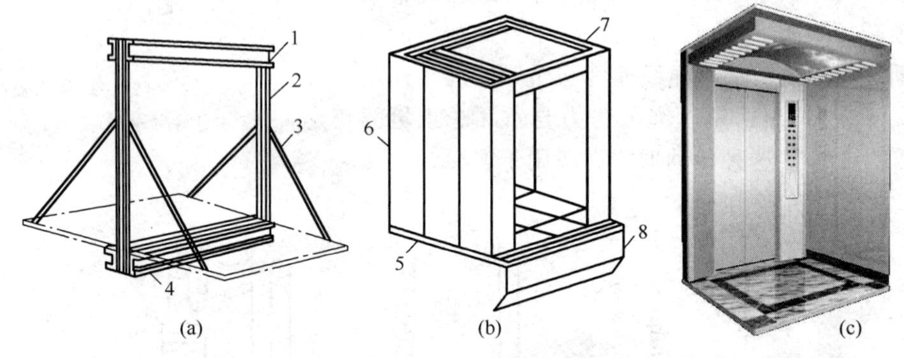

图 8-12 轿厢与轿厢架结构

1. 上梁；2. 立柱；3. 拉杆；4. 底梁；5. 轿厢底；6. 轿厢壁；7. 轿厢顶；8. 安全防护板

轿厢架是由上梁、立柱、拉杆和底梁组成，采用型钢通过搭接板用螺栓接合的承重构架，图 8-12（a）是对边型轿厢架。

轿厢体则是用薄钢板制成的厢形部件，如图 8-12（b）所示。在轿底门前设有轿门地坎，为了保证出入安全，在轿门地坎下面设有安全防护板。轿厢顶也是用薄钢板制成，但要有足够的强度，以便安装开门机构、电器箱、接线箱和承受一定数量的人体重量。轿顶还要开有安全窗，供维修和紧急营救时出入。安全窗开启时，必须通过限位开关切断电梯控制电路，使电梯不能启动，以确保安全。

对于不同用途的电梯，其轿厢的具体结构要求也不同。如客梯轿厢底用薄钢板制成，中间为厚夹层，再铺设塑胶板或地毯，使人踏上感到可靠踏实。而货梯轿厢底采用 4～5mm 厚的花纹钢板，直接铺设在轿底框架上。客梯要在轿厢与轿厢架之间加防震橡胶块，轿壁背面敷设阻隔井道噪音的沥青泥、油灰等隔音材料。客梯根据使用条件只是对内部装修做出要求，而观光电梯对轿内、轿外都要进行装修，轿壁采用强化玻璃。病床电梯考虑病人的仰卧特点，照明不能采用轿顶直射。另外，不同用途的电梯，其轿厢尺寸宽深比也不同，客梯采用 10 ∶ 7 的比例，而货梯、病床电梯的宽度小于深度。图 8-12（c）是客梯轿厢的透视图。

2）轿厢的载重检测装置。为使电梯安全运行，在轿厢上安装了载重检测装置，当轿厢内的负载超过额定重量时（一般达到额定载重量的 110%），它能发出警告信号并使电梯不能启动。对于控制功能完善的电梯，如集选控制的电梯，当载重量达到额定载重量的 80%～90%时，便接通直驶电路，不再应答厅外截停召唤信号，直达目的层站。

图 8-13 所示的是适用于活动轿厢底的机械式载重检测装置。由秤杆 4、主秤砣 5、副秤砣 6、连接块 8、悬臂 9、悬臂架 11 和轿厢支承座 10 组成，活动轿厢底 1 落在 4 个轿厢支承座上。当轿厢无载荷时，在主、副秤砣的作用下，秤杆将连接块顶在轿底上，此时，轿厢处于初始平衡位置。当轿厢受载后，连接块向下移动，当轿厢内的重量达到规定值时，连接块上的碰块碰到微动开关 7，使电梯启动电路切断而不能起动并报警。调节主秤砣（粗调）和副秤砣（微调）的位置，可以调整规定载荷的大小。这种测重装置结构复杂，灵敏度差，现代电梯很少应用。

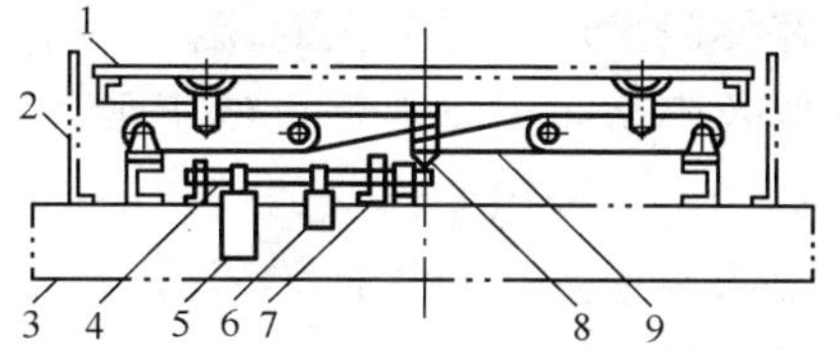

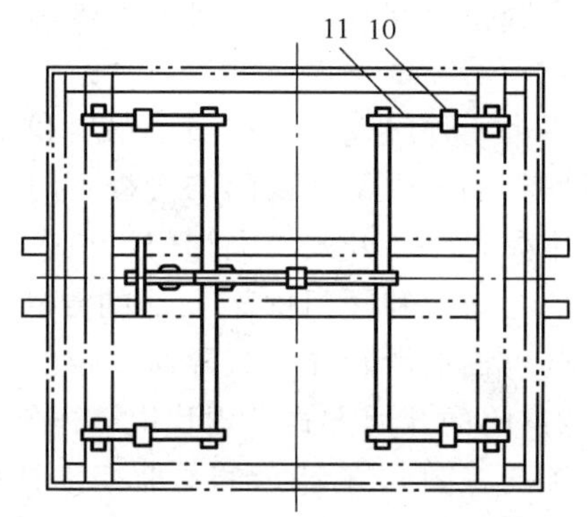

图 8-13　机械式轿厢载重检测装置

1. 轿厢底；2. 轿底框；3. 底梁；4. 秤杆；5. 主秤砣；6. 副秤砣；7. 微动开关；8. 连接块；9. 悬臂；10. 轿厢支承座；11. 悬臂架

图 8-14 所示的是一种新型的适用于活动轿厢底的载荷检测装置。其工作原理是根据电梯活动轿厢底载重产生弹性变化、通过霍尔传感器检测位移变化，从而实现对电梯轿厢超载进行检测。它是非接触感应式工作方式，自身无机械运动，定位精度高、体积小，安装调试方便，结构简单，价格低廉。克服机械式超载开关固有的弊病，它可以输出载荷变化的连续信号，对于应用计算机群控的电梯，为了使电梯运行达到最佳的调度状态，须对每台电梯的容流量或承载情况作统计分析，然后选择合适的群控调度方式。

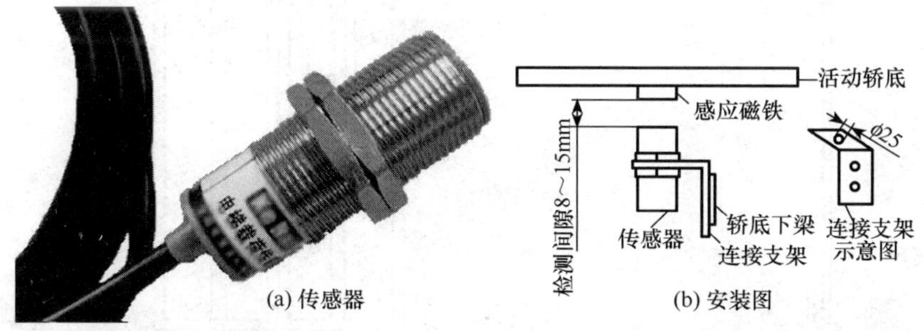

图 8-14　感应式测重装置

适用于活动轿厢的载荷检测装置有橡胶块式的和压簧式的。用橡胶块或压缩弹簧作为检测元件。当橡胶块在载荷作用下，变形达到规定值后，触动微动开关切断控制电路。对于客梯，常将载重检测装置安装在轿厢底部，而货梯的载重检测装置安装在轿厢架的上梁。

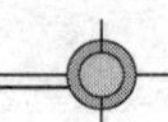

(2) 门系统

电梯的门系统包括轿厢门和厅门，轿厢门用来封闭轿厢出入口，厅门用来封闭井道出入口。

1) 门的形式。电梯门有三种形式，即中分全封闭式、旁开式、闸门式。

客梯门采用的中分全封闭门，门分左、右扇，由中间以相同速度向两侧滑动。这种门工作效率高，可靠性好，便于乘客出入。

货梯门多采用旁开式的门，即门扇由一侧向另一侧滑动，以尽可能加大开门宽度，便于装卸货物。有的货梯采用旁开交栅门，其栅间距不能大于100mm。还有的货梯采用低于门口的非全封闭门，

大吨位货梯和一些杂物电梯采用由下向上推开的闸门式门，这种门可以使电梯具有最大的开门宽度。

以上三种门又都有单扇、双扇和三扇门之分。多扇门在开、关门时要求各扇门的移动时间相同，由于各扇门的行程不同，有快、慢门之分。

中分式和旁开式的电梯门，在轿厢门和厅门的门扇上装有滑轮，分别挂在轿厢门口上端的导轨架和厅门框架上部的导轨架上，门的下部装有尼龙滑块，插在门地坎滑槽中，与上面的滑轮导轨起导向和定位作用，如图8-15所示。

2) 门的开闭方式。现代电梯的开门方式多为自动门，由装在轿厢顶部的开门机来开、关门。图8-16所示的是曲柄摇杆机构驱动的单臂中分式门的开门机构，即其中一扇门为主动门，另一扇门由钢丝绳联动机构间接驱动。

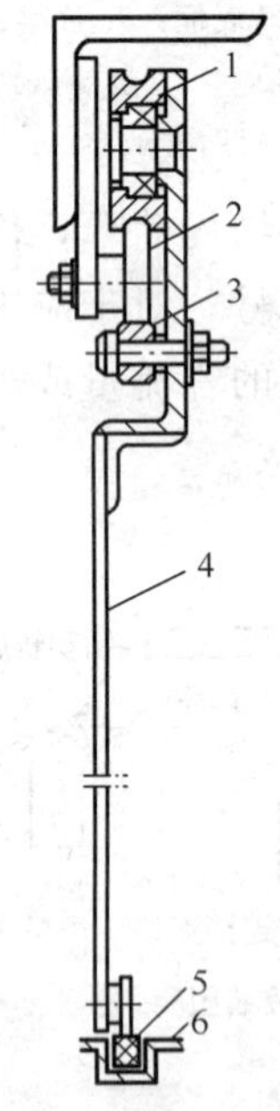

图8-15 门结构侧面图

1. 滑轮；2. 导轨；3. 门挡轮；4. 门扇；5. 滑块；6. 地坎

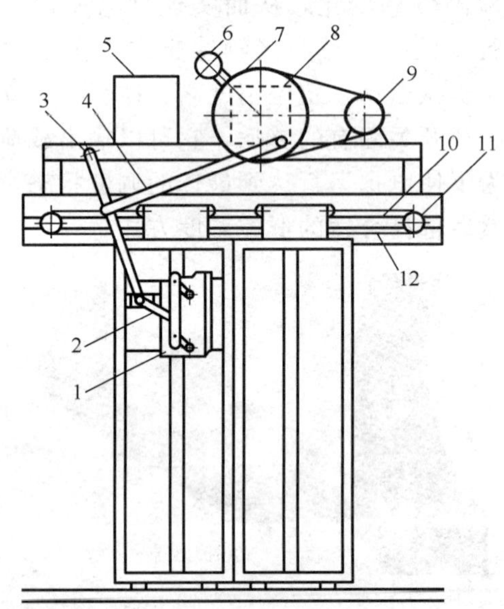

图8-16 单臂中分式门的门机

1. 活动式门刀；2. 门连杆；3. 摇杆；4. 连杆；5. 电气箱；6. 平衡锤；7. 曲柄链轮；8. 凸轮箱；9. 直流电机；10. 导轨；11. 绳轮；12. 钢丝绳

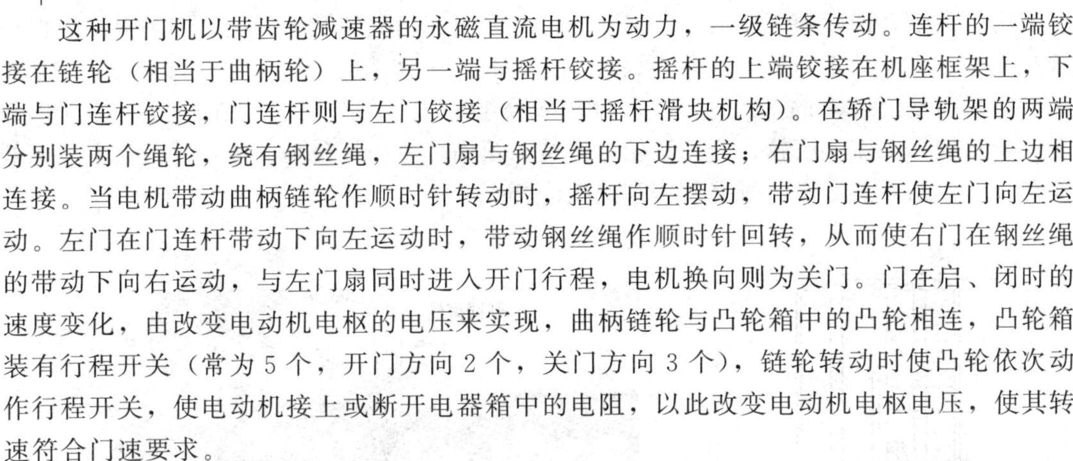

这种开门机以带齿轮减速器的永磁直流电机为动力，一级链条传动。连杆的一端铰接在链轮（相当于曲柄轮）上，另一端与摇杆铰接。摇杆的上端铰接在机座框架上，下端与门连杆铰接，门连杆则与左门铰接（相当于摇杆滑块机构）。在轿门导轨架的两端分别装两个绳轮，绕有钢丝绳，左门扇与钢丝绳的下边连接；右门扇与钢丝绳的上边相连接。当电机带动曲柄链轮作顺时针转动时，摇杆向左摆动，带动门连杆使左门向左运动。左门在门连杆带动下向左运动时，带动钢丝绳作顺时针回转，从而使右门在钢丝绳的带动下向右运动，与左门扇同时进入开门行程，电机换向则为关门。门在启、闭时的速度变化，由改变电动机电枢的电压来实现，曲柄链轮与凸轮箱中的凸轮相连，凸轮箱装有行程开关（常为 5 个，开门方向 2 个，关门方向 3 个），链轮转动时使凸轮依次动作行程开关，使电动机接上或断开电器箱中的电阻，以此改变电动机电枢电压，使其转速符合门速要求。

曲柄链轮上平衡锤的作用是抵消门在关闭后的自开趋势，这是因为摇杆机构中各构件自重的合力，使门扇受到回开力，如不加以抵消，门就不能关严。平衡锤还使门在关闭后产生紧闭力，不会受轿厢在运行中的振动而松开。

双臂中分式开门机工作原理与单臂式相似，只是曲柄轮驱动两套摇杆机构，同时推动左右门扇，完成一次开门行程。这种开门机的曲柄轮上没有平衡锤，为了防止门的回开趋势，两扇门上必须装有强迫锁紧装置。

近几年变频门机的出现，使门机构造更简单，性能更好。目前乘客电梯多采用变频门机机构。图 8-17 所示是变频门机。由变频电机经一级同步带降速传动，带动大皮带轮旋转，与大皮带轮同轴的小同步带轮则带动同步带回转，使连接在同步带上的门吊板作水平运动，从而带动轿厢门开启、关闭。由于采用了变频电机、同步皮带，不但省掉了复杂的减速和调速装置使结构简单化，而且开关平稳，噪声小，还减少能耗。

图 8-17　变频中分式门的门机

3）门系统的安全保护。门系统有两种安全保护装置。

① 门入口保护装置。为防止关门时人或物品被门夹住而设置的安全保护装置。通常用机械式的门安全触板，如图 8-18 所示。在门边上装有安全触板 4，通常状态下安全触板凸出门扇 30mm，在关门过程中，一旦碰到人或物品时，安全触板被推入门扇，推动控制杆 1 触动微动开关 3，使开门机的电机迅速反转，将门重新打开。一般安全触板被推入 8mm 左右（可由限位螺钉 2 调节），微动开关即可动作。

门入口保护装置还有光电式、超声波检测式、电磁感应式等。

② 门锁与门刀。厅门是被动门，正常工作时，只能由轿厢门通过系和装置带动其

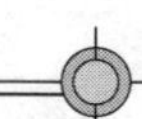

开开启、关闭，即轿厢平层后，厅门才能打开，而厅门关闭后，轿厢才能驶离，以保证乘坐安全。常见的系和装置是装在轿厢门上的门刀和安装在厅门上的门锁。图 8-19 所示的是目前使用较多的 SL 型门锁，由两部分组成。一部分是安装在厅门上的锁体部分，包括锁体底座、滚轮、开锁滚轮、弹簧和锁钩。另一部分是安装在厅门架上的电开关部分，包括开关底座、触点开关和钩挡。

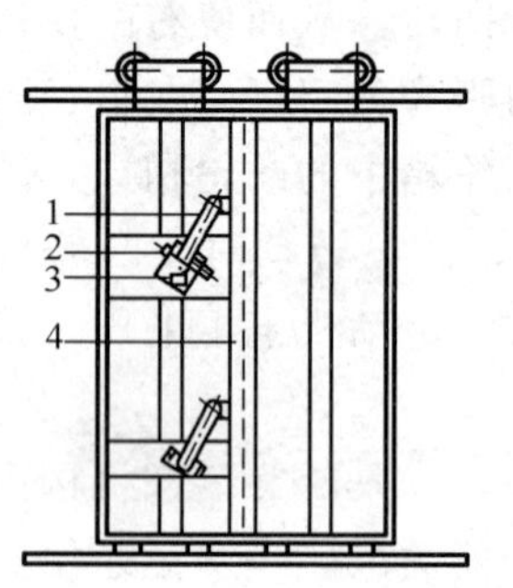

图 8-18 门入口保护装置

1. 控制杆；2. 限位螺钉；3. 微动开关；4. 安全触板

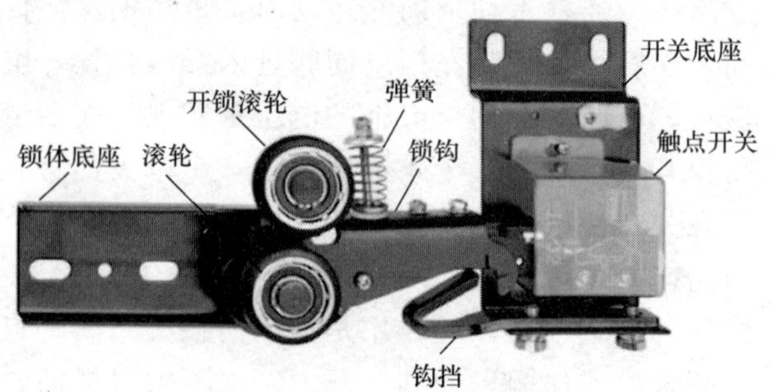

图 8-19 SL 型门锁

电梯平层时，轿厢门上的门刀将两滚轮包住（门刀结构见图 8-16），轿厢开门时，门连杆首先使门刀的动、定压板间距缩小，使开锁滚轮逆时针摆动，锁钩与锁挡脱离，门刀通过滚轮带动厅门与轿厢门同步开启。同时触点开关断开，轿厢的运行控制电路断开。关门后，门连杆使动、定压板间距恢复，在弹簧力作用下，锁钩与锁挡闭合，将厅门锁闭，同时触点开关闭合，轿厢运行控制电路接通。

门锁是个十分重要的安全部件，要求工作可靠、牢固。锁钩与锁挡的啮合深度（钩住的尺寸）是十分关键的，标准要求在啮合深度达到和超过 7mm 时，电气触点才能接通，电梯才能启动运行。锁钩的锁紧力是由弹簧和锁钩的重力供给的。SL 型门锁即使弹簧失效，也可靠锁钩的重力使门锁钩闭合，安全可靠。另外验证门锁锁紧状态的电气触点动作要与锁钩直接连接，不会产生误动作。SL 型门锁使用的是簧片式电气安全触点，不能用普通的行程开关和微动开关代替。

为了维修方便，门锁在井道内可以手动解脱，打开厅门，而在厅外只能用专用钥匙打开厅门。

3. 平衡系统

平衡系统是使对重与轿厢达到相对平衡，在电梯工作中使轿厢与对重间的重量差保持在某一个限额之内，保证电梯的曳引传动平稳、正常。平衡系统是由对重和补偿装置组成，如图 8-20 所示。

(1) 对重

对重是平衡轿厢重量的平衡重，与轿厢分别悬挂在曳引钢丝绳的两端。对重是由槽钢制成的对重架和若干铸铁块组成，如图 8-21 所示。其重量理论上等于轿厢自重与额定载重量之和，此时电梯处于平衡状态。显然，电梯处于平衡状态时，其运行的平稳性、

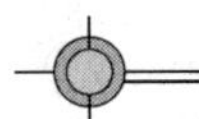

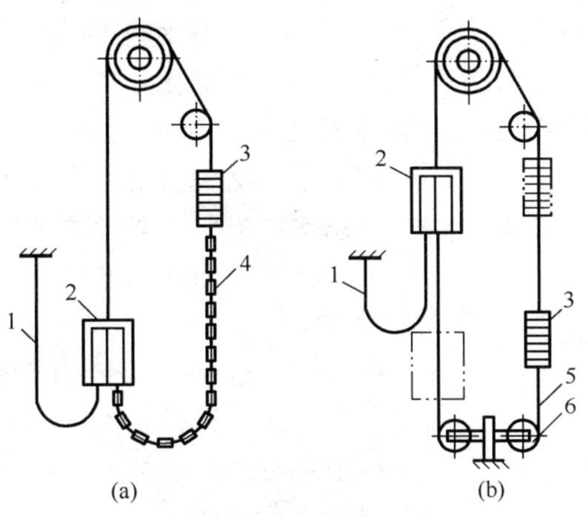

图 8-20　对重与补偿装置

1. 电缆；2. 轿厢；3. 对重；4. 补偿铁链；5. 补偿钢丝绳；6. 涨紧轮

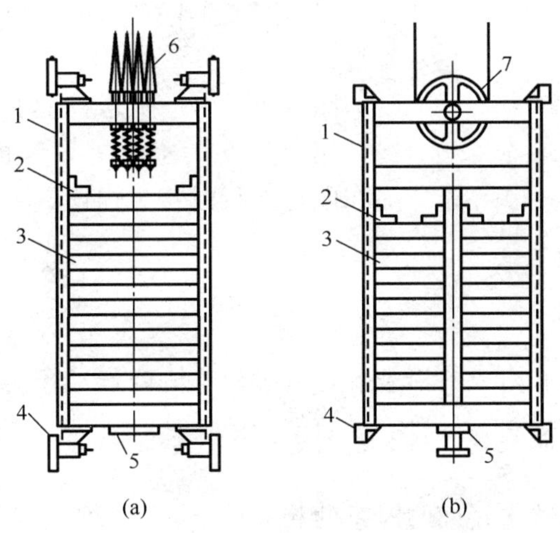

图 8-21　对重

1. 对重架；2. 压块；3. 对重块；4. 导靴；

5. 缓冲器碰块；6. 绳头组合；7. 反绳轮

平层的准确性、节能和延长平均无故障时间等方面，均为最佳状态。然而电梯负载是在一定范围内变化的，所以对重的重量与轿厢一侧的重量之差应小于钢丝绳与曳引轮之间的摩擦力，否则曳引系统无法正常工作。对重的重量可按下式估算

$$G = G_1 + KG_2$$

式中，G 为对重的重量；G_1 为轿厢的重量；G_2 为电梯的额定载重量；K 为平衡系数，一般 $K=0.40 \sim 0.55$。

为了使电梯接近最佳平衡状态，需要合理选择平衡系数 K，对于经常处于轻载运行的客梯，一般取 $K<0.5$，经常处于重载运行的货梯，一般取 $K>0.5$。

(2) 补偿装置

电梯运行时，轿厢与对重两侧的曳引钢丝绳的长度也在变化，其曳引钢丝绳的重量

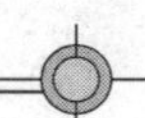

对平衡状态的影响就不容忽视。如 60m 高的建筑物使用的电梯，有 6 根 $\phi=13\text{mm}$ 的钢丝绳，总重量为 360kg，随着轿厢与对重的位置变化，这个重量就要加在其中的一侧，而影响电梯的平衡状态。还有轿厢下面的控制电缆的自重，也对平衡系统有很大的影响。为了消除曳引钢丝绳和控制电缆的重量对电梯平衡状态的影响，需要设置平衡补偿装置。

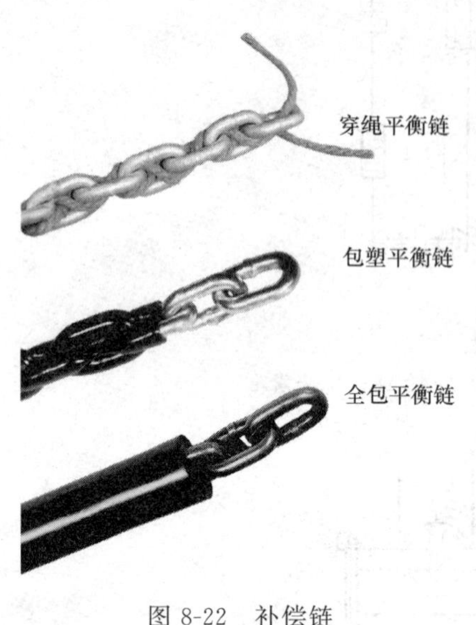

图 8-22 补偿链

广泛采用的补偿方法就是将补偿装置悬挂在轿厢与对重下面。图 8-20（a）所示的是以铁链为主体的平衡系统，这种补偿链用于速度小于 1.75m/s 的电梯。为了减少运行时铁链相互碰撞引起的噪声，可采用链中穿有麻绳的补偿链或包塑补偿链，还有近几年发展起来的新型的高密度的补偿缆，其特点是弹性好、弯曲半径小、阻燃、耐老化、温度适应范围广，使电梯运行平稳，流畅，噪声低，适用于速度 2.5m/s 以下的中高速电梯，图 8-22 表示了三种补偿链。

图 8-20（b）所示的是以钢丝绳为主体的补偿绳，用于速度大于 1.75m/s 的电梯，为了防止补偿绳在电梯运行时产生摇摆，要在井道地坑中设置两个张紧轮。

4. 导向系统

导向系统是使轿厢和对重只沿着各自的导轨作升降运动，使两者在运行中平稳，并不会偏摆。导向系统由导轨、导靴、导轨架组成。

（1）导轨

导轨用来在井道中确定轿厢与对重的相互位置，并对它们的运动起导向作用。导轨要具有足够的强度和韧性，大量使用的是截面形状为 T 形的导轨，为了保证电梯运行的平稳性，除对导轨工作面的扭曲、直线度等几何形状及工作表面的粗糙度有严格的技术要求外，对安装质量也有较高的要求。安装后的导轨工作侧面平行于铅垂线的偏差，每 5m 长度中不大于 0.7mm，以减少运行阻力和导轨的受力。两导轨的同一侧工作面位于同一铅垂面的偏差不大于 1mm，以利于导向性，两导轨工作端面之间的距离偏差不大于±0.5mm。另外对导轨的接头质量也有较高的要求，如对接后两工作面出现的台阶不大于 0.05mm，并在 300mm 的长度范围内修光，以保平顺光滑。

（2）导靴

导靴是轿厢、对重与导轨工作面相配合的表面，将轿厢和对重的偏重力传给导轨，并沿导轨运行。在轿厢和对重架的上部与底部各有 2 个。按在导轨上运行方式的不同，导靴可分滑动导靴和滚动导靴。

滑动导靴又分为刚性滑动导靴和弹性滑动导靴，见图 8-23。刚性滑动导靴的靴头的轴向位置固定，这种导靴具有较高的强度和刚度，承载能力强。由于考虑到导轨与导靴之间的摩擦，一般留有一定的间隙，因而会使轿厢和对重产生振动。为了减少磨损和振动，可在工作面上安装用耐磨材料做成的靴衬。弹性滑动导靴的靴头在弹簧力作用下随导轨面形状的变化而始终紧贴导轨面，使轿厢运行平稳，并能吸收一定的振动。总的来说，滑动导轨吸振性略差，导靴易磨损，一般用于运行速度小于 0.5m/s 的电梯上。

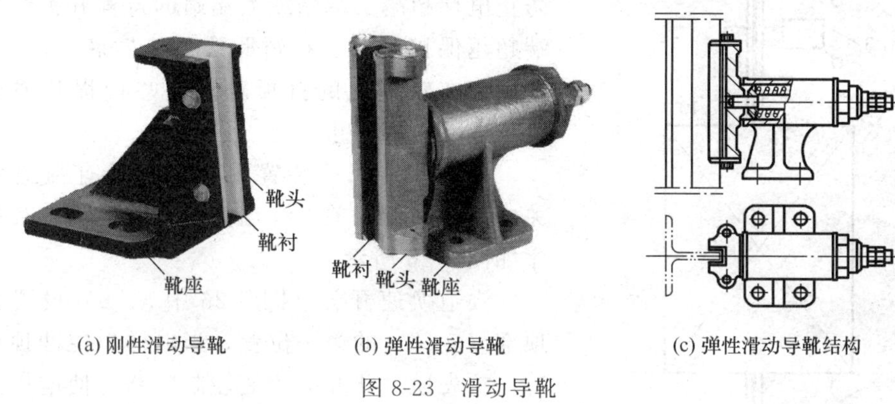

(a) 刚性滑动导靴　(b) 弹性滑动导靴　(c) 弹性滑动导靴结构

图 8-23　滑动导靴

图 8-24 所示的是滚动导靴，它有三个硬质橡胶轮，在弹簧力作用下紧贴在导轨面上，实现了滚动摩擦，减少了摩擦损失，弹簧和橡胶轮的吸振效果好，极大的提高了轿厢运行的平稳性，减少了噪音。目前，大部分电梯，特别是高速电梯均采用滚动导靴。要注意的是滚动导靴的工作面上不要加润滑油，否则将影响其运行效果。

（3）导轨架

导轨架是固定导轨空间位置，承受来自导轨的各种作用力。一般用地脚螺栓、膨胀螺栓、预埋钢板弯钩或预埋导轨架等方法将导轨架固定在井道壁上，其配置间距为 2.5m。图 8-25 是将尾部开叉的地脚螺栓预先固定在井壁中，埋深长度不小于 120mm，然后将导轨架旋紧固定，再用导轨压板将导轨压紧在导轨架上。

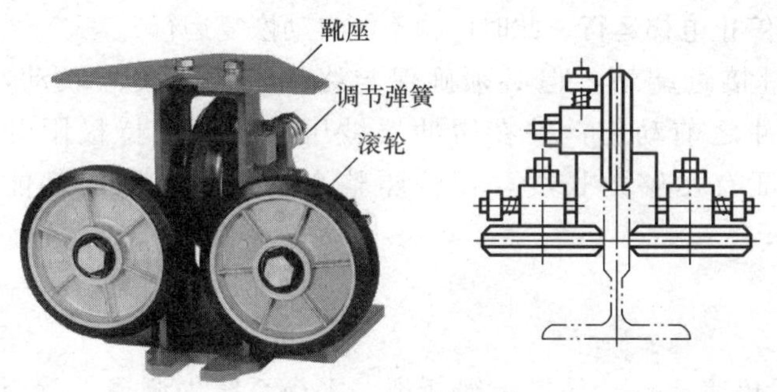

图 8-24　滚动导靴

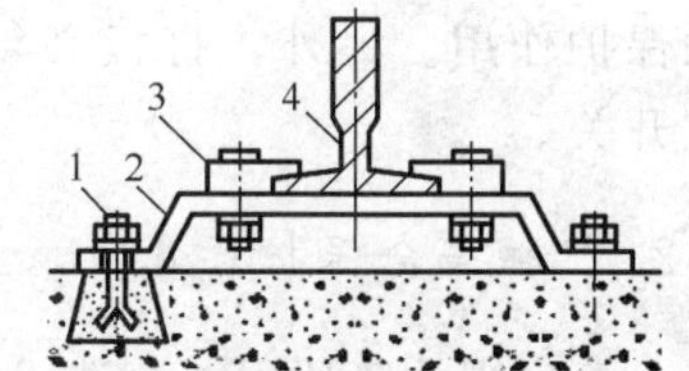

图 8-25　导轨、导轨架的固定与安装

1. 地脚螺栓；2. 导轨架；3. 导轨压板；4. 导轨

8.1.3　安全保护装置

电梯是频繁工作的垂直运输工具，特别是客梯，必须有足够的安全性。除前面所述的轿厢超载保护、门系统保护外，为了保证电梯的安全运行，必须设置由电气安全保护

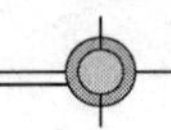

装置和机械安全保护装置相结合的安全保护系统。

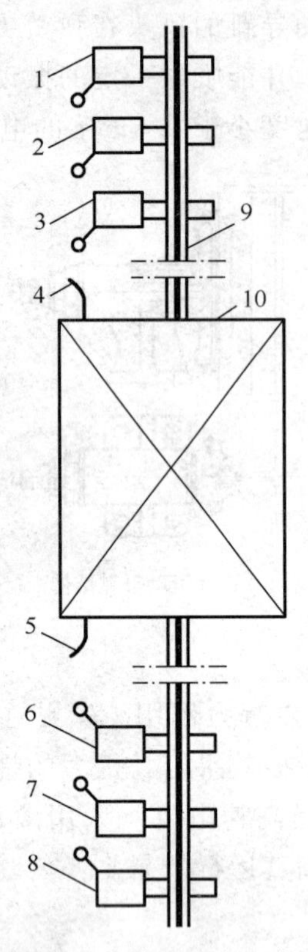

图 8-26 终端超越保护装置

1. 上终端极限开关；2. 上终端限位开关；3. 上强迫换速开关；4. 上开关打板；5. 下开关打板；6. 下强迫换速开关；7. 下终端限位开关；8. 下终端极限开关；9. 导轨；10. 轿厢

1. 电气安全保护装置

电气安全保护装置是设置在井道内的，由一组防止电梯超越下端站或上端站的行程开关组成的终端超越保护装置。在轿厢或对重撞底、冲顶之前，由固定在轿厢上的打板触动这些行程开关切断电路，迫使电梯停止运行。

终端超越保护装置的行程开关有强迫换速开关、终端限位开关、终端极限开关三种，其排列顺序如图 8-26 所示。

强迫换速开关（图 8-26 中 3、6）设置在井道顶部（底部）的第一位置，当电梯失控冲顶或撞底时，首先通过此开关改变控制电路，使电梯强制转为低速运行。在速度比较高的电梯中，可设几个强迫换速开关，分别用于短行程和长行程的强迫换速。

如果强迫换速开关没起作用，电梯继续运行到终端限位开关（图 8-26 中 2、7），该开关迫使电梯停止该方向的运行。此时若有其他层站召唤，电梯仍能向反方向运行。

若终端限位开关也没能使电梯停止运行时，则电梯经过终端极限开关（图 8-26 中 1、8）使其动作，这时终端极限开关将切断总电源（但要保留照明电源），停止电梯运行。此时电梯不能自动恢复运行。

终端极限开关安装的位置应尽量接近端站，但必须确保与终端限位开关不联动，而且必须在对重（或轿厢）接触缓冲之前动作，并在缓冲器被压缩期间保持极限开关的保护作用。另外，打板必须保证有足够的长度，在轿厢整个越程的范围内都能压住开关。

2. 机械安全保护装置

由于出现故障原因，会造成电梯超速运行，如曳引绳断裂、平衡系统失调等，就会使电梯失控而出现“飞车”，限速器和安全钳就是电梯超速失控的保护装置，限速器和安全钳需要同时使用，是电梯上的重要机械安全保护装置。

(1) 限速器安全钳的传动

图 8-27 所示的是限速器与安全钳传动的示意图。限速器安装在机房内，通过限速器绳与设置在井道地坑的张紧轮连接并拉紧，使限速器绳与限速器轮之间产生一定的摩擦力。因此要求限速器绳要有足够的强度、耐磨性和良好的柔性，一般选静载系数不小

于 5，而直径不小于 7mm 的外粗式纤维芯的优质钢丝绳。限速器绳的两个绳头与安装在轿厢两侧的安全钳拉杆相连，这样在轿厢上下运行时，便带动限速器绳同步运动，通过摩擦力使限速器轮旋转，从而监测到轿厢的运行速度。当限速器的夹绳机构动作后，限速器绳被夹持而不能移动，因轿厢继续下行，则由连接在限速器绳上的安全钳传动杆系统动作，将钳块上提，如图 8-27 中的箭头所示，利用斜面夹紧作用夹住导轨，将轿厢强行制停在导轨上。轿厢制停后，只要慢慢上提轿厢，即可松开安全钳。

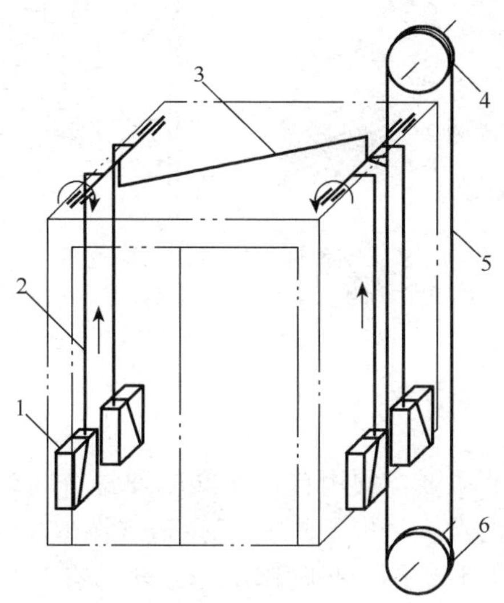

图 8-27　限速器与安全钳传动的示意图

1. 安全钳；2. 安全钳拉杆；3. 传动杆；4. 限速器轮；5. 限速器绳；6. 张紧轮

（2）限速器

限速器是检测轿厢超速的装置。按结构和工作原理分，有摆锤式和离心式两大类。摆锤式又分上摆杆凸轮棘爪式和下摆杆凸轮棘爪式，这类限速器结构简单，但无可靠的扎绳装置，只用于低速电梯。离心式限速器分甩块式和甩球式两种，适用于快速电梯和高速电梯中。另外，按有、无超速开关分两类。有超速开关的限速器在轿厢超越极限速度时，超速开关先动作，切断电源，使曳引机制动器制动。在制动器又失灵的情况下，再使安全钳动作。无超速开关的限速器在轿厢超速时，就直接使安全钳动作，将轿厢制停在导轨上。图 8-28 所示的是带有超速开关的弹性夹持离心式限速器。它由限速器轮、离心装置、限速器绳和夹绳机构组成。

轿厢运行时，通过限速器绳带动限速器轮旋转，上面的两个甩块在离心力作用下向外摆动，对应某种速度下，甩块摆角的大小由弹簧调节。轿厢在正常速度运行时，甩块不足以使电气开关和夹绳机构动作。当轿厢运行速度为额定速度的 115％时，甩块摆角增大，其上的凸块碰撞开关打板，断开电气开关，使电梯停止运行。若电气系统失灵，轿厢继续加速运动，其运动速度达到额定速度的 120％～140％时，甩块上的凸块碰撞夹绳钳打板，使夹绳钳下落，将限速器绳夹持在绳槽中而不能移动，安全钳便开始动作，将轿厢制停在导轨上。因夹绳钳是支承在弹簧上，由弹簧调节夹持力大小，所以称弹性夹持限速器。这种限速器动作可靠、性能良好，应用较为广泛。但是开关打板、夹

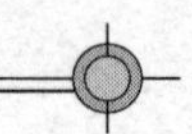

绳钳打板和夹绳钳不能自动复位。

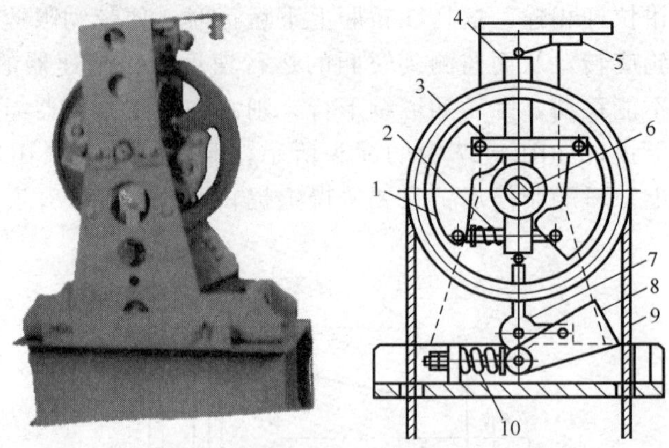

图 8-28　弹性夹持离心式限速器

1. 甩块；2. 甩块弹簧；3. 限速器轮；4. 电开关打板；5. 电开关；6. 限速器轮轴；7. 夹绳钳打板；8. 夹绳钳；9. 限速器绳；10. 夹绳钳压簧

（3）安全钳

安全钳是在限速器的带动下，利用自锁夹紧原理将轿厢夹持在导轨上，实现轿厢紧急制停的安全装置。轿厢正常运行时，因拉杆弹簧（图 8-29 中未表示）的拉力大于限速器绳的拉力，所以安全钳不动作，此时钳块与导轨面有 1～3mm 的间隙。

根据固定钳块的支承结构，分瞬时型安全钳和渐进型安全钳。瞬时型安全钳的固定钳块是刚性支承，又称刚性安全钳，如图 8-29 所示。这种安全钳的钳块与导轨面的接触应力大，易损伤导轨工作面，而且制停距离短（一般不超过 30mm），会产生较大的减速度和冲击力，危及人体安全，只适用于低速电梯。

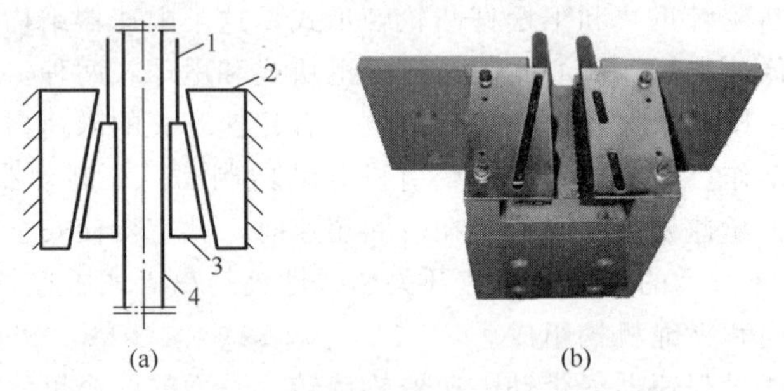

图 8-29　楔块瞬时式安全钳

1. 安全钳传动杆；2. 固定钳座；3. 活动钳块；4. 导轨

渐进型安全钳的固定钳块是弹性支承，又称弹性安全钳，如图 8-30 所示。这种安全钳的钳块上提时，与固定钳块斜面产生滑动时压缩弹簧，靠弹簧的反作用力夹紧导轨制停，为了减小钳座与钳块之间的磨擦力，在两者之间增加了一排滚子。这种安全钳制停时的冲击力大大减小，所以被广泛采用。

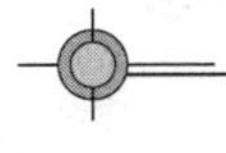

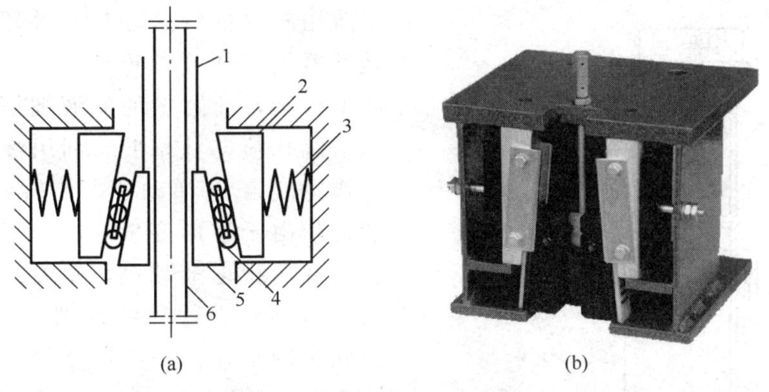

图 8-30　楔块渐进式安全钳

1. 安全钳传动杆；2. 固定钳座；3. 弹簧；4. 滚柱组；5. 活动钳块；6. 导轨

3. 缓冲器

缓冲器也是一种安全装置，为电梯提供最后的机械安全保护。在电梯运行过程中，若出现撞底或冲顶时，用缓冲器来吸收消耗非正常运行的能量，减少冲击力，保护乘客和设备安全。缓冲器安装在井道地坑中，位于轿厢和对重的正下方，体积较大轿厢或载重大于 2000kg 的电梯，轿厢下方可安装两个缓冲器，见图 8-2 中的 11。缓冲器按工作原理不同分弹簧缓冲器和油压缓冲器，如图 8-31 所示。

图 8-31　缓冲器

(1) 弹簧缓冲器

弹簧缓冲器是一种蓄能型保护装置，通过弹簧的变形将电梯动能转化为弹性势能，由弹簧的压缩行程和反力使轿厢减速停止。由于这种缓冲器在缓冲作用结束后会产生反弹现象，造成缓冲不平稳，缓冲性能差，因此只适用于低速电梯。

(2) 油压缓冲器

油压缓冲器是一种耗能型保护装置，有柱式、多孔式、多槽式等。图 8-32 所示的

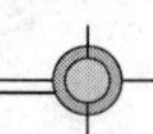

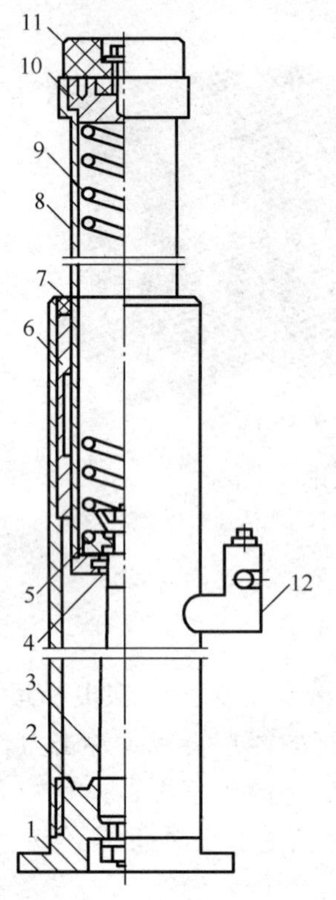

图 8-32 锥形柱式油压缓冲器结构

1. 油缸座；2. 油缸；3. 锥形变量棒；4. 环形节流口；5. 弹簧座；6. 柱塞套；7. 密封盖；8. 柱塞；9. 弹簧；10. 压盖；11. 橡胶缓冲垫；12. 注油口

是应用较多的柱式油压缓冲器的结构，当缓冲器被轿厢或对重撞击时，缓冲器柱塞向下移动，油缸中的油液被挤压，通过环形节流孔喷向柱塞腔，利用液体流动的阻尼作用消耗电梯动能，使轿厢减速停止。特别是由于锥形变量棒的作用，环形节流孔的截面积逐渐减小，使缓冲过程中接近匀减速运动，这种缓冲器没有回弹现象，因此缓冲平稳，缓冲性能好，适用于速度大于 1m/s 的电梯。轿厢离开后，柱塞在弹簧作用下复位。

8.1.4 电梯的拖动系统

电梯的拖动系统由曳引电动机、速度反馈装置、电动机调速控制系统和拖动电源系统组成。其中曳引电动机为电梯的运行提供动力；速度反馈装置为电动机调速控制系统提供电梯运行速度的实测信号；电动机调速控制系统是根据电梯启动、运行、制动平层等要求，对曳引电动机进行转速调节；拖动电源系统为电动机提供所需电源。本节简单介绍几种拖动调速系统。

1. 直流电机调速系统

直流电机调速系统具有调速范围宽、可连续平稳的调速，以及控制方便、灵活、快捷、准确等优点。但是早期的直流电机调速系统是直流发电机-电动机组调速系统，其系统体积、重量、能耗、噪音都很大。后来用晶闸管可控整流器取代了直流发电机，使系统简化，但是直流电机存在结构复杂、价格较贵、可靠性差、维护较为困难等问题。

2. 交流变极调速系统

交流电机的转速与其定子绕组的极对数成反比，因此交流变极调速系统通过改变电动机的极对数实现变速。这种系统的控制电路简单、价格低，但调速性能差，乘坐舒适感和停止位置的准确性差，只适用于额定速度不大的电梯。

3. 交流变压调速系统

随着电力电子技术及器件的不断发展完善，出现了交流变压调速系统，使交流调速系统的性能得到明显的改善，这种系统采用可控硅调速，调速性能好，乘坐电梯的舒适感和停止位置的准确性都明显优于交流变极调速系统，因此被广泛应用。

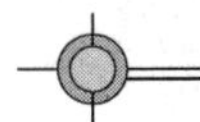

4. 交流变频调速系统

交流变频调速系统是利用变频器来改变交流电频率大小，达到改变电机转速的目的。这种调速系统的性能已达到直流电机调速的水平，且交流感应电机的结构简单、运行可靠、价格便宜，变频器还具有节约能源、效率高、驱动控制设备体积小、重量轻等优点，是现代电梯理想的调速系统。

8.1.5 电梯的控制系统

电梯的控制系统由控制装置、操纵装置、平层装置、位置显示装置等组成。控制装置设置在机房的控制柜中，根据电梯的运行逻辑功能要求，控制电梯运行；操纵装置是轿厢内的按钮箱和厅门处的召唤按钮箱，用来操纵电梯运行；平层装置发出平层信号，使轿厢停靠站时准确平层；位置显示装置在轿厢内和厅门处用来显示电梯所在楼层和运行方向。

现代电梯的控制功能很多，除厂家作为标准功能配置在标准电梯上以外，有些功能可按用户要求配置。本节简单介绍电梯对控制系统的要求和几种控制系统的特点。

1. 电梯对控制系统的要求

(1) 对开门机构的要求

1) 按理想的速度曲线自动调节启、闭运行速度。现代电梯讲究工作效率，为使电梯门启、闭迅速又无冲撞现象，要求开门机构在开门时按低速启动→加速至全速运行→减速运行→停机、惯性运行至全开，关门时按全速启动→一级减速运行→二级减速运行→停机、惯性运行至全闭。为安全起见，一般关门平均速度低于开门平均速度。开门机构常用直流电机拖动。

2) 自动开关门。电梯到站，自动平层后，门能自动开启，无司机操纵时，在开门延时一定时间后自动关门（延时可调节），有司机操纵时，延时自动关门不起作用。

3) 手动指令开关门。电梯还要设有开关门按钮，无司机操纵时，如乘客不想等延时关门，可按关门按钮使电梯关门。有司机操纵时，在门未完全关闭前，如发现有乘客，司机可按下开门按钮即可重新开门。

对一些力求线路简单的客梯，可省去关门按钮，司机可按下轿厢内控制箱上已亮的方向按钮，即可自动关门。

4) 本层开门。电梯还要具备本层开门功能。如电梯在某层时，门正在关闭或刚关闭，此时按下厅门召唤按钮（电梯即将上行，按上呼按钮，电梯即将下行，按下呼按钮），电梯能重新开门。

5) 启、停用开门。启、停用开门为电梯停用的关门和停用后的开门。电梯停止使用时，将电梯开到基站，用轿内钥匙开关切断电梯控制电路，再用基站厅门召唤箱上的钥匙开关将电梯门关闭。电梯起用时，与上述过程相反。

(2) 对轿厢内召唤和厅门召唤的要求

1) 轿内召唤。轿内召唤是司机或乘客在轿厢内操纵电梯运行，使其按正确方向到达

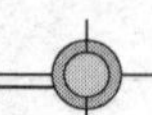

某一层站。在轿厢内门的右侧装有操纵屏，操纵屏上对应每一楼层都有一个带指示灯的指令按钮。当按下某一层的指令按钮时，该按钮指示灯亮，表明该轿内指令信号已被登记。当轿厢到达被登记楼层时，指示灯熄灭，表明被登记轿内指令信号被清除，称为消号。

2）厅门召唤。厅门召唤是乘客在厅门召唤电梯来本楼层停靠开门。要求实现厅门召唤指令登记，到达召唤楼层时，能使登记指令消号。

厅门召唤由厅门处的召唤按钮完成，除顶层只设下行召唤按钮、底层只设上行召唤按钮外，其他各层均设上、下行召唤按钮，对控制系统要求只顺向截梯，但保留登记其他召唤指令。

3）直驶控制。控制系统中还要设置直驶控制，当有司机操纵时，按下操纵屏上的直驶按钮，可暂时不响应登记的厅门召唤指令，但保留登记的召唤指令。

（3）对选向、选层控制的要求

电梯选向就是根据电梯当前的位置和轿内指令所选的楼层或厅门召唤指令所选的楼层自动地选择电梯运行方向。

电梯选层是根据轿内指令或上、下行厅门召唤指令自动地正确选择电梯停靠站层。

（4）对指层的要求

指层的功能是在轿厢和厅门处指示轿厢的当前位置与运行方向。在轿厢和厅门处设置楼层显示器显示，随着电梯速度的提高和调度系统的完善，很多电梯只在基站保留了楼层显示器，取消了其他层站的楼层显示器，而在到达召唤层站时采用声光预报，同时表示了电梯运行方向。有的在轿厢内采用了语言报站。

（5）对检修操作的要求

在轿厢操纵屏上和轿厢顶部有自动/检修开关，当开关转到检修位置时，应满足下列要求。

在检修状态时，应取消正常运行，包括自动门的任何操作，检修状态下门是点动控制。上、下行只能点动操作，为防止错误操作，应标明运行方向。轿厢检修运行速度不能超过0.63m/s。电梯运行不能超过正常的行程范围。轿厢操纵屏上和轿厢顶部的检修开关不能通用。

（6）电气安全保护系统的要求

1）轿厢门、厅门门锁保护。轿厢门、厅门关闭后，门锁将厅门锁闭并启动电梯运行。

2）轿厢门安全触板保护。关门时若夹到人或物，门自动打开。

3）限速开关保护。当轿厢运行速度超过额定速度时，由限速器上的开关控制轿厢减速、停止。

4）终端保护。终端超越保护由强迫换速开关、终端限位开关、终端极限开关控制。

5）轿顶、底坑检修作业保护。由安装在井道检修盒上的安全作业开关切断有关的控制电路。

6）轿厢过载保护。由轿厢测重装置上的开关控制。

7）缺相、断相保护。

8）短路保护、曳引电机过载保护。

（7）对消防的要求

高层建筑必须有一台消防专用电梯。对一般电梯，在消防开关闭合时（在底层装有专用的消防开关箱），电梯应自动返回基站，由消防人员进行轿内操作。因此，接到消防信号，下列状态的电梯立即返回底层：正在上行的电梯立即停止，清除轿内、厅门召唤指令，然后下行到底层开门；正在下行或停在某层的电梯，不开门，直驶底层开门；刚离开底层的电梯，立即停止，慢速回到底层开门。

2. 控制方式及特点

（1）继电器控制系统

电梯的运行采用继电器逻辑控制系统，这在早期的电梯和目前我国正在使用的一些电梯中使用较多。它具有工作原理简单、直观，便于分析、理解电梯的逻辑控制关系等特点。但是这种系统使用继电器多、触点多、接线复杂，因此易出现故障，给维修带来很大的不便，同时存在占用空间大、运行寿命较短、改变控制逻辑关系时麻烦等缺点。从技术发展来看，这种控制系统将被逐渐淘汰。

（2）可编程序控制器控制系统

可编程序控制器（PC）是一种通用的工业控制装置，它具有可靠性高、抗干扰能力强、无故障时间长、能在恶劣的工业环境中工作等优点。同时其还具有极强的通用性和灵活性，在改变控制逻辑关系时，只要改变程序重新输入即可，因为可按照继电器的梯形图编制程序，编程简单、调试方便。目前在国内，除了用 PC 机对已有的用继电器控制的电梯进行技术改造外，一些电梯生产企业相继开发出电梯 PC 控制系统，从而降低了电梯的故障率，有效提高了电梯运行的可靠性。在 PC 控制的电梯新产品的生产和规格品种方面，已自成体系，与之相关的技术标准和制造标准也逐渐完善。

（3）微机控制系统

用单片机对电梯运行进行逻辑控制，具有价格低、通用性强、灵活性大、易于实现复杂控制等优点，但是单片机要求的编程技术较为复杂，给维修和管理带来不便。

用微机控制的电梯进一步提高了电梯的性能，使电梯运行更加可靠，并具有很大的灵活性，可以完成更为复杂的控制任务，已成为电梯控制的发展方向。

8.2 自动扶梯

自动扶梯和自动人行道是一种开放式的连续运输工具，它具有很高的运输能力，每小时可运送 8000～9000 人。它即可上行，也能下行。不仅起着输送乘客的实用性，同时以其艺术装饰性受到人们的普遍重视，它显示了大型建筑装饰的豪华性，起到美化环境的作用。随着经济建设的高速发展，人们对现代化设施倍加青睐，在机场、车站、地铁、码头和商场中都安装了自动扶梯或自动人行道。我国第一部自动扶梯于 1960 年安装在北京火车站大楼内，总共有 4 部。每天都在输送几万人上楼，已成为必不可少的设施之一。自北京站的自动扶梯安装后，在很长的时间之内，一直是这 4 部电梯独领风

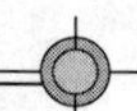

骚。直到20世纪80年代以后，自动扶梯才像雨后春笋一样出现。例如，2008年启用的北京南站，候车大厅、站台层、地下换乘大厅三层由111部电梯连接为一体。其中扶梯76部，直梯35部，为旅客出行提供了便利。现在的各大商场也都安装有自动扶梯，它已成为人们不可缺少的公共设施。

近年来，我国的自动扶梯发展很快，由20世纪80年代以前的几家发展到现在的50多家，协作生产厂有100多个。自动扶梯的产量也以每年200台左右的速度增长，其产品的规格品种不断增加，质量不断提高。例如，海神电梯公司是我国20世纪80年代就生产扶梯的厂家之一，生产的梯型多达6种，产品行销全国20多个省市，并拥有自己专门的扶梯研究室。

目前生产的扶梯常按以下几种方法进行分类：按梯级宽度分为3种，即1000mm双人梯和800mm、600mm的单人梯；按扶梯的倾斜角度分为30°、35°、27.3°；按扶梯运行速度分为2种，＜0.5m/s（当倾斜角度＞30°而≤35°时）和＜0.75m/s（当倾斜角度≤30°时）；按扶梯的提升高度又可分为小高度（提升高度为3～6m）、中高度（提升高度为6～20m）、大高度（提升高度为20m以上）3种。

8.2.1 自动扶梯的机械结构

图8-33是自动扶梯的整体构造。若干只梯级主轮的轮轴与梯级曳引链铰接在一起，而惰轮不与梯级曳引链连接。工作时，在扶梯上分支的每个梯级沿梯级导轨保持水平，所有梯级呈阶梯布置。在扶梯下分支，梯级通过惰轮倒挂在梯级导轨上返回。实现梯级的循环运行。为方便乘客登梯，在扶梯的出、入口处，梯级由水平状逐渐形成阶梯状（或由阶梯状逐渐形成水平状），都是由梯级主轮、惰轮分别沿不同的梯级导轨行走来实现的。

自动人行道的构造与自动扶梯相似，主要由活动路面和扶手两部分组成。活动路面的倾角为0～12°，在倾斜情况下也不形成阶梯状。为了达到与自动扶梯零部件通用和经济性的目的，常采用梯级结构和与扶梯相同的扶手结构。

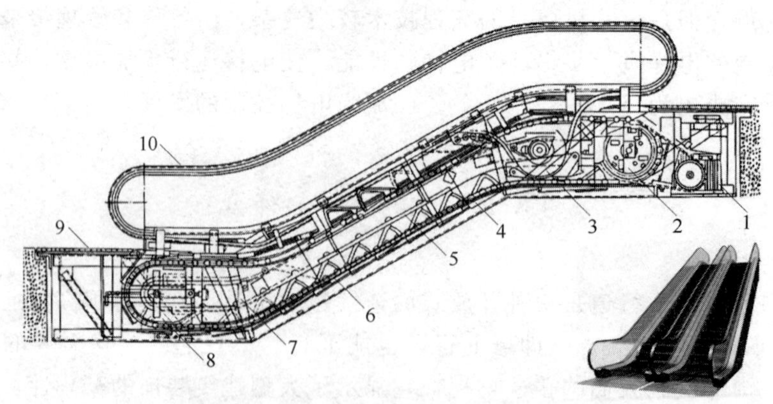

图8-33 自动扶梯整体构造

1. 扶梯曳引机；2. 驱动主轴；3. 扶手带传动装置；4. 梯级；5. 梯级导轨；6. 梯级曳引链；7. 扶梯支架；8. 梯级曳引链张紧装置；9. 梳齿前沿板；10. 扶手

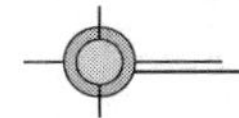

1. 梯级

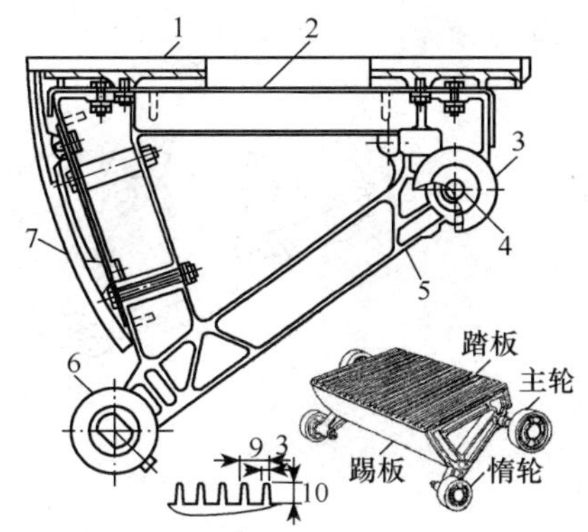

图 8-34 梯级

1. 梯级踏板；2. 梯级支承板；3. 梯级主轮；4. 主轴；5. 梯级支架；6. 惰轮；7. 梯级踢板

梯级是一种供乘客站立的特殊结构形式的四轮小车，是扶梯中数量最多的部件。一台小提升高度自动扶梯的梯级约需 50～100 只；大提升高度自动扶梯的梯级多达 600～700 只梯级。由于梯级数量众多，又是经常运动的部件，因此一台自动扶梯的质量在很大程度上取决于梯级的结构和质量。对梯级的要求是：自重轻；工艺性能好；装拆维修方便。图 8-34 所示的是采用铝合金分零件压铸拼装而成的分体式梯级，由梯级踏板、梯级踢板、梯级支架、主轴、梯级主轮、惰轮及梯级支承板组成。梯级结构也有整体式的，此时不需梯级支承板，可减轻梯级重量，主轴也可采用两短轴结构。

梯级支架 5 是梯级的支承件，一般为铝合金压铸件。两侧支架用支承板或角钢横向连接组成梯级骨架。骨架上面固接踏板，下面有装主轮、辅轮心轴的轴套。整体梯级的骨架、支架、踏板与踢板等均整体压铸而成。梯级踏板 1 是乘客站立的踏板，表面具有等节距的齿形，除具有防滑作用外，还可使梯级进入上、下出入口时，能嵌入梳齿板的齿槽中，以保证乘客上下安全。梯级踢板 7 是梯级的前端面，形式与梯级踏板相似，但表面是圆弧形，以保证两梯级在水平段向倾斜段过渡时间隙一致而设计的。梯级踏板和梯级踢板都固定在梯级支架上，构成一个梯级。梯级支承板一般用厚度为 2～3mm 的钢板折成形。主轴 4 安装在梯级支架上，用来支承梯级主轮并与梯级曳引链连接。为减轻梯级重量，主轴多采用空心钢管。梯级主轮 3 转速不高，但工作负荷较大，对扶梯的运转平稳性、噪音有很大影响。我国目前采用的轮圈材料已从丁腈橡胶向聚氨酯材料过渡。对于提升高度小于 6m 的扶梯，有用梯级主轮取代梯级曳引链金属滚子的趋势，使扶梯运行更平稳、噪音更小。

2. 曳引链系统

(1) 曳引链

自动扶梯的曳引链也称为梯级链，是传递牵引力的主要构件。一般采用的是套筒滚子链结构，如图 8-35 (a) 所示，由于两条梯级曳引链的长度偏差会在运行中造成梯级的偏斜，所以要求同一链节上的孔距误差≤0.02mm，且选配组装。在 5000N 的预紧力下，测量左右对称的两段链长，其同步误差≤0.04mm，测量长度为两个 t_j（两梯级主轮之间的距离）。对于每根梯级曳引链的安全系数必须＞5，大提升高度的必须＞7，以保扶梯运行的可靠性。梯级曳引链还必须配置防折叠结构。

目前许多扶梯的梯级曳引链用梯级主轮来代替套筒滚子链中的金属滚子，如图 8-35 (b) 所示。

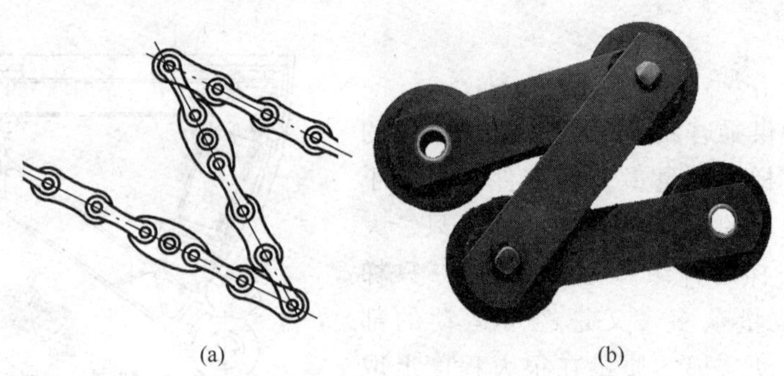

图 8-35 梯级曳引链

(2) 驱动主轴

驱动主轴是通过梯级曳引链条带动梯级运动的部件，由轴、链轮套筒、梯级曳引链轮、双排驱动链轮、扶手带驱动链轮、制动器等组成，如图 8-36 所示。轴支撑于两端的可调支撑上，链轮套筒套装在轴上作旋转运动。梯级链轮、双排驱动链轮、扶手带驱动链轮组装在链轮套筒上。

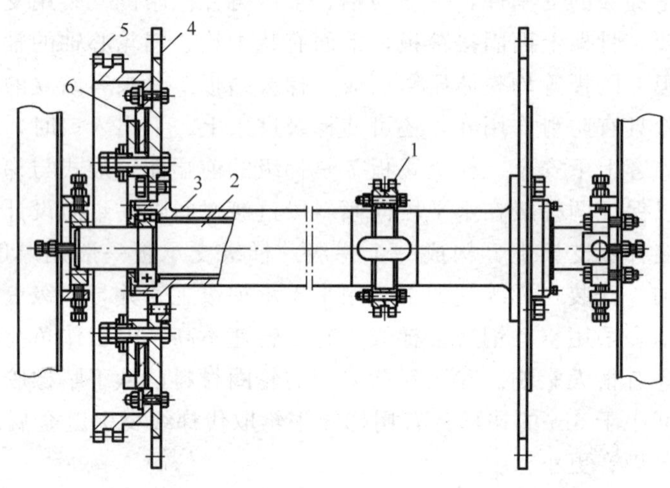

图 8-36 驱动主轴

1. 扶手带驱动链轮；2. 主轴；3. 链轮套筒；4. 梯级链轮；5. 双排驱动链轮；6. 制动器

当采用小节距套筒滚子链时，梯级链轮的齿形为标准的三圆弧一直线的齿形。当用梯级主轮代替金属滚子的大节距链条时，链轮采用直线-圆弧的齿形。链轮有整体式和组装式两种，组装式的便于齿面淬火和磨损后的更换。

两曳引轮必须配对组装，以免梯级运行时造成偏斜现象。

双排驱动链轮是将动力装置的运动和动力传给驱动主轴。

(3) 梯级曳引链张紧装置

张紧装置用于使梯级曳引链获得恒定的张力，以补偿运转中梯级曳引链的伸长。

图 8-37 所示的是目前大多数扶梯采用的压簧张紧装置。在张紧轴的两端各装有 V 型滑块 3，槽内装有滚珠，以便于滑块定向滑动，在弹簧力作用下，张紧轮 2 拉动梯级

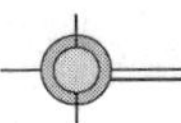

链条 1，使其获得足够的张紧力。当张紧轮位置发生变化时，由于辅轮轨道位置不变，所以梯级只能以反转时倾斜角度的不同来适应位移的要求。

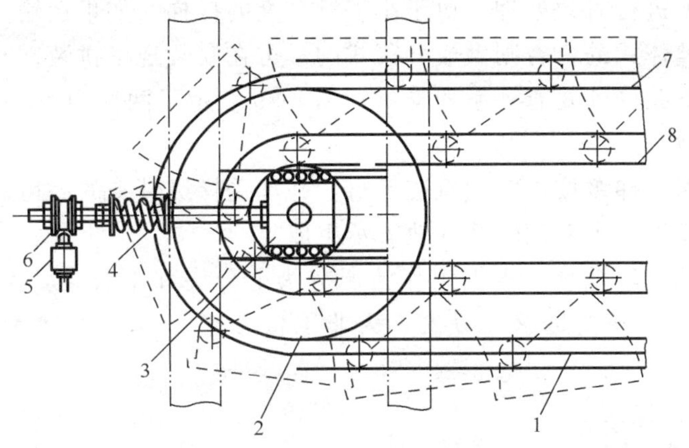

图 8-37　梯级曳引链张紧装置

1. 梯级链条；2. 张紧轮；3. V 型滑块；4. 压簧；5. 行程开关；6. 撞块；7. 主轮导轨；8. 惰轮导轨

3. 扶梯曳引机

扶梯曳引机是扶梯的驱动装置。它的工作性能直接影响扶梯运行的平稳性和运行噪音的大小，又因为位置的限制，必须结构紧凑。

图 8-38　扶梯曳引机

图 8-38 表示的驱动装置主要由电动机、减速器、制动器、双排驱动链轮组成。

由于 Y 系列电机工作噪音大，已不能满足现代自动扶梯的要求而将被逐渐淘汰，目前国内已试制出低噪音、大起动力矩的 YZTD160L 系列电机，来取代进口产品。

减速器有蜗轮蜗杆减速器、齿轮减速器等，齿轮减速器现只使用于大提升高度的扶梯，阿基米德蜗杆减速器也因效率低、噪音大，将被淘汰。圆弧面蜗杆减速器和平面双包络蜗杆减速器由于承载能力大、效率高、噪音低而被广泛采用，特别是平面双包络蜗杆减速器的承载能力是阿基米德蜗杆减速器的 4 倍，目前国内已试制成功并批量生产。

制动器采用的是带式制动器，通电时，堵转力矩电机 1 转动，通过小齿轮 2 带动齿条移动，从而松开制动带使主电机起动，断电时，堵转力矩电机掉电，弹簧力使齿条反向移动，制动带便抱紧制动轮，使主电机制动。传动装置采用的是标准多排套筒滚子链，安全系数必须＞5。若采用 V 型带时，安全系数＞7，且数量不少于 3 根。

4. 扶梯支架与梯级导轨

(1) 扶梯支架

扶梯支架是扶梯内部结构的安装基础，它的整体刚性与局部刚性直接影响到扶梯的工作性能。因此，对公共性的扶梯，支架挠度的要求是控制在两支承距离的 1/1000 范

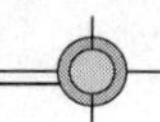

围内，并要求结构紧凑，留有足够的装配、维修空间。

扶梯支架是桁架式构件，用型材焊接而成。其焊接的变形量和焊缝质量至关重要，扶梯支架制造后要进行时效处理。对于小提升高度的扶梯，如果运输安装条件许可，一般在制造厂做成整体式的，否则做成分段式的，可在安装现场拼装。对中、大提升高度的扶梯，在支架下弦杆处要有一系列支承。图 8-39 表示了两种用途的支架结构。

(2) 梯级导轨

梯级导轨是保证梯级按一定的轨迹运行，并承受梯级带来的载荷。导轨由主、辅轮主轨、主、辅轮反轨、主轮侧轨及导轨支承组成。

梯路是封闭的循环系统，根据工作情况分为上分支和下分支，上分支用于运送乘客，是工作分支，下分支是返程分支，为非工作分支。图 8-40 表示了梯路各区段的划分。

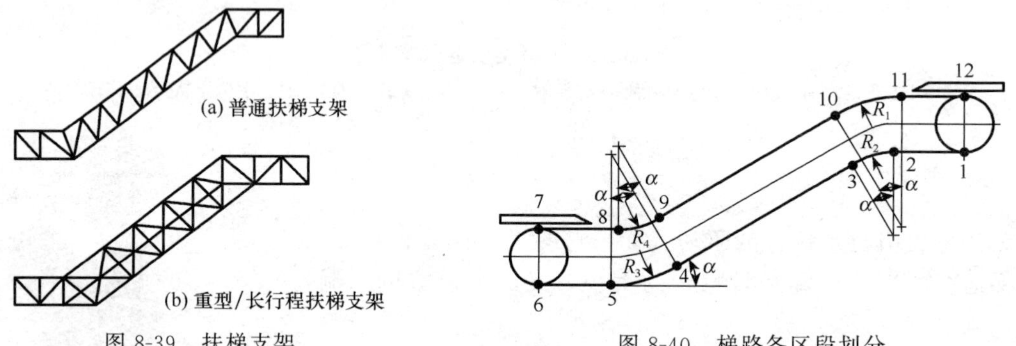

图 8-39 扶梯支架

图 8-40 梯路各区段划分

上分支有以下区段组成：7～8 为下水平区段，8～9 为下曲线区段，9～10 为直线区段，10～11 为上曲线区段，11～12 为上水平区段。梯级在上分支运行时要保证在各区段为水平状态，不能绕自身轴线旋转。在直线区段内，各梯级成阶梯状。在上、下曲线区段，梯级应从阶梯状缓慢、均匀的转变成水平状或相反。转变过程中，还要保证相邻两梯级之间的间隙相等，以保证乘客安全。因此，梯路轨导系统的设计是一个重要环节。而对返程分支没作以上要求。

梯级导轨通过导轨支承固定在扶梯支架上。图 8-41 表示了在曲线段主、辅导轨的配置。图中的点划线是主轮导轨，虚线是惰轮导轨，在直线段，主、辅导轨相互平行。

5. 梳齿前沿板

为了确保乘客上下扶梯的安全，在扶梯的进出口处设置了梳齿前沿板，它由前沿板、梳齿板和梳齿组成，如图 8-42 所示。

前沿板是扶梯与地面的过渡处，前沿板的上表面与地面高低不能发生差异，与梯级踏板表面的高度差应小于 80mm。表面应耐磨、防滑。前沿板还是扶梯上、下平台维修间的盖板。梳齿板的一端固定在前沿板上，另一端用来固定梳齿。梳齿板应做成可调式的，以保证梳齿与梯级踏板上面齿槽的啮合深度大于 6mm，但水平倾角要小于 10°。梳齿的宽度不小于 2.5mm，端部修成圆角，水平倾角不超过 40°，这样在梳齿啮合区域内，即使乘客的脚或物品在梯级上相对静止，也会平滑的过渡到楼层板上。梳齿是易损件，要求更换安装方便。

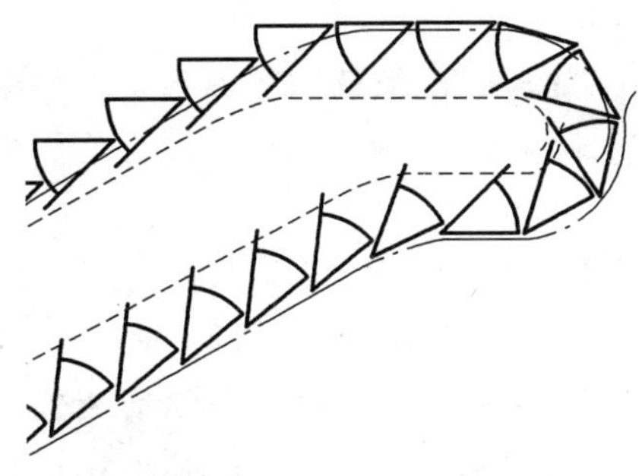

图 8-41　梯级与导轨的配置

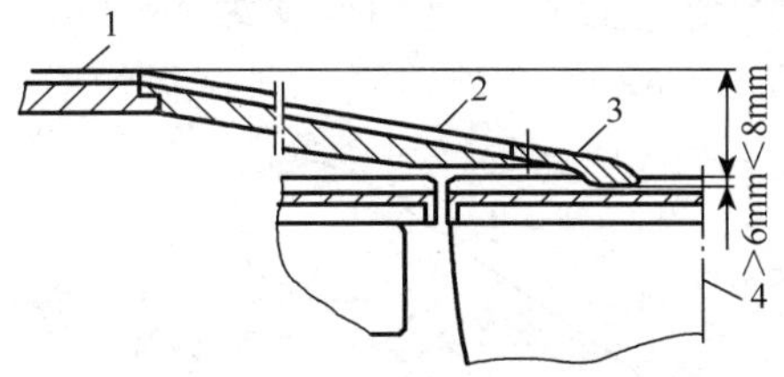

图 8-42　梳齿前沿板

1. 前沿板；2. 梳齿板；3. 梳齿；4. 梯级踏板

6. 扶手装置

扶梯的扶手是供乘客安全乘梯之用，也对扶梯及周围环境起到装饰作用。

(1) 扶手装置的结构

图 8-43 所示的是扶手装置的结构。图中护壁板就是扶梯护栏，直立在扶梯两侧。护壁板的材料有两种，对于小高度扶梯，常选用厚度为 10mm 的钢化玻璃为护壁板，不锈钢板制成的护壁板适用于中、大高度的扶梯。扶手支架固定在护壁板的上方，支乘

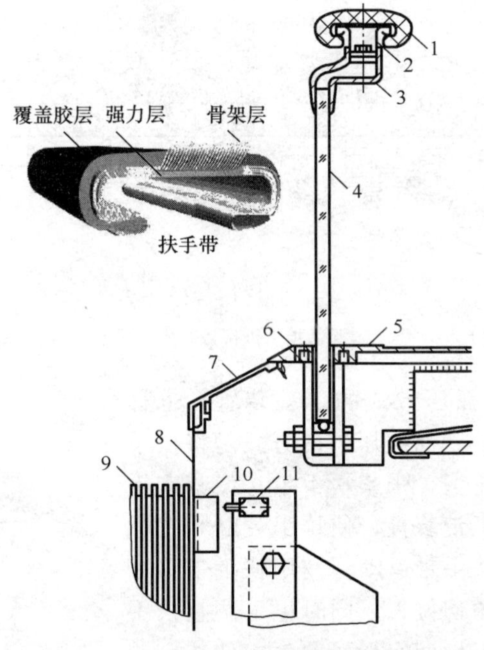

图 8-43　扶手装置

1. 扶手带；2. 扶手带导轨；3. 扶手支架；4. 护壁板；5. 外盖板；6. 内盖板；7. 斜盖板 8. 围裙板；9. 梯级；10. C 形钢；11. 微动开关

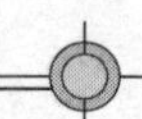

扶手带导轨，使扶手带在上面运动。扶手带是边缘向内弯曲的环状橡胶带，外层是丁腈橡胶层，中间层是多股钢丝或薄钢带，以增加扶手带的抗拉强度，又能经受无数次的弯曲。内层是帘布层，常用帆布或锦纶丝制品。

外盖板、内盖板、斜盖板、围裙板是扶梯运动部分与固定部分的隔离板，保护乘客的乘梯安全。围裙板常用厚度为1～2mm的不锈钢板制成，它与梯级端面的单侧间隙要小于4mm。内、外盖板、斜盖板为铝合金型材或不锈钢材料制成。

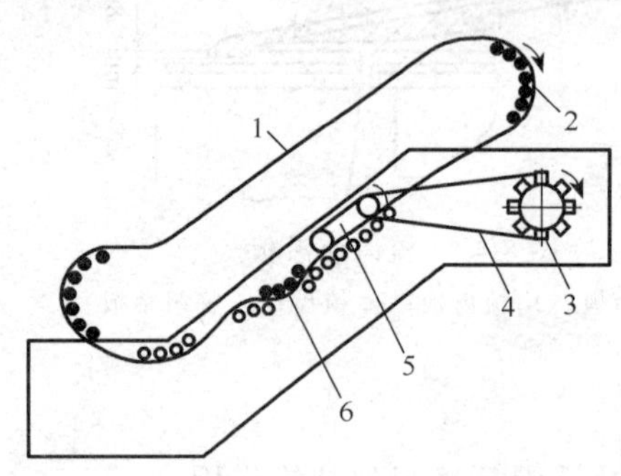

图 8-44　扶手带传动系统

1. 扶手带；2. 转向滚轮组；3. 主轴驱动链轮；4. 链条；5. 传动装置；6. 张紧轮

(2) 扶手带的传动装置

扶手带应与扶梯梯级同步运行，其允差规定为0～+2%。扶手带与梯级用同一驱动装置，由驱动主轴上的双排驱动链轮1（见图8-36）将动力传给扶手带的传动装置。图8-44是扶手带传动系统。

扶手带的传动装置由两种类型。图8-45所示的直线压带式的传动装置，扶手带穿过上滚轮与压紧轮之间，上滚轮由驱动装置带动旋转，压紧轮则将扶手带压紧在上滚轮上，利用摩擦力带动扶手带运动，摩擦力的大小由张紧机构调节。直线压带传动装置具有弯曲点少，运行阻力小，传动效率高的特点，应用较为广泛。

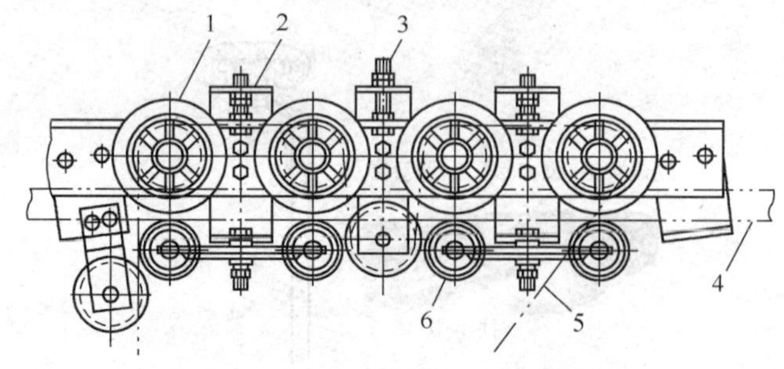

图 8-45　直线压带传动装置

1. 上滚轮；2. 压带机构；3. 链条张紧机构；4. 扶手带；5. 传动链条；6. 压紧轮

另一种是大包轮圆弧压带式的传动装置，也称为曲线压带式，见图8-46。曲线压带的方式是将扶手带包在一个较大的摩擦轮上，张紧扶手带，使其产生足够的初拉力，再利用压带装置，使扶手带贴紧在摩擦轮上，利用摩擦力使扶手带运动。利用扶手带张紧调节杆，可调整扶手带的初拉力，同时也可调整扶手带长度的制造误差和由于长期运行而产生的伸长。调整压紧皮带调节杆，可获得满足设计要求的扶手带驱动力。曲线压带式驱动的特点是产生摩擦力的接触面积大，扶手带的单位面积压力小，减少了对扶手带的

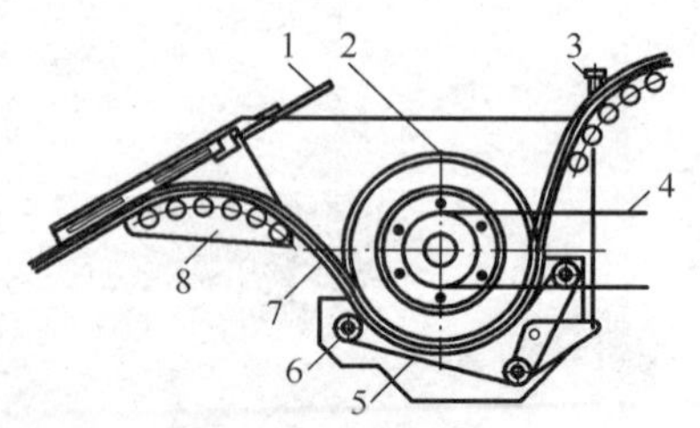

图 8-46　圆弧压带传动装置

1. 张紧调节杆；2. 摩擦轮；3. 压紧皮带调节杆；4. 驱动链条；5. 多楔带；6. 多楔带轮；7. 扶手带；8. 滚轮组

损伤。但扶手带的弯曲点多，弯曲角度较大，增大了扶手带的运行阻力。两种传动装置都是利用摩擦力带动扶手带运动的，所以两种装置不易调整的过紧，以免产生扶手带过热现象。

整条扶手带的圆周长度少则十几米，多则上百米，需要的驱动力也很大，因此，要尽可能减少扶手带运动时的摩擦力，在直线段有扶手带导轨支撑，为滑动摩擦，在曲线段和转向段采用滚轮组，改为滚动摩擦。在全部的返程区内设置导向条或导向轮，以减少扶手带的抖动和弯曲而增加的运动阻力。

由于结构原因，传动装置的传动链条也很长，为了减少噪音，提高传动的平稳性，在传动链条的最长悬臂处设置导向装置。

8.2.2　自动扶梯的保护装置

为了保证乘客的乘梯安全和扶梯的安全运行，扶梯上设置了许多安全保护装置，当机械部分出现故障时，都会经过相应的电气开关使扶梯停止运行。

1. 梯级曳引链保护装置

扶梯正常运行时，梯级曳引链在张紧装置的弹簧力作用下保持恒定的张紧力，当张紧力发生突然变化时（如梯级曳引链被卡住或扶梯超载等原因，使梯级曳引链张力增大），张紧轮将压缩弹簧 4，带动撞块 6 向右移动（参见图 8-37），从而触动行程开关 5 使扶梯停止运行。当梯级曳引链张力过小时，弹簧将使撞块向左移动，同样触动行程开关使扶梯停止运行。

2. 梳齿板保护装置

梳齿板是为乘客安全上下扶梯设置的。由于梳齿与梯级踏板上的齿槽配合，如果齿槽内有异物卡住时，就会使梳齿板向上或向后移动，这时，梳齿板下面的拉杆就会触动行程开关，使扶梯停止运行，如图 8-47 所示。

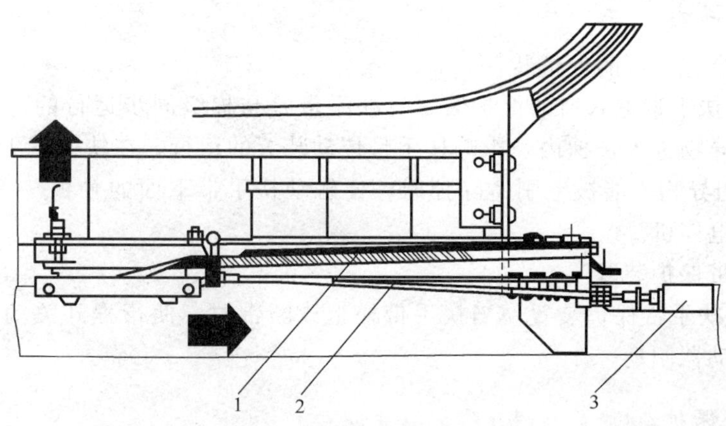

图 8-47　梳齿板保护装置

1. 梳齿板；2. 拉杆；3. 行程开关

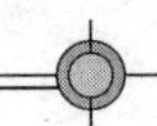

3. 梯级下沉保护装置

梯级是载客的主要部件，如果发生踏板断裂、主轮破裂、梯级支架折断等现象时，都会使梯级下沉，严重时会发生人身事故。

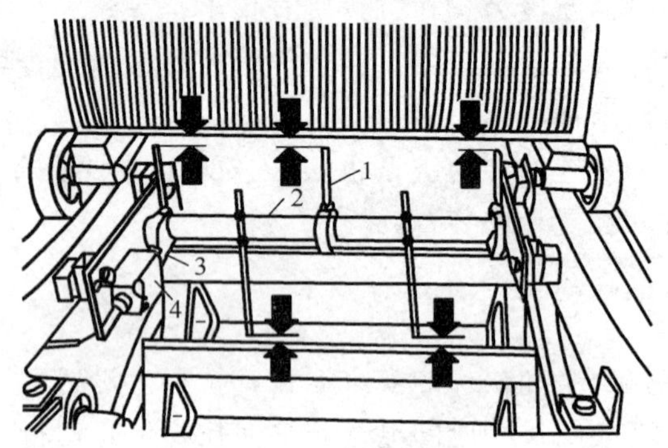

图 8-48 梯级下沉保护装置

1. 检测杆；2. 转轴；3. 凸块；4. 行程开关

图 8-48 是梯级下沉保护装置。在梯级下面的扶梯支架上，通过轴 2 固定有检测杆 1，转轴 2 的端部还有凸块 3，当梯级下沉时，下沉部位触及检测杆，使转轴产生一定角度的转动，从而带动凸块转过相应的角度，触动行程开关 4 动作，达到断电停机的目的。

4. 梯级曳引链条保护装置

梯级曳引链条是扶梯的主要传动元件，根据工作要求除设置张紧机构、导向支承机构外，还要设置链条断裂保护装置，以免链条断裂时造成严重事故。

如图 8-49 所示，当传动链条断裂后，触及检测杆 2，使行程开关 3 动作，驱动电机断电停机，同时装在驱动主轴上的附加制动器制停主轴。

5. 扶手带安全装置

(1) 扶手带进入口的保护装置

图 8-50 是扶手带进入口的保护装置。扶手带是与梯级同步运行的，为了防止粘附在扶手带上的异物进入扶梯内，影响扶手带传动装置的运行，在扶手带 1 的进入口处安装有毛刷 2，当异物不能被毛刷清除掉时，便触动扶手带下面的触板 3，使行程开关 4 动作，实现断电停机。

(2) 扶手带保护装置

图 8-51 是扶手带保护装置。当扶手带松弛或断带时，使行程开关动作，驱动电机断电，电磁制动器制动。

6. 围裙板保护

自动扶梯正常工作时，围裙板与梯级间保持一定间隙，单边不大于 4mm，两边之和不大于 7mm。为了防止异物卡入围裙板与梯级之间，保证乘客的安全，在围裙板后设有安全保护装置（图 8-43），在围裙板的背面安装 C 形钢，离 C 形钢一定距离处设置开关，当物进入围裙板与梯级之间的缝隙后，围裙板发生变形，C 形钢也随之移动，达到一定位置后，碰击微动开关，自动扶梯立即停止运行。

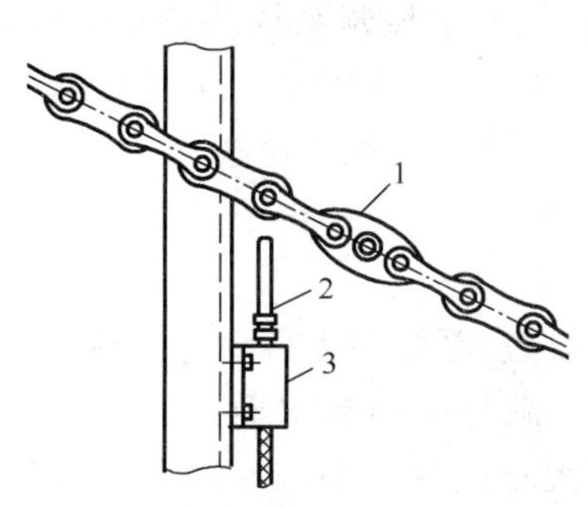

图 8-49　梯级曳引链条保护装置

1. 驱动链条；2. 检测杆；3. 行程开关

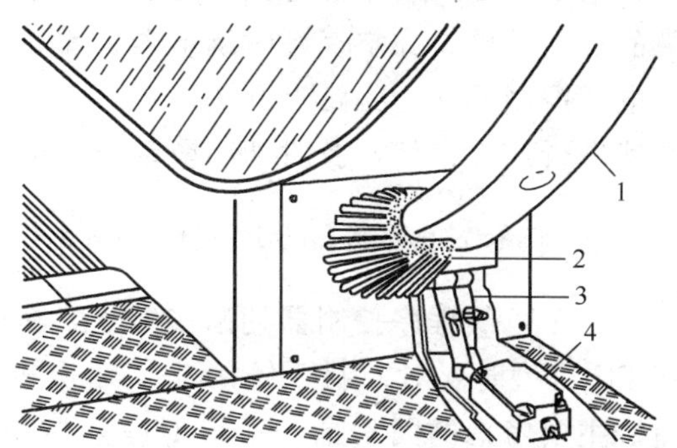

图 8-50　扶手带进入口的保护装置

1. 扶手带；2. 毛刷；3. 触板；4. 行程开关

这种装置的灵敏度取决于围裙板的刚度。刚度太大围裙板不容易变形，不能触及微动开关，起不到安全保护的作用；刚度太小又会出现频繁停车的现象，给自动扶梯的正常运行带来麻烦。另外微动开关一般不是全程设置，只安装在自动扶梯的出入口处，因此安装微动开关以外的区域，安全隐患仍然存在。

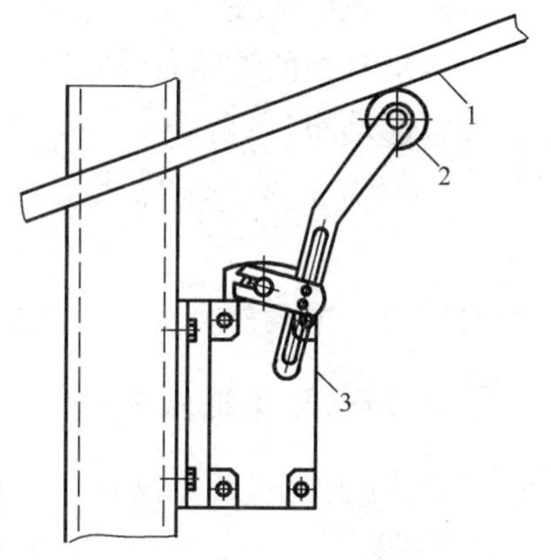

图 8-51　扶手带保护装置

1. 扶手带；2. 滚轮；3. 行程开关

8.2.3　自动扶梯的控制系统

1. 接触器-继电器控制系统

早期的自动扶梯采用的都是接触器-继电器控制系统，这种系统具有工作原理简单、直观，便于分析、理解逻辑控制关系等特点。由于安全保护装置中采用的是行程开关，所以也存在一些问题。例如，行程开关是机械动作，容易磨损，需要经常润滑、维护；行程开关检测故障的速度慢，难以捕捉瞬间出现的故障、进行及时保护等。

接触器-继电器控制系统由电源、主电路、控制电路、保护电路组成。

主电路有空气短路器、相序继电器、热继电器组成保护电路，有两个接触器实现主电机的正反转电路，由另外有两个接触器实现主电机的Y-△起动运行电路，还有两个接触器实现制动电机、润滑泵电机的启动。

控制电路完成主电机的Y-△起动运行、制动、停止及制动电机、润滑泵电机的控制。各种安全保护装置用的行程开关其常闭触点要串联在控制电路中，当它们其中的任一个开路，控制电路就要使主电机断电。控制电路还要能实现扶梯工作状态和调试检修状态的电路转换、产生故障部位的显示等。

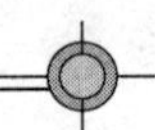

2. 电子控制系统

电子式的控制系统与接触器-继电器控制系统相似，但它采用的是体积小、性能可靠的电子元件，如空气延时继电器、霍尔接近开关等。电子控制系统的特点是体积小，而电子控制元件为无触点开关，不仅工作可靠而且寿命长，灵敏度也高，故障出现时能快速进行声光报警，及时切断驱动电机的电源，实现迅速制动和准确停车。

3. 可编程序控制器（PLC）控制系统

由于可编程序控制器的诸多特点，在自动扶梯的控制系统中也得到广泛应用。在选择 PC 机型时要对控制系统的输入输出进行分析，以满足控制要求而又不浪费机器容量。主要考虑的因素是：系统 I/O 点数估算，内存大小选择，响应时间和输入输出模块选择

PLC 主要实现自动扶梯的运行、停止、润滑、检修、安全回路故障判断、速度偏差判断、故障记录、状态显示等功能的控制。

自动扶梯的控制系统也可采用单片机控制，但程序编制、维修管理较复杂，可根据实际情况选用。

本章实训

实训项目　电梯部件、机构的认知

1. 知识与技能目标

1）了解电梯的组成部件及作用。

2）了解电梯各组成部件的结构形式和工作原理。

3）学习故障分析的方法。

2. 实训器材

透明仿真教学电梯。

3. 实训过程

（1）部件、机构的认知

1）观察电梯的结构组成。

2）操纵电梯运行。观察曳引系统、平衡系统、开门机构、门锁、平层装置的结构形式和工作过程。

3）通过让轿箱超重和轿箱门夹物，观察轿箱测重装置和门入口保护装置的工作原理。

4）观察限速器、安全钳、缓冲器的类型和结构特点。

(2) 故障分析

由指导教师设置故障，分析产生故障的原因与解决方法。

4. 思考题

1）什么时候才能用到缓冲器保护？

2）因曳引绳打滑或制动力不足造成轿厢越程，终端超越保护装置能否起到保护作用？

小　　结

本章重点介绍电梯、自动扶梯的机械系统的组成，典型部件的结构特点、工作原理，安全保护装置的作用与工作原理。简单介绍了电梯自动扶梯的分类技术指标及控制系统类型与特点。通过本章的学习，要掌握电梯、自动扶梯典型部件的结构特点、工作原理，安全保护装置的作用与工作原理。了解电梯、自动扶梯的类型、技术指标，控制系统的类型、工作特点。

习　　题

8.1　评价电梯技术性能的指标有哪些？

8.2　电梯曳引系统有哪些组成部件？

8.3　电梯平衡系统的作用是什么？由几部分组成？

8.4　电梯有哪些保护环节？起什么保护作用？

8.5　限速器、安全钳的工作原理是什么？

8.6　自动扶梯的曳引系统有哪几部分组成？

8.7　扶手带的传动装置有几种？各有何特点？

8.8　自动扶梯有哪些保护环节？起什么保护作用？

第9章

全自动洗衣机

本章概述

全自动洗衣机将洗衣的全过程（泡浸—洗涤—漂洗—脱水）预先设定成 N 个程序，洗衣时选择其中一个程序，打开水龙头和启动洗衣机开关后，洗衣的全过程就会自动完成，洗衣完成时由蜂鸣器发出响声。本章将重点介绍波轮、滚筒洗衣机的结构、典型部件的工作原理，并对全自动洗衣机控制系统的类型、工作特点以及电脑模糊控制的全自动洗衣机的工作原理做简单介绍。

知识目标

1. 了解自动洗衣机控制系统的类型、工作特点。
2. 掌握自动洗衣机的结构、典型部件的工作原理。
3. 了解电脑模糊控制洗衣机的工作原理。

能力目标

初步具备对家用洗衣机故障产生原因的判断能力。

9.1 概　　述

全自动洗衣机是家用电器中常用的机电设备，这里的全自动是指除放衣、取衣、开机三项操作外，其余的过程均是自动完成。近几年来，我国的家用洗衣机发展迅速，生产规模不断扩大，技术工艺日趋完善，产品质量稳步提高，生产出技术性能优良的全自动洗衣机，到 2008 年国内家用洗衣机市场总销量超过 1800 万台。

早期的简易型洗衣机是一种单桶拨轮式洗衣机，它结构简单，但只能完成洗涤、漂洗功能，且手工操作。普通型洗衣机是集洗涤、漂洗、脱水为一体的洗衣机，它的功能切换也是手工操作。半自动洗衣机可按预定的时间自动完成洗涤、漂洗程序，但不能自动脱水，需人工将衣物取出放入脱水桶脱水。全自动洗衣机通过程序控制器可实现洗涤、漂洗、脱水自动切换，待全部过程完成之后停机，蜂鸣器发出声音。现代的全自动洗衣机还可自动检测衣物的重量、脏污程度、水温、洗涤液浓度、洗净度、漂洗度，从而自动控制洗衣的全部过程。

全自动洗衣机根据结构可分为波轮式洗衣机、滚筒式洗衣机、搅拌式洗衣机、喷淋式洗衣机、气泡式洗衣机等。但占洗衣机产量较大比重的还是波轮式洗衣机和滚筒式洗衣机。

按照国内统一标准，洗衣机型号按如下规定编制：

第一位字母表示产品的种类；通常“X”表示洗衣机、“T”脱水机。

第二位字母表示产品的功能；用 P、B、Q 分别表示普通、半自动和全自动。

第三位字母表示洗涤方式；用 B、G、D，分别代表波轮式、滚筒式和搅拌式。

第四位数字表示洗涤容量；如 40、55、66，分别表示 4kg、5.5kg 和 6.6kg。

第五位是厂家设计序号；用字母或数字组合表示。

第六位字母是结构形式代号；S 表示双桶机，单桶机不标。

例如，XQB45－20A 表示容量为 4.5kg 的波轮式全自动洗衣机，厂家设计序号为 20A 型。

9.2 波轮式全自动洗衣机

波轮式洗衣机体积小、结构简单、造价低，且耗电少、洗净度高，是我国应用较多的一种洗衣机。

9.2.1　波轮式全自动洗衣机结构及工作过程

图 9-1 是偏置式波轮洗衣机，它由盛水桶、脱水桶、电机、离合器、波轮、支承吊杆、控制器等组成。

盛水桶和脱水桶套装在一起支承在底板上，两桶之间有 20～30mm 的间隙。底板的下面固定有电机、离合器，整个系统用支承吊杆悬挂在洗衣机箱体内的四个角上。

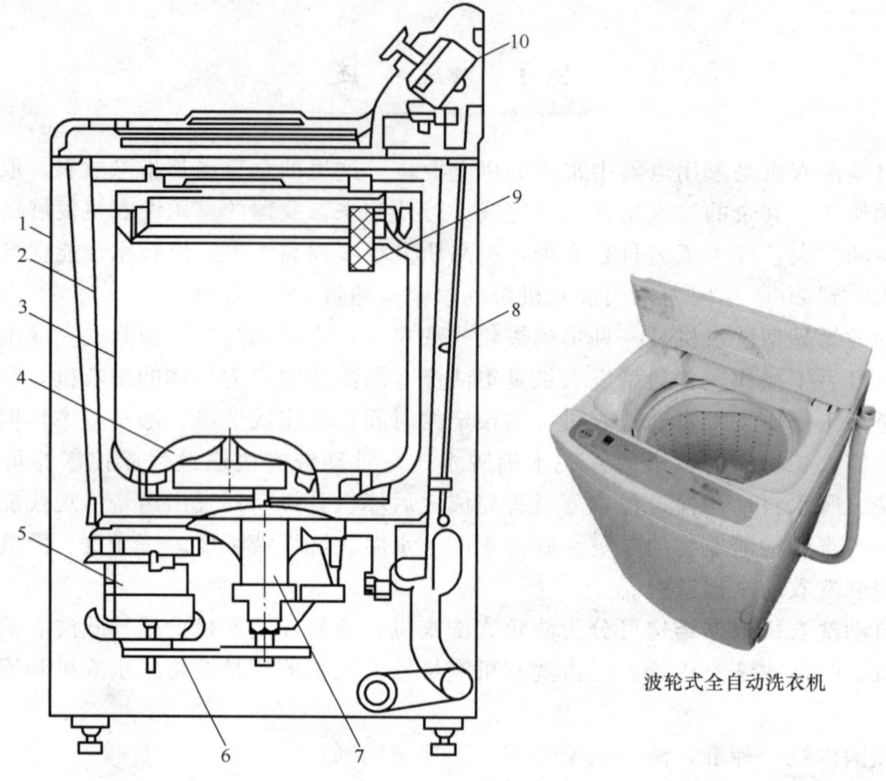

波轮式全自动洗衣机

图 9-1 波轮式全自动洗衣机

1. 洗衣机箱体；2. 盛水桶；3. 脱水桶；4. 波轮；5. 电机；6. 皮带；
7. 离合器；8. 支承吊杆；9. 滤网袋；10. 控制器

洗涤时，电机经皮带轮、离合器洗涤轴，带动波轮连续旋转或定时正反向旋转，使洗涤液对衣物进行振荡、冲击，使织物与织物、织物与桶壁之间产生摩擦力，类似于人们的手搓、拍打，并在洗涤剂的综合作用下，将污物颗粒从织物纤维上剥离下来。再经清水漂洗，漂洗过程与洗涤相似。

漂洗后，将水放出，电机经皮带轮、离合器脱水轴。带动脱水桶旋转，在离心力作用下将衣物上的水甩净，完成脱水过程。

整个洗衣过程有控制器控制完成。

9.2.2 波轮式全自动洗衣机的主要部件

1. 波轮

波轮是洗衣机在洗涤过程中对洗涤液和被洗衣物频繁接触，产生机械洗涤作用的主要部件。除对波轮要求外表光滑、无毛刺、不变形以外，波轮的大小、形状、高低及转速对衣物的洗净率、衣物的磨损和衣物的缠绕都有很大的影响，图 9-2 所示的是几种常见的波轮形式。

图 9-2 (a) 是 L 型波轮，它有三条叉开的凸筋，形成脊背状，所以又称“三叉式”波轮。凸筋有一定的扭角，以产生纵向和横向的水流来洗涤衣物，近似于人们所用的搓

洗。用这种波轮产生的水流使衣物不易缠绕、磨损小、洗涤均匀，国产洗衣机大都采用这种波轮。

图 9-2（b）是棒式波轮，波轮中心有一圆棒，外表带有搅拌翼，以形成水平、垂直的双向水流洗涤衣物，使衣物保持舒展状态。

图 9-2（c）是 U 型波轮，又称为蝶式波轮。这种波轮的凸筋呈凹形，工作时水流先向上扬起，再向下返回，形成“心”形水流洗涤衣物。这种水流使衣物舒展，且洗净度也较高。国产洗衣机中有应用。

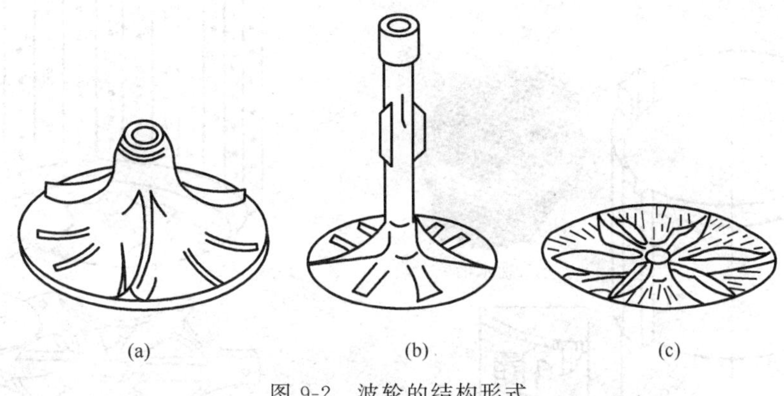

图 9-2　波轮的结构形式

波轮一般用塑料注塑成形。

2. 盛水桶

盛水桶是洗衣机盛放洗涤液的容器。它固定在钢制底盘上，上口有密封的盖板，既可防止洗涤时的洗涤液泡沫溅进洗衣机机箱内，又可保证盛水桶上口的圆度与强度。桶壁的上部开有溢水口，用来溢水和排出洗涤液泡沫，下部装有贮气管，与水位压力开关连接以控制水位高低。在底部有两个圆孔，一个是用于排放污水的排水孔，另一个是波轮轴孔。波轮轴孔要与离合器上的油封配合，以防漏水，同时还要保证与离合器同心，否则在脱水时会与脱水桶干涉，产生噪音和震动。图 9-3 是盛水桶的结构示意图。

3. 脱水桶

波轮式全自动洗衣机的脱水桶安装在盛水桶内，洗涤与脱水是在同一桶内进行的，因此脱水桶既要满足脱水要求，又要满足洗涤要求。

图 9-4 所示的是脱水桶，其内壁要设有多条凸筋，以增强水流的漩涡作用，又使衣物在与桶壁接触时起到揉搓作用。凹槽内开有许多小孔供脱水用。脱水桶底部的连接盘将脱水桶与离合器的脱水轴连接起来，并增强脱水桶的刚度。

由于脱水桶的直径较大，在脱水高速旋转时，不可避免地产生衣物向单边偏斜的现象，使脱水桶发生动不平衡，从而引起噪音和振动，甚至撞击盛水桶。为此，全自动洗衣机的脱水桶上口装有空心密封的平衡圈，以减少脱水时的动不平衡。图 9-5（a）是平衡圈的断面结构形式。平衡圈采用注塑成型，圈内装有 1250g 的氯化钙或氯化钠饱和溶

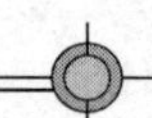

液，占圈内容积的三分之二。为了防止液体在圈内剧烈移动，圈内设置有若干筋板，对液体进行阻流，以减小液体流速。图 9-5（b）是洗衣机不工作时，溶液分布状态。脱水时由于衣物的不平衡，使桶系产生偏心质量，这时平衡圈内的偏心液体产生的偏心质量可与之抵消（偏心质量不超过 1kg），从而使脱水桶平稳旋转，如图 9-5（c）所示。

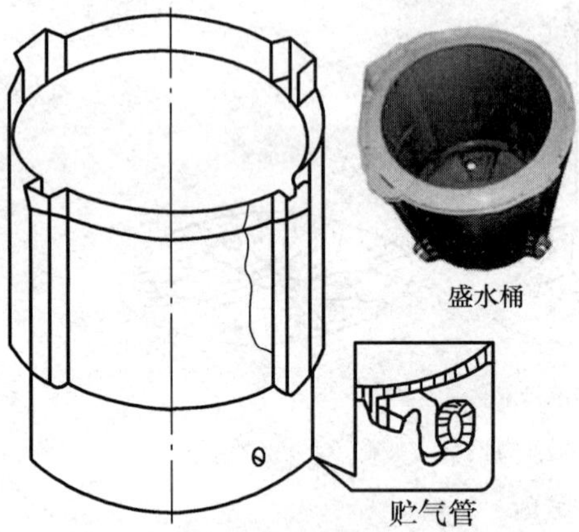

图 9-3 盛水桶

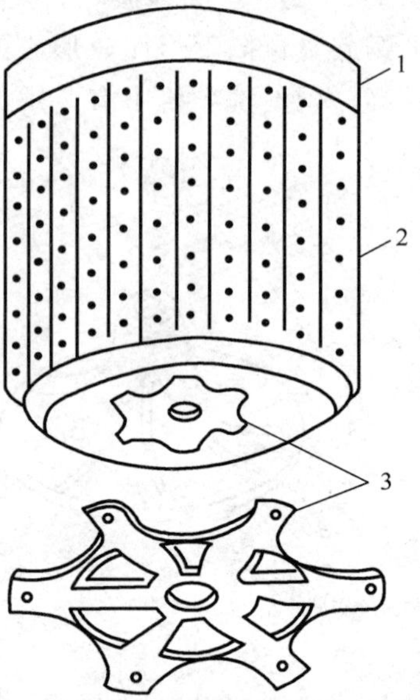

图 9-4 脱水桶示意图

1. 平衡圈；2. 脱水桶；3. 连接盘

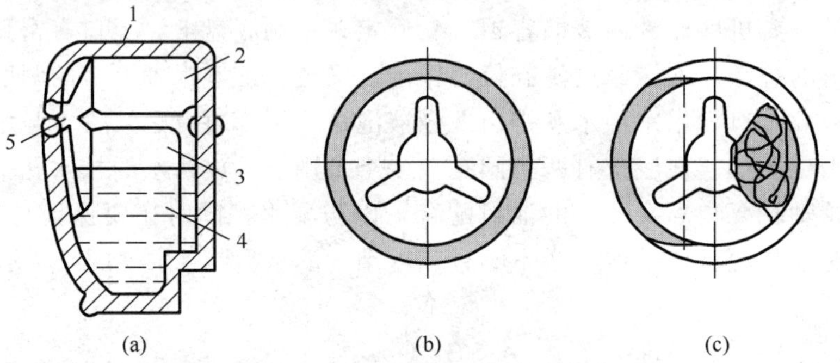

(a) (b) (c)

图 9-5 平衡圈结构与平衡原理

1. 平衡圈壳体；2、3. 筋板；4. 溶液；5. 流通间隙

4. 离合器

波轮式全自动洗衣机的洗涤与脱水共用一个电机，洗涤时，只有波轮旋转，而脱水桶不动，在脱水时，要求波轮与脱水桶同步旋转，以减少衣物的磨损。两个功能的转换就是用离合器实现，因此，离合器是洗衣机的主要部件。由于各生产厂家的洗衣机性能不同，离合器的结构形式也有所不同。

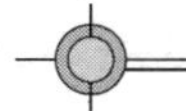

（1）一般离合器

一般离合器是洗涤与脱水的速度相同，图 9-6 是这种离合器的结构示意图。

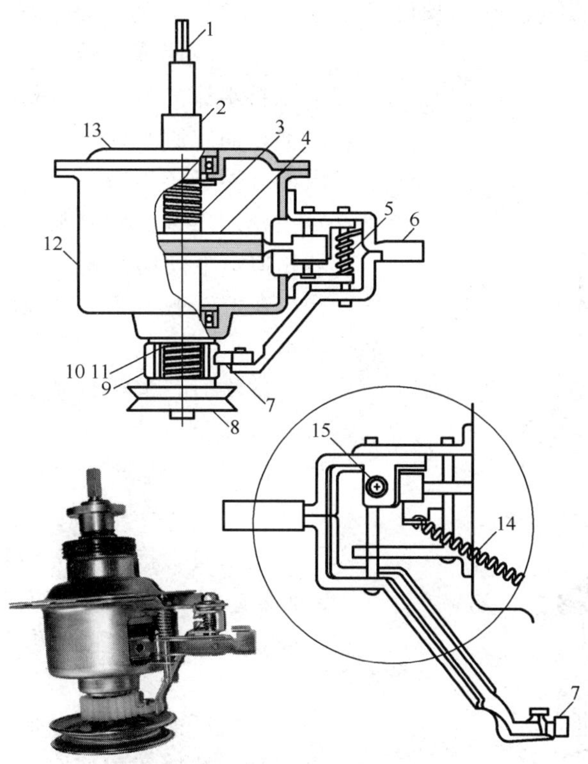

图 9-6　一般离合器

1. 洗涤轴；2. 脱水轴；3. 扭簧；4. 刹车盘；5. 弹簧；6. 拨叉；7. 棘爪；
8. 皮带轮；9. 棘轮；10. 抱簧；11. 离合套；12. 离合器壳体；13. 离合器上盖；
14. 刹车带复位弹簧；15. 刹车调节螺钉

离合器洗涤轴与脱水轴是同心套装结构。脱水轴是空心轴，通过滚动轴承支承在离合器壳体与离合器的上盖上，中间安装有刹车盘。洗涤轴通过含油轴承支承在脱水轴的孔中，上端固定波轮，为了防止洗涤液渗出，在上端设有小油封。洗涤轴下端通过圆锥销固定有离合套（被抱簧遮挡）和皮带轮，离合套是一个外径与脱水轴外径相同的套筒，在离合套、脱水轴外面套有抱簧。抱簧是用矩形截面的钢丝绕制的右旋弹簧，每圈之间接触平整，上端的三圈直径略小外，其余各圈要求内外径一致，下端头向外翘，在装配时插入棘轮内壁的小孔内。棘轮是套装在抱簧外面的。

洗涤或停机时，排水电磁铁断电，弹簧力使拨叉上的棘爪将棘轮拨过一定角度，使棘爪对准棘轮中心，从而使抱簧与离合套松开。如是洗涤状态，电机经过皮带传动，只带动洗涤轴转动。

脱水时，棘爪与棘轮脱离，抱簧恢复自由状态，将离合套与脱水轴抱紧，从而使离合套与脱水轴同时转动。

图 9-6 中的扭簧与抱簧相似，但旋向相反，它装在脱水轴外面，一端固定在离合器

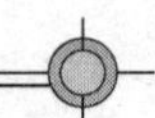

的壳体上。它的作用是当洗衣机在洗涤时，抱紧脱水轴，防止脱水桶旋转。

刹车钢带内侧有石棉橡胶带，一端固定在离合器的壳体上，另一端连结在摆动板上，由拨叉控制刹车或脱开。同时拨叉还控制棘爪的动作，实现洗涤、脱水的转换。

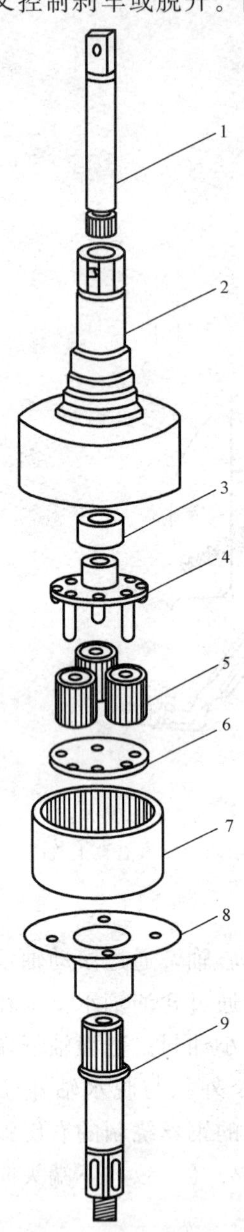

图 9-7　减速离合器

1. 上洗涤轴；2. 上脱水轴与刹车盘；3. 含油轴承；4. 行星轮架；5. 行星轮；6. 行星轮架底座；7. 内齿圈；8. 下脱水轴；9. 下洗涤轴

(2) 减速离合器

新水流的波轮洗衣机要求洗涤时波轮低速转动，而在脱水时，脱水桶高速旋转，这就要求离合器能实现减速传动。

减速离合器的结构、工作原理与一般离合器相似，不同的是洗涤轴和脱水轴均是半轴结构，在上、下半轴之间有行星减速器，如图 9-7 所示。

洗涤时，电机带洗涤轴下段 9 旋转，通过行星减速器（由行星轮架 4、行星轮 5、行星架底座 6、内齿圈 7 组成）降速后传给洗涤轴上半段 1，带动波轮旋转。降速比为 1/4.8。

脱水时，抱簧将洗涤轴下段与脱水轴下段 8 抱紧，运动经内齿圈 7 直接传给脱水轴的上半段，带动脱水桶旋转，此时行星减速器不工作。

不同厂家生产的减速离合器在维修时工艺也不同，减速器损坏时，有的需整体更换，而有的可拆开更换内部元件。

5. 支承吊杆

波轮式洗衣机的盛水桶、脱水桶、电机、离合器都是支承在底板上，整个系统在机箱内是悬挂式结构。即用四根吊杆悬挂在机箱内的四个角上，如图 9-8 (a) 所示。

支承吊杆除了起支承作用外，还要保持洗衣桶的静平衡和脱水时的动平衡，起到减震、吸震作用。支承吊杆的结构见图 9-8 (b)，主要由减震弹簧、阻尼套组成，吊杆的下端嵌入盛水桶的凹槽内，上端与箱体四角的支承为球面铰接。由于盛水桶在箱体内的位置不正而使前后吊杆不同，区别在弹簧的长度上，装配时应予以注意。

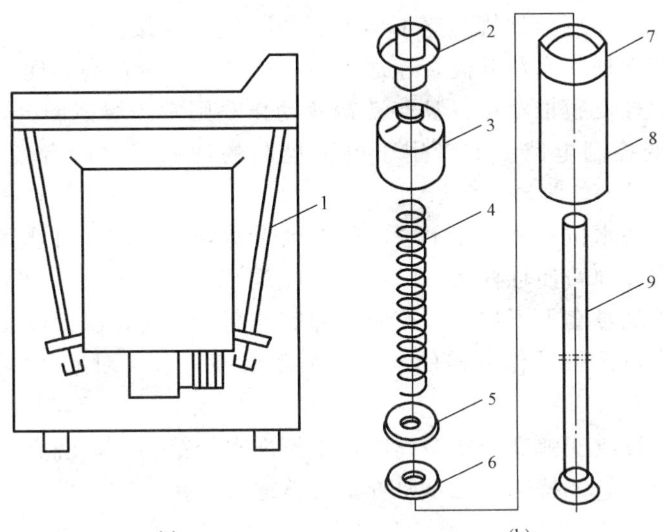

图 9-8　支承吊杆

1. 支承吊杆总成；2. 上铰；3. 下铰；4. 减震弹簧；5. 导圈；6. 垫圈；7. 吊杆箍；8. 阻尼套；9. 吊杆

6. 水位开关

水位开关又称为水位选择开关、水位压力传感器等。它是选择洗衣时的水位高低，并通过程序控制器控制进水电磁阀启闭。

图 9-9 所示的是一种新型水位开关及结构图。可分为三部分组成：橡皮膜下部的气室为压力传感部分，中间的触点、簧片及压簧为电器开关部分，上部的弹簧、顶芯、凸轮及杠杆组成压力控制部分。

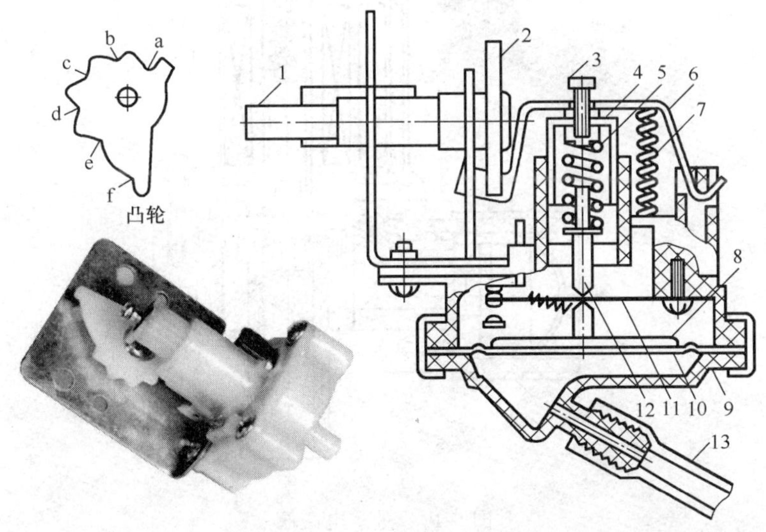

图 9-9　水位开关

1. 旋钮轴；2. 凸轮；3. 调节螺钉；4. 导套；5. 压力弹簧；6. 杠杆；7. 支撑弹簧；8. 塑料盘；9. 气室盖；10. 橡皮膜；11. 簧片；12. 顶芯；13. 压力软管

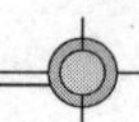

水位开关的气室经压力软管与盛水桶下部的贮气管连接，见图 9-3，形成压力相等的连通器，随着盛水桶的水位升高，连通器内的空气压力也提高，向上推动橡皮膜。当达到选定水位时，橡皮膜推动塑料盘使动簧片动作，则常闭触点断开，常开触点闭合，传出电信号或改变控制电路。前者用于电脑控制的洗衣机，后者用于电动机械式洗衣机。

上端的凸轮连在水位选择旋钮上，凸轮有六个旋转位置挡，可选择五种水位和一个再注水手动挡。支撑弹簧使杠杆的一端（图中左端）顶在凸轮上。当旋转水位旋钮时，凸轮就通过杠杆推动导套上下移动，使压力弹簧的高度变化，从而改变弹簧力大小。当弹簧力增大时，水位开关动作所需的气室压力就要高一些，对应的盛水桶的水位就要高，反之亦然。

用调节螺钉可以改变弹簧的压缩程度，以校准水位精确度，洗衣机出厂时已用专用仪器调整好螺钉位置，无特殊情况不要拧动调整螺钉。

7. 进水电磁阀

进水电磁阀又叫注水阀，在全自动洗衣机中与水位开关配合，实现自动进水和停止进水，控制洗衣桶内水位高低。工作原理是利用电磁铁的通断电控制阀芯，接通、关闭水路。其结构形式有直体式和弯体式两种，以适应不同的安装位置。

图 9-10 为一种新型进水阀。主要有阀座、橡胶膜片、线圈、铁芯、弹簧组成。橡胶膜片上装有一个塑料盘，盘上开有两个小孔，中心位置的叫泄压孔，侧边位置的叫加压孔，泄压孔大于加压孔。橡胶膜片将阀座内分为上下两个空腔，上面的叫控制腔，下面的叫进水腔，加压孔将上、下两腔连通。

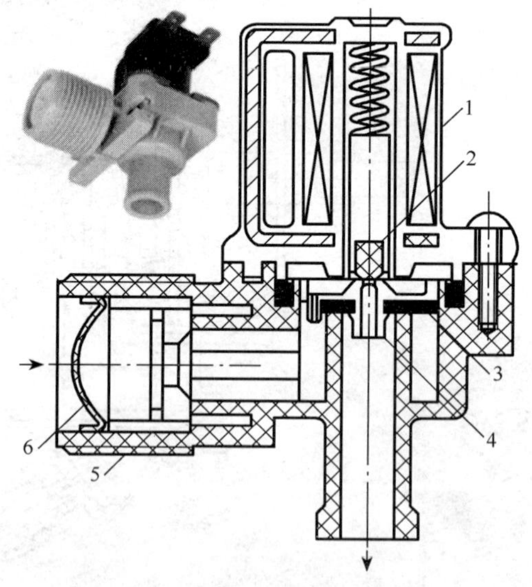

图 9-10 进水电磁阀

1. 电磁铁；2. 橡胶柱塞；3. 橡胶膜片；4. 塑料盘；5. 阀体；6. 过滤网

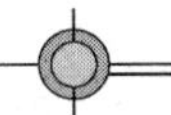

不通电时，铁芯在自重和弹簧力作用下下落，铁芯下端的橡胶柱塞堵住塑料盘上的泄压孔，并将橡胶膜片压紧在阀体出水口上。这时经过滤网进入进水腔的水再通过加压孔进入控制腔，由于控制腔的受压面积大于进水腔的面积，所以控制腔的压力大于进水腔的压力。这样橡胶膜片在控制腔的水压、铁芯自重和弹簧力共同作用下，压紧在阀体出水口上，起到了进水阀封闭的作用。

当线圈通电时，铁芯在电磁力作用下，克服弹簧力向上移动，铁芯下端的橡胶柱塞打开泄压孔，由于泄压孔大于加压孔，控制腔的水很快流出，压力也迅速下降，这时进水腔的压力将橡胶膜片顶起，阀口打开，水便从阀中流过。

8. 盖开关

盖开关又称安全开关，串连在脱水控制电路中。在脱水时，如果误将洗衣机盖打开，高速旋转的脱水桶就会停转，以保证操作者安全。电动控制的全自动洗衣机通常采用的是防振型安全开关，如图 9-11 所示。

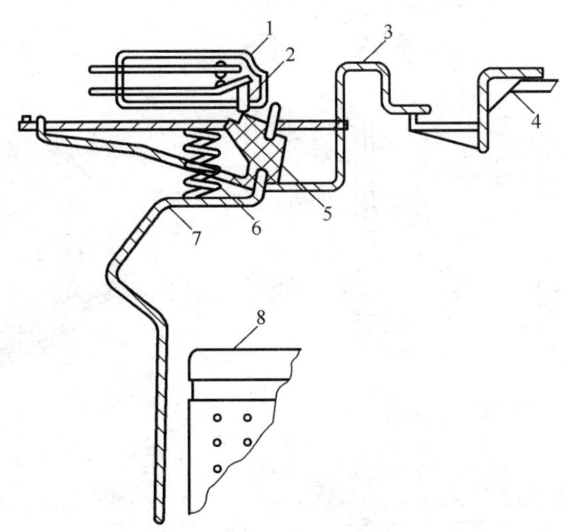

图 9-11 盖开关

1. 电气开关；2. 顶柱；3. 闭合杠杆；4. 洗衣机盖；5. 限振块；6. 弹簧；7. 防振杠杆；8. 脱水桶

当洗衣机上盖合上时，将闭合杠杆抬起，闭合杠杆带动防振杆、限振块向上移动，限振块将顶柱顶起，电器开关的动簧片动作，触点闭合，接通脱水电路。如打开上盖，闭合杠杆失去上盖的支撑，在弹簧力作用下使闭合杠杆下落，顶柱也随之下落，触点断开，切断脱水电路。

脱水时，由于衣物的偏置，会使脱水桶产生振动，严重时导致脱水桶圆周摆动。振动过大时，脱水桶会撞击防振杠杆使限振块倾斜，顶柱落在限振块的凹槽处，触点断开，切断脱水电路。只要人工再打开上盖，安全开关就可恢复正常状态。

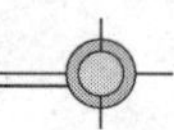

9.3 滚筒式全自动洗衣机

9.3.1 滚筒式全自动洗衣机的结构与工作原理

滚筒式全自动洗衣机是将洗涤衣物放在滚筒内，依靠滚筒的连续旋转或定时正反向旋转的方式进行洗涤。按衣物投放口的位置不同，可分为上装式和侧装式两种，图 9-12是侧装式滚筒全自动洗衣机结构图。

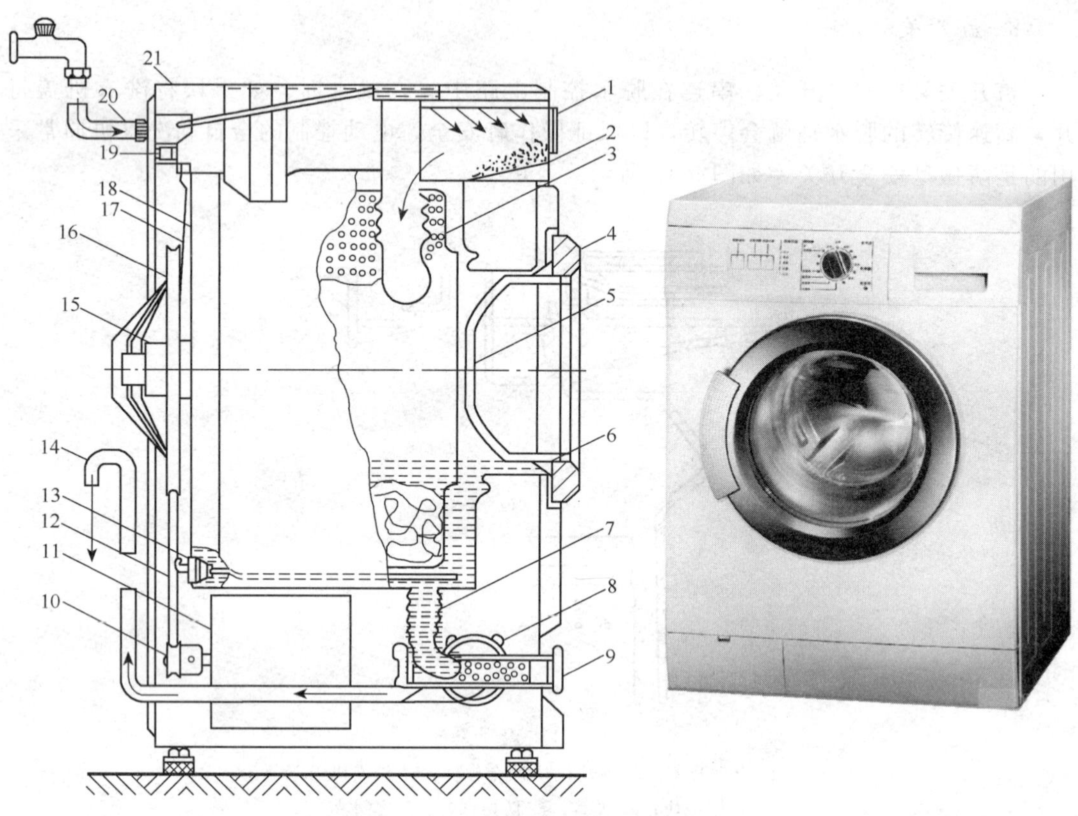

图 9-12 滚筒式全自动洗衣机结构图

1. 操作面板；2. 洗涤剂盒；3. 滚筒；4. 圆形门环；5. 玻璃视窗；6. 异形密封圈；7. 排水泵连接管；8. 排水泵；9. 过滤器；10. 小皮带轮；11. 双速电机；12. 三角皮带；13. 管状加热器；14. 外排水管；15. 滚筒转轴支撑；16. 大皮带轮；17. 盛水筒叉形架；18. 盛水筒；19. 进水电磁阀；20. 进水管；21. 箱体

在卧式盛水筒 18 内装有筒壁上有无数小孔的不锈钢滚筒 3，或称内筒，洗涤液在筒内的水位大约是内筒的二分之一处，使衣物处于半浸泡状态。洗涤时，电机 11 带动滚筒旋转，在滚筒内壁三条凸筋的作用下，使衣物翻滚，如图 9-13 所示。由于内筒的转动，使得贴近筒壁和凸筋的衣物与上部的衣物发生相对运动，类似于手工洗涤时的揉搓动作，见图 9-13 (a)。内筒转过一定角度时，凸筋将衣物举起某一高度后又滚落到洗涤液中时，又产生手工洗涤时的甩打、敲击作用，见图 9-13 (b)。内筒的继续旋转，滚落在洗涤液中的上层衣物压紧靠在筒壁的衣物，使下层衣物变形，这一过程类似于手工洗涤时的挤压动作，见图 9-13（c）。通过上述过程，实现了人工洗涤的揉搓、摔打、挤压的洗涤方式，从而达到衣物洗净的目的。

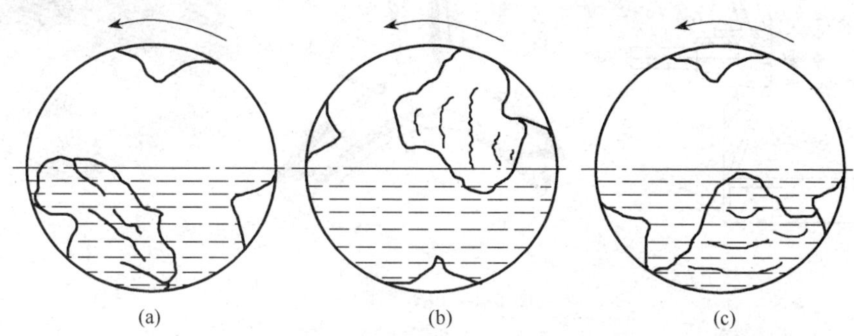

图 9-13　滚筒式洗衣机洗涤原理

脱水时，电机带动滚筒高速旋转，在离心力作用下，将衣物甩干。

9.3.2　滚筒式全自动洗衣机的主要部件

滚筒式全自动洗衣机的结构可分为洗涤部分、传动部分、支承部分、给排水部分及操作控制部分。

1. 洗涤部分

洗涤部分主要由盛水筒、滚筒、滚筒叉形架、盛水筒叉形架等组成。

（1）滚筒及滚筒叉形架

滚筒是对衣物进行洗涤、漂洗、脱水的主要部件，其结构对洗涤效果有很大影响。它由滚筒、滚筒前盖和滚筒后盖组成，用 0.4mm 厚的不锈钢钢板制成，如图 9-14（a）所示。滚筒壁上布满间距为 15～20mm、直径为 ϕ4mm 的小孔，孔自内向外冲裁，翻边向外，以免洗涤时挂伤织物。内壁上分布三条凸筋，其高度为 85～95mm，截面呈等边三角形。前盖中心有一个大圆孔，由此装、取衣物。滚筒的径、宽比对洗涤效果也有很大影响，洗涤容量在 3kg 以上的洗衣机，滚筒直径为 440～500mm，径宽比约为 2。洗涤时的转速为 50～60r/min，脱水时，一般机型为 400r/min，有的高达 1200r/min。

滚筒叉形架与滚筒铆接在一起，安装在盛水桶叉形架的内孔中，起支承滚筒并带动滚筒旋转的作用。对于侧装式的滚筒，为了缩短滚筒长度和增加支撑刚度，滚筒安装叉形架的一端做成内凹的锥面形。叉形架是由铝合金材料压铸成形，压铸时与主轴、衬套压铸成一个整体，如图 9-14（b）所示。

图 9-14（c）是滚筒的透视图。

（2）盛水筒及盛水筒叉形架

盛水筒又称外筒，由筒体、前盖、密封圈、扣紧卡环组成，前盖经密封圈、扣紧卡环与筒体装配在一起形成盛水筒，如图 9-15 所示。盛水筒除盛放洗涤液以外，还是电机、加热器、减震器、配种块等部件的支承件，周围焊接有许多支承板，用于安装其他

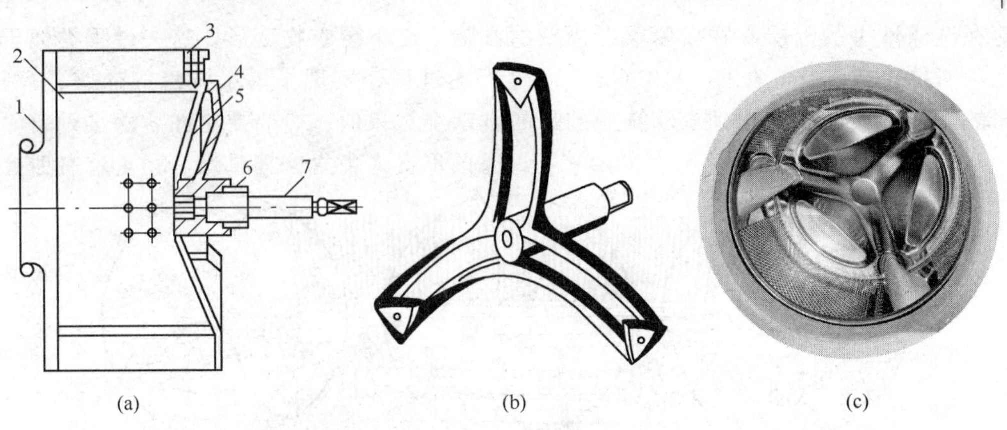

图 9-14 滚筒组件

1. 滚筒前盖；2. 滚筒；3. 加强块；4. 叉形架；5. 滚筒后盖；6. 轴衬套；7. 主轴

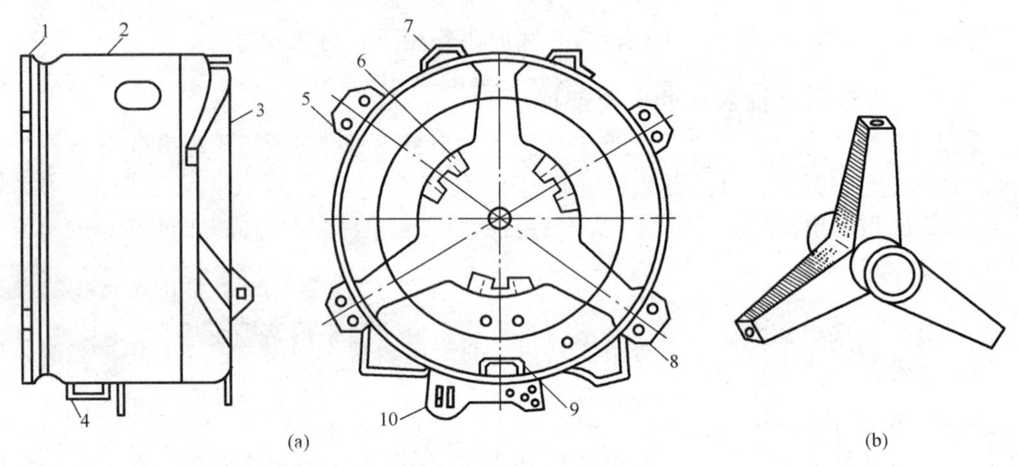

图 9-15 盛水筒组件

1. 前盖；2. 盛水筒；3. 后盖；4. 排水管法兰；5. 挂簧支架；6. 叉形架支架；7. 上配重支架；8. 减震器支架；9. 加热器支架；10. 电机支架

部件。因此，除了要求盛水筒不漏水、不锈蚀外，还要有足够的强度和刚度。盛水筒一般用不锈钢材料制成，并在筒体和前、后盖上设置凸筋，以增强其刚度。

盛水筒的叉形架是由铝合金压铸成形，见图 9-15（b），用螺钉固定在盛水筒后面，叉形架的中心孔内装有两个轴承及密封圈，用于支承滚筒主轴。

2. 传动部分

传动部分是由双速电机、大小皮带轮及三角皮带组成。为了实现洗涤、脱水两种工作速度，采用了单相感应电容运转式双速电机。皮带轮采用铸铝件，其传动比为 1∶5.1。传动部分的示意图见图 9-16。

3. 支承部分

支承部分由拉簧、减震器、箱体组成，用于将洗衣机外筒及上面的部件支承在箱体里。

外筒采用整体吊装结构，上端用四个拉簧挂在箱体的上边梁上，下边用两个减震器支承，如图 9-17 所示，使洗衣机在工作时，特别是高速脱水时具有足够的稳定性。

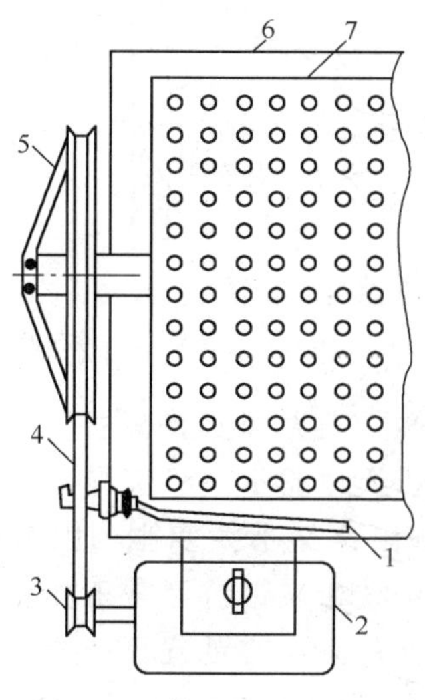

图 9-16 传动部分示意图

1. 加热器；2. 双速电机；3. 小皮带轮；4. 皮带；5. 大皮带轮；6. 盛水筒；7. 滚筒

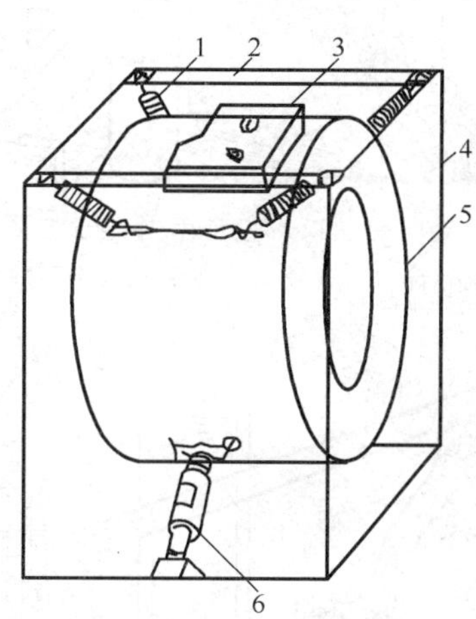

图 9-17 外筒部件的支承

1. 拉簧；2. 上边梁；3. 上配重块；4. 箱体；5. 盛水筒部件；6. 减震器

减震器的结构见图 9-18。

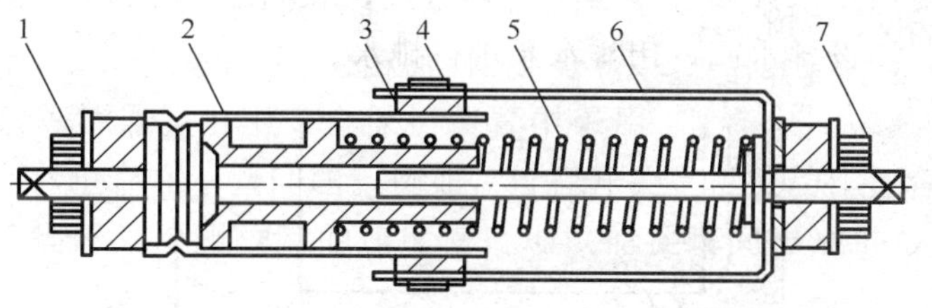

图 9-18 减震器

1. 与箱体连接的螺母；2. 内减震套；3. 橡胶块；4. 弹簧卡圈；5. 减震弹簧；6. 外减震套；7. 与外筒连接的螺母

4. 给排水系统

给排水系统除各种管件外，还包括进水电磁阀、洗涤剂盒组件、过滤器、排水泵等。

(1) 进水电磁阀

进水电磁阀用来控制洗衣机水源的开关，滚筒洗衣机的进水电磁阀结构和工作原理

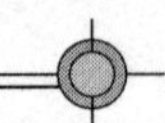

与波轮洗衣机的相同，可参见图 9-10。

(2) 洗涤剂盒组件

洗涤剂盒组件由洗涤盒上盖、洗涤剂抽屉、分水连动机构组成。洗涤剂抽屉内分四格，用于存放不同的洗涤剂。洗涤盒上盖内有分水槽和喷嘴，当自来水进入洗涤盒上盖时，喷嘴根据洗涤程序的指令将水喷到指定的水槽内，再由水槽流到洗涤剂抽屉中，将洗涤剂冲入盛水筒。图 9-19 是洗涤剂盒组件示意图。

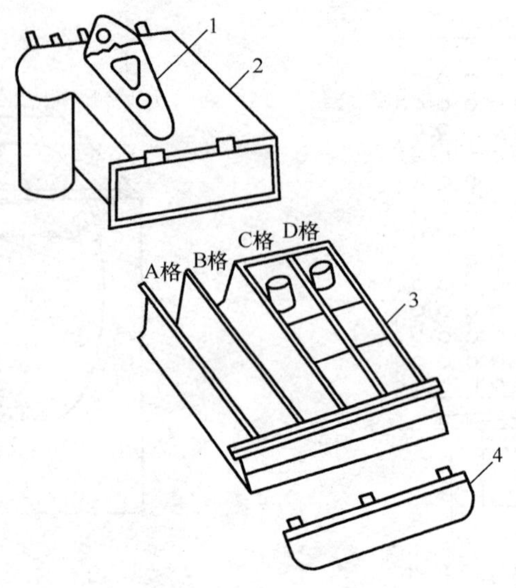

图 9-19 洗涤剂盒组件

1. 分水连动机构；2. 洗涤盒；3. 洗涤剂抽屉；4. 标牌

(3) 排水系统

排水系统主要由排水泵和过滤器及水管组成，如图 9-20 所示。滚筒式洗衣机一般采用上排水方式，不设排水阀，用排水泵进行排水。

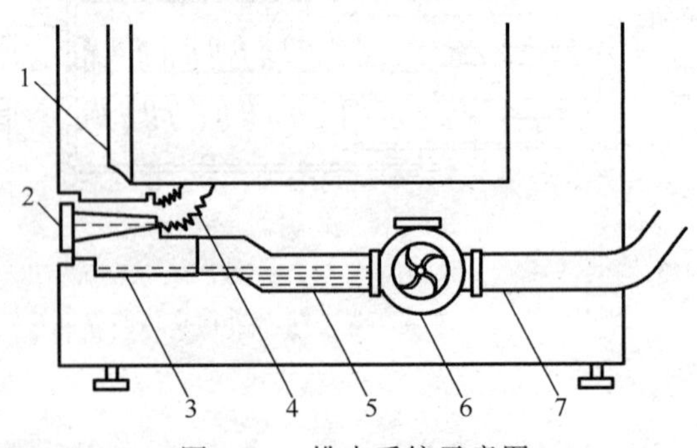

图 9-20 排水系统示意图

1. 盛水筒；2. 过滤网；3. 过滤器；4. 排水波纹管；5. 排水泵连接管；6. 排水泵；7. 排水管

过滤器安装在洗衣机的右下方，连接盛水筒和排水泵，用来过滤洗涤液中的绒毛、脱落的纽扣等杂物，以免堵塞管道和损坏排水泵。过滤器需定期打开清除杂物并进行清洗。

9.4 全自动洗衣机的控制系统

全自动洗衣机的控制系统有两种，一种是机械电动式，另一种是单片机控制。

9.4.1 机械电动式控制系统

机械电动式控制器的程序组合量较大，运行可靠，抗干扰能力强，可直接控制较强的电流，而且成本低，寿命长，应用较多。

机械电动式程序控制器一般是由一个 5W、16 极永磁单相罩极式低速同步电机作为动力源，驱动齿轮减速机构和凸轮动作，控制各路开关触点的开启与闭合，从而完成进水、洗涤、漂洗、排水、脱水等程序动作。这类程序控制器的型号有很多，但它们的结构、工作原理大同小异。

图 9-21 所示的是一种新水流全自动洗衣机采用的程序控制器，图 9-21（a）是控制器的结构图，图 9-21（b）是控制器的结构示意图。旋钮轴上共有十个凸轮，每个凸轮控制一个触片组。其中 S_1、S_2、S_3 制作在一个套筒齿轮上，不随旋钮轴旋转，直接由微电机经六级齿轮带动，使套筒齿轮获得每转 26s 的转速，由于转速较快，所以其上的凸轮被称为快速凸轮。在洗涤或漂洗时，洗涤选择开关使高速凸轮控制一个触片组与电机相通，驱动电机做正转—停止—反转的洗涤、漂洗运转。另外在间歇脱水时，高速凸轮控制一个触片组与电机顺时针转向的绕组相通，使电机做一通一断的间歇脱水运转。

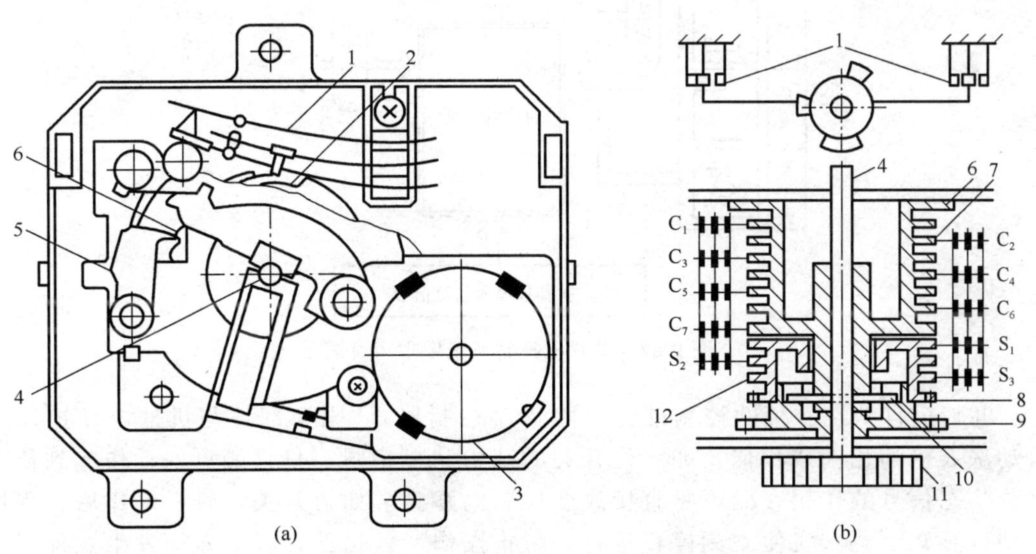

图 9-21　机械电动式程序控制器

1. 触片组；2. 凸轮；3. 微电机低速凸轮；4. 旋钮轴；5. 棘爪；6. 快跳棘轮；7. 低速凸轮；8. 高速齿轮；9. 低速齿轮；10. 圆柱销；11. 旋钮；12. 高速凸轮

有的洗衣机还用高速凸轮控制蜂鸣器。

凸轮 C_1～C_7 制作在一个大轮上，并通过圆柱销与旋钮轴、低速齿轮连接在一起，

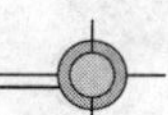

微电机经八级齿轮减速后带动低速齿轮转动，从而使大轮每转一周需要 60min 的转速转动，由于大轮的转速很慢，因此其上的凸轮称为低速凸轮组。低速凸轮的触片组控制着进水阀、排水电磁铁、电机、蜂鸣器的通断电时间，决定了洗衣机的运转程序，也称为程序凸轮。低速凸轮都有各自的轮廓形状。

9.4.2 单片机控制系统

单片机控制的全自动洗衣机又称电脑全自动洗衣机，它采用了带有掩膜 ROM 的大规模集成电路，外加稳压电源、振荡器、监测信号开关、命令键、显示用 LED、蜂鸣器、控制用双向可控硅和信号放大器等，组成了洗衣机的微电脑控制器。对整个洗涤程序进行监测、判断、控制和显示。它是无触点控制，比机械电动式的控制器功能齐全、结构简单、控制精度高、运行可靠。图 9-22 为单片机控制系统的原理示意图。

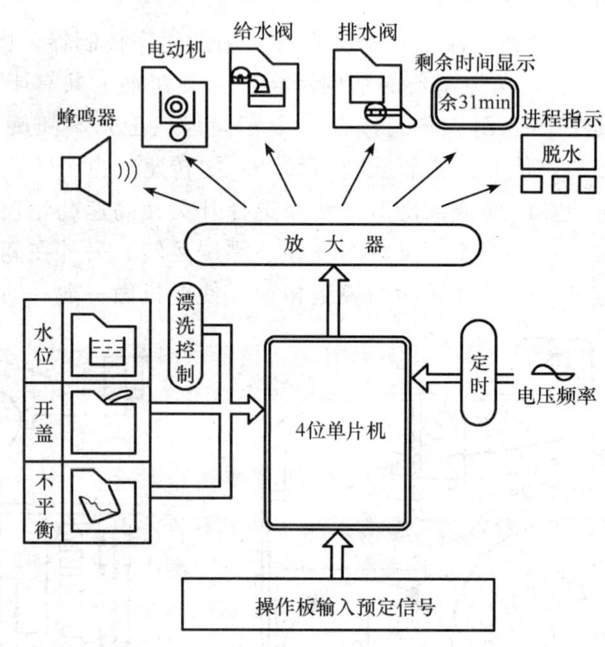

图 9-22 单片机控制系统原理示意图

电脑全自动洗衣机的控制部件（除程序控制器）、驱动部件与机械电动控制全自动洗衣机的相同或相似。如水位开关的结构完全相同，只是触点的动作起到传递水位状态信号的作用，而不是直接改变控制电路。再如盖开关，触点动作后，程控器即可感知，洗衣机便立刻停止运行，防止操作者因错误打开上盖而发生意外。如脱水过程中，因衣物偏置而使脱水筒振动很大或偏摆很大时，触点的动作使程控器感知脱水不平衡，立即停止运行，并插进一个脱水不平衡自动调节程序，即重新进行注水、漂洗、排水程序，其目的就是要洗衣机自己将偏置的衣物重新分布，消除脱水不平衡。

9.5 电脑模糊控制的全自动洗衣机

机械电动控制的全自动洗衣机和单片机控制的全自动洗衣机在工作前，需由人工选择程控器预定的洗涤程序，人工设定衣质、衣量，然后才能自动工作。因此，从实质上讲不能称为全自动。电脑模糊控制全自动洗衣机的程控器具有模糊推理能力，它能自动识别衣质、衣量、脏污程度和水温，根据这诸多的洗涤因素，自动确定水位和自动投入恰当数量的洗涤剂，选出最佳的洗涤程序，从而全部自动的完成整个洗涤过程。电脑模糊全自动洗衣机的控制中心，采用了单片机和模糊控制软件。

9.5.1 电脑模糊全自动洗衣机的控制系统

电脑模糊全自动洗衣机的单片机控制系统有电源电路、状态检测电路、显示电路和输出控制电路组成。

1. 电源电路

电源电路由变压器、整流器、滤波电容和集成块的稳压电路组成，集成块稳压电路输出直流电，用于控制电路。

2. 洗衣机的状态检测电路

洗衣机状态检测电路有以下几种。

（1）内桶平衡电路

当衣物放置不均衡，或其他原因使内桶旋转发生剧烈晃动时，洗衣机不仅不能正常工作，还极容易损坏洗衣机，内桶平衡电路用于检测内桶运转时是否平衡。

（2）衣质、衣量检测电路

衣质、衣量检测电路用在一定水位时，衣质、衣量的不同会产生不同的布阻抗原理进行监测。

（3）浑浊度检测电路

浑浊度检测电路有红外线发光管和红外线接收管组成，用红外线的强弱测定浑浊度。

（4）温度检测电路

温度检测电路由水温检测器检测。

（5）水位检测电路

水位检测电路由机械元件和电子元件组成，用浮筒的波动使电位器在检测电路中产生反映水位的电压信号。

（6）电源电压检测电路

电源电压检测电路能灵敏地反映出电源电压的变化情况。

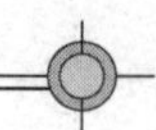

3. 显示电路

显示电路由晶体管、发光二极管和电阻组成，显示给定的洗涤时间、工作状态等。

4. 输出电路

输出电路可以控制进水电磁阀、排水电磁阀的开度，控制洗涤剂投入，电动机的转速和转向。

此外还有工作起/停按键和功能设定按键。所有的电路都在单片机的控制下工作。

9.5.2 全自动洗衣机的物理量检测

全自动洗衣机在确定洗衣方式时主要依据衣质、衣量、浑浊度和水温四种物理量。这些物理量需要用一定的方法检测出来，并转换成单片机能接收的形式输入单片机中，才能进行处理和执行模糊推理。

1. 衣质、衣量的检测

衣质、衣量的检测原理基本相同，在水位一定时，衣质、衣量的不同会产生不同的布阻抗。衣质、衣量的检测就是利用这一原理进行的。

首先注水到洗衣机内，并有一定的水位，然后启动电机旋转后再断电，让电机以惯性旋转直至停止。由于惯性旋转时，电机处于发电机状态，产生感应电动势输出，随着衣物所产生的阻抗大小不同，电机处于发电机状态的时间长短也不同。反过来，只要检测出电机处于发电机状态的时间长短，就可以推断出衣物所产生的阻抗大小。电机发电时间长，衣物所产生的阻抗小，反之电机发电时间短，衣物所产生的阻抗大。

2. 浑浊度的检测

衣物的脏污程度、脏污性质、洗净程度对洗衣机的工作方式有重要影响，直接测定衣物的脏污程度、脏污性质是很困难的，因此，它的检测是利用洗涤液的浑浊度反映出来。

浑浊度是用红外光电传感器检测，如图 9-23（a）所示。红外发射管和红外接收管分别安装在排水管两侧，用恒定的电流使红外发射管发出一定强度的红外线，通过红外接收管中接收的红外线强度反映洗涤液的浑浊度。图 9-23（b）所示，光的透过率大，反映洗涤液浑浊度较低。而图 9-23（c）所示光的透过率下降，反映洗涤液浑浊度较高。

另外，根据达到相同混浊度所需用的时间不同，可判断衣物的脏污性质，即属于泥污染，还是油污染。

3. 水位的检测

水位检测用电子式水位传感器检测。传感器气室压力的变化转变为传感器磁芯的位移，从而改变电感线圈的电感量，电感线圈与电容组成振荡电路，电感量的变化改变其振荡频率。对于不同的水位，水位传感器都有与之对应的频率脉冲信号输出，当与存储在单片机中的频率相同时，单片机判定达到要求水位，洗衣机停止注水。

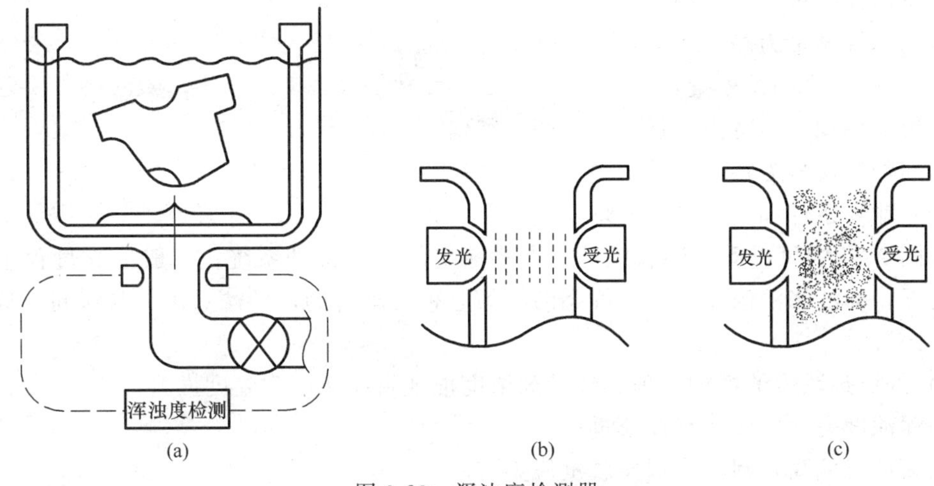

图 9-23　浑浊度检测器

4. 水温的检测

水温检测用温度传感器检测。水温一般为 4～60℃，温度太高对衣物有损坏。

9.5.3　全自动洗衣机的模糊推理

1. 模糊推理

衣物的洗涤效果与许多因素有关，如衣料的品种、衣物的数量、洗涤剂的性能与数量、水的温度与数量等。全自动洗衣机的控制程序应该在综合上述因素后，做出最佳选择，才能既洗净衣服，又节水、节电和节约洗涤剂。

模糊推理就是一种可以全面考虑各种因素，做出最佳判断的推理方法，它淡化个别因素的作用，突出总体的诸多影响因素，求得一个最佳的综合结果。全自动洗衣机的控制程序就是在模糊推理的基础上编制的，因此它具有极高的洗涤效能，不仅简化了洗衣机的操作，提高了自动化水平，并大大地提高了洗衣的质量和效率。

2. 对输入条件和输出结果的处理

(1) 输入条件和输出结果

进行模糊推理时，需要考虑推理的输入条件和推理结果。在全自动洗衣机中，输入条件是衣质、衣量、脏污程度和水温，由这些条件确定输出结果，即水位、洗涤时间、水流、漂洗方式、脱水时间等，如图 9-24 所示。

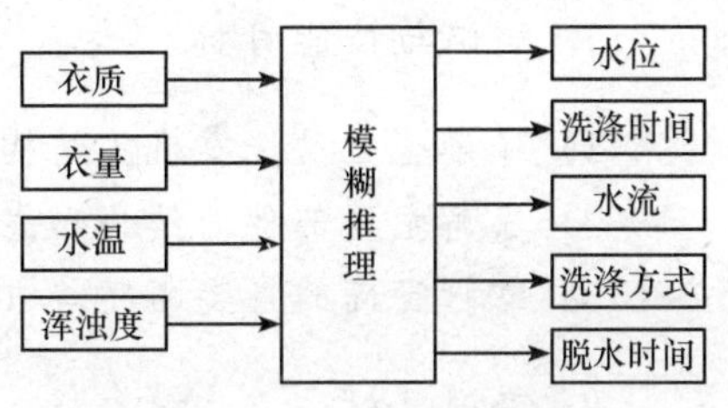

图 9-24　模糊控制框图

(2) 输入条件和输出结果的模糊量

1) 输入条件各因素的模糊量定义为：

衣质的模糊量为棉布偏多、棉布与化纤各半、

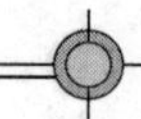

化纤偏多。

衣量的模糊量为多、中、少。

水温的模糊量为高、中、低。

2）输出结果的模糊量：

水流的模糊量为特强、强、中、弱、特弱。

时间的模糊量为特长、长、中、短、特短。

（3）输入条件和输出结果处理

从图 9-24 中可以看出洗衣机是一个多输出的模糊推理系统，一般洗衣过程中考虑两种情况，即洗涤液浓度，这是静态的。另一种是动态的，即洗衣水流与时间。故推理分两大部分。

1）洗涤剂浓度的模糊推理。洗涤剂浓度推理由浑浊度和温度推断：

如浑浊度高，则洗涤剂投放量大。

如浑浊度偏高，则洗涤剂投放量偏大。

如浑浊度低，则洗涤剂投放量小。

2）洗衣的模糊推理。洗衣的模糊推理可见表 9-1。

如衣量多、衣质是棉布偏多、水温偏低，则洗涤水流为特强、洗涤时间为特长。

表 9-1 洗衣的模糊推理

衣量 \ 方式 \ 温度 \ 衣质		棉布偏多			棉布与化纤各半			化纤偏多		
		低	中	高	低	中	高	低	中	高
多	水流	特强	强	强	强	强	中	中	中	中
	时间	特长	长	中	长	长	长	中	中	中
中	水流	强	中	中	中	中	中	中	弱	弱
	时间	长	中	短	长	中	中	中	中	短
少	水流	弱	弱	弱	弱	弱	弱	弱	弱	特弱
	时间	中	中	短	中	短	短	中	短	特短

本章实训

实训项目 洗衣机部件、机构的拆装

1. 知识与技能目标

1）了解全自动洗衣机的结构及组成部件的作用。

2）了解主要部件的结构形式和工作原理。

3）掌握正确的拆装顺序与方法。

2. 实训器材

波轮式全自动洗衣机、钳工常用工具。

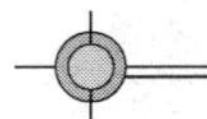

3. 实训过程

(1) 洗衣机解体

观察洗衣机的结构组成，分析拆装顺序，将洗衣机解体。

(2) 离合器拆装

按顺序拆卸离合器，组装后调试制动器的制动力。

(3) 组装洗衣机

4. 思考题

1) 洗衣机如何防止脱水时因衣物偏置而使脱水筒不平衡?

2) 如果离合器的抱簧断裂，洗衣机会出现什么现象?

小　结

本章重点介绍全自动洗衣机的结构、典型部件的工作原理，简单介绍了全自动洗衣机控制系统的类型、工作特点，以及电脑模糊控制的全自动洗衣机的工作原理。通过本章的学习，要掌握波轮、滚筒洗衣机的结构、典型部件的工作原理，了解洗衣机的控制系统的类型、工作特点和电脑模糊控制的全自动洗衣机的工作原理。

习　题

9.1　波轮洗衣机的波轮作用是什么? 常见的波轮形式有哪几种? 有何特点?

9.2　离合器的作用是什么? 减速离合器与一般离合器工作时有何不同?

9.3　盖开关在洗衣机中起那些保护作用?

9.4　水位控制开关根据什么原理控制水位高低?

9.5　滚筒洗衣机有哪几个组成部分?

9.6　全自动洗衣机的控制系统有哪几种类型? 各有何特点?

9.7　什么是电脑模糊控制的洗衣机? 与全自动洗衣机有何区别?

9.8　电脑模糊控制洗衣机能检测哪几种物理量?

第10章

空　调　器

本章概述

空调又称为空气调节器，是对空间区域（一般为密闭）空气的温度、湿度、纯净度、气流速度进行处理，满足人们生产、生活需要的机电一体化设备。本章将介绍空调器的用途、分类及型号，重点介绍制冷原理和制冷部件的结构、工作原理，空调器的组成部件及各组成部件的作用。

知识目标

1. 了解空调的分类及型号的表达内容。
2. 掌握制冷、制热原理。
3. 掌握各制冷部件的结构、工作原理。
4. 掌握空调器各组成部件的作用和工作特点。
5. 理解变频空调器的工作原理。

能力目标

初步具备对家用空调故障产生原因的判断能力。

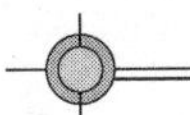

10.1 概 述

10.1.1 空调器的作用

空调器是用来对空气进行集中处理的设备。为满足某些生产工艺的要求和日常生活中人们对居住房间舒适性的要求，必须对室内空气的温度、湿度、洁净度和气流速度进行调节，而空调器通常都能完成这四项调节功能。

对室内温度调节就是增加或减少空气所具有的显热的过程。舒适性空调夏季制冷，冬季可以加温。空气湿度的调节是增加或减少空气所含有的潜热的过程，可用加湿和冷却减湿的方法进行调节。空气的净化靠空气过滤器完成，净化空气中悬浮状态的微子固体物和灰尘。室内空气流动的调节则由空调器通风系统完成。

10.1.2 空调器的分类

空调器按结构形式和用途不同可分为以下几种形式。

1. 窗式空调器

窗式空调器是一种小型房间用的空气调节器，它体积小，重量轻，为整体式结构，可安装在窗台或钢窗上，如图 10-1 所示。窗式空调器的制冷量一般在 7000W 以下，可将房间温度调节在 18～28℃。它的制热量一般在 3000W 左右，冬季可使室内温度保持在 18～28℃。

图 10-1 窗式空调器

2. 分体式空调器

分体式空调器是由室内机组和室外机组两部分组成，安装时由制冷管路和导线相连接，如图 10-2 所示。分体式空调器制冷量在 1860～13920W 不等。

按使用功能不同，分体式空调可分为单冷却型和冷热两用型。

按室内机组的安装方式不同，又可分为壁挂式、吊顶式、嵌入式等，它们的基本结构大同小异。

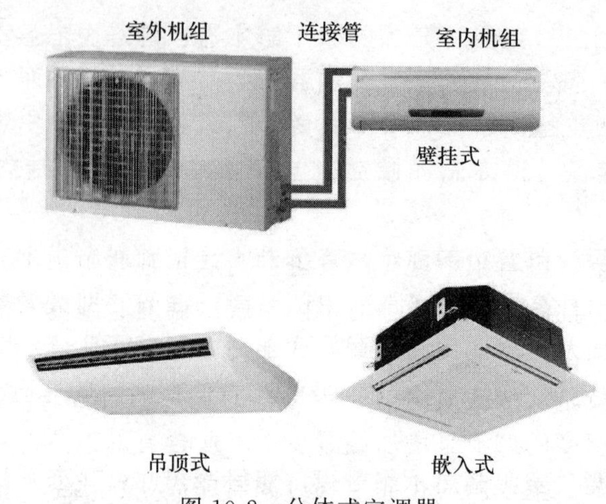

图 10-2 分体式空调器

一拖二式的空调器是一种新型的分体壁挂式空调器，用一台室外机组与两台室内机组相匹配的空调系统。

3. 柜式空调器

柜式空调器的体积较大，形似立柜而得名，如图 10-3 所示。它的制冷量一般在 7000～16 000W 左右，目前应用较多的是分体空气冷却式，它也有两种形式，一种是完全分体式，即压缩冷凝机组在室外。另一种是不完全分体式，也就是压缩机留在室内机组，室外机组只有风冷式冷凝器。

4. 汽车空调器

汽车空调器的压缩机动力来自汽车引擎，送风方式因车型和用途不同而有多种形式，但都是由风扇和风道将冷气或暖气送入车内。

10.1.3 空调器的型号

国家标准规定空调器的型号标记方法如图 10-4 所示。

房间空调器代号用 K 表示。

结构形式有整体式和分体式。整体式，如窗式空调器用 C 表示；分体式空调器用 F 表示。

空调器的功能有冷风型（单冷型）、热泵型（冷热两用型）、电加热型和热泵带辅助电加热型。冷风型的不做表示，其他型的代号为热泵型用 R、电加热型用 D、热泵带辅助电加热型用 Rd。

名义制冷量是空调器的主要性能参数，用制冷量的前两位数字表示，单位为 W。市场上常用“匹”来描述空调器制冷量的大小。这二者之间的换算关系为：1 匹的制冷量大约为 2000 大卡，换算成国际单位“瓦”应乘以 1.162，这样，1 匹制冷量应为 2000 大卡×1.162＝2324W。如 1.5 匹的制冷量应为 2000 大卡×1.5×1.162＝3486W。

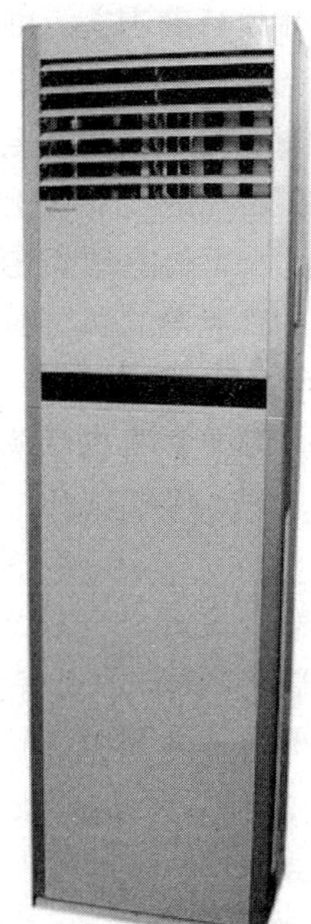

图 10-3 柜式空调器

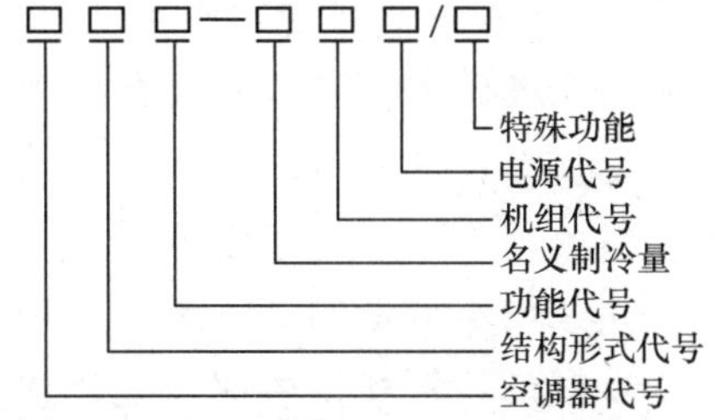

图 10-4 空调器型号编制

对分体式空调有室内机组和室外机组，室内机组又有几种形式，它们的代号分别表示为壁挂式为G、落地式为L、吊顶式为D、嵌入式为K、室外机组为W。

电源代号为三相电源，用S表示，单相电源不做表示。

特殊功能代号，如BP代表变频，Y代表遥控（仅限窗机）。

例如，KFR-45G表示为分体热泵型壁挂式房间空调器室内机组，制冷量为4500W。

10.2 空调器的制冷原理和制冷部件

10.2.1 空调器的制冷原理

制冷的方式有多种，在家用空调器和家用电冰箱中广泛应用的是单级蒸汽压缩式制冷方式。

1. 蒸汽压缩式制冷

蒸汽压缩式制冷系统主要由蒸发器、压缩机、冷凝器和节流阀组成，如图10-5所示。在密封的制冷系统中，充注有制冷剂氟利昂（R12、R22），制冷剂在压缩机中被压缩成高温、高压的过热蒸汽（压力为1.9MPa），进入冷凝器中冷却。经过冷却后的制冷剂，压力、温度、状态都会发生变化，高温、高压的过热蒸汽冷却为高压、中温的液

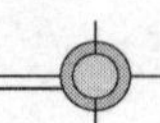

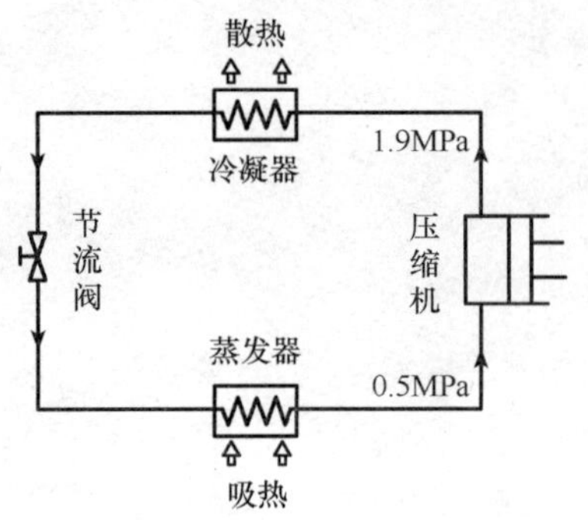

图 10-5 蒸汽压缩式制冷系统

体（如冷却效果好，可成为过冷液体），再经过节流阀（在小型的制冷系统中用毛细管代替节流阀）节流减压进入蒸发器中。低温、液态的制冷剂在蒸发器内流动时，吸收周围介质的热量沸腾汽化（工程上简称蒸发），使周围介质温度降低，从而达到制冷的目的。蒸发器中的制冷剂先是液、气共存，后变为饱和蒸汽，最后为低压过热的蒸汽（压力为 0.5MPa），再被吸回压缩机中。

上述的制冷循环中可分成两个区域，从压缩机排气口到节流阀入口为高压区，节流阀出口到压缩机进气口为低压区。

2. 制热—热泵

冷热两用型空调器在冬季可向房间内吹送暖风。由蒸汽压缩式的制冷原理可知，如将冷凝器放置在室内，蒸发器置于室外，则由蒸发器吸收室外热量，由冷凝器向室内释放热量，这就是热泵型空调器的基本工作原理。

蒸发器、冷凝器的位置交换由四通电磁阀实现，当改变冷、热切换开关的位置时，四通电磁阀可改变制冷系统中制冷剂的流动方向，从而使蒸发器、冷凝器的作用相互改变。热泵型空调器的工作原理可参见图 10-19。

由上述可知，热泵型空调器的供暖是通过制冷系统，吸收室外空气中的热量向室内排放，又加之压缩机对制冷剂压缩所消耗的功率也转换成热量在冷凝器中排放，所以热泵的制热量等于制冷量与消耗功率之和。因此，热泵型空调制热效率高，它既节约能源，又方便使用。但随着室外温度的降低，供暖效果也会下降，当室外温度在 5℃以下时，热泵就不能正常启动供暖了。

10.2.2 制冷部件

1. 压缩机

压缩机是将蒸发器流出的低压蒸汽状态的制冷剂压缩，使蒸汽的压力提高到与冷凝温度对应的冷凝压力，从而保证制冷剂蒸汽能在常温下被冷凝液化。同时也是制冷剂在系统中循环流动的动力。

压缩机的种类很多，家用空调器和家用电冰箱中都采用全封闭式压缩机。全封闭压缩机根据工作原理分为旋转式、往复式和涡旋式三大类。

（1）旋转式压缩机

全封闭旋转式压缩机又称转子式压缩机，具有制冷效率高、工作可靠性好、运转平稳、噪音小、振动小和体积小等优点，为变频调节压缩机转速提供有利条件。结构上有卧式和立式两种，立式的广泛用于窗式空调器和分体壁挂式空调器。

图 10-6 是它的结构示意图。壳体内的上部为电动机，下部是压缩机，压缩机的汽缸几乎全部浸在冷冻油中，转子装在汽缸里面，由曲轴上的曲拐带动旋转。汽缸体上有

进、排气口，且在排气口上装有排气阀片。由于旋转式压缩机是直接从吸气管进气，所以为保安全，防止液击，在进气管路上装有筒形的气液分离器（贮液器），分离从蒸发器排出的制冷剂蒸汽中夹带的微小液珠。

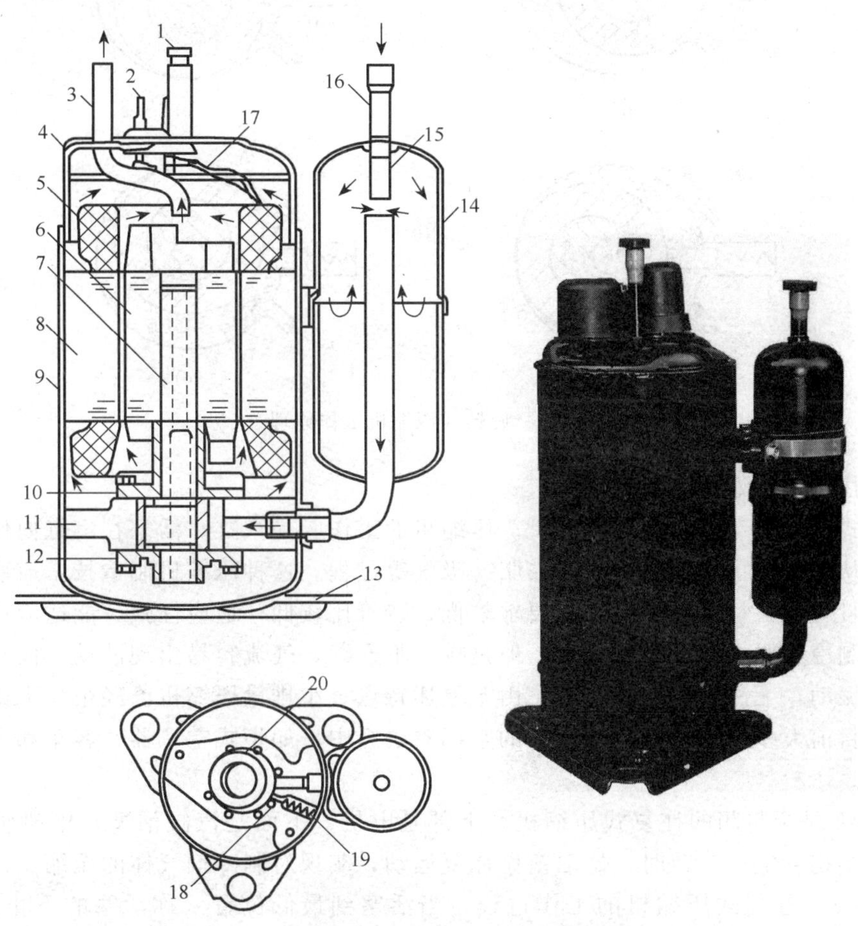

图 10-6 旋转式压缩机

1. 直杆；2. 玻璃接头；3. 排气管；4. 上壳体；5. 绕组；6. 电机转子；7. 曲轴；8. 定子；9. 下壳体；10. 上轴承；11. 汽缸；12. 下轴承架；13. 底脚；14. 贮液罐；15. 过滤器；16. 吸气管；17. 导线；18. 滑片；19. 弹簧；20. 转子

旋转式压缩机的工作原理见图 10-7，滑片和转子将汽缸分成 A、B 两腔，当转子处在图 10-7（a）位置时，汽缸内形成一个月牙形容积，这是一个吸气过程的结束。从图 10-7（a）旋转到图 10-7（b）时，滑片将汽缸分成两个容积，B 腔吸气、A 腔压缩，从图 10-7（b）旋转到图 10-7（c），B 腔继续吸气、A 腔继续压缩，压力不断升高，当压力高于汽缸外压力时，便打开排气阀片，A 腔排气。转子转到图 10-7（d）时，吸、排气继续，但已接近结束。由图 10-7（d）转到图 10-7（a），A 腔排气结束，转为下一个循环。

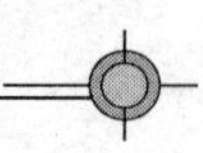

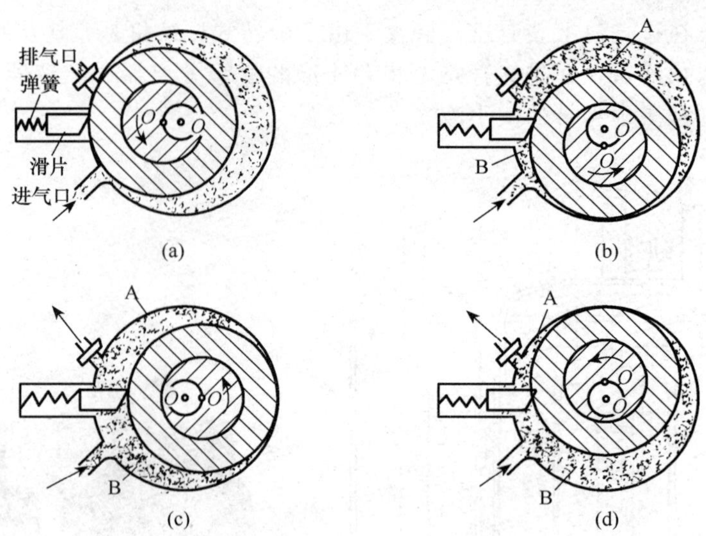

图 10-7　旋转式压缩机工作原理

（2）往复式压缩机

往复式压缩机又称活塞式压缩机。压缩机的工作腔是汽缸。活塞在汽缸内作上下往复运动，从而完成了压缩、排气、膨胀、吸气等过程。这种压缩机制造技术成熟，结构简单，而且对加工材料和加工工艺要求较低，造价比较低，适应性强，能适应广阔的压力范围和制冷量要求，可维修性强。但是排气不连续，气流容易出现波动，而且工作时有较大的振动，无法实现较高转速。由于上述特点，小排量压缩机已经很少采用这种结构形式，目前大多应用在制冷量较大的空调器机组中，如柜式空调器、客车和卡车的空调系统中。

图 10-8 是全封闭的往复式压缩机，上部是电机，下面是汽缸活塞，电机轴与曲轴为整体式结构。电机旋转时，使活塞做往复运动，实现对制冷剂气体的压缩。

图 10-9 是往复式压缩机的工作过程，当活塞到最低位置（称活塞的下止点）时，汽缸吸满蒸汽。而活塞转而向上，这时吸、排气门都关闭，汽缸容积缩小，蒸汽被压缩，一直压缩到排气压力为止，图 10-9（a）为压缩过程。当压力大于排气管内的压力时，排气阀开启，活塞继续上移，蒸汽排出，一直到活塞上移到最高位置（称活塞的上止点）时，排气结束，图 10-9（b）为排汽过程。为了防止活塞与吸排气阀碰撞，活塞上移到上止点时，活塞与汽缸顶部之间留有一定间隙，称余隙。当活塞转而向下运动时，排气结束时留在余隙内的高压蒸汽阻止吸气阀开启，吸气不能开始。这时余隙内的蒸汽随着活塞下移而进行膨胀，一直膨胀到吸气压力以下时才结束，图 10-9（c）为膨胀过程。图 10-9（d）是吸气过程，吸气阀开启，随着活塞往下运动而吸气，一直下移到活塞下止点为止，汽缸又充满低压蒸汽，进行下一个循环。

（3）涡旋式压缩机

全封闭涡旋式压缩机是 20 世纪 80 年代才发展起来的一种新型容积式高效率压缩机，其结构独特，运转宁静。与旋转式和往复式压缩机相比，其零部件少，振动很小，噪音很低，使用这种压缩机的室外机组，噪声只有 53dB。

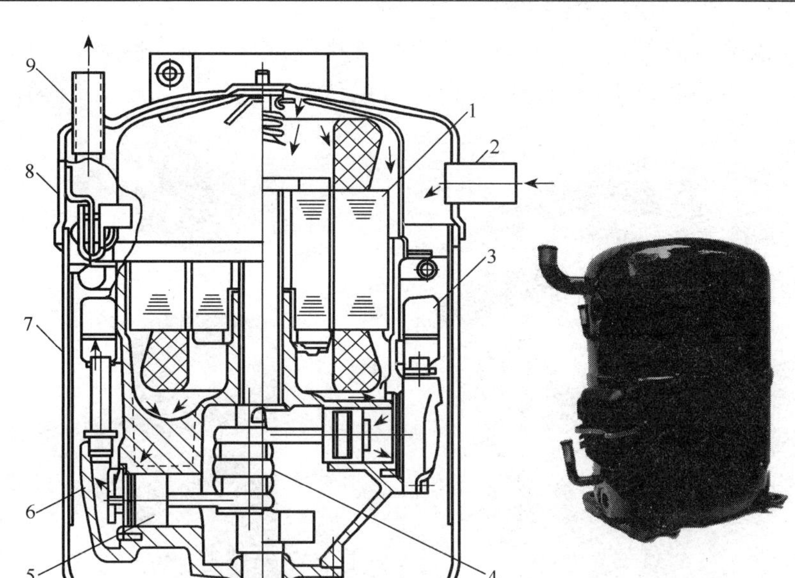

图 10-8 往复式压缩机

1. 电机；2. 吸气管；3. 排出消音器；4. 曲轴；5. 活塞连杆；
6. 汽缸盖；7. 下壳体；8. 上壳体；9. 排气管

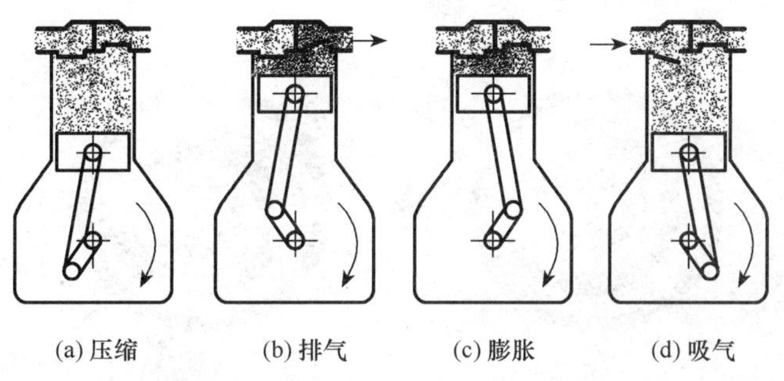

图 10-9 往复式压缩机的工作过程

图 10-10 是全封闭涡旋式压缩机结构图。下面是电动机，上部是由固定涡旋卷体和回转涡旋卷体构成的涡旋副，涡旋副与电动机共用一个偏心主轴，即图示中的曲轴。回转涡旋受旋转的偏心主轴驱动，将沿着固定涡旋曲面绕偏心主轴的轴心公转，使涡旋副的啮合线位置不断变化，从而改变了月牙形空间的容积，完成对制冷剂气体的压缩。

涡旋压缩机的工作过程如图 10-11 所示。吸气口设在固定涡旋盘的外侧面，由于曲柄的转动（顺时针），气体由边缘吸入，并被封闭在月牙形容积内，随着接触线沿涡旋面向中心推进，月牙形容积逐渐缩小而压缩气体。而高压气体则通过固定涡旋盘上的轴向中心孔排出。图 10-11（a）表示正好吸入完了的位置，图 10-11（b）表示涡旋外围为吸入过程，中间为压缩过程，中心处为排气过程，图 10-11（c）、(d）表示连续而同时进行着吸入和压缩过程。由此分析可以看出，涡旋压缩机的工作过程仅有进气、压缩、排气三个过程，而且是在主轴旋转一周内同时进行的，外侧空间与吸气口相通，始终处

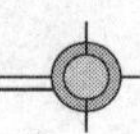

于吸气过程，内侧空间与排气口相通，始终处于排气过程，而上述两个空间之间的月牙形封闭空间内，则一直处于压缩过程，因而可以认为吸气和排气过程都是连续的。

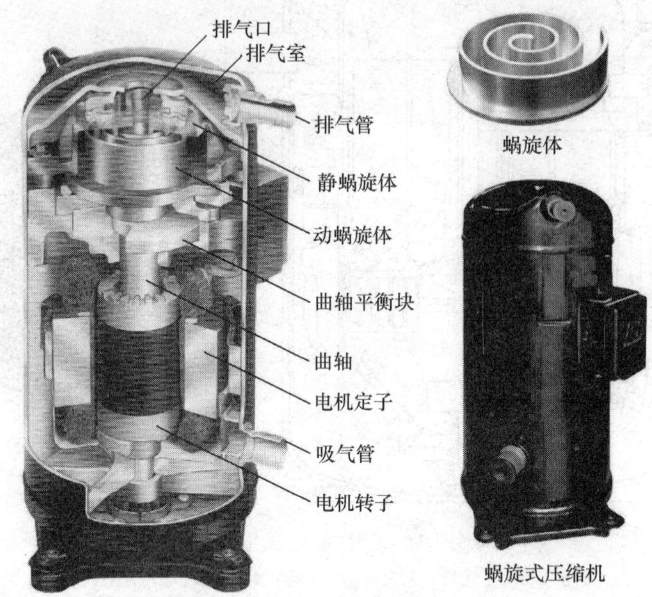

图 10-10　涡旋式压缩机

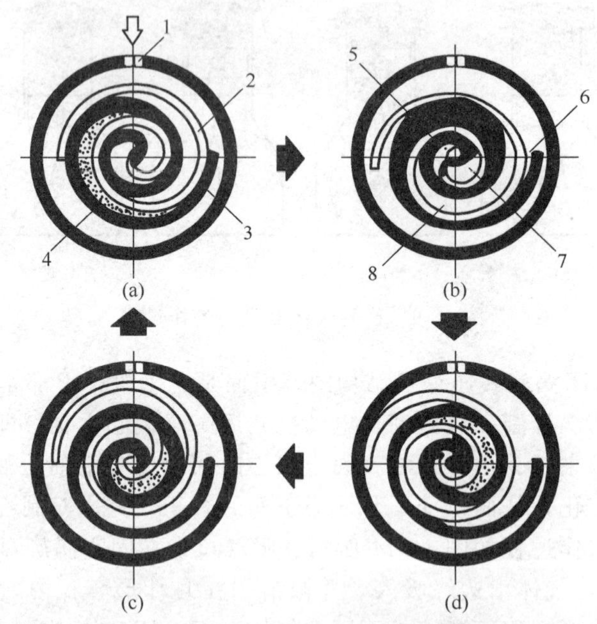

图 10-11　涡旋式压缩机工作原理图

1. 进气口；2. 回转涡旋；3. 固定涡旋；4. 月牙形空间；
5. 排气口；6. 吸气过程；7. 排气过程；8. 压缩过程

2. 冷凝器和蒸发器

冷凝器和蒸发器是空调器的换热器，又称热交换器。

冷凝器是让气态制冷剂向环境介质放热冷凝液化的换热器。

蒸发器是让低温液态制冷剂和需要制冷的介质交换热量的换热器，

对于单冷型空调器，冷凝器置于室外机组，而蒸发器置于室内机组。热泵型空调器的室内换热器和室外换热器作用可互换，即：既可作冷凝器，又可作蒸发器，其作用随季节的不同而转换。

空调器用的翅片式换热器结构如图10-12所示，它由紫铜管和铝合金翅片组成。冲制好的铝翅片套在铜管上，再经胀管加工使铝翅片均匀、紧密地与铜管接触，再用U形管与铜管焊接而成。这种换热器传热效率高，占用空间小，有利于空调器整体的小型化。

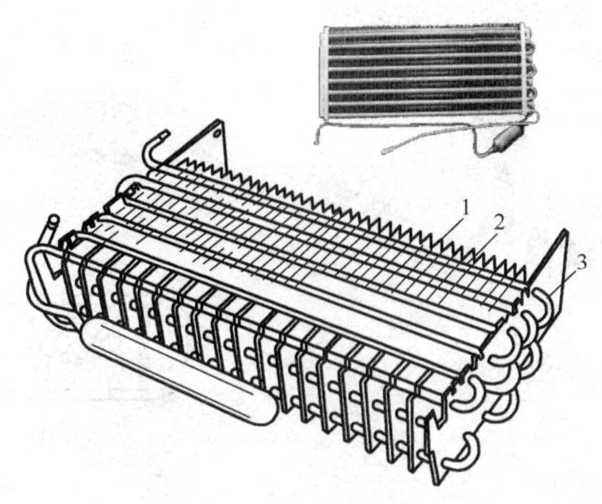

图10-12 翅片式换热器

1. 铝翅片；2. 紫铜管；3. U形管

3. 毛细管

毛细管是制冷系统中最简单的节流装置，如图10-13所示，它是一段管径约0.5～2.0mm、长度在1000mm以下的紫铜管，连接在冷凝器输液管与蒸发器进口之间，冷凝后的高压低温制冷剂流经毛细管时，起到节流降压的作用。

用毛细管节流降压，无运动部件，不易发生故障，运行可靠。但它的调节性能差，用于负荷比较稳定、蒸发温度变化范围很小的制冷设备，如房间空调器、家用电冰箱等。

4. 贮液器、气—液分离器

贮液器、气—液分离器安装在压缩机的进气管路上，可使返回到压缩机的气态制冷剂中的液体分离出来，并存于贮液器中，防止压缩机发生液击。贮液器、气-液分离器的结构可参见图10-6中的元件14。

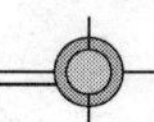

5. 过滤器、干燥器

在制冷管路中，有可能因加工焊接残留的尘埃、金属屑和氧化物，或由于机件的磨损，会使系统内产生污物杂质。它们会使毛细管堵塞、循环受阻、压缩机超负荷运转、系统产生压力异常、对整个制冷系统非常不利。在冷凝器和毛细管之间的管路上设置过滤器，可有效的滤去系统中的杂质。

制冷系统中也会残留微量水分，在温度较低时，氟里昂与水的相容性降低，随制冷剂在系统内循环的水分易在毛细管出口处形成冰塞，影响系统正常循环。在氟里昂制冷系统中，毛细管前的管路上要设置干燥器，用于吸附系统中的残留水分。

过滤器与干燥器通常组装在一起，称为干燥过滤器。结构如图 10-14 所示。其外壳是用紫铜管收口成型，两端进出接口有同径和异径两种，进口端为粗金属网，出口端为细金属网，可以有效地过滤杂质。内装吸湿特性优良的分子筛作为干燥剂，以吸收制冷剂中的水分，以确保毛细管畅通和制冷系统正常工作。

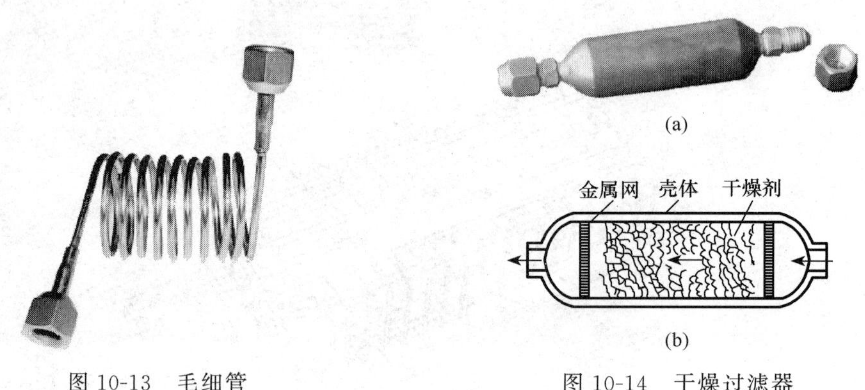

图 10-13　毛细管　　图 10-14　干燥过滤器

另外，在制冷系统中还有电磁阀，装在冷凝器和蒸发器之间，用于接通、断开供液，它随压缩机的起、停而动作。高压开关用于防止制冷系统中压力过高。温度控制器，又称恒温器，对室内温度进行自动控制。

10.3 分体式空调器的结构和工作原理

10.3.1 分体式空调器的特点

分体式空调器是目前应用较多的一种空调器，它有以下特点。

1. 运行宁静

由于空调器的主要运转部件如压缩机、轴流风扇及电机设置在室外机组中，运转时产生的振动与噪音不会传入室内，因而比整体式空调器（如窗式空调器）的噪声低的多。室内机组的噪音来源是室内风机，一般在 40dB（A）以下。

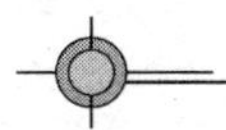

2. 外形美观

由于分体式空调器的室内机组体积小，造型轻巧美观，无论是壁挂式还是吊顶式、落地式等，均有各自的特色，成为房间内的一种装饰品。

3. 品种繁多

分体式空调器现有多种不同形式的室内机组和室外机组，以适应不同建筑物和室内装饰的需要。室内机组有壁挂式、吊顶式、嵌入式、卧式落地式、细长立柜式、方柱式等，室外机组也有扁方形（单、双风扇）和正方形（上吹、测吹）等。

4. 功能齐全

由于微电脑技术的广泛应用，空调器的功能逐渐增多，除具有制冷、制热、去湿功能外，目前使用的空调器还具有自动运转、定时控制、睡眠控制、电脑除霜、风向自动控制和故障显示功能。

另外分体式空调器的操作方便，可实现红外线遥控操作。

10.3.2 分体壁挂式空调器

1. 室内机组的结构

分体壁挂式空调器的室内机组由室内换热器（冷风型为蒸发器，热泵型夏季为蒸发器、冬季为冷凝器）、贯流式风机（又称横流式风机）与电机、电气控制系统和接水盘组成。整体呈薄长方体，有的机组进深只有12cm，外表多为白色，外形精巧美观，参见图10-2。

室内机组的结构如图10-15所示，外壳前面的上方是室内回风的百叶式进风栅及插入式过滤网，下面是百叶送风栅，可调整送风方向。室内换热器倾斜装在回风进风栅及过滤网的后面，贯流风机装于送风栅的后面，它把经换热器处理后的室内回风吹送到房间内。电控系统和风机电机装在壳体内的一端，机壳底部为接水盘，并接有排放冷凝水的管接头。后面有与室外机组连接的气管和液管的管接头。

贯流式风机在完成室内空气循环时，具有径向尺寸小、送风量大、运行噪音低等特点，图10-16是一种带摇风机构的送风装置，摇风机构是由摆动叶栅和摇风电机组成，摆动叶栅可使空调器向室内送风均匀、舒适。

2. 室外机组

室外机组包括外壳、底盘、全封闭压缩机、室外换热器、轴流式风机及电机、毛细管，以及制冷系统的附件，如气液分离器、过滤干燥器及电器元件。室外机组结构见图10-17。

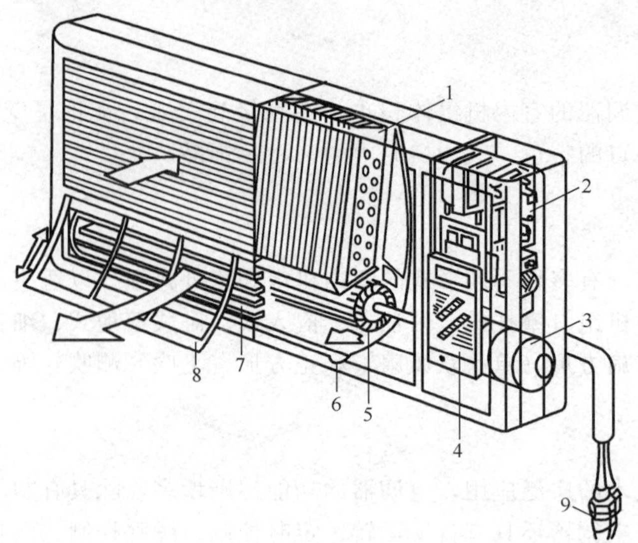

图 10-15 室内机组结构图

1. 换热器；2. 电控系统；3. 风机电机；4. 显示装置；5. 贯流风机；
6. 接水盘；7. 百叶送风栅；8. 插入式滤网；9. 接头

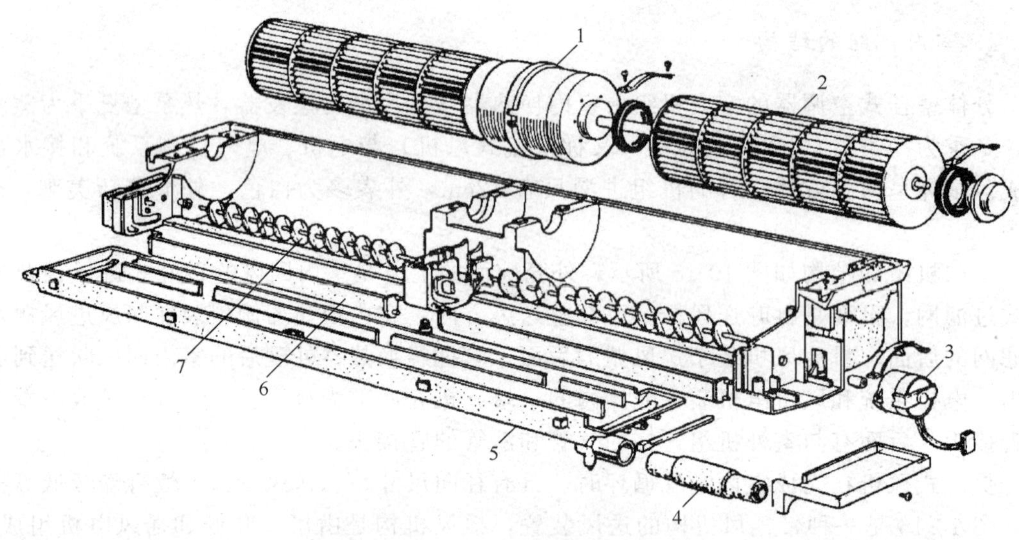

图 10-16 带摇风机构的送风装置

1. 风机电机；2. 贯流风机；3. 摇风电机；4. 排水管；5. 接水盘；6. 导流叶片；7. 摆动叶栅

外壳有薄钢板制成，后面、底部及一侧有冷却冷凝器的进风口，前面是轴流风机的导风圈及排风护罩，后面及一侧的下部是与室内机组连接的制冷剂气管和液管的管接头。

轴流风机安装在换热器前面，完成室外机的风路循环，使室外换热器与室外空气进行热交换。机组的一侧是压缩机和电器元件，该部位要注意封闭，以保证露天安装的室外机组能安全工作。

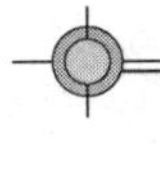

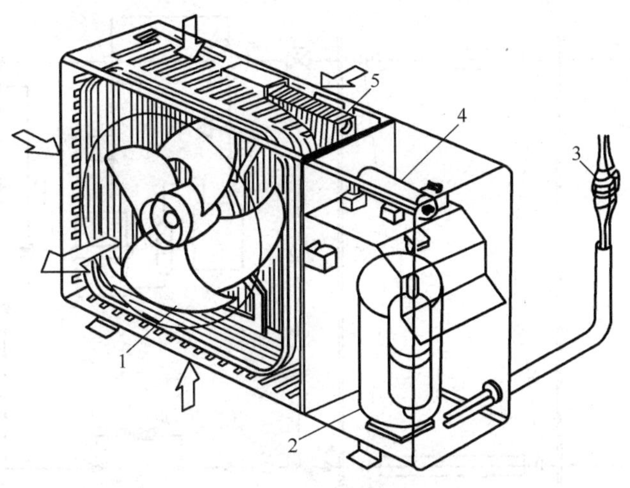

图 10-17 室外机组

1. 轴流风机；2. 压缩机；3. 管接头；4. 电气元件；5. 换热器

3. 分体壁挂式空调的工作循环

冷风型分体壁挂式空调器的工作循环见图 10-18。

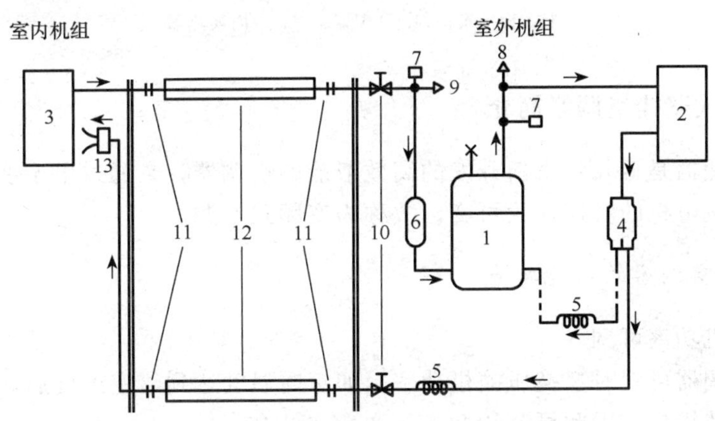

图 10-18 冷风型空调器的工作循环图

1. 压缩机；2. 冷凝器；3. 蒸发器；4. 过滤器；5. 毛细管；6. 消音器；7. 开关；8. 检查口；9. 充氟塞；10. 球阀；11. 管接头；12. 配管；13. 分配器

分体壁挂式空调器的室内机组与室外机组之间用制冷剂管连接，制冷剂管有两根，均是经过处理后的紫铜管，较细的一根是液管，粗的一根是气管，另外还配有一段可绕软管。

冷却后的液态制冷剂经过滤器、毛细管和分配器到室内机组的蒸发器中，在蒸发器中吸热汽化后，在经连接管、气液分离器，由压缩机压缩到冷凝器中，如此循环。

图 10-19 是热泵型分体壁挂式空调器的工作循环图，其工作原理可自行分析。

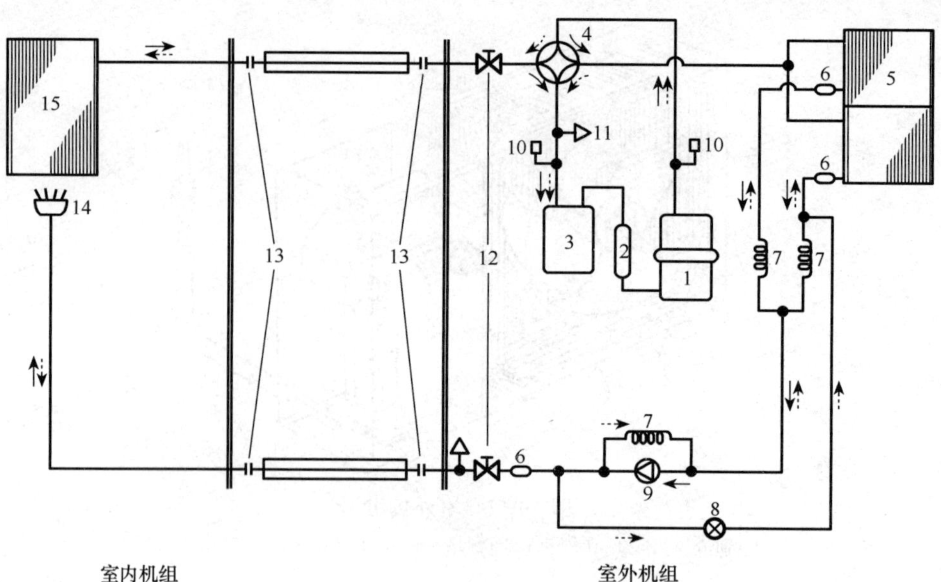

图 10-19 热泵型空调器的工作循环图

1. 压缩机；2. 消音器；3. 贮液器；4. 四通阀；5. 室外换热器；6. 过滤器；7. 毛细管；8. 压力调节阀；9. 限流阀；10. 压力开关；11. 充液塞检查口；12. 球阀可绕管；13. 管接头；14. 分配器；15. 室内换热器

10.3.3 变频式壁挂空调器简介

变频式空调器是近几年来新开发的高效节能的空调器，它通过电子变频器改变电源频率，使压缩机电机的转速连续可变，故称为变频式空调器。

1. 变频式空调器的功能特点

(1) 压缩机功率可调

变频式空调器可随时变换压缩机功率，如室内温度达到给定温度后，压缩机可以用最小的功率运转维护，因此可节约 20%～30%的电能。

(2) 快速制冷（热）

在开始制冷或供暖时，压缩机可以最高频率全力运转，进行急速制冷或供暖。例如，室温由 0℃上升到 18℃时只需 18min，而普通空调器需要 40min。

(3) 除霜不降低室温

变频式空调器在供暖时可实现“不间断运转”，从而避免了除霜时室温的降低。而普通空调器在除霜运行时，需要中断 5～10min 的供暖运行。

(4) 自动故障诊断

由于室内机组与室外机组用微电脑控制，并有一条信号线互相传递信号，发生故障时，可自动判断出故障原因。

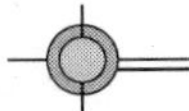

2. 结构组成

变频式壁挂空调器的结构与普通壁挂空调器略有不同，主要表现在以下两点。

1）在电气控制系统中增加了可以调节电源频率的变频器，它是使压缩机电机转速变化的控制装置。

2）在制冷系统中应用了急开型电子控制膨胀阀代替毛细管，它采用脉冲电机驱动，适应高效率的制冷剂流量的快速变化。

3. 工作原理

图 10-20 是变频式壁挂空调器的控制系统图。

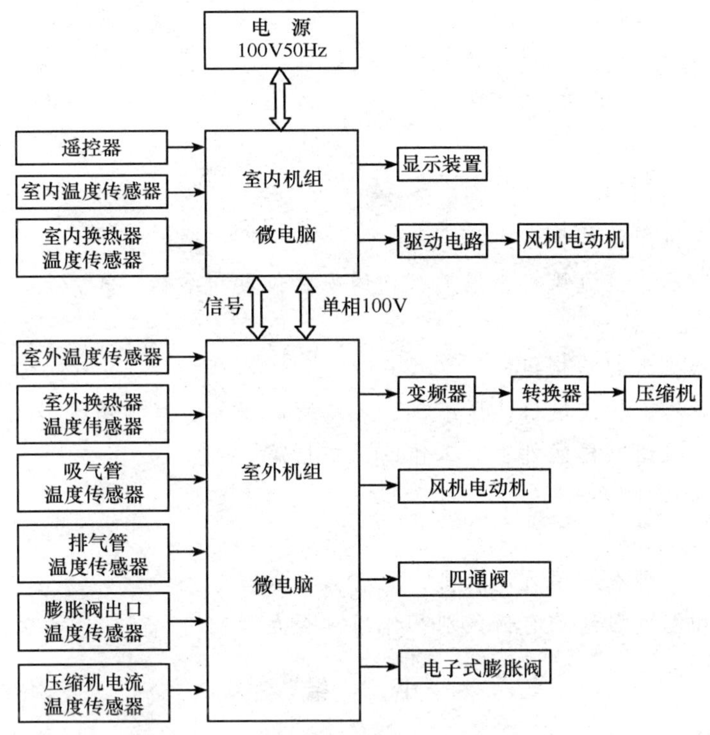

图 10-20　变频式空调器的控制系统图

遥控器发出的红外线信号由室内微电脑接收，同时室内温度传感器、换热器温度传感器的信号也发送到室内微电脑，经过电脑处理后，控制室内风机的运转和由显示器显示温度，同时还发出控制指令给室外微电脑，对室外机组的运行进行控制。

室外机组的微电脑把室内微电脑输送来的连续信号进行解读，在这个指令下对电流、电子膨胀阀入口温度、室外温度、压缩机温度、除霜时室外换热器温度、变频器控制电路放热温度等信号进行演算，以便对变频器、压缩机转速进行控制，同时对制冷剂进行适当的调节，对室外风扇电机、四通电磁阀进行切换控制，对各种安全电路的保护予以监测，并由显示器显示运转状态。

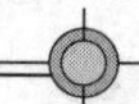

这样室内机组与室外机组相配合，发出连续的控制信号使空调器的所有运转功能实现自动控制。

本章实训

实训项目　空调器部件的认知

1. 知识与技能目标

1）了解空调器的组成部件及作用。
2）了解空调器各组成部件的结构形式和特点。

2. 实训器材

分体壁挂式空调器。

3. 实训过程

（1）室内机组的认知
1）观察室内机组的结构组成。
2）观察蒸发器、贯流风机、摇风机构的安装位置和结构形式。
（2）室外机组的认知
1）观察室外机组的结构组成。
2）观察冷凝器、轴流风机、压缩机、节流阀的安装位置和结构形式。
3）观察室外机组电器元件室外工作的保护措施。

4. 思考题

1）室内机组为什么采用贯流风机？它有何特点？
2）冷凝器和蒸发器结构有何区别？作用可否互换？

小　　结

本章简单介绍了空调器的用途、分类及型号，重点介绍制冷原理和制冷部件的结构、工作原理，空调器的组成部件及各组成部件的作用。通过本章的学习，要掌握空调的制冷制热原理，制冷部件的种类、结构特点、工作原理。空调器各组成部件的作用，了解变频空调的工作原理。

习　　题

10.1　常见的家用空调有哪几种？
10.2　KFR-35GW/BP 表示的是什么空调器？
10.3　蒸汽压缩式制冷系统主要有哪几部分组成？
10.4　叙述蒸汽压缩式的制冷原理。

10.5 压缩机的作用是什么？常用的有哪几种类型？

10.6 蒸发器和冷凝器的作用是什么？结构有何区别？

10.7 分体壁挂式空调器的室内机组有哪些部件组成？

10.8 什么是变频空调？变频空调有何特点？

附录A　金属切削机床型号的类型划分及主参数和折算系数（摘自GB/T15375—2008）

类	组		系		主参数	
C车床	0	仪表小型车床	0	仪表台式精整车床	1/10	床身上最大回转直径
			1			
			2	小型排刀车床	1	最大棒料直径
			3	仪表转塔车床	1	最大棒料直径
			4	仪表卡盘车床	1/10	床身上最大回转直径
			5	仪表精整车床	1/10	床身上最大回转直径
			6	仪表卧式车床	1/10	床身上最大回转直径
			7	仪表棒料车床	1	最大棒料直径
			8	仪表轴车床	1/10	床身上最大回转直径
			9	仪表卡盘精整车床	1/10	床身上最大回转直径
	1	单轴自动车床	0	主轴箱固定型自动车床	1	最大棒料直径
			1	单轴纵切自动车床	1	最大棒料直径
			2	单轴横切自动车床	1	最大棒料直径
			3	单轴转塔自动车床	1	最大棒料直径
			4	单轴卡盘自动车床	1/10	床身上最大回转直径
			5			
			6	正面操作自动车床	1	最大车削直径
			7			
			8			
			9			
	2	多轴自动、半自动车床	0	多轴平行作业棒料自动车床	1	最大棒料直径
			1	多轴棒料自动车床	1	最大棒料直径
			2	多轴卡盘自动车床	1/10	卡盘直径
			3			
			4	多轴可调棒料自动车床	1	最大棒料直径
			5	多轴可调卡盘自动车床	1/10	卡盘直径
			6	立式多轴半自动车床	1/10	最大车削直径
			7	立式多轴平行作业半自动车床	1/10	最大车削直径
			8			
			9			

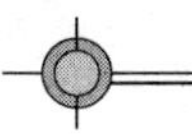

续表

类	组		系		主参数	
C车床	3	回转、转塔车床	0	回轮车床	1	最大棒料直径
			1	滑鞍转塔车床	1/10	卡盘直径
			2	棒料滑枕转塔车床	1	最大棒料直径
			3	滑枕转塔车床	1/10	卡盘直径
			4	组合式转塔车床	1/10	最大车削直径
			5	横移转塔车床	1/10	最大车削直径
			6	立式双轴转塔车床	1/10	最大车削直径
			7	立式转塔车床	1/10	最大车削直径
			8	立式卡盘车床	1/10	卡盘直径
			9			
	4	曲轴及凸轮轴车床	0	旋风切削曲轴车床	1/100	转盘内孔直径
			1	曲轴车床	1/10	最大工件回转直径
			2	曲轴主轴颈车床	1/10	最大工件回转直径
			3	曲轴连杆轴颈车床	1/10	最大工件回转直径
			4			
			5	多刀凸轮轴车床	1/10	最大工件回转直径
			6	凸轮轴车床	1/10	最大工件回转直径
			7	凸轮轴中轴颈车床	1/10	最大工件回转直径
			8	凸轮轴端轴颈车床	1/10	最大工件回转直径
			9	凸轮轴凸轮车床	1/10	最大工件回转直径
	5	立式车床	0			
			1	单柱立式车床	1/100	最大车削直径
			2	双柱立式车床	1/100	最大车削直径
			3	单柱移动立式车床	1/100	最大车削直径
			4	双柱移动立式车床	1/100	最大车削直径
			5	工作台移动单柱立式车床	1/100	最大车削直径
			6			
			7	定梁单柱立式车床	1/100	最大车削直径
			8	定梁双柱立式车床	1/100	最大车削直径
			9			
	6	落地及卧式车床	0	落地车床	1/100	最大工件回转直径
			1	卧式车床	1/10	床身上最大回转直径
			2	马鞍车床	1/10	床身上最大回转直径
			3	轴车床	1/10	床身上最大回转直径
			4	卡盘车床	1/10	床身上最大回转直径

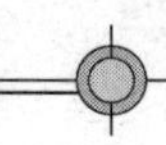

续表

类	组		系		主参数	
C车床	6	落地及卧式车床	5	球面车床	1/10	刀架上最大回转直径
			6	主轴箱移动型卡盘车床	1/10	床身上最大回转直径
			7			
			8			
			9			
	7	仿形及多刀车床	0	转塔仿形车床	1/10	刀架上最大车削直径
			1	仿形车床	1/10	刀架上最大车削直径
			2	卡盘仿形车床	1/10	刀架上最大车削直径
			3	立式仿形车床	1/10	最大车削直径
			4	转塔卡盘多刀车床	1/10	刀架上最大车削直径
			5	多刀车床	1/10	刀架上最大车削直径
			6	卡盘多刀车床	1/10	刀架上最大车削直径
			7	立式多刀车床	1/10	刀架上最大车削直径
			8	异型多刀车床	1/10	刀架上最大车削直径
			9			
	8	轮轴辊锭及铲齿车床	0	车轮车床	1/100	最大工件直径
			1	车轴车床	1/10	最大工件直径
			2	动轮曲拐销车床	1/100	最大工件直径
			3	多刀车床	1/100	最大工件直径
			4	轧辊车床	1/10	最大工件直径
			5	钢锭车床	1/10	最大工件直径
			6			
			7	立式车轮车床	1/100	最大工件直径
			8			
			9	铲齿车床	1/10	最大工件直径
	9	其他车床	0	落地镗车床	1/10	最大工件回转直径
			1			
			2	单能半自动车床	1/10	刀架上最大车削直径
			3	气缸套镗车床	1/10	床身上最大回转直径
			4			
			5	活塞车床	1/10	最大车削直径
			6	轴承车床	1/10	最大车削直径
			7	活塞环车床	1/10	最大车削直径
			8	钢锭模车床	1/10	最大车削直径
			9			

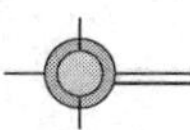

续表

类	组		系		主参数	
Z钻床	1	坐标镗钻床	0	台式坐标镗钻床	1/10	工作台面宽度
			1			
			2			
			3	立式坐标镗钻床	1/10	工作台面宽度
			4	转塔坐标镗钻床	1/10	工作台面宽度
			5			
			6	定臂坐标镗钻床	1/10	工作台面宽度
			7			
			8			
			9			
	2	深孔钻床	0			
			1	深孔钻床	1/10	最大钻孔直径
			2			
			3			
			4			
			5			
			6			
			7			
			8			
			9			
	3	摇臂钻床	0	摇臂钻床	1	最大钻孔直径
			1	万向摇臂钻床	1	最大钻孔直径
			2	车式摇臂钻床	1	最大钻孔直径
			3	滑座摇臂钻床	1	最大钻孔直径
			4	坐标摇臂钻床	1	最大钻孔直径
			5	滑座万向摇臂钻床	1	最大钻孔直径
			6	无底座式万向摇臂钻床	1	最大钻孔直径
			7	移动万向摇臂钻床	1	最大钻孔直径
			8	龙门式钻床	1	最大钻孔直径
			9			
	4台式钻床		0	台式钻床	1	最大钻孔直径
			1	工作台台式钻床	1	最大钻孔直径
			2	可调多轴台式钻床	1	最大钻孔直径
			3	转塔台式钻床	1	最大钻孔直径
			4	台式攻钻床	1	最大钻孔直径

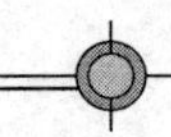

续表

类	组		系		主参数	
Z钻床	4	台式钻床	5			
			6	台式排钻床	1	最大钻孔直径
			7			
			8			
			9			
	5	立式钻床	0	圆柱立式钻床	1	最大钻孔直径
			1	方柱立式钻床	1	最大钻孔直径
			2	可调多轴立式钻床	1	最大钻孔直径
			3	转塔立式钻床	1	最大钻孔直径
			4	圆方柱立式钻床	1	最大钻孔直径
			5	龙门型立式钻床	1	最大钻孔直径
			6	立式排钻床	1	最大钻孔直径
			7	十字工作台立式钻床	1	最大钻孔直径
			8	柱动式钻削加工中心	1	最大钻孔直径
			9	升降十字工作台立式钻床	1	最大钻孔直径
	6	卧式钻床	0			
			1			
			2	卧式钻床	1	最大钻孔直径
			3			
			4			
			5			
			6			
			7			
			8			
			9			
	7	铣钻床	0	台式铣钻床	1	最大钻孔直径
			1	立式铣钻床	1	最大钻孔直径
			2			
			3			
			4	龙门式铣钻床	1	最大钻孔直径
			5	十字工作台铣钻床	1	最大钻孔直径
			6	镗铣钻床	1	最大钻孔直径
			7	磨铣钻床	1	最大钻孔直径
			8			
			9			

续表

类	组		系		主参数	
Z钻床	8	中心孔钻床	0			
			1	中心孔钻床	1/10	最大工件直径
			2	平端面中心孔钻床	1/10	最大工件直径
			3			
			4			
			5			
			6			
			7			
			8			
			9			
	9	其他钻床	0	双面卧式玻璃钻床	1	最大钻孔直径
			1	数控印刷板钻床	1	最大钻孔直径
			2	数控印刷板铣钻床	1	最大钻孔直径
			3			
			4			
			5			
			6			
			7			
			8			
			9			
T镗床	2	深孔镗床	0			
			1	深孔钻镗床	1/10	最大镗孔直径
			2	深孔镗床	1/10	最大镗孔直径
			3			
			4			
			5			
			6			
			7			
			8			
			9			
	4	坐标镗床	0			
			1	立式单柱坐标镗床	1/10	工作台面宽度
			2	立式双柱坐标镗床	1/10	工作台面宽度
			3	卧式单柱坐标镗床	1/10	工作台面宽度
			4	卧式双柱坐标镗床	1/10	工作台面宽度

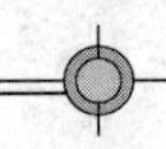

续表

类	组		系		主参数	
T镗床	4	坐标镗床	5			
			6	卧式坐标镗床	1/10	工作台面宽度
			7			
			8			
			9			
	5	立式镗床	0			
			1	立式镗床	1/10	最大镗孔直径
			2			
			3			
			4			
			5	×××		
			6	立式铣镗床	1/10	镗轴直径
			7	转塔式铣镗床	1/10	最大镗孔直径
			8			
			9			
	6	卧式铣镗床	0			
			1	卧式镗床	1/10	镗轴直径
			2	落地镗床	1/10	镗轴直径
			3	卧式铣镗床	1/10	镗轴直径
			4	短床身卧式铣镗床	1/10	镗轴直径
			5	刨台卧式铣镗床	1/10	镗轴直径
			6	立卧复合铣镗床	1/10	镗轴直径
			7			
			8			
			9	落地铣镗床	1/10	镗轴直径
	7	精镗床	0	单面卧式精镗床	1/10	工作台面宽度
			1	双面卧式精镗床	1/10	工作台面宽度
			2	立式精镗床	1/10	最大镗孔直径
			3	十字工作台立式精镗床	1/10	最大镗孔直径
			4			
			5			
			6			
			7			
			8	多工位立式精镗床	1/10	最大镗孔直径
			9			

续表

类	组		系		主参数	
T 镗床	8	汽车、拖拉机修理用镗床	0	气缸镗床	1/10	最大镗孔直径
			1	缸体轴瓦镗床	1/10	最大镗孔直径
			2	连杆瓦镗床	1/10	最大镗孔直径
			3	制动鼓镗床	1/10	最大镗孔直径
			4	卧式制动鼓镗床	1/10	最大镗孔直径
			5	气门座镗床	1	最大镗孔直径
			6	气缸磨镗床	1/10	最大镗孔直径
			7			
			8			
			9			
	9	其他镗床	0	卧式电机座镗床	1/10	最大镗孔直径
			1			
			2			
			3			
			4			
			5			
			6			
			7			
			8			
			9			
M 磨床	0	仪表磨床	0	仪表无心磨床	1/10	最大磨削直径
			1	仪表内圆磨床	1/10	最大磨削直径
			2	仪表平面磨床	1/10	工作台面宽度
			3	仪表外圆磨床	1/10	最大磨削直径
			4	抛光机		……
			5	仪表万能外圆磨床	1/10	最大磨削直径
			6	刀具磨床		……
			7	仪表成形磨床	1/10	工作台面宽度
			8			
			9	仪表齿轮磨床	1/10	最大工件直径
	1	外圆磨床	0	无心外圆磨床	1	最大磨削直径
			1	宽砂轮无心外圆磨床	1	最大磨削直径
			2			
			3	外圆磨床	1/10	最大磨削直径
			4	万能外圆磨床	1/10	最大磨削直径

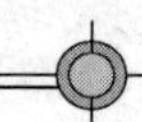

续表

类	组		系		主参数	
M磨床	1	外圆磨床	5	宽砂轮外圆磨床	1/10	最大磨削直径
			6	端面外圆磨床	1/10	最大回转直径
			7	多砂轮架外圆磨床	1/10	最大磨削直径
			8	多片砂轮外圆磨床	1/10	最大回转直径
			9			
	2	内圆磨床	0			
			1	内圆磨床	1/10	最大磨削直径
			2			
			3	带端面内圆磨床	1/10	最大磨削直径
			4			
			5	立式行星内圆磨床	1/10	最大磨削直径
			6	深孔内圆磨床	1/10	最大磨削直径
			7	内外圆磨床	1/10	最大磨削直径
			8	立式内圆磨床	1/10	最大磨削直径
			9	×××		
	3	砂轮机	0	落地砂轮机	1/10	最大砂轮直径
			1	悬挂砂轮机	1/10	最大砂轮直径
			2	台式砂轮机	1/10	最大砂轮直径
			3	除尘砂轮机	1/10	最大砂轮直径
			4	软轴砂轮机	1/10	最大砂轮直径
			5	砂带砂轮机	1/10	最大砂轮直径
			6			
			7			
			8			
			9			
	4	坐标磨床	0			
			1	单柱坐标磨床	1/10	工作台面宽度
			2	双柱坐标磨床	1/10	工作台面宽度
			3			
			4			
			5			
			6			
			7			
			8			
			9			

续表

类	组		系		主参数	
M磨床	5	导轨磨床	0	落地导轨磨床	1/100	最大磨削宽度
			1	悬臂导轨磨床	1/100	最大磨削宽度
			2	龙门导轨磨床	1/100	最大磨削宽度
			3	定梁龙门导轨磨床	1/100	最大磨削宽度
			4			
			5			
			6			
			7			
			8			
			9			
	6	刀具刃磨床	0	万能工具磨床	1/10	最大回转直径
			1	拉刀刃磨床	1/10	最大刃磨拉刀长度
			2			
			3	钻头刃磨床	1	最大刃磨钻头直径
			4	滚刀刃磨床	1/10	最大刃磨滚刀直径
			5	铣刀盘刃磨床	1/10	最大刃磨铣刀直径
			6	圆锯片刃磨床	1/100	最大磨锯片直径
			7	弧齿锥齿轮铣刀盘刃磨床	1/10	最大刃磨铣刀盘直径
			8	插齿刀刃磨床	1/10	最大刃磨插齿刀直径
			9	矿井钻头刃磨床	1	最大工件直径
	7	平面及端面磨床	0			
			1	卧轴矩台平面磨床	1/10	工作台面宽度
			2	立轴矩台平面磨床	1/10	工作台面宽度
			3	卧轴圆台平面磨床	1/10	工作台面直径
			4	立轴圆台平面磨床	1/10	工作台面直径
			5	龙门平面磨床	1/10	工作台面宽度
			6	卧轴双端面磨床	1/10	最大砂轮直径
			7	立轴双端面磨床	1/10	最大砂轮直径
			8	龙门双端面磨床	1/10	最大砂轮直径
			9			
	8	曲轴、凸轮轴、花键轴及轧辊磨床	0			
			1	曲轴主轴颈磨床	1/10	最大回转直径
			2	曲轴磨床	1/10	最大回转直径
			3	凸轮轴磨床	1/10	最大回转直径
			4	轧辊磨床	1/10	最大磨削直径

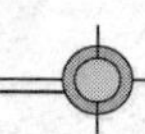

续表

类	组		系		主参数	
M磨床	8	曲轴、凸轮轴、花键轴及轧辊磨床	5	曲线磨床	1/10	最大磨削直径
			6	花键轴磨床	1/10	最大磨削直径
			7	×××		
			8	×××		
			9			
	9	工具磨床	0	曲线磨床	1/10	最大磨削长度
			1	模具工具磨床	1/10	工作台面宽度
			2	锉刀磨床	1/10	工作台面长度
			3	钻头沟背磨床	1	最大钻头直径
			4	铲齿车刀成形磨床	1/10	最大磨削宽度
			5	丝锥铲梢磨床	1	最大丝锥直径
			6	丝锥沟槽磨床	1	最大丝锥直径
			7	丝锥方尾磨床	1	最大丝锥直径
			8	卡规磨床	1/10	最大磨削宽度
			9	圆板牙铲磨床	1	最大圆板牙螺纹直径
2M磨床	1	超精机	0			
			1			
			2	内圆超精机	1/10	最大磨削孔径
			3	外圆超精机	1/10	最大磨削直径
			4	无心超精机	1/10	最大磨削直径
			5			
			6	端面超精机	1/10	最大磨削直径
			7	平面超精机	1/10	最大磨削宽度
			8			
			9			
	2	内圆珩磨机	0			
			1	卧式内圆珩磨机	1/10	最大珩孔直径
			2	立式内圆珩磨机	1/10	最大珩孔直径
			3	摇臂式内圆珩磨机	1/10	最大珩孔直径
			4	龙门式内圆珩磨机	1/10	最大珩孔直径
			5			
			6			
			7	框架式内圆珩磨机	1/10	最大珩孔直径
			8	多轴立式顺序内圆珩磨机	1/10	最大珩孔直径
			9			

续表

类	组		系		主参数	
2M 磨床	3	外圆及其他珩磨机	0			
			1	外圆珩磨机	1/10	最大珩磨直径
			2	平面珩磨机	1/10	最大珩磨直径
			3			
			4			
			5	球面珩磨机	1/10	最大珩磨直径
			6			
			7			
			8			
			9			
	4	抛光机	0	半导体抛光机	1/10	抛光轮直径
			1			
			2	内圆抛光机	1/10	抛光轮直径
			3			
			4	曲轴抛光机	1/10	最大回转直径
			5	薄板抛光机	1/10	最大抛光宽度
			6	落地抛光机	1/10	抛光轮直径
			7	台式抛光机	1/10	抛光轮直径
			8	钢带抛光机	1/10	最大抛光宽度
			9			
	5	砂带抛光及磨削机床	0	无心砂带抛光机	1/10	最大抛光直径
			1	外圆砂带抛光机	1/10	最大抛光直径
			2			
			3	平面砂带抛光机	1/10	最大抛光宽度
			4	砂带机	1/10	砂带宽度
			5	凸轮轴砂带抛光机	1/10	最大回转直径
			6	无心砂带磨床	1/10	最大磨削直径
			7	外圆砂带磨床	1/10	最大磨削直径
			8	平面砂带磨床	1/10	最大磨削宽度
			9	万能砂带磨床	1/10	最大磨削宽度
	6	刀具刃磨床及研磨机床	0	万能刀具刃磨床	1/10	最大回转直径
			1	圆板牙刃磨床	1	最大圆板牙螺纹直径
			2	车刀刃研磨床	1	最大车刀宽度
			3	梳刀刃磨床	1	最大梳刀直径
			4	绞刀刃磨床	1	最大绞刀直径

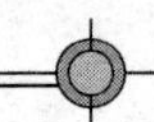

续表

类	组		系		主参数	
2M磨床	6	刀具刃磨床及研磨机床	5	成形铣刀刃磨床	1	最大铣刀直径
			6	丝锥刃磨床	1	最大丝锥直径
			7	绞刀研磨机	1	最大绞刀直径
			8	锉丝板研磨机	1	最大磨削宽度
			9	剪切刀片刃磨床	1/100	最大磨削长度
	7	可转位刀片磨削机床	0	可转位刀片双端面研磨机	1/10	研磨盘直径
			1	可转位刀片周边磨床	1	最大刀片内切圆直径
			2	可转位刀片负倒刃磨床	1	最大刀片内切圆直径
			3			
			4			
			5			
			6			
			7			
			8			
			9			
	8	研磨机	0			
			1	平面研磨机	1/10	研磨盘直径
			2	内外圆研磨机	1	最大研磨直径
			3	立式内圆研磨机	1/10	最大研磨孔径
			4	双盘研磨机	1/10	研磨盘直径
			5			
			6	曲面研磨机	1/10	最大研磨宽度
			7	中心孔研磨机	1/10	
			8			
			9	挤压研磨机	1	磨料挤出率
	9	其他磨床	0	螺旋面磨床	1/10	最大回转直径
			1	多用磨床	1/10	最大回转直径
			2			
			3	中心钻铲磨床	1/10	最大磨削直径
			4	中心孔磨床	1/10	最大工件直径
			5	立式万能磨床	1/10	最大磨削直径
			6	凸轮磨床	1/10	最大回转直径
			7			
			8			
			9			

续表

类	组		系		主参数	
3M磨床	1	球轴承套圈沟磨床	0	轴承套圈端面沟磨床	1/10	最大工件孔径
			1	摆式轴承内圈沟磨床	1/10	最大工件孔径
			2	摆式轴承外圈沟磨床	1/10	最大工件直径
			3	轴承内圈沟磨床	1/10	最大工件孔径
			4	轴承外圈沟磨床	1/10	最大工件直径
			5	调心轴承内圈沟磨床	1/10	最大工件孔径
			6	调心轴承外圈沟磨床	1/10	最大工件直径
			7			
			8			
			9			
	2	滚子轴承套圈滚道磨床	0	轴承套圈内圆磨床	1/10	最大磨削孔径
			1	轴承内圈滚道磨床	1/10	最大工件孔径
			2	轴承内圈挡边磨床	1/10	最大工件孔径
			3	轴承外圈滚道磨床	1/10	最大工件直径
			4	轴承套圈端面磨床	1/10	最大工件直径
			5	调心轴承内圈滚道磨床	1/10	最大工件孔径
			6	轴承外圈滚道挡边磨床	1/10	最大工件直径
			7	轴承内圈滚道挡边磨床	1/10	最大工件孔径
			8	轴承外圈挡边磨床	1/10	最大工件直径
			9	轴承套圈端面滚道磨床	1/10	最大工件孔径
	3	轴承套圈超精机	0			
			1	轴承内圈沟超精机	1/10	最大工件孔径
			2	轴承外圈沟超精机	1/10	最大工件直径
			3	轴承内圈滚道超精机	1/10	最大工件孔径
			4	轴承外圈滚道超精机	1/10	最大工件直径
			5	调心轴承内圈滚道超精机	1/10	最大工件直径
			6	调心轴承外圈滚道超精机	1/10	最大工件直径
			7	轴承内圈挡边超精机	1/10	最大工件孔径
			8	轴承外圈挡边超精机	1/10	最大工件直径
			9	轴承套圈端面沟超精机	1/10	最大工件孔径
	4		0	×××		
			1	×××		
			2	×××		
			3	×××		
			4	×××		

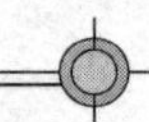

续表

类	组		系		主参数	
3M磨床	4		5			
			6	×××		
			7	×××		
			8	×××		
			9	×××		
	5	叶片磨削机床	0			
			1	横磨叶背仿形磨床	1/10	最大工件长度
			2	横磨叶盆仿形磨床	1/10	最大工件长度
			3	纵磨叶片仿形磨床	1/10	最大工件长度
			4			
			5	叶片前后缘倒角机	1/10	最大工件长度
			6	叶片根部仿形磨床	1/10	最大工件长度
			7	叶片榫头磨床	1/10	最大工件长度
			8			
			9			
	6	滚子加工机床	0	圆锥滚子无心磨床	1	最大工件直径
			1	圆锥滚子超精机	1	最大工件直径
			2	圆柱滚子超精机	1	最大工件直径
			3	圆柱滚子无心超精机	1	最大工件直径
			4	圆柱滚子端面研磨机	1	最大工件直径
			5	圆锥滚子球形端面磨床	1	最大工件直径
			6	圆锥滚子球形端面研磨机	1	最大工件直径
			7	滚子端面超精机	1	最大工件直径
			8	球面滚子无心磨床	1	最大工件直径
			9	球面滚子球形端面磨床	1	最大工件直径
	7	钢球加工机床	0			
			1	立式钢球磨球机	1/10	砂轮直径
			2	立式钢球研球机	1/10	研球板直径
			3			
			4	立式钢球光球机	1/10	光球板直径
			5			
			6	钢球磨球机	1/10	砂轮直径
			7	钢球研球机	1/10	研球板直径
			8	钢球无心磨床	1	最大钢球直径
			9	钢球光球机	1/10	光球板直径

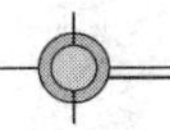

续表

类	组		系		主参数	
3M 磨床	8	气门、活塞及活塞环磨削机床	0	气门座面斜棱磨床	1	最大磨削直径
			1			
			2	活塞环倒角磨床	1/10	最大磨削直径
			3	活塞环端面磨床	1/10	最大磨削直径
			4			
			5	活塞椭圆磨床	1/10	最大磨削直径
			6			
			7	活塞环外圆超精机	1/10	最大磨削直径
			8	活塞销超精机	1	最大磨削直径
			9			
	9	汽车、拖拉机修磨机床	0			
			1			
			2	曲轴修磨机	1/10	最大修磨直径
			3	气门磨床	1	最大修磨直径
			4	气门座修磨机	1	最大修磨直径
			5	气门座研磨机		…
			6	制动片修磨机		…
			7	气缸平面修磨机	1/10	最大磨削宽度
			8	气缸珩磨机	1/10	最大珩孔直径
			9			
Y 齿轮加工机床	0	仪表齿轮加工机	0			
			1	小模数齿轮滚齿机	1/10	最大工件直径
			2	小模数轴齿轮滚齿机	1/10	最大工件直径
			3	小模数齿轮铣齿机	1/10	最大工件直径
			4	小模数端面齿轮滚齿机	1/10	最大工件直径
			5	小模数齿轮插齿机	1/10	最大工件直径
			6	小模数齿轮刨齿机	1/10	最大工件直径
			7			
			8	小模数齿轮抛光机	1/10	最大工件直径
			9			
	2	锥齿轮加工机	0	弧齿锥齿轮磨齿机	1/10	最大工件直径
			1	弧齿锥齿轮粗切机	1/10	最大工件直径
			2	弧齿锥齿轮铣齿机	1/10	最大工件直径
			3	直齿锥齿轮刨齿机	1/10	最大工件直径
			4	直齿锥齿轮粗切机	1/10	最大工件直径

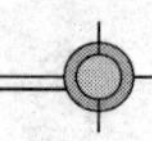

续表

<table>
<tr><th>类</th><th colspan="2">组</th><th colspan="2">系</th><th colspan="2">主参数</th></tr>
<tr><td rowspan="35">Y齿轮加工机床</td><td rowspan="5">2</td><td rowspan="5">锥齿轮加工机</td><td>5</td><td>锥齿轮研齿机</td><td>1/10</td><td>最大工件直径</td></tr>
<tr><td>6</td><td>直齿锥齿轮磨齿机</td><td>1/10</td><td>最大工件直径</td></tr>
<tr><td>7</td><td>直齿锥齿轮铣齿机</td><td>1/10</td><td>大工件直径</td></tr>
<tr><td>8</td><td>直齿锥齿轮拉齿机</td><td>1/10</td><td>最大工件直径</td></tr>
<tr><td>9</td><td>弧齿锥齿轮拉齿机</td><td>1/10</td><td>最大工件直径</td></tr>
<tr><td rowspan="10">3</td><td rowspan="10">滚齿及铣齿机</td><td>0</td><td></td><td></td><td></td></tr>
<tr><td>1</td><td>滚齿机</td><td>1/10</td><td>最大工件直径</td></tr>
<tr><td>2</td><td>摆线齿轮铣齿机</td><td>1/10</td><td>最大工件直径</td></tr>
<tr><td>3</td><td>非圆齿轮铣齿机</td><td>1/10</td><td>最大工件直径</td></tr>
<tr><td>4</td><td>非圆齿轮滚齿机</td><td>1/10</td><td>最大工件回转直径</td></tr>
<tr><td>5</td><td>双轴滚齿机</td><td>1/10</td><td>最大工件直径</td></tr>
<tr><td>6</td><td>卧式滚齿机</td><td>1/10</td><td>最大工件直径</td></tr>
<tr><td>7</td><td>蜗轮滚齿机</td><td>1/10</td><td>最大工件直径</td></tr>
<tr><td>8</td><td>球面蜗轮滚齿机</td><td>1/10</td><td>最大工件直径</td></tr>
<tr><td>9</td><td></td><td></td><td></td></tr>
<tr><td rowspan="10">4</td><td rowspan="10">剃齿及珩齿机</td><td>0</td><td></td><td></td><td></td></tr>
<tr><td>1</td><td>立式剃齿机</td><td>1/10</td><td>最大工件直径</td></tr>
<tr><td>2</td><td>剃齿机</td><td>1/10</td><td>最大工件直径</td></tr>
<tr><td>3</td><td>轴齿轮剃齿机</td><td>1/10</td><td>最大工件直径</td></tr>
<tr><td>4</td><td></td><td></td><td></td></tr>
<tr><td>5</td><td></td><td></td><td></td></tr>
<tr><td>6</td><td>珩齿机</td><td>1/10</td><td>最大工件直径</td></tr>
<tr><td>7</td><td>蜗杆珩轮珩齿机</td><td>1/10</td><td>最大工件直径</td></tr>
<tr><td>8</td><td>内齿蜗轮珩齿机</td><td>1/10</td><td>最大工件直径</td></tr>
<tr><td>9</td><td></td><td></td><td></td></tr>
<tr><td rowspan="10">5</td><td rowspan="10">插齿轮</td><td>0</td><td></td><td></td><td></td></tr>
<tr><td>1</td><td>插齿机</td><td>1/10</td><td>最大工件直径</td></tr>
<tr><td>2</td><td></td><td></td><td></td></tr>
<tr><td>3</td><td></td><td></td><td></td></tr>
<tr><td>4</td><td>万能斜齿插齿机</td><td>1/10</td><td>最大工件直径</td></tr>
<tr><td>5</td><td></td><td></td><td></td></tr>
<tr><td>6</td><td>扇形齿轮插齿机</td><td>1/10</td><td>最大工件直径</td></tr>
<tr><td>7</td><td></td><td></td><td></td></tr>
<tr><td>8</td><td>齿条插齿机</td><td>1/10</td><td>最大工件直径</td></tr>
<tr><td>9</td><td></td><td></td><td></td></tr>
</table>

续表

类	组		系		主参数	
Y 齿轮加工机床	6	花键轴铣床	0	花键轴铣床	1/10	最大铣削直径
			1			
			2	万能花键轴铣床	1/10	最大铣削直径
			3			
			4	瓦楞辊铣床	1/10	最大铣削直径
			5			
			6			
			7			
			8			
			9			
	7	齿轮磨齿机	0	蝶形砂轮磨齿机	1/10	最大工件直径
			1	锥形砂轮磨齿机	1/10	最大工件直径
			2	蜗杆砂轮磨齿机	1/10	最大工件直径
			3	成形砂轮磨齿机	1/10	最大工件直径
			4	大平面砂轮磨齿机	1/10	最大工件直径
			5	内齿轮磨齿机	1/10	最大工件直径
			6	摆线齿轮磨齿机	1/10	最大工件直径
			7			
			8			
			9			
	8	其他齿轮加工机	0	车齿机	1/10	最大工件直径
			1	齿轮挤齿机	1/10	最大工件直径
			2	内齿轮挤齿机	1/10	最大工件直径
			3	圆柱齿轮铣齿机	1/10	最大工件直径
			4	渐开线花键轧齿机	1/10	最大工件直径
			5	齿条铣齿机	1/100	最大工件长度
			6	人字齿轮铣齿机	1/10	最大工件直径
			7	人字齿轮刨齿机	1/10	最大工件直径
			8	弧面锥链轮刨齿机	1/10	最大工件直径
			9	蜗杆珩轮修磨机	1/10	最大工件直径
	9	齿轮倒角及检查机	0	锥齿轮淬火机	1/10	最大工件直径
			1	轴锥齿轮淬火机	1/10	最大工件直径
			2	锥齿轮倒角机	1/10	最大工件直径
			3	齿轮倒角机	1/10	最大工件直径
			4	齿轮倒棱机	1/10	最大工件直径

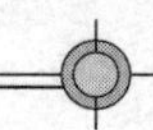

续表

类	组		系		主参数	
Y齿轮加工机床	9	齿轮倒角及检查机	5	锥齿轮滚动检查机	1/10	最大工件直径
			6		1/10	最大工件直径
			7			
			8	弧齿锥齿轮铣刀盘检查机	1/10	最大刀盘直径
			9	齿轮噪声检查机	1/10	最大工件直径
S螺纹加工机床	3	套丝机	0	套丝机	1	最大套丝直径
			1			
			2			
			3			
			4			
			5			
			6			
			7			
			8			
			9			
	4	攻丝机	0	台式攻丝机	1	最大攻丝直径
			1	立式攻丝机	1	最大攻丝直径
			2	螺母攻丝机	1	最大攻丝直径
			3			
			4	柜式攻丝机	1	最大攻丝直径
			5			
			6	柜式钻孔攻丝机	1	最大攻丝直径
			7	板牙攻丝机	1	最大攻丝直径
			8	卧式攻丝机	1/10	最大攻丝直径
			9			
	6	螺纹铣床	0	丝杠铣床	1/10	最大铣削直径
			1	螺纹铣床	1/10	最大铣削直径
			2	短螺纹铣床	1/10	最大铣削直径
			3	万能螺纹铣床	1/10	最大铣削直径
			4			
			5	蜗杆铣床	1/10	最大工件直径
			6			
			7			
			8			
			9			

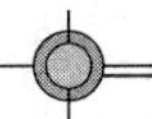

续表

类	组		系		主参数	
S 螺纹加工机床	7	螺纹磨床	0	螺杆磨床	1/10	最大磨削直径
			1	螺纹塞规磨床	1/10	最大磨削直径
			2	丝锥磨床	1/10	最大磨削直径
			3	螺纹磨床	1/10	最大工件直径
			4	丝杠磨床	1/10	最大工件直径
			5	万能螺纹磨床	1/10	最大工件直径
			6	内螺纹磨床	1/10	最大磨削直径
			7	蜗杆磨床	1/10	最大工件直径
			8	滚刀铲磨床	1/10	最大工件直径
			9	小模数滚刀铲磨床	1/10	最大工件直径
	8	螺纹车床	0	×××		
			1			
			2			
			3			
			4			
			5	螺母车床	1	最大车削直径
			6	丝杠车床	1/100	最大工件长度
			7	螺纹车床	1/10	最大车削直径
			8	丝锥螺纹车床	1/10	最大车削直径
			9	多头螺纹车床	1/10	最大车削直径
X 铣床	0	仪表铣床	0			
			1	台式工具铣床	1/10	工作台面宽度
			2	台式车铣床	1/10	工作台面宽度
			3	台式仿形铣床	1/10	工作台面宽度
			4	台式超精铣床	1/10	工作台面宽度
			5	立式台铣床	1/10	工作台面宽度
			6	卧式台铣床	1/10	工作台面宽度
			7			
			8			
			9			
	1	悬臂及滑枕铣床	0	悬臂铣床	1/100	工作台面宽度
			1	悬臂镗铣床	1/100	工作台面宽度
			2	悬臂磨铣床	1/100	工作台面宽度
			3	定臂铣床	1/100	工作台面宽度
			4			

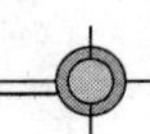

续表

类	组		系		主参数	
X铣床	1	悬臂及滑枕铣床	5			
			6	卧式滑枕铣床	1/100	工作台面宽度
			7	立式滑枕铣床	1/100	工作台面宽度
			8			
			9			
	2	龙门铣床	0	龙门铣床	1/100	工作台面宽度
			1	龙门镗铣床	1/100	工作台面宽度
			2	龙门磨铣床	1/100	工作台面宽度
			3	定梁龙门铣床	1/100	工作台面宽度
			4	定梁龙门镗铣床	1/100	工作台面宽度
			5	高架式横梁移动龙门镗铣床	1/100	工作台面宽度
			6	龙门移动铣床	1/100	工作台面宽度
			7	定梁龙门移动铣床	1/100	工作台面宽度
			8	龙门移动镗铣床	1/100	工作台面宽度
			9			
	3	平面铣床	0	圆台铣床	1/100	工作台面宽度
			1	立式平面铣床	1/100	工作台面宽度
			2			
			3	单柱平面铣床	1/100	工作台面宽度
			4	双柱平面铣床	1/100	工作台面宽度
			5	端面铣床	1/100	工作台面宽度
			6	双端面铣床	1/100	工作台面宽度
			7	滑枕平面铣床	1/100	工作台面宽度
			8	落地端面铣床	1/100	最大铣轴垂直移动距离
			9			
	4	仿形铣床	0			
			1	平面刻模铣床	1/10	缩放仪中心距
			2	立体刻模铣床	1/10	缩放仪中心距
			3	平面仿形铣床	1/10	最大铣削宽度
			4	立体仿形铣床	1/10	最大铣削宽度
			5	立式立体仿形铣床	1/10	最大铣削宽度
			6	叶片仿形铣床	1/10	最大铣削宽度
			7	立式叶片仿形铣床	1/10	最大铣削宽度
			8			
			9			

续表

类	组		系		主参数	
X 铣床	5	立式升降台铣床	0	立式升降台铣床	1/10	工作台面宽度
			1	立式升降台镗铣床	1/10	工作台面宽度
			2	摇臂铣床	1/10	工作台面宽度
			3	万能摇臂铣床	1/10	工作台面宽度
			4	摇臂镗铣床	1/10	工作台面宽度
			5	转塔升降台铣床	1/10	工作台面宽度
			6	立式滑枕升降台铣床	1/10	工作台面宽度
			7	万能滑枕升降台铣床	1/10	工作台面宽度
			8	圆弧铣床	1/10	工作台面宽度
			9			
	6	卧式升降台铣床	0	卧式升降台铣床	1/10	工作台面宽度
			1	万能升降台铣床	1/10	工作台面宽度
			2	万能回转头铣床	1/10	工作台面宽度
			3	万能摇臂铣床	1/10	工作台面宽度
			4	卧式回转头铣床	1/10	工作台面宽度
			5			
			6	卧式滑枕升降台铣床	1/10	工作台面宽度
			7			
			8			
			9			
	7	床身铣床	0			
			1	床身铣床	1/100	工作台面宽度
			2	转塔床身铣床	1/100	工作台面宽度
			3	立柱移动床身铣床	1/100	工作台面宽度
			4	立柱移动转塔床身铣床	1/100	工作台面宽度
			5	卧式床身铣床	1/100	工作台面宽度
			6	立柱移动卧式床身铣床	1/100	工作台面宽度
			7	滑枕床身铣床	1/100	工作台面宽度
			8			
			9	床身铣床		
	8	工具铣床	0			
			1	万能工具铣床	1/10	工作台面宽度
			2			
			3	钻头铣床	1	最大钻头直径
			4			

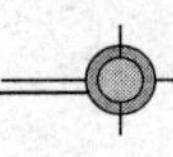

续表

类	组		系		主参数	
X 铣床	8	工具铣床	5	立铣刀槽铣床	1	最大铣刀直径
			6			
			7			
			8			
			9			
	9	其他铣床	0	六角螺母槽铣床	1	最大六角螺母对边宽度
			1	曲轴铣床	1/10	刀盘直径
			2	键槽铣床	1	最大键槽宽度
			3			
			4	轧辊轴颈铣床	1/100	最大铣削直径
			5			
			6			
			7	旋子槽铣床	1/100	最大旋子本体直径
			8	螺旋浆铣床	1/100	最大工件直径
			9			
B 刨插床	1	悬臂刨床	0	悬臂刨床	1/100	最大刨削宽度
			1	仿形悬臂刨床	1/100	最大刨削宽度
			2	悬臂铣磨刨床	1/100	最大刨削宽度
			3	悬臂铣刨床	1/100	最大刨削宽度
			4			
			5	悬臂磨刨床	1/100	最大刨削宽度
			6			
			7	单柱刨床	1/100	最大刨削宽度
			8			
			9			
	2	龙门刨床	0	龙门刨床	1/100	最大刨削宽度
			1	仿形龙门刨床	1/100	最大刨削宽度
			2	龙门铣磨刨床	1/100	最大刨削宽度
			3	龙门铣刨床	1/100	最大刨削宽度
			4	定梁龙门刨床	1/100	最大刨削宽度
			5	龙门磨刨床	1/100	最大刨削宽度
			6			
			7	双柱刨床	1/100	最大刨削宽度
			8			
			9			

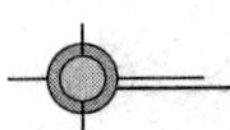

续表

类	组		系		主参数	
B 刨插床	5	插床	0	插床	1/10	最大插削长度
			1			
			2	键槽插床	1/10	最大插削长度
			3			
			4			
			5			
			6			
			7			
			8	剃齿刀插床	1/10	最大插削长度
			9			
	6	牛头刨床	0	牛头刨床	1/10	最大刨削长度
			1			
			2	水平移动牛头刨床	1/10	最大刨削长度
			3			
			4			
			5			
			6	落地牛头铣刨床	1/100	最大刨削长度
			7			
			8			
			9			
	8	边缘及模具刨床	0			
			1	板料边缘刨床	1/100	最大刨削长度
			2			
			3			
			4			
			5			
			6			
			7			
			8	模具刨床	1/100	最大刨削长度
			9			
	9	其他刨床	0			
			1	钢轨道岔刨床	1/100	最大刨削长度
			2	电梯导轨刨床	1/100	最大刨削长度
			3			
			4			

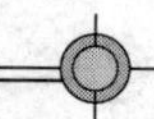

续表

类	组		系		主参数	
B刨插床	9	其他刨床	5			
			6			
			7			
			8			
			9			
L拉床	2	侧拉床	0			
			1	侧拉床	1/10	额定拉力
			2	双工位侧拉床	1/10	额定拉力
			3			
			4			
			5			
			6			
			7			
			8			
			9			
	3	卧式外拉床	0			
			1	卧式外拉床	1/10	额定拉力
			2			
			3			
			4			
			5			
			6			
			7			
			8			
			9			
	4	连续拉床	0			
			1			
			2			
			3	连续拉床	1/10	额定拉力
			4			
			5			
			6			
			7			
			8			
			9			

续表

类	组		系		主参数	
L 拉床	5	立式内拉床	0			
			1	立式内拉床	1/10	额定拉力
			2	双滑板立式内拉床	1/10	额定拉力
			3			
			4			
			5	双缸立式内拉床	1/10	额定拉力
			6			
			7	上拉式立式内拉床	1/10	额定拉力
			8			
			9			
	6	卧式内拉床	0			
			1	卧式内拉床	1/10	额定拉力
			2			
			3			
			4			
			5			
			6			
			7			
			8	卧式深孔螺旋内拉床	1/10	额定拉力
			9			
	7	立式外拉床	0			
			1	立式外拉床	1/10	额定拉力
			2	双滑板立式外拉床	1/10	额定拉力
			3			
			4			
			5			
			6			
			7			
			8			
			9			
	8	键槽、轴瓦及螺纹拉床	0			
			1	卧式轴瓦平面拉床	1/10	额定拉力
			2	卧式轴瓦圆弧拉床	1/10	额定拉力
			3	立式轴瓦圆弧拉床	1/10	额定拉力
			4	立式轴瓦平面拉床	1/10	额定拉力

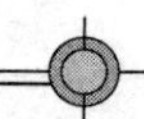

续表

类	组		系		主参数	
L拉床	8	键槽、轴瓦及螺纹拉床	5	键槽拉床	1/10	额定拉力
			6			
			7	卧式内螺纹拉床	1/10	额定扭矩
			8	立式内螺纹拉床	1/10	额定扭矩
			9			
	9	其他拉床	0			
			1	气缸体平面拉床	1/10	额定拉力
			2			
			3			
			4			
			5			
			6			
			7			
			8			
			9			
G锯床	2	砂轮片锯床	0			
			1			
			2	卧式砂轮片锯床	1/10	最大锯削直径
			3	悬挂式砂轮片锯床	1/10	最大锯削直径
			4	摆动式砂轮片锯床	1/10	最大锯削直径
			5			
			6			
			7			
			8			
			9			
	4	卧式带锯床	0	卧式带锯床	1/10	最大锯削直径
			1			
			2	立柱卧式带锯床	1/10	最大锯削直径
			3			
			4			
			5	立卧两用带锯床	1/10	最大锯削直径
			6			
			7			
			8			
			9			

续表

类	组		系		主参数	
G 锯床	5	立式带锯床	0			
			1	立式带锯机	1/10	最大锯削厚度
			2	滑车Ⅰ型立式带锯机	1/10	最大锯削厚度（或直径）
			3	滑车Ⅱ型立式带锯机	1/10	最大锯削厚度
			4			
			5			
			6			
			7	金刚石线锯床	1/10	最大锯削厚度
			8	金刚石带锯床	1/10	最大锯削厚度
			9			
	6	圆锯床	0	卧式圆锯床	1/100	最大圆锯片直径
			1			
			2	摆式圆锯床	1/100	最大圆锯片直径
			3			
			4			
			5	立式圆锯床	1/100	最大圆锯片直径
			6			
			7			
			8			
			9			
	7	弓锯床	0	滑枕卧式弓锯床	1/10	最大锯削直径
			1	夹板卧式弓锯床	1/10	最大锯削直径
			2			
			3			
			4			
			5			
			6			
			7			
			8			
			9			
	8	锉锯床	0	锉锯床	1/10	工作台面宽度或直径
			1			
			2			
			3			
			4			

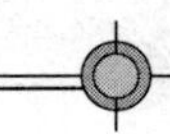

续表

类	组		系		主参数	
G锯床	8	锉锯床	5			
			6			
			7			
			8			
			9			
Q其他机床	0	其他仪表机床	0			
			1			
			2			
			3			
			4	光学玻璃加工机床		
			5	凸轮加工机		
			6			
			7	电表轴尖加工机床		
			8	宝石玛瑙加工机床		
			9			
	1	管子加工机床	0	管子内螺纹加工机床	1/10	最大加工直径
			1	管子切断机管端螺纹加工机	1/10	最大加工直径
			2	管端螺纹加工机	1/10	最大加工直径
			3	管螺纹车床	1/10	最大加工直径
			4	管接头切断机	1/10	最大加工直径
			5	管接头锥孔镗床	1/10	最大加工直径
			6	管接头螺纹车床	1/10	最大加工直径
			7	管接头拧紧机	1/10	最大加工直径
			8	管接头外螺纹加工机	1/10	最大加工直径
			9	管端倒角机	1/10	最大加工直径
	2	木螺钉加工机	0	木螺钉切口机	1	最大工件直径
			1	木螺钉螺纹加工机	1	最大工件直径
			2			
			3			
			4			
			5			
			6			
			7			
			8			
			9			

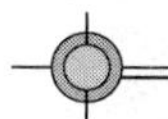

续表

类	组		系		主参数	
Q其他机床	4	刻线机	0	圆刻线机	1/100	最大加工长度
			1	长刻线机	1/100	最大加工长度
			2			
			3			
			4			
			5			
			6			
			7	缩放刻字机	1/10	缩放仪中心距
			8	缩放刻线机	1/10	最大行程
			9	光栅刻线机	1/10	最大行程
	5	切断机	0	矫正切断机	1	最大切料直径
			1	立式车刀切断机	1	最大切料直径
			2			
			3			
			4			
			5			
			6			
			7			
			8			
			9			
	6	多功能机床	0	多功能机床	1/10	床身最大车削直径
			1			
			2	小型多功能机床	1/10	床身最大车削直径
			3			
			4	组合式多功能机床	1/10	刀架上最大回转直径
			5			
			6			
			7			
			8			
			9			

注：1）主参数的计量单位，尺寸以毫米（mm）计，拉力以千牛（kN）计，扭矩以牛·顿米（N·m）计。

2）主参数栏中的“…”表示此系机床型号中的主参数用设计顺序号代替。

3）表中出现的“×××”表示此系已被老产品占用，老产品未淘汰之前不得占用。

附录B　机构运动简图（摘自GB4460—1984）

	名称	基本符号	可用符号	附注
5.2 5.2.1	齿轮机构 齿轮（不指明齿线） (a) 圆柱齿轮	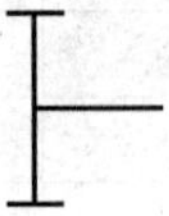	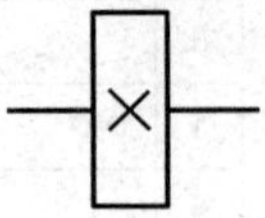	
	(b) 圆锥齿轮	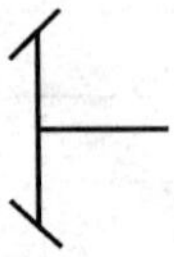	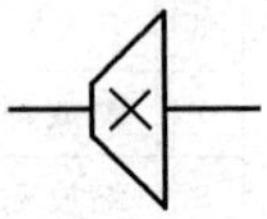	
5.2.2	齿线符号 a. 圆柱齿轮 （ⅰ）直齿	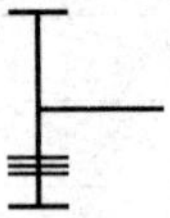		
	（ⅱ）斜齿	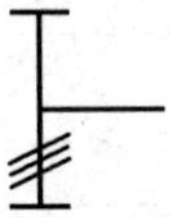	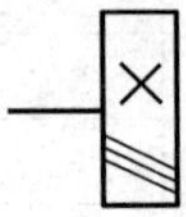	
	（ⅲ）人字齿	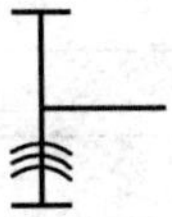		
5.2.3	齿轮传动 (不指明齿线) a. 圆柱齿轮	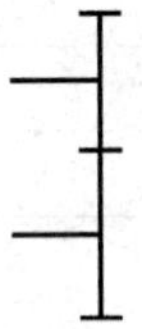	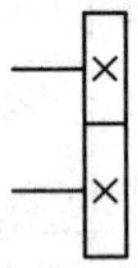	
	c. 圆锥齿轮	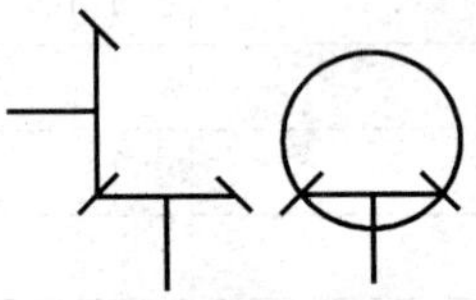	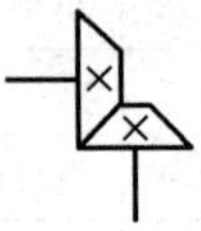	
	e. 蜗轮与圆柱蜗杆	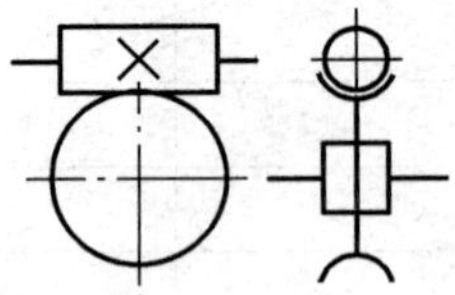	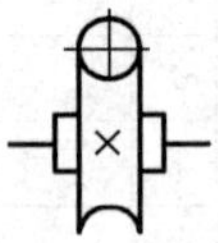	
	g. 螺旋齿轮	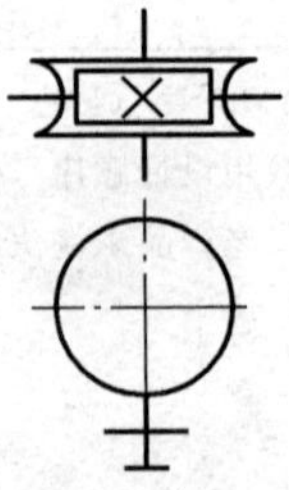	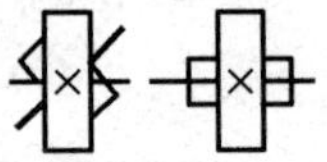	

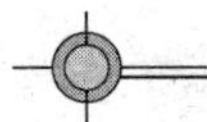

续表

	名称	基本符号	可用符号	附注
5.2.4	齿条传动 a. 一般表示			
8.1	联轴器 一般符号（不指明类型）			
8.1.1	固定联轴器			
8.1.2	可移式联轴器			
8.1.3	弹性联轴器			
8.2	可控离合器			对于 8.2、8.3 及 8.4，当需要表明操纵方式时，可使用下列符号： M—机动的 H—液动的 P—气动的 E—电动的 例：具有气动开关启动的单向摩擦离合器
8.2.1	啮合式离合器 a. 单向式 b. 双向式			
8.2.2	摩擦式离合器 a. 单向式 b. 双向式			
8.3	自动离合器 一般符号			
8.3.2	超越离合器			

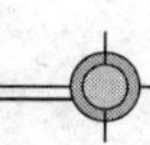

续表

	名称	基本符号	可用符号	附注
8.3.3	安全离合器 a. 带有易损元件 b. 无易损元件			
8.4	制动器 一般符号			不规定制动器外观
A.1	皮带传动 一般符号（不指明类型）			对需指明皮带类型可采用下列符号： 三角皮带 圆皮带 同步齿形带 平皮带 例：三角皮带传动
A.3	链传动 一般符号（不指明类型）			
A.4 A.4.1	螺杆传动 整体螺母			
A.4.2	开合螺母			
A.4.3	滚珠螺母			

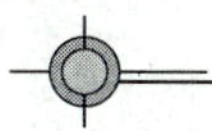

续表

	名称	基本符号	可用符号	附注
A. 8 A. 8. 1	轴承 向心轴承 a. 普通轴承 b. 滚动轴承			若有需要，可指明轴承型号
A. 8. 2	推力轴承 a. 单向推力普通轴承 b. 双向推力普通轴承 c. 推力滚动轴承			
A. 8. 3	向心推力轴承 a. 单向向心推力普通轴承 b. 双向向心推力普通轴承 c. 向心推力滚动轴承			
A. 9	弹簧 a. 压缩弹簧 b. 拉伸弹簧			
A. 10	原动机 b. 电动机 一般符号			

主要参考文献

顾京．2001．现代机床设备［M］．北京：化学工业出版社．

顾维邦．1984．金属切削机床［M］．北京：机械工业出版社．

李铁尧．1989．金属切削机床［M］．北京：机械工业出版社．

吴国政．1999．电梯原理、使用、维修［M］．北京：电子工业出版社．

周德林．1996．洗衣机结构原理详解及电路选编［M］．北京：人民邮电出版社．

朱昌明．1997．电梯与自动扶梯——原理结构、安装调试［M］．上海：上海交通大学出版社．